Der Hautarzt

Zeitschrift für Dermatologie, Allergologie, Venerologie und verwandte Gebiete
Organ der Deutschen Dermatologischen Gesellschaft –
Vereinigung Deutschsprachiger Dermatologen

Herausgeber und Schriftleiter O. Braun-Falco, München · D. Petzoldt, Heidelberg (Redaktion) · U. W. Schnyder, Zürich · K. Wolff, Wien

Herausgeber G. Burg, Würzburg · E. Christophers, Kiel · R. Happle, Nijmegen · C. E. Orfanos, Berlin · G. Plewig, Düsseldorf · E. Schöpft, Freiburg

Unter Mitarbeit von P. Altmeyer, Bochum · I. Anton-Lamprecht, Heidelberg · B.-R. Balda, Augsburg · S. Borelli, München · G. Brehm, Ludwigshafen · R. Breit, München · G. Ehlers, Berlin · H. Flegel, Rostock · E. Frenk, Lausanne · H. C. Friedrich, Marburg/Lahn · P. Fritsch, Innsbruck · M. Gloor, Karlsruhe · H. Goldschmidt, Philadelphia · M. Goos, Essen · E. Grosshans, Straßburg · M. Hagedorn, Darmstadt · E. Haneke, Wuppertal · W. P. Herrmann, Bremen · N. Hjorth, Hellerup · K. Holubar, Wien · H. Holzmann, Frankfurt · O. P. Hornstein, Erlangen · M. Hundeiker, Münster · H. Ippen, Göttingen · H. Ishikawa, Tokyo · St. Jablonska, Warschau · E. G. Jung, Mannheim · H. Kerl, Graz · A. Kint, Gent · J. Knop, Mainz · W. Krause, Marburg · A. Krebs, Bern · H. Kresbach, Graz · H. W. Kreysel, Bonn · S. Lee, Seoul · E. Macher, Münster · S. Marghescu, Hannover · W. Meigel, Hamburg · W. Meinhof, Aachen · J. Metz, Wiesbaden · S. Nishiyama, Sagamihara · J.-M. Paschoud, Lausanne · E. Paul, Nürnberg · J. Petres, Kassel · J. Rácz, Budapest · R. Rajka, Oslo · G. Rassner, Tübingen · O. E. Rodermund, Ulm · S. Rösing, Heidelberg · Th. Rufli, Basel · Z. Ruszczak, Łódź · K. Salfeld, Minden · W.-B. Schill, Gießen · A. Schulze-Dirks, Heidelberg · G. K. Steigleder, Köln · G. Stingl, Wien · G. Stüttgen, Berlin · H. Tronnier, Dortmund · H. Ueki, Kurashiki-shi · K. Uyeno, Tsukuba · W. A. van Vloten, Utrecht · S. W. Wassilew, Krefeld · F. O. Weidner, Stuttgart · R. K. Winkelmann, Rochester, Minn. · H. H. Wolff, Lübeck · H. Zaun, Homburg/Saar

---

Supplementum X, 41. Jahrgang 1990

Verhandlungen der Deutschen Dermatologischen Gesellschaft

XXXVI. Tagung gehalten in Hannover vom 29. August – 2. September 1990

Herausgegeben von
S. Marghescu, D. Lubach und **Ch. Neumann**

Mit 78 Abbildungen und 72 Tabellen

Springer-Verlag
Berlin Heidelberg New York London
Paris Tokyo Hong Kong Barcelona

Prof. Dr. med. Sandor Marghescu
Prof. Dr. med. Dietrich Lubach
Prof. Dr. med. Christine Neumann
Hautklinik Linden
Medizinische Hochschule Hannover
Ricklinger Straße 5
D-3000 Hannover 91

ISBN-13:978-3-540-53468-6   e-ISBN-13:978-3-642-84370-9
DOI: 10.1007/978-3-642-84370-9

CIP-Titelaufnahme der Deutschen Bibliothek

Deutsche Dermatologische Gesellschaft:
Verhandlungen der Deutschen Dermatologischen Gesellschaft :
... Tagung / im Auftr. der Deutschen Dermatologischen
Gesellschaft hrsg. - Berlin ; Heidelberg ; New York ; London ;
Paris ; Tokyo ; Hong Kong ; Barcelona : Springer.
   ISSN 0344-3175
36. Gehalten in Hannover vom 29. August - 2. September 1990.
- 1991
(Der Hautarzt : Supplementum ; 10)
ISBN-13:978-3-540-53468-6

NE: Der Hautarzt / Supplementum

Das Werk ist urheberrechtlich geschützt. Die dadurch begründeten Rechte, insbesondere die der Übersetzung, des Nachdruckes, der Entnahme von Abbildungen, der Funksendung, der Wiedergabe auf photographischem oder ähnlichem Wege und der Speicherung in Datenverarbeitungsanlagen bleiben, auch bei nur auszugsweiser Verwertung, vorbehalten. Die Vergütungsansprüche des § 54, Abs. 2 UrhG werden durch die „Verwertungsgesellschaft Wort", München, wahrgenommen.

© Springer-Verlag Berlin Heidelberg 1991

Die Wiedergabe von Gebrauchsnamen, Handelsnamen, Warenbezeichnungen usw. in diesem Werk berechtigt auch ohne besondere Kennzeichnung nicht zu der Annahme, daß solche Namen im Sinne der Warenzeichen- und Markenschutzgesetzgebung als frei zu betrachten wären und daher von jedermann benutzt werden dürften.

Produkthaftung: Für Angaben über Dosierungsanweisungen und Applikationsformen kann vom Verlag *keine Gewähr* übernommen werden. Derartige Angaben müssen vom jeweiligen Anwender im Einzelfall anhand anderer Literaturstellen auf ihre Richtigkeit überprüft werden.

Satz: Elsner & Behrens GmbH, Oftersheim

Verantwortlich für den Anzeigenteil: Springer-Verlag, Heidelberger Platz 3, 1000 Berlin 33
2127/3140-543210

Inhaltsverzeichnis

Begrüßung durch den Tagungsleiter
Professor Dr. S. Marghescu V

Begrüßung durch den Präsidenten der DDG
Professor Dr. E. Christophers VI

Grußadresse des Präsidenten der Internationalen
Liga Dermatologischer Gesellschaften,
Professor Dr. med. K. Wolff IX

Verleihung der Herxheimer-Medaille
durch den Präsidenten der DDG XI

Verleihung der Paul-Gerson-Unna-Medaille
durch den Präsidenten der DDG XIII

Verleihung des Eduard-Grosse-Senior-Preises
durch den Präsidenten der DDG XIV

Verleihung des Paul-Gerson-Unna-Preises
durch den Präsidenten der DDG XV

Verleihung der Schaudinn-Hoffmann-Medaille
durch den Präsidenten der DDG XVI

Gastvorlesungen

Wachstumskontrolle von Melanozyten
und Melaninsynthese 1
H. Rorsman

Entzündliche Dermatosen

Epidemiologie entzündlicher Erkrankungen
der Haut 6
T. Henseler

Grundmuster der kutanen Entzündung 8
W. Sterry

Physikalische Dermatitis am Beispiel
der UV-Dermatitis 10
E. G. Jung

Kutane Entzündungsreaktion am Beispiel
mykotischer Infektionen 13
J. Brasch

Die Rolle der Epidermis in der Immunreaktivität
der Haut 15
G. Stingl

Prinzipien antientzündlicher Therapie 15
H. F. Merk

Hereditäre Dermatosen

Erbkrankeiten: gestern, heute und morgen 19
U. W. Schnyder und L. Bruckner-Tuderman

Genetische Anomalien des Haares:
die Genotrichosen und ihre Klassifikation ... 22
C. E. Orfanos

Erbliche Komplementdefekte 25
H. Voigtländer

Genetisch bedingte Störungen der Spermiogenese 27
W.-B. Schill, W. Engel und G. Haidl

Erbprognose von Dispositions-
und Erbkrankheiten 28
F. Vogel

Die psychosoziale Betreuung bei Erbkrankheiten 38
K. Bosse

Immundermatosen

Einleitung 40
K. Wolff

Immunglobulin E (IgE) in Gesundheit
und Krankheit 40
J. Ring

Neue Entwicklung auf dem Gebiet bullöser
Dermatosen 41
H. Hintner, N. Romani und G. Klein

Neue Entwicklungen auf dem Gebiet
des allergischen Kontaktekzems 45
J. Knop

Neue Entwicklungen auf dem Gebiet
der kutanen Graft-versus-Host-Erkrankung .. 48
B. Volc-Platzer

Ablagerungsdermatosen

Einführung 53
G. K. Steigleder

Xanthomatöse Tumoren der Haut ohne
nachweisbare Störungen des Fettstoffwechsels 53
H. Kerl und L. Cerroni

Lipidablagerungen der Haut bei gestörtem
Fettstoffwechsel 56
T. Krieg, F. Eckert und O. Braun-Falco

Amyloidosen 58
W. Gebhart

Kalzinosen der Haut 60
E. Grosshans und B. Cribier

Schleimablagerungen (M) in der Haut,
ein Autoimmunphänomen? 66
G. K. Steigleder und H. J. Schulze

Malignes Melanom

Epidemiologie des malignen Melanoms:
Aktueller Stand in der Bundesrepublik
Deutschland 71
C. Garbe und C. E. Orfanos

Lichtbiologie der Melanome 79
  E. G. Jung

Heutiger Stand der histologischen
  und immunhistochemischen Diagnostik
  des malignen Melanoms 81
  H. Kerl, J. Smolle, L. Cerroni, H. P. Soyer
  und S. Hödl

Möglichkeiten und Grenzen neuerer Verfahren
  in der Diagnostik des malignen Melanoms ... 83
  P. Altmeyer, H. Luther, K. Hoffmann,
  S. el-Gammal und M. Bacharach-Buhles

Neue Chemotherapien und kombinierte
  immunchemotherapeutische Verfahren
  beim malignen Melanom 87
  R. Stadler und C. E. Orfanos

Melanomnachsorge: Integriertes Nachsorgekonzept der Tübinger Hautklinik sowie
  Ergebnisse einer Umfrage zur Melanomnachsorge an deutschen Hautkliniken 94
  G. Rassner, B. d'Hoedt, W. Stroebel
  und H. Stutte

Das hautkranke Kind

Psychologische Aspekte beim Umgang mit
  hautkranken Kindern und ihren Eltern 98
  U. Knölker

Signalfunktion der Haut bei Stoffwechselerkrankungen im Kindesalter 101
  W. Gebhart

Nichterbliche Genodermatosen 104
  R. Happle

Windeldermatitis: Differentialdiagnose –
  Neues zur Pathogenese – Therapie 110
  H. H. Wolff

Dermatologische Therapie im Kindesalter 112
  H. Traupe

Ansprache des Präsidenten:
  Gedanken zur Dermatologie 116
  E. Christophers

Das Neueste

Neueste Entwicklungen bei sexuell
  übertragbaren Erkrankungen 119
  D. Petzoldt

Dermatologische Röntgentherapie heute 121
  R. Panizzon

Allgemeine dermatologische
  Ultraschallphänomene 124
  P. Altmeyer, K. Hoffmann und S. el-Gammal

Aktuelle Kontaktallergene 129
  P. J. Frosch

Neueste Konzepte in der Diagnostik
  und Therapie des malignen Melanoms 133
  W. Tilgen, U. Keilholz, L. G. Strauss,
  H. Welters, B. Brado, U. Zierott, F. Helus,
  U. Mende und D. Petzoldt

Cyclosporin A in der Dermatologie 138
  B.-R. Balda

Neues zur Immunpathogenese der Neurodermitis 140
  Ch. Neumann, C. Ramb-Lindhauer, N. Sager
  und S. Marghescu

Autorenregister 143

Tagung der Fachgesellschaften 144

Symposien 146

Workshops 150

Freie Vorträge 153

Posters 156

Fortbildungsveranstaltung für das dermatologisch
  arbeitende Pflegepersonal 159

Begrüßung durch den Tagungsleiter Prof. Dr. Sándor Marghescu

Sehr geehrter Herr Sozialminister Hiller,
Sehr geehrte Frau Bürgermeisterin Kunze,

ich heiße Sie willkommen und danke für Ihre Bereitschaft, zu uns zu sprechen.

Liebe Kolleginnen und Kollegen,

ich begrüße Sie alle sehr herzlich in Hannover und freue mich sehr, daß Sie von nah und fern so zahlreich gekommen sind: aus Cadiz und Montpellier, aus Nizza, Rouen und Strasbourg, aus Gent, Leiden, Nijmegen, London, Lund und Göteborg, aus Hamburg, München, Aachen, Göttingen und selbstverständlich auch aus Berlin, wo ja die entsprechende Himmelsrichtung nicht mehr hinzugefügt werden muß, aus Genf, Zürich, Innsbruck, Wien, Graz, Magdeburg, Dresden, Leipzig, Jena, Rostock und Halle, aus Stettin, Brunn, Budapest, Szeged, Debrecen und Pécs, aus Zagreb, Belgrad und Sofia, aus Philadelphia, Istanbul, Kurashiki, Tel Aviv und aus vielen anderen, hier nicht genannten Orten.

Es kamen keine nationalen Vertretungen und Delegationen, sondern Menschen, um gemeinsam das Fest einer grenzüberschreitenden, nationenüberwindenden Dermatologie zu begehen. Ich wünsche, daß alle Ihre Erwartungen voll erfüllt werden; mit „halbvoll" wäre ich allerdings auch zufrieden.

Begrüßung durch den Präsidenten der DDG, Prof. Dr. E. Christophers

*Meine sehr verehrten Damen und Herren,
liebe Kolleginnen und Kollegen!*

Es ist mir eine große Freude, Sie auf der 36. Tagung der Deutschen Dermatologischen Gesellschaft willkommen zu heißen.

Zum ersten Mal in der Geschichte unserer Gesellschaft, deren 100. Geburtstag wir erst vor zwei Jahren feierten, findet ein DDG-Kongreß in Hannover statt. Wir haben den Vorschlag, diese Stadt im Norden unseres Landes als unseren Kongreßstandort zu wählen, dankbar begrüßt. Als eine moderne reizvolle Kongreßstadt bietet Hannover bekanntermaßen alles, was für die Durchführung unserer Tagung erforderlich ist.

Zugleich dürfen wir mit unserer Wahl der hervorragenden Medizinischen Hochschule Hannover unsere Referenz erweisen.

Es ist uns eine besondere Ehre, als Repräsentanten des Landes Niedersachsen, Herrn Sozialminister W. Hiller hier zu begrüßen.

Ebenso begrüße ich herzlich und erfreut die Vertreterin der Stadt Hannover, Frau Bürgermeisterin Kunze.

Ich freue mich zugleich, unsere Ehrengäste, die schon von Tagungsleiter vorgestellt wurden, zu begrüßen und willkommen zu heißen. Wir wünschen Ihnen frohe und erfolgreiche Kongreßtage.

Nach der 35. Tagung in München steht die 36. Tagung hier in Hannover unter einem ganz neuen Vorzeichen. Ich meine die Teilnahme unserer Kolleginnen und Kollegen aus der DDR, die nach einer über 40 Jahre währenden Isolation in allem, also auch in der Medizin und Dermatologie, wieder unseren Kongreß besuchen können.

Ich darf Sie an dieser Stelle im Namen unserer Gesellschaft herzlich willkommen heißen.

Die viereinhalb Jahrzehnte, die die Deutsche Dermatologie in eine östliche und eine westliche Dermatologie teilten, haben dazu beigetragen, daß das Fach auch ein jeweils unterschiedliches Gesicht erhielt. Während Sie in weitgehender wissenschaftlicher Isolation in Ermangelung nötigster internationaler Literatur und dem Fehlen der für die Forschung dringend gebrauchten Mittel Traditionelles pflegten, stellenweise mit arbeitsmedizinischer und berufsdermatologischer Nuancierung, so erfuhr unser Fach hier im Westen bedeutsame Impulse, die besonders aus der medizinischen Grundlagenforschung und der experimentellen amerikanischen Dermatologie zu uns stießen und das Fach in vielen Aspekten veränderten. Ich denke vor allem an die Ergebnisse der Immunologie, und damit eng verbunden, der Allergologie, der Biochemie, der Dermatohistologie und Ultramikroskopie, der Dermatochirurgie, um einzelne Bereiche zu nennen.

Eine zweite, vielleicht bedeutsamere Entwicklung zeigt sich bei uns auf der berufspolitischen Ebene. Das gilt für die gesamte Medizin in der Bundesrepublik, wo mehr denn je zuvor der Arzt im Spannungsfeld von Sozialversicherung, Gesetzgeber und Standesvertretungen steht. Der Arzt in der Praxis ist heute gezwungen, mit einem engen Netzwerk von Vorschriften und Sachzwängen zurechtzukommen und darüber hinaus kaufmännisch zu denken. Ein nur nach ethischen Gesichtspunkten tätiger Arzt hat kaum eine Chance, und das ist eine besonders hervozuhebende, neue Seite unserer Medizin.

Diese neuen Gangarten der Medizin, auch der Dermatologie, mögen erschreckend wirken. Es überrascht jedoch, wie schnell Wege gefunden werden, um mit den Entwicklungen und Instrumenten der ärztlichen Versorgung zurechtzukommen. Ebenso wie der Klinikassistent nach abgeschlossener Ausbildung zum Gebietsarzt seine Tätigkeit den Maßstäben der ärztlichen Praxis unterwirft, ebenso werden Sie, so glaube ich, den Eintritt in diese Welt der Medizin vollziehen und lernen, daß sie ein sehr effektives, aber auch teures System der Krankenversicherung darstellt.

Wir erleben zur Zeit eine historisch einzigartige Kette von Ereignissen, die das Schicksal von uns allen und die Zukunft unseres Landes in epochalem Ausmaß prägen. Was vor nicht einmal einem Jahr in Leipzig, Berlin und und anderen Städen begonnen hat, wird in wenigen Wochen in die Vereinigung unserer Länder zu einem Staat führen.

Auch unsere dermatologischen Gesellschaften sollten diese Vereinigung vollziehen. Ohne der Entscheidung der Gremien vorzugreifen, aber aus der Legitimation einer hundertjährigen Geschichte unserer DDG meine ich, diese Gesellschaft sollte, so wie es vor der Teilung war, die zentrale wissenschaftliche Gesellschaft unseres Faches auch in den Ländern der DDR werden. Ich möchte mir wünschen, daß wir Dermatologen in Kürze wieder in einer Gesellschaft zusammenfinden.

Meine Damen und Herren,

es ist bei wissenschaftlichen Kongressen dieser Art üblich, daß der Vorsitzende sich äußert zu den Problemen, die das Fach betreffen. Ich möchte in wenigen Minuten zwei Probleme ansprechen, die uns allen besonders am Herzen liegen.

Unser Gesundheitssystem ist verschiedentlich als eines der besten, vielleicht sogart das beste der Welt bezeichnet worden. Tatsächlich enthält es eine große Zahl von medizinischen Versorgungsstrukturen, die dem kranken Menschen ein Optimum an Medizin vorhalten.

Zudem wird wie in kaum einem anderen Land der westlichen Welt ein Potential an Krankenhausbetten angeboten, das heute jedoch in vieler Hinsicht Bedenken erhebt. Grund dafür sind die Kosten, die besonders diesen Aspekt des Gesundheitssystems immer wieder in die Diskussion bringen.

Bedenkt man, daß 66% der Ausgaben für stationäre Kranke für die Bezahlung des Krankenhauspersonals ausgegeben werden, diese Zahl zudem mit den Lohnkosten ansteigt, so ist es verständlich, warum hier Überlegungen angestellt werden.

Die dermatologischen Kliniken sind dabei besonders betroffen. Es ist abzusehen, daß Betten der Maximalversorgung, wie sie von dermatologischen Universitätskliniken vorgehalten werden, dem Rotstift mehr als bisher zum Opfer fallen. Ursachen sind fehlende Feiertags- und Wochenendbelegung, kürzere Verweildauer, hohe Mobilität der Bevölkerung und eine verständliche fehlende Akzeptanz für nächtliches Verweilen im Krankenhaus bei nichtbedrohlichen Erkrankungen.

Auf der anderen Seite werden Patienten mit schweren Hauterkrankungen in unzureichend ausgestattete, alternativ oder diätetisch herumexperimentierende Einrichtungen untergebracht, die sich neuerdings überall einrichten und als Rehabilitationseinrichtungen die Gunst der Kassen und Behörden finden.

Die Folgen sind absehbar. Ausbildungsplätze für angehende Fachärzte gehen verloren und mit ihnen die führende Stellung unserer großen akademischen Einrichtungen. Wenn die dermatologischen Universitätskliniken zusammenschrumpfen und mit ihnen die Zahl an Planstellen, so ist die Frage, wo Studenten und Dermatologen ausgebildet werden sollen! Sicherlich ist es keine Lösung, wenn der zukünftige Arzt für Dermatologie sich die Zeit für den „Arzt im Praktikum" anrechnet und die restliche Weiterbildungszeit in weiterbildungsberechtigten Praxen zusammenstückelt. Die Entwicklung führt dahin, daß Unterschiede im Ausbildungsstand sich vergrößern.

Für die betroffenen Kliniken zwingt diese Entwicklung zum Nachdenken. Patienten mit chronisch-rezidivierenden Erkrankungen, etwa Neurodermitis und Psoriasis, die früher bis zu 50% der Klinistationen füllten, drohen heute in Reha-Kliniken privater Träger, einem Zwischending zwischen Kur und Krankenhaus, abzuwandern.

Dies alles deutet den fundamentalen strukturellen Wechsel an, der sich heute in der Medizin vollzieht und im wesentlichen beabsichtigte Folge der GRG ist.

Und noch einen Wandel erleben wir Dermatologen in einer fast bedrückenden Weise. Es ist dies die Angst der Patienten vor den gesundheitlichen Auswirkungen einer gestörten Umwelt. Es vergeht kein Tag, an dem wir nicht erleben, wie ängstliche Fragen an uns alle gerichtet werden: Nach der unmittelbaren Auswirkung von Dioxin auf die Haut, nach den Folgen des Ozonlochs, den Auswirkungen von chemischen Nahrungsmittelzusätzen, den Folgen einer verpesteten Luft, von verseuchten Gewässern, von chemischen verunreinigten Pflanzen, Tieren und der Erde.

Nur zu oft versagen hier die Prinzipien des logischen Denkens und der naturwissenschaftlichen Erkenntnis, dagegen stehen Angst und emotionale Unsicherheit im Vordergrund. Sie verdrängen die Tatsache, daß die Einwirkung physikalischer und chemischer Noxen Jahrzehnte brauchen, um Zellen der Haut, aber auch jedes andere Organ, der vorgegebenen Kontrollmechanismen zu berauben, die das ungehinderte Wachstum einer krebsigen Zelle verhindert. Wir Dermatologen sind aufgerufen, dieser Neigung zum Irrationalen, dieser Begegnung mit genuiner Lebensangst entgegen zu treten, zu diskutieren und zu überzeugen.

Auf der anderen Seite begegnen wir der Situation, daß unsere Warnungen beispielsweise vor bekannten kanzerogenen Noxen, der übermäßigen Einwirkung kanzerogener Sonnenstrahlen und Lichtstudios oder der allergisierenden Auswirkung von Modeschmuck, insbesondere Nickel, oder auch sich dem nackten Auge darbietenden auffälligen Muttermalen in den Wind geschlagen werden.

Es ist unsere Aufgabe, hier Wissen zu vermitteln, zu warnen und Empfehlungen zu geben.

Die Neigung zum Irrationalen, die Angst um Leben und Gesundheit wie auch die Kritik an der Glaubwürdigkeit der Wissenschaft scheinen ein Zeichen der zweiten Hälfte dieses Jahrhunderts zu sein. Man sollte meinen, nach Ablauf von zwei verheerenden Kriegen seien die Menschen aufgeklärt und mit Vernunft versehen. Sie sind es augenscheinlich nicht.

Eine Ursache für die kritische Distanz der Öffentlichkeit zur Medizin liegt nicht zuletzt in der beängstigenden Ausweitung medizintechnischer Maßnahmen und der Dominanz einer hochentwickelten Technologie. Spezialisierung und Technisierung machen die Medizin unpersönlich. Ihr wird deshalb vorgeworfen, unmenschlich zu sein und den Patienten zu vergessen.

Zum einen wird bei derartigen Diskussionen oft übersehen, welche Möglichkeiten mit der Technologie in der Medizin sich eröffnet haben, denken wir an die Computertomographie, Organtransplantationen, Hämodialyse, koronare Herzchirurgie, Immundiagnostik, monoklonale Antikörper, gentechnologische Herstellung von Medikamenten, etc.

Auf der anderen Seite werden paramedizinische Methoden angepriesen, alternative Wege, Diätvorschriften, die nicht einzuhalten sind und nach dem obligaten Mißerfolg eine umso größere Verunsicherung, oft Verbitterung auslösen.

Aus der Kritik erwächst uns die Aufgabe, das Bild von Arzt und Medizin zu ändern und verstehbar zu machen. Wir sollten es alle tun – in den Praxen, den Kliniken und Instituten. Zeigen wir, daß wir helfende Ärzte sind, ausgebildet und motiviert zu ärztlichem Tun und mit ethischem Wertgefühl!

Wie der britische Mediziner Sir Douglas Black in einer 1984 gehaltenen Rede zeigte, ist das Gegenteil einer auf den kranken Menschen gerichteten, helfenden Medizin nicht die wissenschaftliche Hochtechnologiemedizin, die Klinikmedizin, Schulmedizin oder akademische Medizin, sondern einfach *schlechte Medizin* („bad medicine"). Dem ist wohl nichts hinzuzufügen.

Lassen Sie mich ein Letztes sagen: Die DDG ist eine wissenschaftliche Gesellschaft. Das Bekenntnis zu dieser Gesellschaft ist ein Bekenntnis zu den Methoden der naturwissenschaftlichen Wahrheitsermittlung. Damit erwächst uns die stete Aufgabe, die Wissenschaft zu pflegen. Wir nehmen diese Aufgabe mit unserer wissenschaftlichen Tagung wie hier in Hannover wahr, ebenso wie in den dermatologischen Kliniken der Universitäten unseres Landes. In einer Reihe von Kliniken wurden in den zurückliegenden Jahren eine international geachtete Forschung betrieben. Sicherlich noch zu wenig, betrachtet man die vielen Probleme, mit denen unser Fach sich identifiziert, ich nenne nur wenige:
- Allergologie – Klinische Immunologie: die Zunahme allergischer Erkrankungen
- Onkologie: die Steigerungsraten von Hautkrebs, insbesondere des malignen Melanoms
- Kutane Entzündungsmechanismen
- Mikrobiologie und Infektiologie, insbesondere AIDS
- Wundheilung und biologische Effekte der ultravioletten Strahlung
- ebenso wie die Auswirkung einer schadstoffbelasteten Umwelt

Vielfach erscheint es schwierig, als sogenanntes „kleines Fach" in der Härte eines zunehmend intensiver geführten Kampfes um wissenschaftliche Fördermittel und um

Primate erfolgreich zu sein. Unsere Chance liegt jedoch in der wissenschaftlichen Nische, die sich mit Erforschung von Haut und Haut-bezogenen Problemen bietet. Auf diesem Gebiet können andere uns Dermatologen kaum etwas vormachen.

Die Wege der modernen Wissenschaft führen „durch die mühvolle Analyse einer großen Zahl von Einzelfaktoren", die Welt öffnet sich heute – im Gegensatz zu den Anschauungen des 19. Jahrhunderts – nicht mehr dem „unmittelbaren Zugriff der philosophischen Reflexion". So formulierte es der Physiker und Staatsminister Wolfgang Wild vor kurzem. Wir alle, die wir an den Universitäten und Hochschulen tätig sind, sind aufgerufen, uns der mühsamen, aber auch, so darf ich sagen, beglückenden Aufgabe der klinischen Forschung noch intensiver zu widmen.

Die Themen dieser Tagung werden Ihnen zeigen, welche Erfolge dieses Streben nach Wahrheit unserem Fache gebracht hat.

Damit darf ich die 36. Tagung der DDG offiziell eröffnen und Ihnen allen erfolgreiche und auch vergnügliche Kongreßtage wünschen.

Grußadresse des Präsidenten der Internationalen Liga Dermatologischer Gesellschaften Professor Dr. med. Klaus Wolff

Es ist mir eine ganz besondere Freude, nun bereits das zweite Mal bei einem Kongreß der Deutschen Dermatologischen Gesellschaft die Grußworte der Internationalen Liga Dermatologischer Gesellschaften zu überbringen. Dieser Dachverband umfaßt heute bereits mehr als 80 nationale und internationale dermatologische Gesellschaften und wurde in den letzten Jahren durch eine entscheidende Änderung ihrer Struktur immer mehr zum Sprachrohr der Dermatologie in einem globalen Sinn. Die neuen Entwicklungen im Bereich der Medizin und des Gesundheitswesens einerseits, die ungleiche Verteilung der Mittel und Resourcen sowie des fachlichen Know-how zwischen sogenannter Erster, Zweiter und Dritter Welt andererseits, lassen die Entwicklung einer starken Vertretung unseres Faches innerhalb und gegenüber der Weltgesundheitsorganisation und anderen Institutionen von großer Bedeutung erscheinen. Wenn wir bedenken, daß

- 3 Milliaren Menschen in sogenannten Entwicklungsländern dermatologisch unterversorgt oder gar nicht versorgt sind,
- in tropischen und Entwicklungsländern 90% aller dermatologischen Affektionen von paramedizinischem Hilfspersonal ohne dermatologische Ausbildung betreut werden,.
- in diesen Ländern im ländlichen Bereich 80% der Kinder an Hauterkrankungen leiden – die letztlich bei entsprechender Betreuung kurabel wären,
- andererseits in den Entwicklungsländern dermatologische Affektionen zu den fünf häufigsten Ursachen von Morbidität und Arbeitsausfall gehören,

erscheinen die Aufgaben, die sich unserem Fach stellen, überwältigend zu sein.

Als initialen Schritt in dieser Richtung hat die ILDS die International Foundation for Dermatology geschaffen, deren primäres Ziel es ist, die Errungenschaften unseres Faches auch dem unterpriviligierten Bevölkerungsanteil der Welt zugute kommen zu lassen. Dies läßt sich jedoch nur durch tatkräftige internationale Kooperation erreichen. Die Bundesrepublik hat auf diesem Gebiet durch die Deutsche Stiftung für Internationale Entwicklung bereits Hervorragendes geleistet.

Eine weitere der vielen Aufgaben der ILDS ist es, die internationale Zusammenarbeit, den Gedankenaustausch und damit die gegenseitige intellektuelle Befruchtung der Dermatologen weltweit zu fördern. Auch die Tagungen der Deutschen Dermatologischen Gesellschaft sind immer schon durch Internationalität geprägt gewesen, nicht nur deswegen, weil die DDG a priori Dermatologen deutscher Sprache verschiedener Länder vereinigt, sondern auch, weil sie in den letzten Jahren in zunehmendem Maße Gäste aus andersprachigen Ländern bei ihren Tagungen mit offenen Armen empfangen und durch deren Einbindung in das wissenschaftliche Programm dokumentiert hat, daß Medizin, medizinische Forschung und damit auch Dermatologie ein internationales Anliegen und damit ein völkerverbindendes Moment darstellen. Auch hier in Hannover schließt das Programm einen Workshop der Deutsch-Französischen Dermatologischen Gesellschaft sowie ein Britisches Symposium ein und dokumentiert damit die Öffnung unserer Gesellschaft und die Bedeutung dieser Tagung für die internationale Dermatologie.

Wenn wir bei der 35. Tagung der Deutschen Dermatologischen Gesellschaft in München den 100jährigen Geburtstag der DDG feiern konnten und die Tagung dadurch ein besonderes Glanzlicht erhielt, kann auch diese 36. Tagung der DGG in Hannover als ein Meilenstein in die Geschichte der DDG eingehen. Hannover markiert den Beginn eines neuen Weges, den die Kollegen aus der DDR ungehindert und frei mit ihren Kollegen aus der Bundesrepublik, aus Österreich, der Schweiz und anderen Ländern gehen werden. Es wird in Zukunft keine Schranken mehr geben zwischen einer westlichen und östlichen Dermatologie. Der Zusammenschluß Deutschlands ist dafür das Signal. In diesem Zusammenhang sei darauf hingewiesen, daß der erste Kongreß der DDG 1889 in Prag stattgefunden hat. Auch Prag ist heute frei, und wir freuen uns auf eine Zukunft, in der die Interaktion und der freie fachliche Meinungsaustausch der DDG mit den Gesellschaften Zentral- und Osteuropas aufgrund der gefallenen Barrieren intensiviert werden wird. Die bewundernswerten Schrittmacherdienste, die schon seit Jahren auf diesem Gebiet von unseren polnischen und ungarischen Kollegen geleistet worden sind, seien hier mit großer Hochachtung erwähnt.

Steigleder hat 1982 die Tagungen der DDG als die Olympiaden im Leben der Dermatologen Deutscher Sprache bezeichnet und die Internationalität der DDG-Tagungen ist sicher mit ein Faktor, der die Berechtigung dieser Definition unterstreicht. Es ist mir daher ein besonderes Anliegen, als Präsident der Internationalen Liga Dermatologischer Gesellschaften, Ihnen lieber Herr Marghescu als Tagungspräsident, Ihnen lieber Herr Christophers als Präsident der DDG, sowie Ihnen allen, die Sie als Mitglieder und Gäste an diesem für unser Fach so wichtigen Kongreß teilnehmen, die besten Wünsche des International Committee of Dermatology zu übermitteln und der Tagung ein gutes Gelingen zu wünschen.

Verleihung der Herxheimer-Medaille durch den Präsidenten der DDG

Meine sehr verehrten Damen und Herren,

wie bei jeder Eröffnung eines Kongresses der Deutschen Dermatologischen Gesellschaft ist es ein Anliegen, hervorragende Mitglieder und Kollegen aus unserer Mitte zu ehren und ihre besonderen Verdienste für die Dermatologie zu würdigen. Die Deutsche Dermatologische Gesellschaft verleiht mit der Herxheimer-Medaille ihre höchste Auszeichnung, auf einstimmigen Beschluß des Vorstandes auf der Grundlage der dafür gültigen Satzung, an Herrn Prof. Dr. med. Dr. h. c. mult. Otto Braun-Falco, Direktor der Dermatologischen Klinik und Poliklinik der Ludwig-Maximilians-Universität München.

Als Präsident der DDG bin ich befugt, dem Auszuzeichnenden die Glückwünsche aller Mitglieder unserer Gesellschaft zu übermitteln und die Medaille zu überreichen.

Zuvor erlaube ich mir, die Verdienste des Ausgezeichneten zu würdigen und seine Persönlichkeit vorzustellen.

Prof. Braun-Falco wurde 1922 in Saarbrücken geboren, besuchte dort und anschließend in Kassel die Schule und bestand im Jahre 1940 die Abiturprüfung. Es folgte in der Zeit von 1940 bis 48 das Studium der Medizin, zunächst an der Universität Münster und mit dem Medizinischen Staatsexamen und der Promotion zum Dr. med. mit der Benotung „magna cum laude" an der Johannes-Gutenberg-Universität in Mainz. Das Studium war unterbrochen durch Wehrmacht, Kriegseinsatz und amerikanische bzw. französische Kriegsgefangenschaft bis August 1946.

Im Jahre 1948 begann die Ausbildung zum Facharzt für Dermatologie und Venerologie an der Univ.-Hautklinik in Mainz unter Prof. Dr. med. Keining.

Braun-Falco wurde 1954 Facharzt für Haut- und Geschlechtskrankheiten und habilitierte sich im gleichen Jahr mit einer Habilitationsschrift, die den Titel trägt: „Histochemische und morphologische Studien an normaler und pathologisch veränderter Haut". 1955 wurde er zum Oberarzt ernannt, und 1960 folgte die Ernennung zum außerplanmäßigen Professor. Ein Jahr später im Jahre 1961 wurde Braun-Falco als o. ö.-Professor auf den Lehrstuhl für Dermatologie und Venerologie an der Philipps-Universität in Marburg berufen, wo er bis 1967 tätig war.

1966 folgte ein Ruf als ordentlicher Professor auf den Lehrstuhl für Dermatologie und Venerologie an der Ludwig-Maximilians-Universität zu München, wo der Auszuzeichnende bis heute als Ordinarius für Dermatologie und Venerologie und Direktor der Dermatologischen Klinik und Poliklinik der Universität tätig ist.

Wir ehren mit Braun-Falco einen hervorragenden Arzt und Wissenschaftler, einen ausgezeichneten Lehrer und einen großartigen Kliniker und Menschen. Die Leistungen und Verdienste von Braun-Falco im einzelnen aufzuzählen, würde den Rahmen dieser festlichen Stunde sprengen. Ich darf nur einiges erwähnen, was seine Persönlichkeit besonders charakterisiert.

Sein hohes akademisches Ansehen veranlaßten medizinische Fakultäten und jeweilige Kultusminister, einen Ruf zu erteilen auf Lehrstühle in den Universitäten Köln, Heidelberg sowie, ehrenvoller noch, 1972 in Wien und 1977 in Zürich.

Diese Rufe wurden nicht angenommen, stattdessen widmete sich Braun-Falco mit beispielhafter Intensität seinen wissenschaftlichen Arbeitsgebieten, der Histochemie einschließlich Immunhistochemie, der Ultrastrukturforschung, der Dermatohistopathologie, den speziellen Arbeitsbereichen Pathologie der Verhornung, Pathophysiologie der Blasenbildung, Haarwachstum, Psoriasis, malignes Melanom, Lymphome, Strahlentherapie und Geschlechtskrankheiten einschließlich AIDS. Aus seiner Feder stammen über 600 Publikationen sowie zahlreiche Handbuchbeiträge und Buchbeiträge. Zusammen mit seinem Lehrer Keining publizierte er das bekannte Lehrbuch für Dermatologie und Venerologie, das 1961 erstmals erschien, 1969 die 2. Auflage erlebte, um dann zusammen mit Plewig und Wolff in der 3. und erweiterten Auflage weitergeführt zu werden. Eine für die amerikanische Dermatologie bestimmte Ausgabe wird binnen kurzem erscheinen.

Zahlreich sind auch die Ehrungen durch verschiedene ausländische Gesellschaften und Einrichtungen des öffentlichen Lebens. So wurde er 1965 Vizepräsident der International Society of Tropical Dermatology, ein Jahr später Mitglied der Deutschen Gesellschaft der Naturforscher Leopoldina zu Halle, wurde 1982 mit der Wahl zum Obmann der Sektion Dermatologie in der Leopoldina geehrt und vor kurzem gar Vizepräsident dieser ältesten deutschen Gelehrtenvereinigung.

Er erhielt in Wien die Hebra-Medaille, den Bayerischen Verdienstorden, an der Reichsuniversität Gent und an der Philipps-Universität Marburg die Ehrendoktorwürde, den Alwin Cox-Preis in Stanford und die Steffen-Rothmann-Medaille in Gold der Society of Investigative Dermatology sowie die Marchionini-Medaille in Gold anläßlich des internationalen Kongresses der Dermatologie in Tokyo im Jahre 1982.

Braun-Falco war Präsident des Internationalen Komitees der Internationalen Liga in den Jahren 1977 bis 82, er war Präsident und Gründungsmitglied der Europäischen Gesellschaft für Dermatologische Forschung, Mitglied des wissenschaftlichen Ausschusses der Gesellschaft Deutscher Naturforscher und Ärzte und in den Jahren 1982 bis 85 Präsident der Deutschen Dermatologischen Gesellschaft. 1986 erfolgte die Gründung der Bayerischen AIDS-Stiftung, deren 1. Vorsitzender Braun-Falco wurde.

Ehrenmitgliedschaften in fast 30 dermatologischen Gesellschaften unserer Erde und fast 1 Dutzend korrespondierende Mitgliedschaften zeugen von beispiellosem internationalen Ansehen unseres Auszuzeichnenden.

Neben dem hohen wissenschaftlichen Ansehen wird sein Rat überall gesucht in berufspolitischen, wissenschaftlichen und gesundheitspolitischen Fragen. Der klinischen und akademischen Schulung und Ausbildung unter Braun-Falco entsprangen zahlreiche Lehrstuhlinhaber an unseren Universitäten, ich nenne Tübingen, Heidelberg, Düsseldorf, Aachen, Hamburg, Würzburg sowie demnächst Köln, der Lehrstuhl unseres Tagungsleiters hier in Hannover sowie sämtliche Lehrstühle des Landes Schleswig-Holstein.

Ich darf noch eines hinzufügen: Die großen Leistungen des diesjährigen Trägers der Herxheimer-Medaille wären nicht möglich ohne die fast selbstlose Mitarbeit und Hilfe seiner verehrten Frau Sissy Braun-Falco, die ich hier heute Nachmittag sehr herzlich begrüße und der ich gleichfalls die Gratulation unserer Gesellschaft übermitteln darf.

So ist es mir nun eine besondere Ehre und eine große Freude, Herrn Prof. Dr. med. Otto Braun-Falco die Herxheimer-Medaille zu überreichen, und ich darf damit Dir, lieber Otto, die herzlichsten Glückwünsche unserer Gesellschaft, aber auch meine persönlichen Gratulationen übermitteln.

Wir alle verbinden damit zugleich den Wunsch, daß Du auch in Zukunft uns mit Rat und Mithilfe bei den Problemen unseres ärztlichen Berufes, als Hochschullehrer und Freund zur Seite stehen wirst.

Verleihung der Paul-Gerson-Unna-Medaille durch den Präsidenten der DDG

Meine Damen und Herren,

die Unna-Medaille stellt eine hohe Auszeichnung dar, die geschaffen wurde, um Persönlichkeiten zu ehren, die sich um die Dermatologie, sowohl in der Klinik wie auch in der Praxis, in besonderem Maße verdient gemacht haben.

Der Vorstand der Deutschen Dermatologischen Gesellschaft hat einstimmig beschlossen, auf der diesjährigen Tagung in Hannover einen Freund und langjährigen Förderer unseres Faches, Herrn Direktor i. R. Heinz Saueressig, zu ehren.

Im Namen der Deutschen Dermatologischen Gesellschaft darf ich Ihnen, lieber Herr Saueressig, heute und hier diese Unna-Medaille überreichen zugleich mit dem tiefempfundenen Dank aller Mitglieder unserer Gesellschaft für das, was Sie in den zurückliegenden Jahren der Dermatologie unseres Landes erwiesen haben.

Bevor ich Ihnen diese Medaille überreiche, darf ich den Auszuzeichnenden vorstellen und seine Leistung würdigen.

Heinz Saueressig wurde am 4. Dezember 1924 in Osnabrück geboren und absolvierte dort seine Schulzeit von 1931 bis 1941. Er wurde anschließend sogleich im Pharmabereich bei der Firma Hagen u. Co. in Osnabrück tätig, mußte aber seine weitere Ausbildung 1942 mit Arbeitsdienst und späterer englischer Gefangenschaft unterbrechen. Nach seiner Rückkehr aus Gefangenschaft wurde Heinz Saueressig zum pharmazeutischen Kaufmann in Osnabrück ausgebildet und trat danach in die Leitung der Dr. Karl Thomae GmbH in Biberach an der Riss ein.

Das war im Jahre 1955, und fünf Jahre später übernahm er, damals zusammen mit Hagen Tronnier, die Leitung der neugegründeten dermatologischen Fachfirma Basotherm in Biberach an der Riss. Herr Saueressig blieb Geschäftsführer dieser erfolgreichen Firma bis zum Jahre 1989, und unter seiner Leitung sind eine Reihe von dermatologischen Heilmitteln entstanden, insbesondere zur Therapie der Akne, Pilzinfektionen sowie Applikationsformen, die an der Haut, im Vaginalbereich und am Auge einsetzbar sind. Unter der Leitung von Heinz Saueressig entwickelte die Basotherm sich zu einem bedeutenden Unternehmen, das in Deutschland und im Ausland vertreten ist.

Heinz Saueressig ist jedoch nicht nur ein Mann des harten industriellen Wettbewerbs. Er ist zugleich ein bedeutender Kenner von Kunst und Literatur, ein Feingeist, der es geschafft hat, neben seiner hauptberuflichen Tätigkeit eine Reihe belletristischer, literarisch kritischer sowie literaturhistorischer Werke zu veröffentlichen. Er beschäftigte sich seit 1946 mit Thomas Mann, insbesondere mit dem „Zauberberg", über den er zwei Bücher veröffentlichte.

Mit vielen Dichtern und Schriftstellern unseres Landes hat er engen brieflichen und auch persönlichen Kontakt. Sein Interesse galt immer wieder dem Thema des Menschen in unserer Zeit, und viel gelesen sind die Studien und Veröffentlichungen, in denen Saueressig die Verbindung von Medizin und Literatur aufzeigt.

Als besondere Ehrung für dieses reiche intellektuelle Leben ernannte die Hugo-von-Hofmannsthal-Gesellschaft Heinz Saueressig zum Ehrenrat als Nachfolger des Sohnes Hugo von Hofmannsthals. 1978 wurde die Stiftung Literaturarchiv Oberschwaben geschaffen, der Saueressig gemeinsam mit Martin Walser und anderen Persönlichkeiten des öffentlichen Lebens vorsteht.

Aber nicht nur diese Seite ist bestechend. Saueressig war immer ein origineller, witziger und auch kritischer Teilnehmer an dermatologischen Tagungen und Kongressen. Für den Jüngeren hatte er ein ermunterndes Wort, Kongreßpläne unterstützte er, wo er nur konnte und vielfach waren es die Perlen eines Kongresses, die Saueressig initiiert und realisierte. Ich erinnere mich persönlich an die DDG-Tagung in Westerland 1980, auf der Heinz Saueressig ein Konzert in der Keitumer Kirche auf den Weg brachte, das in seiner unbeschreiblich schönen Weise eine bleibende Erinnerung für alle war, die es hörten.

Wir Dermatologen, lieber Heinz Saueressig, danken Ihnen für alles, was Sie *für* die Dermatologen geschaffen haben und *mit* den Dermatologen zusammen erreicht haben. Wir hoffen, daß Sie uns lange erhalten bleiben und auch, wenn Sie nunmehr den Genüssen des Ruheständlers nachgehen, Ihre literarische Mitteilsamkeit und Ihre persönliche Freundschaft uns erhalten bleiben.

Herzliche Glückwünsche!

Verleihung des Eduard-Grosse-Senior-Preises durch den Präsidenten der DDG

Für die beste klinisch-therapeutische Arbeit, die in der Zeitschrift „Der Deutsche Dermatologe" erschienen ist.

Es sind die Preisträger Frau Dr. med Maria-Elisabeth Olszewsky, Herr Dr. med. Andreas Zöbe und als dritter Autor Prof. Dr. med. Otto Paul Hornstein.

Die Arbeit wurde in der Dermatologischen Klinik der Universität Erlangen erstellt mit dem Thema „Lokalanaesthesie in der Dermatologie" als Hauptthema und erschien in Heft 10 und Heft 11 in zwei Folgen unter der Überschrift „Chemische Struktur und Wirkung" sowie „Komplikationen und Therapie".

Ich gratuliere den Preisträgern zu dieser wichtigen und lesenswerten Arbeit und darf Ihnen kurz die Autoren vorstellen.

Frau Dr. Maria-Elisabeth Olszewsky wurde 1952 in München geboren, ging dort zur Schule, begann 1972 das Studium an der Ruhruniversität in Bochum und bestand dort 1979 das Staatsexamen. Zwischendurch war sie an verschiedenen Krankenhäusern tätig, so in USA, und studierte 1 Semester im Jahre 1976 an der Univ. von Sidney/Australien. Nach einem kurzen Studium der Philosophie zunächst in Aachen, dann in Wien, heiratete sie in Wien den Theologen Buchele, wurde anschließend Assistenzärztin in verschiedenen Kliniken in und um München. Seit 1986 ist sie in der Facharztausbildung an der Hautklinik Erlangen.

Dr. med. Andreas Zöbe ist 40 Jahre alt und stammt gleichfalls aus München, ging jedoch in Nürnberg zur Schule und bestand dort das Abitur. Er studierte in Erlangen/Nürnberg und war anschließend in verschiedenen Kliniken in und um Nürnberg, aber auch in Bad Salzuflen und Detmold als Medizinalassistent tätig. Er wurde zunächst Anaesthesist an der Univ. Erlangen/Nürnberg und begann 1985 als Assistenzarzt in der Hautklinik in Heilbronn, um dann ab 1987 seine Facharztausbildung an der Hautklinik in Erlangen fortzusetzen.

Ihnen Herrn Prof. Dr. med. Hornstein, den Direktor der Univ.-Hautklinik in Erlangen vorzustellen, wäre müßig, er ist Ihnen allen bekannt. Seit 1967 als Ordentlicher Professor und Direktor der Dermatologischen Univ.-Klinik in Erlangen tätig, sind seine Hauptarbeitsgebiete die Andrologie, die Allergologie sowie Krankheiten der Mundschleimhaut, die Histopathologie der Haut und die nosologischen Beziehungen zwischen Dermatologie und Innerer Medizin. Aus seiner Feder stammen viele Arbeiten der klinischen und experimentellen Dermatologie, und auch bei dieser Preisarbeit hat Herr Hornstein mit ganzer Kraft Pate gestanden.

Nochmals herzlichen Glückwunsch!

Verleihung des Paul-Gerson-Unna-Preises durch den Präsidenten der DDG

Meine Damen und Herren,

als wissenschaftliche Gesellschaft ist es ein Hauptanliegen der DDG, wissenschaftlich hervorragende Arbeiten auszuzeichnen und die Wissenschaftler, die Besonderes geleistet haben, öffentlich und vor den Mitgliedern der Gesellschaft mit einem Preis zu ehren.

Zu diesem Zweck hat die Firma Beiersdorf AG, Hamburg, einen Preis gestiftet, der zu Ehren eines der größten Forschers und Arztes unseres Faches, Paul-Gerson-Unna, gestiftet wurde. Ein Preiskollegium, bestehend aus einzelnen Persönlichkeiten sowie einzelnen Mitgliedern des Vorstandes der DDG, hat nach eingehender Beratung unter den eingesandten Arbeiten zwei preiswürdige wissenschaftliche Mitteilungen ausgewählt, die sich durch hohen wissenschaftlichen Standard, die Aktualität der Mitteilung wie auch die hohe Relevanz für die dermatologische Praxis als herausragend erwiesen.

Die Arbeiten wurden unter dem Thema „Kutanmikrobielle Wechselwirkungen" eingesandt.

Als erste Arbeit wurde der Beitrag von Herrn Dr. Michael Dieter Kramer, aus der Univ.-Hautklinik Heidelberg ausgezeichnet. Der Titel der Arbeit lautet: *Die Borellia Burgdorferi-Infektion, Aspekte der Grundlagenforschung, neue Ansätze der Diagnostik und Therapie"*.

Ich möchte Ihnen den Preisträger kurz vorstellen.

Herr Kramer stammt von der Bergstraße an den Füßen des Schwarzwaldes, ging in Schuldorf/Bergstraße in Seeheim zur Schule und bestand dort im Jahre 1977 das Abitur. Er studierte von 1977 bis 1984 in Heidelberg und hat Heidelberg seitdem selten verlassen. Er war zunächst im Institut für Immunologie und Genetik am Deutschen Krebsforschungszentrum tätig, in den Jahren von 1979 bis 1984. Von 1985 bis 1987 war er Stabsarzt und wissenschaftlicher Assistent am Zentralen Institut des Sanitätsdienstes der Bundeswehr in Koblenz und kehrte nach einer erfolgreichen Tätigkeit in der Immunologie und Mikrobiologie in Koblenz als Stipendiat an die Univ.-Hautklinik Heidelberg zurück, um dort von 1987 bis 1989 molekularbiologisch zu arbeiten. Seit 1989 ist Herr Kramer wissenschaftlicher Assistent der Univ.-Hautklinik Heidelberg.

Mit der Überreichung der Urkunde über die Verleihung des Paul-Gerson-Unna-Preises 1990 verbinden sich die herzlichsten Glückwünsche der DDG.

Als zweite Preisarbeit wurde der Beitrag aus der Dermatologischen Klinik der Ludwig-Maximilians-Universität zu München gewürdigt. Sie trägt den Titel *„Mechanisms of skin adherence, penetration and tissue necrosis production by Haemophilus ducreyi, the causative agent of chancroid"*. Es handelt sich um eine Arbeit der Autoren Dietrich Abeck und Hans-Christian Korting.

Auch hier darf ich Ihnen zunächst den Preisträger Dietrich Abeck vorstellen. Er ist 31 Jahre alt und wurde in Essen geboren. Seinem Curriculum vitae ist zu entnehmen, daß Herr Abeck 1979 am Gymnasium Icking in Bayern das Reifezeugnis erwarb, von 1979 bis 1985 an der LMU in München studierte und 1986 mit der Note „magna cum laude" für Medizin promovierte. In den Jahren 1986 bis 1987 war Herr Abeck, unterstützt durch ein Ausbildungsstipendium der Deutschen Forschungsgemeinschaft, in England am Clinical Research Center, Abteilung Sexuell Übertragbare Erkrankungen, wissenschaftlich tätig. Seit 1987 ist Herr Abeck zunächst als wissenschaftliche Hilfskraft, dann aber als Akademischer Rat auf Zeit an der Dermatologischen Klinik in München tätig.

Mitautor an dieser Arbeit ist Hans-Christian Korting, der 1952 in Tübingen geboren wurde. Herr Korting studierte in Mainz von 1970 bis 1976, promovierte 1977 mit der Note „magna cum laude", war Sanitätsoffizier im Bundeswehrzentralkrankenhaus in Koblenz, wurde Hautarzt mit Gebietsarztanerkennung im Jahre 1983 und begann 1985 seine oberärztliche Tätigkeit an der Hautklinik. Er habilitierte sich 1985 über das Thema „Wirksamkeit und Verträglichkeit neuer β-Laktam-Antibiotika vom Typ der Cephalosporine bei der Gonorrhoe", und es ist hinzuzufügen, daß Herr Korting es verstand, eigentlich sämtliche durchgemachten Examina und Prüfungen mit der Note „sehr gut" zu bestehen.

Zu der jetzigen bedeutenden Auszeichnung, dem Paul-Gerson-Unna-Preis, gratuliere ich den drei Autoren vielmals.

Verleihung der Schaudinn-Hoffmann-Medaille durch den Präsidenten der DDG

Meine sehr geehrten Damen und Herren,

Diagnostik und Therapie der Geschlechtskrankheiten spielen nach wie vor eine bedeutende Rolle und haben durch das jähe Ansteigen der AIDS-Erkrankungen völlig neue, gesellschaftspolitische, medizinische und wissenschaftlich hochinteressante Aspekte erfahren.

Auf dem Kongreß der Deutschen Dermatologischen Gesellschaft wird aus diesem Grunde regelmäßig die Ehrung eines bedeutenden Venerologen aus unserer Mitte durchgeführt. Sie erfolgt mit der Verleihung der Schaudinn-Hoffmann-Plakette in Erinnerung an die nunmehr vor fast 90 Jahren erfolgte, damals wie heute epochale Identifikation der Spirochaeta pallida.

Von der Kommission für die Verleihung der Schaudinn-Hoffmann-Plakette wurde beschlossen, in diesem Jahre Herrn Prof. Dr. med. Detlef Petzoldt, Direktor der Univ.-Hautklinik in Heidelberg, zu ehren. Der Vorschlag für den diesjährigen Preisträger erfolgte einstimmig. Mit der Überreichung der Plakette darf ich kurz die Persönlichkeit des Auszuzeichnenden skizzieren.

Prof. Dr. med. Detlef Petzoldt wurde am 21. April 1936 geboren und studierte zunächst Medizin an der damaligen Karl-Marx-Universität zu Leipzig und anschließend in Heidelberg. Er bestand 1960 sein medizinisches Staatsexamen an der Universität Heidelberg, promovierte dann in Mainz und war 1962 bis 1967 wissenschaftlicher Assistent an der Dermatologischen Klinik Marburg unter dem gerade berufenen Professor Braun-Falco. Herr Petzoldt folgte Braun-Falco, der nach München berufen wurde, und war dort als Oberarzt tätig. 1972 Ernennung zum apl. Professor und anschließend in den Jahren 1974 bis 1979 Direktor der Klinik für Dermatologie und Venerologie an der Medizinischen Hochschule in Lübeck. 1979 erhielt er einen Ruf nach Heidelberg, und er wurde Direktor der Hautklinik der Universität Heidelberg, der er heute vorsteht. Prof. Petzoldt ist Mitglied verschiedener nationaler und internationaler Gesellschaften, ist Präsident der „International Union Against the Venereal Diseases and the Treponematoses" und seit 1984 Präsident der Deutschen Gesellschaft zur Bekämpfung der Geschlechtskrankheiten. Er ist seit 1984 zugleich Herausgeber und Schriftleiter der Zeitschrift „Der Hautarzt". Unter seiner Führung konnte „Der Hautarzt", der zugleich das offizielle Mittteilungsblatt der Deutschen Dermatologischen Gesellschaft ist, sein hohes wissenschaftliches Niveau und das hohe Ansehen dieser Fachzeitschrift weiter ausbauen.

Ich freue mich, Dir, lieber Detlef, diese Schaudinn-Hoffmann-Plakette als besondere Auszeichnung verleihen zu dürfen und verbinde damit die besten Wünsche für eine weitere erfolgreiche venerologische und dermatologische Tätigkeit.

Herzlichen Glückwunsch!

Gastvorlesungen

Wachstumskontrolle von Melanozyten und Melaninsynthese

H. Rorsman, Lund

Um die normale und pathologische Pigmentbildung zu verstehen und um die Tumoren, welche von den Melanozyten ausgehen, kontrollieren zu können, haben die Pigmentforscher seit mehr als einem halben Jahrhundert die Morphologie und Funktion der Melanozyten studiert. Besonders die Fortschritte der letzten 10 Jahre haben dazu geführt, daß wir beginnen, ein Bild der Wachstumsregulierung und ein klareres Bild der eigentlichen Pigmentsynthese zu erhalten.

Ein Faktor, welcher das Studium des Melanozytensystems erschwert, ist dessen große Verteilung über den ganzen Körper. Nur ein sehr kleiner Teil der Zellen der Haut und Epidermis besteht aus Melanozyten. Im Gesicht sind ungefähr 2000 Melanozyten pro mm^2 vorhanden, während sich in anderen Körperteilen bis nur zu 1000/mm^2 finden [35]. Rechnen wir alle Melanozyten zusammen, welche in der basalen Schicht der Epidermis und in den Haarfollikeln vorkommen, so erhalten wir ein Melanozytenorgan, welches ungefähr 1 cm^3 groß ist [34].

Die Melanozyten leben in intimer Symbiose mit den Keratinozyten, an welche sie ihr Pigment abgeben [30]. Faktoren, welche die Keratinozyten beeinflussen, können auf die Melanozyten einwirken, und hierdurch entsteht ein sehr komplexes Regulationssystem.

Ein besonders auffälliges Phänomen für normale Melanozyten ist, daß sie danach streben, ein eigenes Versorgungsgebiet zu haben, um ihre eigenen Keratinozyten mit Pigment zu versorgen [25]. Normale Melanozyten stoßen einander ab. In dieser Hinsicht unterscheiden sich die normalen Melanozyten völlig von Nävuszellen und Melanomzellen, welche dicht gesammelt leben.

Ultraviolette Strahlen bewirken eine starke Stimulierung der Pigmentbildung, welche mit einer gesteigerten Melaninbildung in einzelnen Melanozyten zusammenhängt, aber auch auf einer Mitosenstimulierung der Melanozyten beruht [30]. Es ist auffällig, daß man bei der Maus auch eine systemische Wirkung der UV-Bestrahlung nachweisen konnte; die Melanozytenmitosefrequenz nimmt im unbestrahlten Mausohr zu, wenn das andere Ohr einer UV-Bestrahlung ausgesetzt wird [33]. Die Natur dieser Mitosenstimulierung ist nicht aufgeklärt, und man weiß nicht sicher, ob dieses Phänomen auch beim Menschen vorkommt. Um aufzuklären, welche Faktoren das Wachstum und die Funktionen der Melanozyten steuern, ist es natürlich wichtig, normale Melanozyten züchten zu können.

Bei UV-Exposition werden die Mitosen sowohl in den Keratinozyten als auch in den Melanozyten stimuliert, und diese beiden Zelltypen haben einen intimen anatomischen Kontakt. Schätzungsweise hat ein einzelner Melanozyt mit 36 Keratinozyten in der basalen und suprabasalen Zellschicht Kontakt und gibt seine Melanosome an diese Zellen ab [30]. Man hat diskutiert, ob die Melanozytenstimulierung durch UV-Bestrahlung durch Faktoren ausgehend von Keratinozyten vermittelt werden kann, oder ob die Stimulierung eine direkte ist.

Erst in den letzten zehn Jahren ist es möglich geworden, normale Melanozyten in Kulturen zu halten, wodurch die Wachstumsfaktoren für diese Zellen studiert werden konnten [4, 17]. Eisinger und Marko konnten zeigen, daß ein Phorbolester, 4-O-Methyl-12-0-tetra-decanoylphorbol-13-acetat (TPA) bewirkt, daß normale Melanozyten in vitro wachsen. Ebenso konnten weitere Wachstumsfaktoren für Melanozyten definiert werden [5, 7, 8, 10, 11, 12].

Humane Melanomzellen sind größtenteils selbstversorgend bezüglich solcher Wachstumsfaktoren und können in gebräuchlichen Medien ohne Extra-Zusätze gezüchtet werden. Es konnte gezeigt werden, daß bestimmte Melanom- und Astrozytomzellinien und eine Fibroblastlinie Substanzen produzieren, welche extrahiert werden können und normale Melanozyten ohne TPA zum Wachsen bringen [5]. Es hat sich auch gezeigt, daß Extrakt aus Ochsengehirn normale Melanozyten zum Wachstum bringt [38].

Beobachtungen dieser Art haben dazu geführt, daß man Versuche mit „normalen" Melanozyten in Kulturen anstellen konnte, um Wachstums- und Pigmentierungsfaktoren genauer definieren zu können. Gordon und Mitarbeiter [10] verglichen in einem System ohne TPA die Wirkung von drei Melanozytwachstumsfaktoren auf Melanomzellen und normale Melanozyten. Diese drei Faktoren waren fetales Kalbsserum, Choleratoxin und Melanozytwachstumsfaktoren, isoliert aus dem Hypothalamus von Ochsen. Fetales Serum stimulierte alle Zelltypen. Melanozytwachstumsfaktoren aus dem Ochsengehirn zeigten eine starke Wirkung auf epidermale Melanozyten, aber nicht auf Melanomzellen. Choleratoxin, welches in dem zur Anwendung kommenden System für das Wachstum epidermaler Melanozyten notwendig war, hatte nur eine unbedeutende Wirkung auf Melanomzellen.

Diese Untersuchung verdeutlicht, daß Melanomzellen sich von Wachstumsfaktoren, welche für normale Melanozyten von Bedeutung sind, befreit haben [10], aber sie reagieren auf Serumfaktoren wie normale Melanozyten.

Die definierten Faktoren, welche sich auf normale Melanozyten als mitosestimulierend erwiesen haben, können in vier Gruppen eingeteilt werden:

1. Tumor Promoters (Phorbol Ester);
2. Stimulatoren der Adenylzyklase (Choleratoxin, Isobutylmethylxanthine, Dibutyrylzyklisches AMP, Alfa-MSH;
3. „Peptide growth factors" (basic fibroblast growth factor, bFGF);
4. Leukotrien C_4 und D_4.

Von diesen können bFGF, Alfa-MSH und Leukotriene im Organismus gebildet werden. Bezüglich bFGF und Alfa-MSH gilt aber, daß deren Wirkung auch das Vorhandensein von Stimulatoren der Adenylzyklase und/oder einem Tumor-Promotor fordert. Leukotrien C_4 und D_4 scheinen von anderen bisher definierten Mitosestimuli für Melanozyten unabhängig zu sein [28]. Wirkungen von Leukotrien C_4 und D_4 konnten in Langzeitversuchen festgestellt werden. Die Leukotriene wurden mehrmals zugesetzt, da beide schnell zu Leukotrien E_4 metabolisiert werden, welches keine stimulierende Wirkung besitzt. In diesem in vitro-System hatten weder Arachidonsäure noch Prostaglandin E_2, welche in vivo eine Wirkung haben, einen Effekt auf Melanozyten [29].

Gilchrest et al. [7] beobachteten in ihren Kulturversuchen die funktionelle Interaktion zwischen Keratinozyten und Melanozyten. Wenn in ihrem Kultursystem, bestehend aus Keratinozyten und Melanozyten, die Anzahl von Keratinozyten abnimmt, so sammeln sich die dendritischen Melanozyten rund um die noch vorhandenen Keratinozyten. Verschwinden diese schließlich vollkommen, hört die Melanozytenproliferation auf.

In Versuchen mit einem Medium, welches kein TPA enthält, haben Gordon et al. [8] gefunden, daß in dem Medium, in welchem Keratinozyten wachsen, sowohl niedrig molekulare als auch hoch molekulare Melanozytwachstumsfaktoren enthalten sind. Diese Faktoren konnten aber nicht näher definiert werden. Man konnte die Bedeutung einiger definierten Keratinozytprodukte, wie zum Beispiel basischer Fibroblast Wachstumsfaktor, ausschließen. Halaban et al. [12] haben jedoch gefunden, daß bFGF ein Melanozytmitogen ist.

Der Wirkungsmechanismus von Leukotrien C_4 und Leukotrien D_4 ist nicht bekannt, man konnte aber in anderen Systemen zeigen, daß Leukotriene nach Bindung an Rezeptoren eine Hydrolyse von Phosphatidylinositol in Diacylglycerol und Inositoltriphosphat bewirken [27]. In diesem Zusammenhang ist es interessant, daß Gordon und Gilchrest vor kurzem zeigen konnten, daß ein Diacylglycerol-Analog den Melaningehalt in gezüchteten Melanozyten erhöht. Sie halten es für wahrscheinlich, daß diese Melaninvermehrung durch Proteinkinase C vermittelt wird [9].

Mit vermehrtem Wissen über Mediatoren für das Wachstum und die Pigmentierung von Melanozyten und mit der Möglichkeit, diese Zellen in Kulturen zu studieren, hat man Voraussetzungen erhalten, den Mechanismus der Pigmentvermehrung durch UV-Bestrahlung zu studieren. Friedman und Gilchrest [6] haben gezeigt, daß sowohl normale humane Melanozyten als auch Melanomzellen der Maus nach wiederholter täglicher Stimulierung mit UVB ihre Pigmentproduktion vermehren. Diese Pigmentvermehrung scheint durch einen Mechanismus, unabhängig von zyklischem AMP, vermittelt zu werden. Die Pigmentvermehrung in einzelnen Zellen war mit einer deutlichen Inhibition der Zellproliferation verbunden; diese Tatsache scheint dafür zu sprechen, daß die Melanozytenmitosen nach UV-Bestrahlung in vivo von der Wirkung anderer Zellen, zum Beispiel Keratinozyten, abhängig ist. Sowohl die Pigmentstimulierung als auch die Wachstumshemmung waren dosisabhängig.

Libow et al. [24] fanden in einem anderen in vitro-System, daß Zellmenge und 3H-thymidininkorporierung in Melanozyten, die einmal einer UVB-Bestrahlung ausgesetzt waren, zunahmen. Diese Wirkung konnte nur bei einer bestimmten Bestrahlungsdosis erreicht werden. Es ist möglich, daß die Wirkungen einzelner oder wiederholter Bestrahlungsexpositionen im Hinblick auf die jeweilige Mitosestimuierung verschiedenartig sind. Der Unterschied in den Systemen kann ebenfalls von Bedeutung gewesen sein.

Tyrosinase ist das zentrale Enzym in der Synthese von Melanin. Das Enzym kommt in Prämelanosomen und auch in anderen Zellorganellen vor. Die Pigmentbildung kann aber nur durch das membrangebundene, unlösliche Enzym in den Prämelanosomen katalysiert werden. Die Bedeutung der Kohlehydratkomponente für die Transferierung zu den Prämelanosomen und für die Aktivierung des Enzyms, welche zur Melanogenese führt, ist Gegenstand einer ausführlichen Forschung [16, 26].

Es ist von größtem Interesse, daß die Gene für Tyrosinase sowohl beim Menschen als auch bei der Maus definiert worden sind [21, 22]. Die Bedeutung der Feststellung des verantwortlichen menschlichen Gens ist für den Kliniker im Hinblick auf die verschiedenen Albinismusformen klar. Da die Pigmentgenetik der Maus besonders gut erforscht ist, ist diese von großer Bedeutung. So haben zum Beispiel Halaban und Mitarbeiter [13] gezeigt, daß für einen bestimmten Albinotyp der Austausch eines Nukleotids zu einer großen Veränderung der Konformation des Proteins führt, welche das normal resistente Enzym für proteolytische Enzyme empfindlich macht.

Uns gelang es vor kurzem nach vieljähriger Arbeit, Tyrosinase aus gezüchteten menschlichen Melanomzellen zu isolieren, und wir haben durch die Feststellung der N-terminalen Sequenz des Enzyms beitragen können [39]. Es hat sich gezeigt, daß diese Sequenz in unseren Melanomzellen die gleiche ist für das membrangebundene wie für das lösliche Enzym [40]. Der Kohlenhydratteil bestimmt den Transport zu und die Inkorporierung in die Melanosome. Die Tyrosinase ist ein Enzym, welches sich während der Evolution kaum verändert hat. Die Ähnlichkeiten zwischen der Maustyrosinase und der menschlichen Tyrosinase sind sehr groß, und die Tyrosinase aus menschlichem Melanom gleicht sehr der in der gesunden Ochsenaugen vorkommenden.

Während die Zellvermehrung in vielen anderen Zelltypen oft mit einer verminderten spezifischen Funktion verbunden ist, hat sich bei den gezüchteten Melanozyten gezeigt, daß die Wachstumsstimulierung oft mit einer erhöhten Tyrosinaseaktivität verbunden ist, das heißt, mit einer Vermehrung des Enzyms, welches die spezifische Funktion der Zelle widerspiegelt [14].

Außerdem haben Halaban und Mitarbeiter [14] gezeigt, daß eine Reihe der Melanozytenwachstum fördernden Substanzen, welche ich früher erwähnt habe, auch die Tyrosinase in den humanen epidermalen Melanozyten stimulieren. Dies gilt für TPA, Isobutylmethylxantine, Cholera toxin, Dibutyl zyklisches AMP. Hingegen hatte Alfa-MSH keine Wirkung auf humane Melanozyten.

Die Wirkung von MSH auf menschliche Melanozyten ist immer noch unklar. Lerner und McGuire berichteten 1961 in einer klassischen Untersuchung, daß eine Präparation von MSH, verabreicht an vier schwarze Personen, eine Pigmentvermehrung ergab [23]. In vielen experimentellen Untersuchungen konnten die Wirkungen von MSH auf Melanozyten verschiedener Spezies, aber nicht auf humane Melanozyten, nachgewiesen werden. Bolognia und Mitarbeiter [3] haben gezeit, daß UV-Bestrahlung die Pigmentwirkung von MSH bei Maus und Meerschweinschen, möglicherweise durch Vermehrung von MSH-Rezeptoren, verstärken kann.

In unserer Gruppe haben wir seit vielen Jahren eine humane, pigmentbildende Melanomzell-Linie, welche wir von Dr. Aubert in Marseille erhalten haben, für das Studium von Tyrosinase und der Biochemie der Pigmentsynthese verwendet. Die Linie ist mit IGR1 benannt. Auch diese humane Linie scheint nicht auf MSH zu antworten. An dieser Zell-Linie verglichen wir die Antwort von dem Beta-Adrenozeptor-Agonisten Isoprenalin mit der Antwort von Alfa-MSH auf zyklisches AMP [18]. Alfa-MSH hatte keine Wirkung auf zyklisches AMP, während Isoprenalin zAMP in Relation zur Größe der Dosis erhöhte. Die klare Wirkung von dem Beta-Adrenozeptor-Agonisten zeigte, daß die Zellen antworten konnten und daß Alfa-MSH wirklich ohne Effekt war.

Die Tatsache, daß zyklisches AMP in unseren Melanomzellen durch Behandlung mit Isoprenalin erhöht werden konnte, führte uns dazu, die Wirkung dieser Substanz und eines anderen Beta-Adrenozeptor-Agonists (Terbutalin) auf die Tyrosinaseaktivität in unseren Melanomzellen direkt zu untersuchen [19].

Wir studierten auch die Wirkung des Phosphodiesteraseinhibitors Theophyllin und außerdem von 3,4-Dioxyphenylalanin-Essigsäure (Dopac), welcher das oxydierte Inaktivierungsprodukt von Dopamin ist, auf die Tyrosinase unserer Zellen. Ich will erklären, warum. Theophyllin erhöht durch seine enzyminhibitorische Wirkung zAMP in der Zelle und ist nicht abhängig von einer Adrenozeptorfunktion. Von den zwei Beta-Adrenozeptor-Agonisten ist Isoprenalin ein Katekol und Terbutalin ein Resorcinol. Nachdem berichtet wurde, daß Katekole zytotoxische Wirkungen auf Melanomzellen ausüben, wollten wir kontrollieren, ob ein eventueller Effekt in unserem System auf der Katekolstruktur oder auf der Beta-Adrenozeptor-Agonistfunktion beruhte. Dopac wurde als eine Kontrollsubstanz angewandt, da man weiß, daß dieses Katekol, welches ein normaler Dopaminmetabolit des Körpers ist, keine Wirkungen besitzt.

Theophyllin ergab eine siebenfache Erhöhung der Tyrosinaseaktivität in unseren Zellen und zeigte einen leichten Wachstumsinhibitionseffekt. Isoprenalin führte zu einer leichten Erhöhung der Tyrosinaseaktivität, hatte aber einen ausgeprägten Wachstumsinhibitionseffekt. Die schwache Wirkung von Isoprenalin auf die Tyrosinaseaktivität beruht unserer Ansicht nach darauf, daß Isoprenalin relativ schnell oxydiert wird. Terbutalin, welches mehr oxydationsstabil ist als Isoprenalin, hatte einen deutlicheren tyrosinasestimulierenden Effekt und hatte keine Wirkung auf die Proliferation der Zellen. Dopac schließlich hatte eine deutliche tyrosinasestimulierende und zytotoxische Wirkung.

Unsere Versuche haben somit gezeigt, daß Beta-Adrenozeptor-Agonisten für die Tyrosinase von Bedeutung sind. Die Wirkung von Dopac sowohl auf die Tyrosinase als auch auf die Zellproliferation muß mit der Katekolstruktur zusammenhängen, da diese Substanz keine Adrenozeptor-Agonistfunktion besitzt.

Wir nahmen an, daß die Wirkung von Dopac mit der Eigenschaft dieser Substanz, leicht oxydiert zu werden, zusammenhängt und führten Versuche aus, um zu beleuchten, ob Oxygenradikale oder Wasserstoffperoxyd, welche bei einer derartigen Oxydation entstehen, für die Tyrosinasestimulierung und Zytotoxizität verantwortlich sein könnten [20]. In diesen Versuchen ergab sich, daß der Zusatz des Enzyms Katalase, welches Wasserstoffperoxyd ohne Entstehung von Oxygenradikalen metabolisiert, den zytotoxischen Effekt von Dopac völlig inhibieren konnte. Katalase verminderte die tyrosinasestimulierende Wirkung von Dopac, ohne dieselbe ganz zu eliminieren. Wir vermuteten, daß der tyrosinasestimulierende Effekt der Substanz auch bei Vorhandensein von Katalase im Medium mit dem Transport von Dopac hinein in die Melanozyten zusammenhängen könnte.

Wir konnten früher zeigen, daß Dopac ein Substrat für humane Tyrosinase ist [32]. Wenn Dopac in die Melanozyten hinein transportiert wird und von der Tyrosinase in Melanosomen oxydiert wird, so war eine Möglichkeit vorhanden, daß wir eine Inkorporierung eines Dopac-Oxydationsproduktes bei der Analyse von Melaninpolymeren zeigen könnten. Um eine lange Geschichte kurz zu machen, kann ich mitteilen, daß wir nach Hydrolyse von Melanin in unseren Zellen mit Hydrojod-Säure 5-S-Cysteinyldopac nachweisen konnten, was zeigte, daß Dopac in die Zelle hinein transportiert, oxydiert wird, und damit eine Möglichkeit gehabt hat, Tyrosinase zu stimulieren.

In weiteren Versuchen mit Systemen, die verschiedene aktive Oxygenreduktionsprodukte und Inhibitoren für solche Produkte erzeugen, haben wir gezeigt, daß der Effekt, den wir auf die Tyrosinase in unseren Dopac-Versuchen beobachtet haben, wirklich mit Wasserstoffperoxyd zusammenhängt. Die Oxygenradikale, Superoxyd-anion und Hydroxylradikal konnten als wahrscheinliche Mediatoren der Tyrosinasestimulierung eliminiert werden.

Der Nachweis, daß Wasserstoffperoxyd Tyrosinase stimulieren kann, kann bedeutungsvoll werden. Wasserstoffperoxyd ist ein normaler Zellmetabolit, dessen Entstehung in Zusammenhang mit Entzündung erhöht werden kann, und Wasserstoffperoxyd wird bei Exponierung für ionisierende Bestrahlung gebildet.

In der Haut stimuliert ultraviolette Bestrahlung die Bildung von aktiven Oxygenarten. Es hat sich auch gezeigt, daß Oxygenierung der Haut sowohl für Entzündung als auch Pigmentierung durch UVA völlig verantwortlich ist [2, 37]. Bei der Pigmentierung im Solarium durch UVA werden Hautpartien, welche durch Druck des Körpers gegen die Unterlage anoxisch werden, nicht gerötet oder pigmentiert [37]. Wird die Haut an den Druckstellen vor der Solariumbehandlung mit einer wasserstoffoxydhaltigen Creme behandelt, so kommt es sowohl zu Entzündung als auch zu Pigmentierung durch UVA [36].

Ich möchte nun die komplexe Synthese von Melanin vereinfachen [32]. Tyrosinase ist das zentrale Enzym, welches Tyrosin bei Anwesenheit von Dopa oxydieren kann. Dopa wird durch Tyrosinoxygenierung gebildet und ist selbst Substrat für Tyrosinase. Das zentrale einfache Molekül in der Melaninsynthese ist Dopachinon, welches durch Oxydation von Dopa gebildet wird.

Dopachinon ist ein sehr reaktives Molekül. Bei Anwesenheit von Thiolen, von welchen Cystein in Melanosomen vorhanden zu sein scheint [31], wird die SH-Gruppe zu Chinonen unter Bildung von Cysteinyldopa addiert. Bei niedriger Cysteinmenge im Melanosom findet eine intramolekuläre Addition von Aminen statt, und wir erhalten schließlich die Bildung eines Indols.

Die Melanine der Haut sind Polymere von Dopa- und Cysteinyldopaoxydationsprodukten. Dunkle Melanine enthalten mehr Indole, rote Melanine enthalten mehr Oxydationsprodukte von Cysteinyldopa. Braune Melanine bestehen aus Mischungsformen mit verschiedenen

Proportionen von Dopa und Cysteinyldopaoxydationsprodukten.

Wir können nunmehr durch Gewebeanalysen mit chemischem Abbau von Melaninen eine gute Auffassung über die Zusammensetzung von Melanin erhalten. Die Melanozyten scheiden indessen auch einen Teil Präkursoren aus, und wir können durch Analyse solcher Substanzen im Urin eine gute Auffassung über die Pigmentsynthese im Körper erhalten. 5-S-Cysteinyldopa ist die Substanz, welche am besten ein Bild des rötlichen und braunen Pigments gibt [1], 6-Hydroxy-5-methoxyindol-2-carboxyl-Säure gibt ein Bild der schwarzen Melanine [15].

In der Klinik hat sich die Analyse dieser Substanzen als wertvoll erwiesen bei der Analyse der normalen Pigmentbildung und in der klinisch chemischen Diagnostik von Metastasierung bei malignem Melanom. Dieser Tumor steht selbstverständlich im Mittelpunkt unseres Interesses, wenn wir es mit der Erforschung von Wachstum und Funktion von Melanozyten zu tun haben.

Danksagung. Die Pigmentforschung an der Universitäts-Hautklinik in Lund wird von den folgenden Stiftungen für wissenschaftliche Forschung unterstützt: Der schwedischen Krebsforschungsgesellschaft (Project 626-B91-19X); der Edvard Welander Stiftung; der Walter, Ellen und Lennart Hesselman Stiftung; der Thure Carlsson Stiftung; den Donationsstiftungen des Universität-Krankenhauses, Lund; und den Donationsstiftungen der Medizinischen Fakultät, Lund.

Literatur

1. Agrup G, Agrup P, Andersson T, Hafström L, Hansson C, Jacobsson S, Jönsson P-E, Rorsman H, Rosengren A-M, Rosengren E (1979) 5 Years' experience of 5-S-cysteinyldopa in melanoma diagnosis. Acta Derm Venereol (Stockh) 59:381–388
2. Auletta M, Gange RW, Tan OT, Matzinger EA (1984) Abstract. The differential effect of cutaneous blood flow upon the induction of UVA and UVB pigment responses in human skin. J Invest Dermatol 82:420
3. Bolognia J, Murray M, Pawelek J (1989) UVB-induced melanogenesis may be mediated through the MSH-receptor system. J Invest Dermatol 92:651–656
4. Eisinger M, Marko O (1982) Selective proliferation of normal human melanocytes in vitro in the presence of phorbol ester and cholera toxin. Proc Natl Acad Sci USA 79:2018–2022
5. Eisinger M, Marko O, Ogata S-I, Old LJ (1985) Growth regulation of human melanocytes: Mitogenic factors in extracts of melanoma, astrocytoma, and fibroblast cell lines. Science 229:984–986
6. Friedman PS, Gilchrest BA (1987) Ultraviolet radiation directly induces pigment production by cultured human melanocytes. J Cell Physiol 133:88–94
7. Gilchrest BA, Vrabel MA, Flynn BS, Szabo G (1984) Selective culture of human melanocyte from newborn and adult epidermis. J Invest Dermatol 83:370–376
8. Gordon PR, Mansur CP, Gilchrest BA (1989) Regulation of human melanocyte growth, dendricity, and melanization by keratinocyte derived factors. J Invest Dermatol 92:565–571
9. Gordon PR, Gilchrest BA (1989) Human melanogenesis is stimulated by diacylglycerol. J Invest Dermatol 93:700–702
10. Gordon PR, Treloar VD, Vrabel MA, Gilchrest BA (1986) Relative responsiveness of cultured human epidermal melanocytes and melanoma cells to selected mitogens. J Invest Dermatol 87:723–727
11. Halaban R, Kwon BS, Ghosh S, Delli Bovi P, Baird A (1988) bFGF as an autocrine growth factor for human melanomas. Oncogene Res 3:177–186
12. Halaban R, Langdon R, Birchall N, Cuono C, Baird A, Scott G, Moellmann G, McGuire J (1988) Basic fibroblast growth factor from human keratinocytes is a natural mitogen for melanocytes. J Cell Biol 107:1611–1619
13. Halaban R, Moellmann G, Tamura A, Kwon BS, Kuklinska E, Pomerantz SH, Lerner AB (1988) Tyrosinases of murine melanocytes with mutations at the albino locus. Proc Natl Acad Sci USA. 85:7241–7245
14. Halaban R, Pomerantz SH, Marshall S, Lambert DT, Lerner AB (1983) Regulation of tyrosinase in human melanocytes grown in culture. J Cell Biol 97:480–488
15. Hansson C (1988) Some indolic compounds as markers of the melanocyte activity. (Thesis). Acta Derm Venereol (Stockh) Suppl 138
16. Imokawa G (1990) Analysis of carbohydrate properties essential for melanogenesis in tyrosinases of cultured malignant cells by differential carbohydrate processing inhibition. J Invest Dermatol 95:39–49
17. Karasek M, Charlton M (1980) Isolation and growth of normal human skin melanocytes in cell cultures. J Invest Dermatol 74:250–258
18. Karg E, Johansson L-H, Hindemith-Augustsson A, Rosengren E, Rorsman H (1989) Adenylate cyclase activity in homogenates of human melanoma cells. Effect of alfa-MSH and isoprenaline. Acta Derm Venereol (Stockh) 69: 288–291
19. Karg E, Rosengren E, Rorsman H (1989) Stimulation of tyrosinase by dihydroxy phenyl derivatives. Acta Derm Venereol (Stockh) 69:521–524
20. Karg E, Rosengren E, Rorsman H (1990) Hydrogen peroxide as a mediator of dopac induced effects on melanoma cells. J Invest Dermatol (in press)
21. Kwon BS, Haq AK, Pomerantz SH, Halaban R (1987) Isolation and sequence of a cDNA clone for human tyrosinase that maps at the mouse c-albino locus. Proc Natl Acad Sci USA 84:7473–7477
22. Kwon BS, Haq AK, Wakulchik M, Kestler D, Barton DE, Francke U, Lamoreux ML, Whitney JB, Halaban R (1989) Isolation, chromosomal mapping, and expression of the mouse tyrosinase gene. J Invest Dermatol 93:589–594
23. Lerner AB, McGuire JS (1961) Effect of alpha- and beta-melanocyte stimulating hormones on the skin colour of man. Nature 189:176–180
24. Libow LF, Scheide S, DeLeo V (1988) Ultraviolet radiation acts as an independent mitogen for normal human melanocytes in culture. Pigment Cell Res 1:397–401
25. Lindström S, Rosdahl I (1981) Mutual repulsion between epidermal melanocytes. In: Seiji M (ed) Pigment cell 1981. Phenotypic expression in pigment cells. University of Tokyo Press, Tokyo pp 225–231
26. Mishima Y, Imokawa G (1985) Role of glycosylation in initial melanogenesis, post inhibition dynamics. In: Bagnara J, Klaus SN, Paul E, Schartl M (eds) Proceedings of the XIIth International Pigment Cell Conference, pp 17–30
27. Mong S, Hoffman K, Wu HL, Crooke ST (1987) Leukotriene induced hydrolysis of inositol lipids in guinea pig lung: mechanism of signal transduction for leukotriene D receptors. Mol Pharmacol 31:35–41
28. Morelli JG, Yohn JJ, Lyons MB, Murphy RC, Norris DA (1989) Leukotrienes C_4 and D_4 as potent mitogens for cultured human neonatal melanocytes. J Invest Dermatol 93:719–722
29. Nordlund JJ, Collins CE, Rheins L (1986) Prostaglandin E_2 and D_2 but not MSH stimulate the proliferation of pigment cells in the pinnal epidermis of the DBA/2 mouse. J Invest Dermatol 86:433–437
30. Quevedo WC, Fitzpatrick TB, Szabo G, Jimbow K (1987) Biology of melanocytes. In: Fitzpatrick TB, Eisen AZ, Wolff K, Freedberg IM, Austen KF (eds) Dermatology in general medicine, third edition. McGraw-Hill Book Company, New York, pp 224–251
31. Rorsman H, Albertsson E, Edholm L-E, Hansson C, Ögren L, Rosengren E (1988) Thiols in the melanocyte. Pigment Cell Res, Supplement 1:54–60

32. Rorsman H, Rosengren E (1986) Biosynthetis of melanin. In: Fitzpatrick TB, Wick MM, Toda K (eds) Brown melanoderma. University of Tokyo Press, Tokyo, pp 63–74
33. Rosdahl I (1979) The epidermal melanocyte population and its reaction to ultraviolet light. (Thesis). Acta Derm Venereol (Stockh) Suppl 88
34. Rosdahl I, Rorsman H (1983) An estimate of the melanocyte mass in humans. J Invest Dermatol 81:278–281
35. Szabo G (1967) The regional anatomy of the human integument with special reference to the distribution of hair follicles, sweat glands and melanocytes. Philos Trans R Soc Lond (Biol) 252:447–485
36. Tegner E, Björnberg A (1986) Induction of UVA pigmentation in pressure areas by hydrogen peroxide. Acta Derm Venereol (Stockh) 66:65–67
37. Tegner E, Rorsman H, Rosengren E (1983) 5-S-Cysteinyldopa and pigment response to UVA light. Acta Derm Venereol (Stockh) 63:21–25
38. Wilkins L, Gilchrest BA, Szabo G, Weinstein R, Maciag T (1985) The stimulation of normal human melanocyte proliferation in vitro by melanocyte growth factor from bovine brain. J Cell Physiol 122:350–361
39. Wittbjer A, Dahlbäck B, Odh G, Rosengren A-M, Rosengren E, Rorsman H (1989) Isolation of human tyrosinase from cultured melanoma cells. Acta Derm Venereol (Stockh) 69:125–131
40. Wittbjer A, Odh G, Rosengren A-M, Rosengren E, Rorsman H (1990) Isolation of soluble tyrosinase from human melanoma cells. Acta Derm Venereol (Stockh) 70:291–294

Prof. Dr. Hans Rorsman
Universitäts-Hautklinik
S-22185 Lund, Schweden

Entzündliche Dermatosen

Epidemiologie entzündlicher Erkrankungen der Haut

T. Henseler, Kiel

Ab 1953 werden für alle ambulanten und stationären Patienten in der Universitäts-Hautklinik Kiel Daten auf elektronischen Datenträgern gespeichert. Bis 1989 wurden 97527 Patienten ambulant und 37601 Patienten stationär behandelt. Über insgesamt 135128 Patienten liegen mehr als 260000 gespeicherte Datensätze vor. Die hier berichteten Ergebnisse sind ein Teil einer Auswertung der Daten von stationär aufgenommenen Patienten. Die vorliegende Untersuchung berücksichtigt nur die Erkrankungen, die bei der ersten Aufnahme eines jeden Patienten festgestellt wurden. Weitere bei demselben Patienten gleichzeitig oder später gestellten Diagnosen werden hier als sogenannte Nebendiagnosen bezeichnet.

Insgesamt findet man 1517 verschiedene dermatologische Diagnosen. Diese sind nach der Kieler Version des ICDE-Schlüssels [1] codiert. Ferner wurden 1011 verschiedene nicht-dermatologische Grunderkrankungen dokumentiert, welche meist mit der dermatologischen Erkrankung in Zusammenhang stehen wie z. B. Diabetes mellitus, Nierenerkrankungen, Herzinsuffizienz oder starke Adipositas.

57,1% der stationär aufgenommenen Patienten zeigen entzündliche Dermatosen. Der Rest setzt sich zusammen aus den Tumoren (15,9%) und aus 27,0% nicht entzündlichen Erkrankungen wie Tinea unguium, Pityriasis versicolor, Pediculosis capitis, Verrucae, Keratosen, Hyperhidrosis, Tätowierungen sowie Vitiligo und Ichthyosis.

Tabelle 1 zeigt die häufigsten entzündlichen Dermatosen. Den größten Anteil nimmt mit 38,6% das Ekzem ein. Als bakterielle Erkrankungen fanden wir hauptsächlich Erysipel, Furunkel, Phlegmone sowie Abszeß, Lues und Gonorrhoe. Die viralen Erkrankungen beinhalten unter anderem: Zoster, Varizellen, Herpes simplex und Ekzema herpeticatum. In den sonstigen entzündlichen Dermatosen sind enthalten: Scabies, Rosacea, Lichen ruber, granulomatöse Erkrankungen und Autoimmunerkrankungen.

Tabelle 1. Die häufigsten entzündlichen Dermatosen bei 37601 stationären Patienten

Ekzem	38,6%	Entz. d. Pilze	6,6%
Psoriasis	14,2%	Entz. d. Viren	5,0%
Ekzem b. CVI	12,4%	Vaskulitiden	7,6%
Entz. d. Bakt.	8,3%	Sonstige	8,3%

Das Alter bei Beginn der Erkrankung der in Tabelle 1 aufgelisteten Diagnosen weist einige typische Merkmale auf:

1. Sowohl die Neurodermitis diffusa als auch die Impetigo contagiosa und das impetiginisierte Ekzem haben ähnliche Beginnaltersverteilungen (Abb. 1). Einem hohen Gipfel in jungen Jahren folgt eine stetige Abnahme mit zunehmenden Alter. 77,2% der Patienten mit Neurodermitis erkranken vor dem 10. Lebensjahr, nur 3,4% erkranken nach dem 30. Lebensjahr. Eine Impetigo contagiosa weisen 67,2% vor dem 10. Lebensjahr auf. Auch die Scabies (hier nicht dargestellt, Maximum bei 10 Jahren, 50% der Patienten erkranken bis zum zwanzigsten Lebensjahr) zeigt eine Beginnaltersverteilung, die den oben genannten sehr ähnlich ist.
2. Die Altersverteilungen des erstmaligen Auftretens eines Kontaktekzems und der Vaskulitis zeigen eine in frühen Jahren (Kontaktekzem) oder über mehrere Lebensdekaden kontinuierlich (Vaskulitis) zunehmende Häufigkeit (Abb. 2). Der abnehmende Verlauf im hohen Alter korreliert mit der Abnahme der über 60-jährigen in der Bevölkerung.
3. Der Lichen ruber und die Sarkoidose mit kutanen Erscheinungen (Abb. 3) zeigen eine nahezu symetrische Verteilung einer Glockenkurve mit einem Maxi-

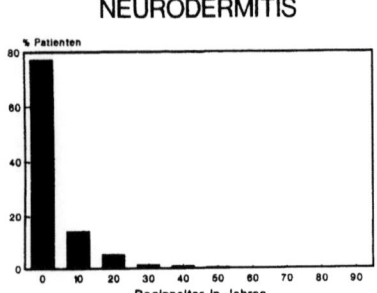 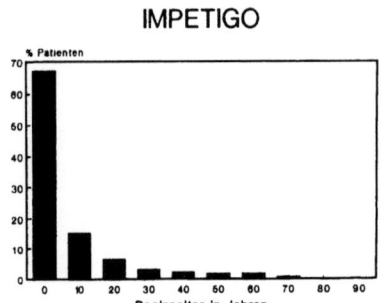 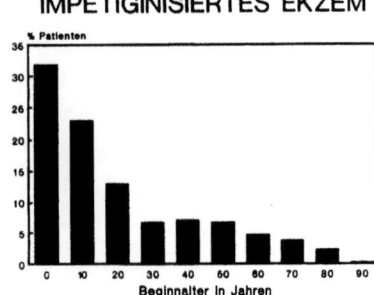

Abb. 1. Beginnaltersverteilung von Patienten mit Neurodermitis diffusa, Impetigo und impetiginisiertem Ekzem

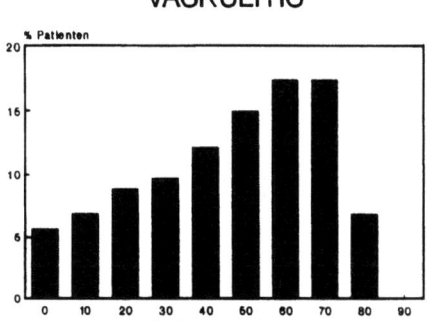

Abb. 2. Beginnaltersverteilung von Patienten mit Vaskulitis und Kontaktekzem

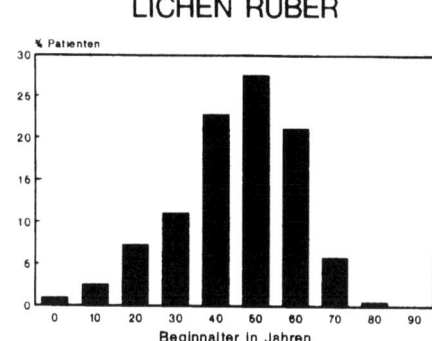
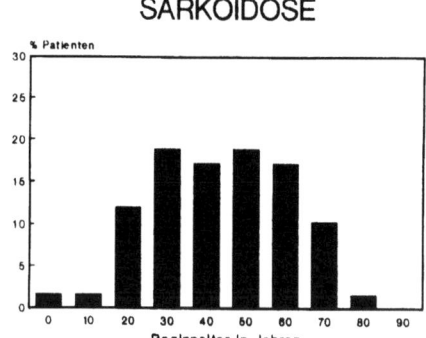

Abb. 3. Beginnaltersverteilung von Patienten mit Lichen ruber und Sarkoidose mit Hautveränderungen

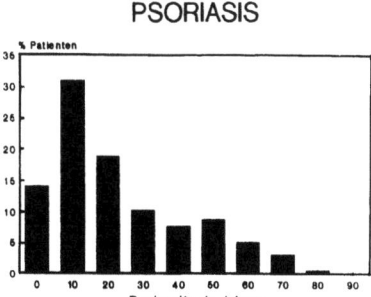
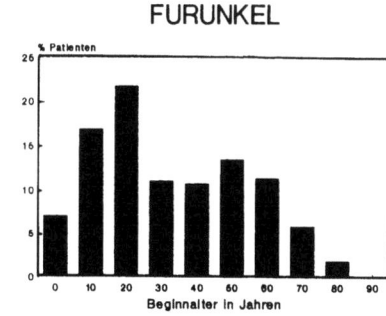
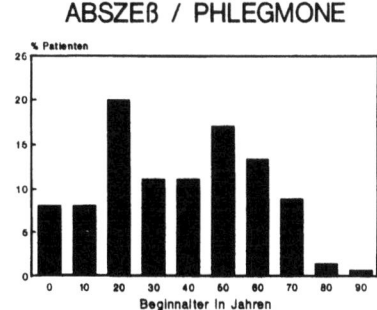

Abb. 4. Beginnaltersverteilung von Patienten mit Psoriasis, Furunkel und Abszeß oder Phlegmone. Die Verteilung bei der Psoriasis ergibt sich aus einer korrigierten Berechnung

mum bei 40–50 Jahren (Sarkoidose) bzw. 50–60 Jahren (Lichen ruber).

4. Eine zweigipflige Verteilung findet man bei der Beginnaltersverteilung des Furunkels, der Phlegmone und des Abszesses und ebenso – hier deutlicher an der korrigierten Kurve ersichtlich – bei der Psoriasis (Abb. 4). Die Korrektur ergibt sich aus einer sehr ausführlichen Beginnaltersanalyse bei Psoriatikern [2], bei der gezeigt wurde, daß der relative Anteil von 60–80-jährigen bei einer Beginnaltersverteilung höher ist, als man durch eine einfache Verteilung ermittelt, da die Wahrscheinlichkeit, Patienten mit der entsprechenden Erkrankung erstmalig zu erfassen, ab dem sechzigsten Lebensjahr mit zunehmendem Alter abnimmt.

Die genannten Erkrankungen lassen sich entsprechend der Verteilung des Beginnalters in verschiedene Typen klassifizieren. Abb. 5 zeigt schematisch verschiedene Muster des Alters bei Krankheitsbeginn.

Typisch für die starke genetische Disposition ist der frühe Beginn der Erkrankung (Typ A, Abb. 5) bei der

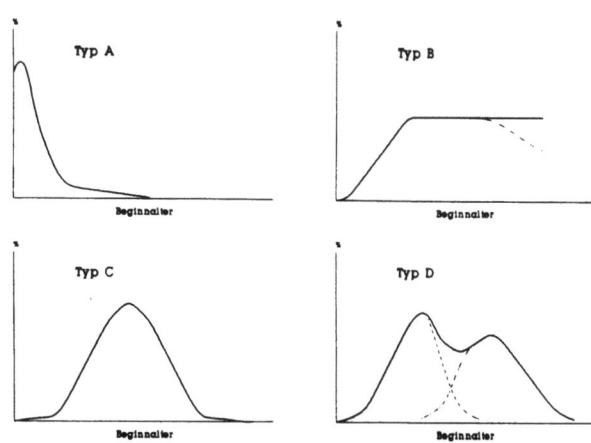

Abb. 5. Verschiedene Muster der Beginnaltersverteilung von Patienten mit entzündlichen Dermatosen. Beispiele für Typ A sind: Neurodermitis diffusa, Impetigo und impetiginisiertes Ekzem, für Typ B: Vaskulitis und Kontaktekzem, für Typ C: Lichen ruber und Sarkoidose mit Hautveränderungen und Typ D: Psoriasis, Furunkel und Abszeß oder Phlegmone

Neurodermitis. Bei den Erkrankungen mit allmählichem Anstieg (Typ B, Abb. 5) bedarf es einer gewissen Zeit bis zur Entstehung der Krankheit bzw. nimmt die Häufigkeit des Einwirkens von Allergenen und somit auch die Gefahr der Sensibilisierung und der Entwicklung eines Kontaktekzems im Laufe des Lebens beim einzelnen Individuum zu. Ab einem bestimmten Alter ist die Erkrankungsrate konstant.

Im Gegensatz dazu steht der Verteilungstyp C und D (Abb. 5). Hier ergibt sich eine deutliche Abnahme der Ersterkrankungsrate ab einem gewissen Alter. Dies mag ein Ausdruck dafür sein, daß das Zustandekommen eines (bisher nicht geklärten) Pathomechanismus beim einzelnen Individuum ein Maximum in mittleren Lebensjahren aufweist. Das Prinzip ist ähnlich wie beim Typ A, wobei jedoch ein Unterschied insofern zu bemerken ist, daß beim Typ A das Maximum der Erkrankungsrate am Lebensbeginn liegt und somit kein allmählicher Anstieg zu verzeichnen ist.

Der zweigipflige Verteilungstyp (Typ D, Abb. 5) setzt sich entweder aus verschiedenen Krankheitstypen mit gleichem Erscheinungsbild oder aus einem Krankheitsbild mit verschieden Ursachen oder Grunderkrankungen, welche zeitlich verschiedene Häufigkeitsgipfel aufweisen, zusammen. Verschiedene Krankheitstypen liegen z. B. bei der Psoriasis vor: Patienten mit frühem Beginnalter weisen eine positive Familienanamnese auf und exprimieren die HLA-Antigene Cw6, Bw57 und B13 überdurchschnittlich häufig, während Patienten mit spätem Beginn der Erkrankung eine leere Familienanamnese und die oben genannten Antigene nicht aufweisen [3].

An den sogenannten Nebendiagnosen, d. h. Diagnosen, welche neben der stationären Einweisungsdiagnose gestellt wurden, läßt sich der oben genannte Mechanismus erkennen, nach dem eine bimodale Verteilung dadurch entsteht, daß verschiedene Grunderkrankungen, welche zeitlich differierende Häufigkeitsmaxima aufweisen, zur dermatologischen Erkrankung führen oder beitragen. Bei der zweigipfligen Verteilung des Beginnalters der Patienten mit Furunkel oder mit Phlegmone zeigen 83,9% der Patienten mit spätem Beginn außerdem Erkrankungen aus dem varikösen Symptomenkomplex und 23,2% einen Diabetes mellitus. Bei den Patienten mit jungem Beginnalter wurde bei Aufnahme bei 49,1% der Patienten neben der Einweisungsdiagnose ein Ekzem und bei 14,2% der Patienten eine Akne diagnostiziert.

Die in Tabelle 1 genannten Häufigkeiten zeigen die Frequenzen, welche man an einer Universitäts-Hautklinik vorfindet. Der niedergelassenen Dermatologe mag andere Häufigkeiten der von ihm gesehenen Krankheiten feststellen. Die hier dargestellten Ergebnisse bezüglich des Alters bei Krankheitsbeginn können jedoch durchaus als repräsentativ angesehen werden, da sie nur gering von der Gesamthäufigkeit der Erkrankung abhängig sind. Wie oben ausgeführt, lassen sich die entzündlichen dermatologischen Krankheiten in verschiedene Typen hinsichtlich der Altersverteilungen bei Krankheitsbeginn klassifizieren, wobei den verschiedenen Mustern unterschiedliche Wege oder Zeitpunkte des Eintretens spezieller Pathomechanismen zugrunde liegen.

(Literatur kann beim Autor angefordert werden)

Dr. rer. nat. Dr. med. Tilo Henseler
Universitäts-Hautklinik
Schittenhelmstraße 7
D-2300 Kiel

Grundmuster der kutanen Entzündung

W. STERRY, Kiel

Einleitung

Die Mehrzahl der Hauterkrankungen ist entzündlicher Natur. Ihre pathogenetische und morphologische Vielfalt hat entscheidend zum Entstehen des Faches Dermatologie beigetragen, und ihre Kenntnis bildet die Basis der dermatologischen Fachkompetenz. Trotz dieser Tatsache haben in den vergangenen 20 Jahren Verständnis und Subklassifikation bei neoplastischen Hauterkrankungen ungleich größere Fortschritte gemacht als bei entzündlichen Dermatosen.

Physiologie und Pathophysiologie der Entzündungsreaktion

Eine Entzündungsreaktion stellt das klinisch sichtbare Zeichen einer erfolgreichen – oder frustranen – Bemühung des Organismus dar, seine Integrität nach Trauma oder Infektion wiederherzustellen. Sind die an dieser Aufgabe beteiligten Systeme voll funktionsfähig, so wird in der Regel ein Trauma oder eine Infektion, ggf. unter Opfern (z. B. Narben) wiederhergestellt. Bei Funktionsstörungen in diesen Systemen entstehen chronische Entzündungsreaktionen (z. B Lepra lepromatosa).

Entzündungen können sich jedoch auch dann einstellen, wenn die Integrität des Organismus in keiner Weise bedroht ist, sondern sich die Reaktion auf die Beseitigung harmloser exogener Substanzen (Allergien) oder körpereigener Strukturen (Autoimmunerkrankungen) richtet. Hier verliert die Entzündung als protektives System ihren Sinn, die Schutzmechanismen verkehren sich in ihr Gegenteil.

Was ist ein Entzündungsmuster?

Entzündungsmuster ergeben sich durch Übereinstimmungen oder Ähnlichkeiten bei verschiedenen Erkrankungen, wobei diese den gesamten Ablauf oder lediglich die gemeinsame pathophysiologische Endstrecke von zunächst unterschiedlichen Vorgängen betreffen können. Ein Entzündungsmuster besteht sowohl klinisch als auch histologisch immer dann, wenn sich bestimmte Merkmale in typischen Kombinationen wiederholen.

Entzündungen können ätiologisch, klinisch, histologisch oder pathophysiologisch eingeteilt werden; die klinische Dermatologie macht sich derartige Muster seit langem zunutze, um morphologischen Ähnlichkeiten zwischen Krankheitsbildern für deren differentialdiagnostische Zuordnung zu nutzen. Ein gutes Beispiel für morphologische und histologische Ähnlichkeiten bei verwandten Krankheitsbildern sind die blasenbildenden Dermatosen. Klinisch schon früh wegen ihres schweren Verlaufs als Krankheitsgruppe mit dem Entzündungsmuster „Blasenbildung" herausgestellt, hat es bis zur 2. Hälfte des 20. Jahrhunderts gedauert, um durch die Definition und Charakterisierung der jeweiligen Autoantigene diese Krankheiten eindeutig charakterisieren zu können.

Große Fortschritte hat auch die Dermatohistologie gemacht, seit Ackerman auf Anregung von Clark eine detaillierte „pattern analysis" entzündlicher Dermatosen vorlegte.

Betrachtet man die gängigen pathophysiologischen Einteilungsversuche, so fällt das Ergebnis denkbar mager aus. Dank der großen Fortschritte in der Grundlagenforschung von Entzündungsvorgängen scheint die Zeit heute reif, Dermatosen nach ihrem pathophysiologischen Muster in Gruppen zusammenzufassen. Vorteile dieses Vorgehens, aber auch seine Notwendigkeit sollen im folgenden exemplarisch skizziert werden.

Die Verbreitung von verschiedenen Entzündungsmustern ist höchst unterschiedlich

Manche pathologisch anatomischen Entzündungsmuster können sich in nahezu jedem Organ oder Gewebe des menschlichen Organismus entwickeln; andere wiederum finden sich lediglich an der Haut, sind aber bei verschiedenen Dermatosen anzutreffen. Schließlich gibt es Entzündungsmuster, die sich nur an einem einzigen Organ und nur bei einem Krankheitsbild manifestieren und so einen hochspezifischen Entzündungsvorgang signalisieren (Tabelle 1).

Tabelle 1. Unterschiedliche Verbreitung von Entzündungsmustern

Muster	Organ	Beispiel
Fremdkörperreaktion	jedes	Fremdkörpergranulom
Antigenpersistenzreaktion	jedes	Tuberkulose Sarkoidose
Bakterielle Abwehr	jedes	Abszesse
Immunkomplex-Reaktion	jedes	Vaskulitis
Lichenoide Reaktion	Haut, angrenzende Schleimhaut	Lichen ruber
Nahrungsmittel-Allergien	Darm, Haut	M. Duhring Typ I-Allergien
Psoriatische Entzündung	Haut	Psoriasis
Nekrobiotische Entzündung	Haut	Granuloma anulare, Nekrobiosis lipoidica, Rheumaknoten

Gängige pathophysiologische Konzepte reichen nicht mehr aus

Entzündungen werden in der Regel in antigen-unabhängige Reaktionen (humoraler Anteil: Akutphasenproteine, Komplement; zellulärer Anteil: Neutrophile, Monozyten/Makrophagen) und antigen-spezifische (humoraler Anteil: Antikörper; zellulärer Anteil: antigenpräsentierende Zellen, Lymphozyten) aufgeteilt; letztere lassen sich nach Gell und Coombs in die bekannten Typen I bis IV einteilen. In letzter Zeit ist aber klar geworden, daß fast immer antigen-unabhängige und antigen-spezifische Reaktionen parallel ablaufen und mehrere antigen-spezifische Mechanismen kombiniert sein können. Da sich darüber hinaus die von Gell und Coombs definierten Typen der Immunreaktion als äußerst heterogen erweisen, müssen neuere, differenzierte Muster entworfen und angewendet werden. Zwei Beispiele mögen die Vielschichtigkeit des Problems verdeutlichen.

Beispiel 1: die Ekzemreaktion

Bereits sehr früh konnte aufgrund klinischer Beobachtungen eine Einteilung in verschiedene Formen des Ekzems vorgenommen werden: Kontaktekzem, endogenes Ekzem, seborrhoisches Ekzem, mikrobielles Ekzem und Exsikkationsekzem. Obwohl diese Erkrankungen aufgrund ihrer klinischen Unterschiedlichkeit voneinander abgegrenzt werden können, ist ihr morphologisches Substrat, die Ekzemmorphe, nahezu identisch. Hier münden also unterschiedliche pathogenetische Vorgänge in eine einheitliche Endstrecke ein, die zum identischen Entzündungsmuster führt. Analogieschlüsse zwischen den einzelnen Ekzemkrankheiten sind daher nicht möglich. Interessanterweise enttarnen die zutage tretenden Muster bei der allergischen Kontaktdermatitis und der atopischen Dermatitis Entzündungsmuster, die zur Aufrechterhaltung der Integrität des Organismus entwickelt wurden (Abwehr von Pilzen und Ektoparasiten); diese richten sich nun allerdings gegen harmlose exogene Strukturen. Die wechselseitige Betrachtung von physiologischen und pathophysiologischen Entzündungsmustern wird daher die Identifizierung von Abwehrprinzipien, die Analyse ihrer Fehlsteuerung und möglicherweise ihre therapeutische Beeinflußbarkeit erleichtern.

Beispiel 2: Zytotoxische Entzündungsreaktionen

Zu den bislang kaum untersuchten und definierten Entzündungsmustern gehören die zytotoxischen Reaktionen. Das Abtöten von anderen Zellen nimmt bei der Abwehr von Infektionen und malignen Tumoren eine breiten Raum ein, und der Organismus verfügt über verschiedene Systeme der Zelltötung (Tabelle 2).

Bei einer Reihe von Hauterkrankungen finden wir zahlreiche abgetötete Zellen; besondes Keratinozyten sind häufig Angriffspunkte derartiger Attacken. Die Zerstörung von Keratinozyten kann durch Antikörper und Komplement allein erfolgen (vakuolige Degeneration des Basalzell-Lagers beim diskoiden Lupus erythematodes), aber auch durch Lymphozyten mediiert werden (Lichen ruber planus und lichenoide Krankheitsbilder mit einem dichten Infiltrat in den unteren Lagen der epidermalen Keratinozyten). Bei welchen Erkrankungen natural killer-Zellen, oder $CD4^+$ bzw. $CD8^+$ zytotoxische T-Zellen die entscheidende pathophysiologische

Tabelle 2. Mechanismen der Zytotoxizität

System	Besonderheiten	Beispiel
humoral	Antikörper (IgG, IgE), Komplement	Lupus erythematodes
T Zellen	CD4$^+$, HLA-Klasse II-Restriktion	Pityriasis lichenoides
	CD8$^+$, HLA-Klasse I-Restriktion	Lichen ruber
Natural Killer Zellen	Zelltötung ohne T Zell-Rezeptor	?
Killer-Zellen	Zelltötung durch Antikörper, der durch Fc-Rezeptoren an Killer-Zelle gebunden ist	?

Rollen spielen, ist bislang kaum systematisch untersucht worden, obwohl mittlerweile hierfür die Möglichkeiten bestehen.

Ausblick

Die Definierung unterschiedlicher Entzündungsmuster bei Hauterkrankungen hat sowohl Relevanz in der klinischen Diagnostik, als auch für das pathophysiologische Verständnis. Sie erlauben es, bestimmte gemeinsame Prinzipien zu definieren, die sich auf ätiologische, pathogenetische, diagnostische und therapeutische Aspekte auswirken können. Im Gegensatz zum Laborversuch ist jedoch bei nahezu allen entzündlichen Erkrankungen der Haut nicht nur ein Entzündungssystem isoliert aktiviert, sondern wir stehen fast immer vor einer Kombination aus immunologisch spezifischen und unspezifischen Reaktionen, und auch innerhalb dieser beiden großen Bereiche sind oft mehrere Mechanismen gleichzeitig beteiligt. Nur eine saubere klinische und histologische Diagnostik, sowie das Bemühen um Formulierung klarer wissenschaftlicher Fragestellungen werden es ermöglichen, dieser intellektuellen Herausforderung erfolgreich zu begegnen.

Literatur beim Verfasser

Prof. Dr. med. Wolfram Sterry
Universitäts-Hautklinik
Schittenhelmstraße 7
D-2300 Kiel

Physikalische Dermatitis am Beispiel der UV-Dermatitis

E. G. JUNG, Mannheim

Der klinisch manifeste und bedeutendste Früheffekt der ultravioletten Strahlung auf die lebende, intakte und gesunde menschliche Haut ist die UV-Dermatitis (Sonnenbrand). Es handelt sich um eine „Lichtentzündung" mit den klassischen Zeichen Rubor, Calor, Dolor, Tumor, wobei die Rötung hervorsticht und dominiert. Sie dient als „UV-Erythem" der Beschreibung und der Messung der Lichtentzündung. Das UV-Erythem ist abhängig von der eingestrahlten Lichtmenge. Je kräftiger das Erythem, um so kürzer ist die Latenzzeit, um so eher ist der Erythemablauf eingipflig, um so später erscheint das Erythemmaximum (in der Regel nach 24 Stunden) und um so länger persistiert das Erythem.

Das UV-Erythem ist abhängig von einer ganzen Reihe von Determinanten der Haut, deren Pigmentierung, deren Konditionierung und natürlich von der spektralen Qualität, der Intensität und der Dosis der Lichtquelle. Um diese Einflüsse zu standardisieren und Versuche vergleichbar zu gestalten, bedient man sich der biologisch determinierten „minimalen Erythemdosis" (MED).

Die MED ist die minimale Energie pro Flächeneinheit einer determinierten Strahlung, die in vivo an menschlicher Haut eine gerade meßbare Rötung bewirkt. Damit kann das charakteristische Aktionsspektrum und die wellenlängenabhängige Gradation beschrieben werden [7]. Das UV-Erythem unterscheidet sich morphologisch, in seinem Ablauf und in seinen Modifikationen distinkt von der photosensibilisierten Entzündungsreaktion der Haut, dem PUVA-Erythem [14].

Einsatzmöglichkeiten des UV-Erythems, dessen Messung und Quantifizierung

Es zeichnen sich 3 grundsätzlich unterschiedliche Einsatzmöglichkeiten ab, die Messung und die Quantifizierung des UV-Erythems modellmäßig zu nützen:

1. Bewertung des Lichtschutzes

Die MED wird als biologische Meßgröße zur Beurteilung von Lichtschutzeffekten herangezogen, wobei das UV-Erythem direkt das Substrat der klinischen Erscheinung „Sonnenbrand" darstellt. Der Quotient der MED an lichtgeschützter Haut geteilt durch die MED an ungeschützter Haut ergibt den Lichtschutzfaktor (LSF) als Verhältniszahl.

2. Modellentzündung zur Beurteilung pharmakologischer Effekte

Das UV-Erythem als exakt beschreibbare und physikalisch ausgelöste Entzündung der Haut dient als eines der Entzündungsmodelle am Versuchstier und an der menschlichen Haut, um Effekte, Grenzen, Nebenwirkungen und Wirkspektrum von lokalen und systemischen Antiphlogistika zu prüfen. Tabelle 1 zeigt die Hemmversuche am Menschen mit einigen Therapeutika, wobei

Tabelle 1. Schematische Darstellung der Hemmversuche von UVB-Erythem und PUVA-Erythem am Menschen [9, 14, 16, 18]

		UVB-Erythem	PUVA-Erythem
Steroide	(s+t)	+++	(+) (B)
NSAID	(s>t)	+++++	(+) (B)
Antihistaminika	(H1) (s>t)	−	−
Antihistaminika	(H2) (s)	−	−
Ketokonazol	(s)	?	+ (B>R)
Naftifin	(t)	++	?
Superoxyddismutase	(i.f.)	?	−

s = systemisch, t = topisch, B = Brennen, R = Rötung

wiederum der distinkte Unterschied zwischen UVB-Erythem und PUVA-Erythem hervorzuheben ist. Zum Verständnis und zur Deutung solcher Versuche bedarf es vertiefter morphologischer und biochemischer Kenntnisse über die Initiation, die Frühphase und den Ablauf des UV-Erythems. In Abb. 1 ist die charakteristische Kaskade von Signalstoffen dargestellt, die sich aus der „Kakophonie der Mediatoren" herauskristallisiert und die in Homogenaten, in Blasenflüssigkeiten und in epidermalen Zellkulturen nachweisbar ist [6, 12, 15, 18]. Auch hier zeigen sich distinkte Unterschiede zwischen UVB-Erythem und PUVA-Erythem. Während Steroide und vor allem Prostaglandinhemmer eine im Modell und in der Klinik wirksame Hemmung des UVB-Erythems bewirken, sind diese Stoffe beim PUVA-Erythem weitgehend effektlos. Andererseits bewirken Antihistaminika bei beiden Erythemformen nichts [9, 14, 16].

3. Beziehungen zur UV-Karzinogenese

Der Ablauf eines kräftigen UVB-Erythems (6 bis 8 MED) erfolgt bei gesunder menschlicher Haut innerhalb von 10 Tagen. Ein solches Erythem erscheint bei Patienten mit lichtbedingten und lichtlokalisierten Präkanzerosen und Karzinomen der Haut in seinem Ablauf verzögert. Es persistiert bis zu 20 Tagen. Diese Beobachtung mag zur Charakterisierung eines Phenotyps beitragen, der besonders anfällig für lichtinduzierte Hautkarzinome ist und vorwiegend bei den Hauttypen I und II gefunden wird [1, 8, 17]. Solche Phänomene sind nur beim starken UV-Erythem (6 bis 8 MED) meßbar und nicht bei einem minimalen Erythem.

Morphodynamik des UV-Erythems

Die morphologischen Veränderungen des UV-Erythems beginnen in der Epidermis sehr frühzeitig und werden von typischen Entzündungszeichen der Dermis komplementiert. Im Zentrum des epidermalen Geschehens steht die

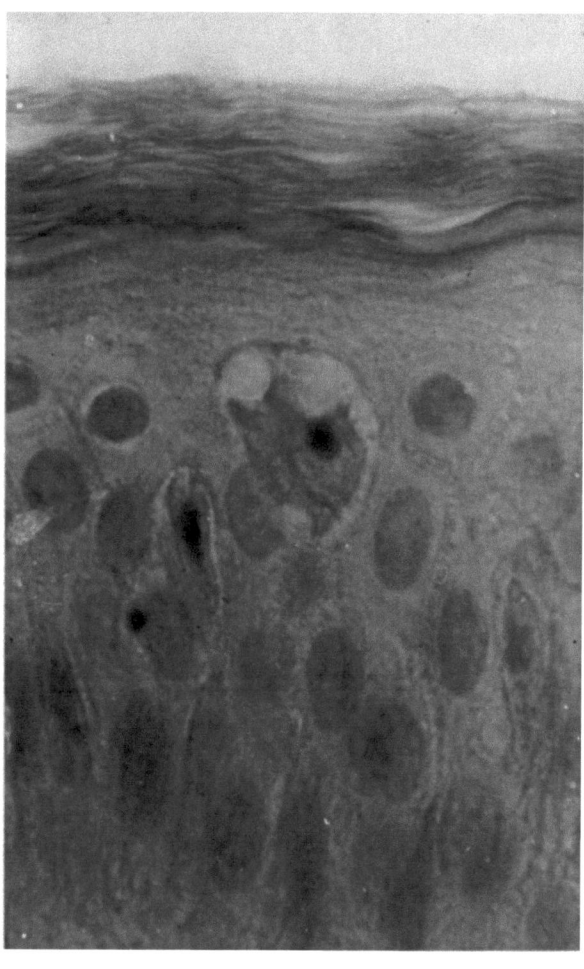

Abb. 2. Sonnenbrandzelle in menschlicher Epidermis, 24 Std. nach 4 MED UVB-Bestrahlung (HE, ×400)

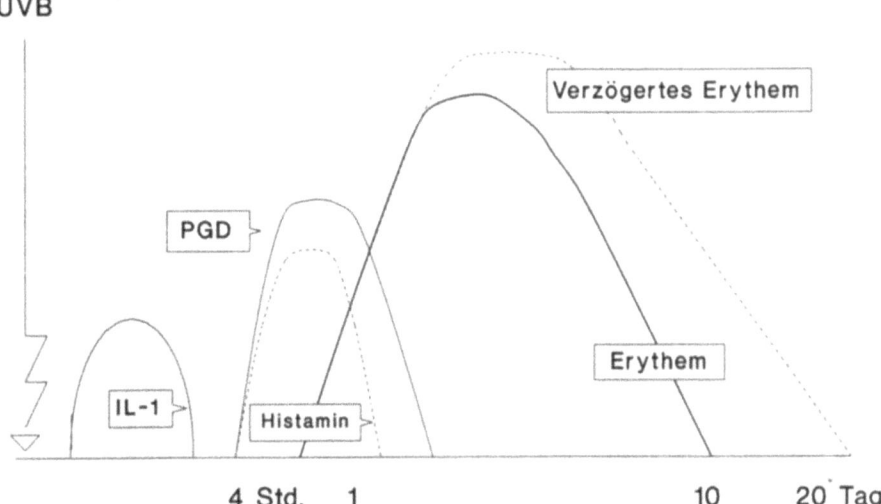

Abb. 1. Schematische Darstellung des Erythemablaufs nach einer überschwelligen UVB-Bestrahlung [6–8, 12, 15, 16]. IL-1 = Interleukin 1, PGD = Prostaglandin D

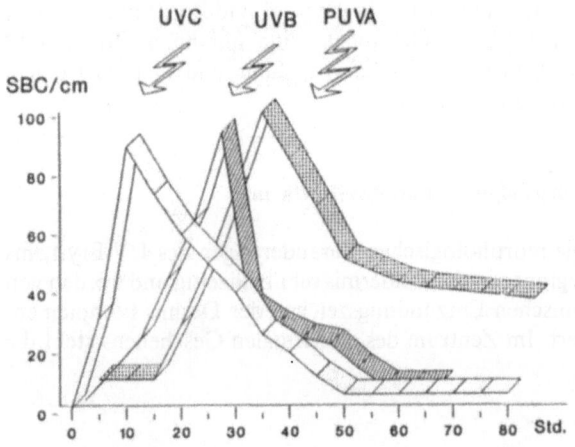

Abb. 3. Schematische Darstellung des zeitlichen Ablaufs von Sonnenbrandzellen in Mäusehaut nach überschwelliger Bestrahlung [4, 5, 19]

„Sunburn"-Zelle (SBC). Es handelt sich um einzelne oder in Gruppen stehende, nekrobiotisch umgewandelte Keratinozyten, die schon nach einer Stunde suprabasal nachweisbar sind, beschleunigt in die obere Epidermis wandern, wo sie nach 24 Stunden anzutreffen sind (Abb. 2) und anschließend durch Apoptose eliminiert werden. Die Zahl der SBC erscheint streng dosisabhängig und zeigt im zeitlichen Ablauf des Auftretens (Abb. 3) und im Aktionsspektrum (Abb. 4) auffallende Beziehungen zum UV-Erythem. Dies ist an Mäusehaut systematisch darzustellen [4, 5, 19] und bestätigt sich in Stichproben auch an menschlicher Haut [5, 19]. SBC treten beim UV-Erythem und beim PUVA-Erythem dosisabhängig auf und sind morphologisch nicht unterscheidbar. Der zeitliche Ablauf aber und das Aktionsspektrum [20] sind deutlich unterschiedlich (Abb. 3 und 4).

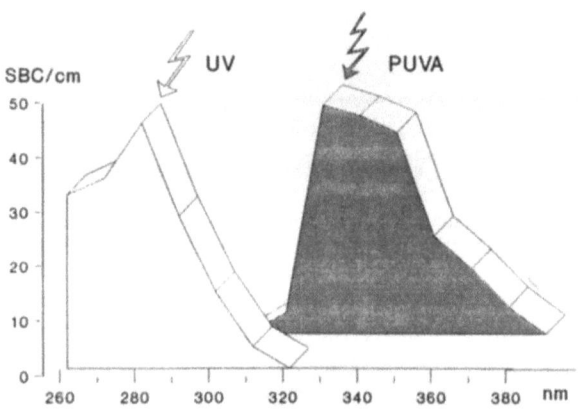

Abb. 4. Schematische Darstellung des Aktionsspektrums von Sonnenbrandzellen in Mäusehaut nach überschwelliger Bestrahlung [20]

Die SBC entspringen einer besonderen Keratinozytenpopulation, sie treten suprabasal auf aus Keratinozyten besonderer Stoffwechselaktivität (G1-Phase oder frühe S-Phase, 4) und haben eine abgeschwächte Exzisions-Reparatur [3]. SBC treten auch gehäuft in der Epidermis von Xeroderma pigmentosum auf [2]. Diese Daten legen die Vermutung nahe, daß SBC bevorzugt aus den peripheren Tochterzellen von basalen Mitosen entstehen. Die SBC sind charakterisiert durch die Kondensierung von Zytokeratinen [11] und das Auftreten von Streßproteinen [13]. Nach 24 Stunden läßt sich durch UVB [13] und auch durch PUVA [14] an den Zellmembranen der SBC eine alternative Komplementaktivierung (C3d) nachweisen, welcher eine Diffusion ins Zytoplasma folgt mit Aktivierung der terminalen Komplementkomponenten [13]. Die SBC scheint als Quelle von komplementabhängigen chemotaktischen Mediatoren selbst zur Verstärkung der späten Phase der UV-Dermatitis beizutragen.

Diese Mechanismen sind nicht nur bei der eigenen Eliminierung der SBC von Bedeutung, sondern sie spielen auch eine wichtige Rolle im Entzündungsablauf [10], der, protrahiert, auch zur Eliminierung von anderen geschädigten Zellen führt. Dazu gehören offensichtlich auch vitale und UV-mutierte Basalzellen, die potentiellen Mutterzellen onkogener Kloni. So betrachtet, darf man annehmen, daß, entgegen bisheriger Ansicht, zwischen der UV-Dermatitis als Soforteffekt einer überschwelligen UV-Exposition der Haut und der UV-Karzinogenese dennoch sehr frühe und sehr enge Beziehungen bestehen.

Literatur

1. Aubin F, Zultak M, Blanc D, Terrasse F, Quencez E, Agache P (1989) Reaction to UV-induced erythema in young patients with basal cell carcinoma. Photodermatology 6:118–123
2. Bohnert E, Herbst Ch: persönliche Mitteilung
3. Brenner W, Gschnait F (1979) Decreased DNA repair activity in sunburn cells. A possible pathogenetic factor of the epidermal sunburn reaction. Arch Dermatol Res 266:11–16
4. Danno K, Takigawa M, Horio T (1981) Relationship of the cell cycle to sunburn cell formation. Photochemistry and Photobiology 34:203–206
5. Danno K, Horio T (1987) Sunburn cell: Factors involved in its formation. Photochemistry and Photobiology 45:683–690
6. Ikai K, Ujihara M, Kanauchi H, Urade Y (1989) Effect of ultraviolet irradiation on the activity of rat skin prostaglandin D synthetase. J Invest Dermatol 93:345–348
7. Jung EG, Bohnert E, (1979) Lichtbiologie der Haut. In: Jadassohn J (Hrsg) Handbuch der Haut-und Geschlechtskrankheiten. Ergänzungswerk Bd I/4A, S 459–540
8. Jung EG, Furtwängler M, Klostermann G, Bohnert E (1980) Light-induced skin cancer and prolonged erythema. Arch Dermatol Res 267:33–36
9. Kecskes A, Jahn P (1989) Nachweis der antiphlogistischen Wirkung von Naftifin-HC1 im UV-B-Erythemtest. Hautarzt 40:158–160
10. Kupper TS (1989) Mechanisms of cutaneous inflammation. Arch Dermatol 125:1406–1411
11. Moll I: persönliche Mitteilung
12. Murphy GM, Dowd PM, Hudspith BN, Brostoff J, Greaves MW (1989) Local increase in interleukin-1-like activity following UVB irradation of human skin in vivo. Photodermatol 6:268–274
13. Rauterberg AD, Rauterberg EW: persönliche Mitteilung
14. Rauterberg AD, Jung EG, Burger R, Rauterberg EW (1990) Phototoxic erythema following PUVA treatment: Independence of complement. J Invest Dermatol 94:144–149
15. Schwarz T, Luger TA (1989) Effect of UV irradiation on epidermal cell cytokine production. J Photochem Photobiol B: Biol 4:1–13
16. Sondergaard J, Bisgaard H, Thorsen S (1985) Eicosanoids in skin UV inflammation. Photodermatology 2:359–366
17. Tanenbaum L, Parrish JA, Haynes HA, Fitzpatrick TB, Pathak MA (1976) Prolonged ultraviolet light-induced erythema and the cutaneous carcinoma phenotype. J Invest Dermatol 67:513–517

18. Väänänen A, Mannuksela M (1989) UVB eryhtema inhibited by topically applied substances. Acta Dermatl Venereol 69:12–17
19. Young AR (1987) The sunburn cell. Photodermatol 4:127–134
20. Young AR, Magnus IA (1981) An action spectrum for 8-MOP induced sunburn cells in mammalian epidermis. Brit J Dermatol 104:541–548

Prof. Dr. Ernst G. Jung
Hautklinik am Klinikum der Stadt Mannheim
Postfach 100023
D-6800 Mannheim 1

Kutane Entzündungsreaktion am Beispiel mykotischer Infektionen

J. BRASCH, Kiel

Erreger und Wirt

Die kutane Entzündungsreaktion bei einer Dermatomykose ist Ausdruck der Auseinandersetzung zwischen unterschiedlich pathogenen Pilzen und dem Wirtsorganismus mit seiner individuellen Disposition. In Mitteleuropa dermatologisch relevante Pilze sind die definitionsgemäß obligat pathogenen Dermatophyten, die fakultativ pathogenen Hefen mit Candida (C.) albicans als wichtigstem Vertreter sowie Malassezia furfur als nahezu saprophytärer Keim.

Dermatophyten werden aufgrund ihres Vorkommens und vermutlich übereinstimmend mit ihrer phylogenetischen Entwicklung und zunehmenden Humanadaption in geophile, zoophile and anthropophile Erreger eingeteilt [17]. In dieser Reihenfolge nimmt ihre inflammatorische Potenz bei humanen Infektionen ab. Von den Candidaarten besitzt C. albicans die höchste Pathogenität [16], und zwar besonders beim Wachstum in der Myzelform. Das Vorliegen von Risikofaktoren ist Voraussetzung für das Entstehen von Candidosen [16]. Auch Malassezia furfur als pathogene Form von Pityrosporum orbiculare und ovale bildet in vivo kurze Myzelien. Seine Pathogenität ist gering, und Pityrosporum wird oft als Saprophyt von der Haut isoliert. Bei Pilzen kann auch innerhalb einer Spezies die Pathogenität stammabhängig variieren, wobei z. B. Kreuzungs- und Biotyp Einfluß haben.

Die Abwehrmechanismen des Menschen gegenüber mykotischen Infektionen lassen sich in unspezifische und spezifisch-immunologische unterteilen [9, 15]. Manche epidermale Lipide haben antimykotische Eigenschaften, ebenso bestimmte Epidermisfraktionen und Serumbestandteile wie Transferrin und das Komplementsystem [5]. Dazu kommt eine erhöhte epidermale Proliferation. Die wichtigsten unspezifischen Abwehrzellen sind Monozyten, Makrophagen, Killerzellen und besonders neutrophile Granulozyten mit ihrem Myeloperoxidasesystem und sauerstoffunabhängigen Faktoren wie den Defensinen [9]. An der Immunantwort sind zelluläres und humorales System beteiligt [15]. Als Ausdruck lymphozytärer Reaktion entwickelt sich eine positive Trichophytin- oder Candidinreaktion. Die Bedeutung der mannigfaltigen nachgewiesenen Antikörper in der Pilzabwehr ist nicht ganz klar. Positive Pricktestungen mit Pilzextrakten sprechen für eine Immunreaktion vom Soforttyp, der allerdings eher eine Hemmung der Abwehr zugeschrieben wird. Ist einer der Abwehrmechanismen gestört, besteht für den Menschen erhöhte Infektionsgefahr.

Kutane Entzündung

Aus dem breiten Spektrum mykotischer Entzündungen werden im folgenden nur die typischen Infektionsverläufe der oberflächlichen Dermatomykosen durch die bereits genannten Erreger charakterisiert.

Dermatophytosen

Dermatophyten besiedeln in der Regel das Stratum corneum, wo sie in die Keratinozyten eindringen. Dabei setzen sie Exoenzyme frei, von denen die Proteinasen [1] am besten untersucht sind. Sie lassen sich im befallenen Gewebe direkt nachweisen. In vitro kann durch diese Proteinasen eine epidermale Spaltbilding induziert werden. Der Infektionsverlauf wird von der Pilzspezies und der Immunitätslage des Wirtes beeinflußt [20]. Dermatophyten können Leukotaxine freisetzen und chemotaxinogen wirken [4]. Bei der Erstinfektion entsteht zunächst eine langsam einsetzende heftige Entzündung, histologisch gekennzeichnet durch Infiltrate neutrophiler Granulozyten und mononukleärer Zellen, bei epidermaler Akanthose, Spongiose und Parakeratose.

Gelingt die Erregerelimination nicht sehr rasch, so entwickelt sich eine zelluläre Immunreaktion, die dann das Bild prägt. Nach in-vitro Ergebnissen dürften Langerhanszellen an ihrer Entstehung beteiligt sein [3]. Sie ist nachweisbar durch ein lymphozytenreiches Infiltrat, positive i.c.-Reaktionen auf Trichophytin und Lipide und auch durch positive Epikutantestungen mit Trichophytin, abgetöteten Konidien und Lipiden von Dermatophyten. Eine solche Teilimmunität läßt sich durch immunkompetente Lymphozyten übertragen. Lymphozytentransformationstests in vitro sind positiv. Die epidermale Proliferation ist erst dann maximal gesteigert, wenn eine Immunreaktion nachweisbar ist. Die Histologie entspricht dann einer unspezifischen Dermatitis mit mononukleärem Infiltrat, in unterschiedlichem Maße aber auch weiterhin neutrophilen Granulozyten. Bei vielen Patienten mit Dermatophytosen können nun zudem Antikörper gegen verschiedene Glykolipide, Polysaccharide, Peptide (Keratinasen) und andere Antigene im Serum gemessen werden [20]; präzipitierende Antikörper eher bei stark inflammatorischem und solche vom IgE-Typ bei chronischem Verlauf. Ihre Funktion ist nicht ganz klar. Entzündliche sterile Hautveränderungen verschiedener klinischer Ausprägung bei Patienten mit florider Dermatophytose und positiver Immunität werden als Id-Reaktionen im Sinne einer hyperergischen Streuung gedeutet.

Kutane Candidose

C. albicans verfügt über pathogenetisch wichtige Adhärenzfaktoren an der Oberfläche [10]. Die Erreger bleiben überwiegend in der Hornschicht; sie bilden dort auch Hyphen aus, die in die Korneozyten penetrieren können. Möglicherweise sind auch bestimmte Keratinozyten fähig, C. albicans-Zellen aktiv zu inkorporieren. Eine perifungale Aufhellungszone in den Keratinozyten wurde nachgewiesen, die auf die Wirkung von Exoenzymen zurückgeführt werden kann. C. albicans verfügt über eine große Zahl pathogenetisch wichtiger Enzyme [16]. Histologisch sieht man bei der Candidose Parakeratose, Spongiose und Mikroabszesse bis hin zu Pusteln. In diesen sind zumeist keine Pilzelemente nachweisbar. Insgesamt sind im Vergleich zur Tinea bei der kutanen Candidose neutrophile Granulozyten viel massiver beteiligt; deren Immigration in die Haut kann durch leukotaktische Komplementspaltprodukte bewirkt werden, ist jedoch z. T. komplementunabhängig in gleicher Intensität nachweisbar [22]. Auch direkt wirksame Leukotaxine werden von C. albicans gebildet. Die eminente Rolle von neutrophilen Granulozyten in der Abwehr von C. albicans wird durch das hohe Risiko einer Candidasepsis bei neutropenischen Patienten unterstrichen. Die epidermale Proliferation ist jedoch unabhängig von neutrophilen Granulozyten [19].

Auch bei der kutanen Candidose läßt sich, zumindest experimentell, bei längerdauernden oder wiederholten Infektionen die Entwicklung einer Teilimmunität verfolgen. In der Zellwand ist eine Vielzahl von meist mannanhaltigen Antigenen lokalisiert, manche offenbar hyphenspezifisch [11], die zu einer zellulären Immunantwort führen können. Es resultieren ein positiver Candidintest, eine positive Epikutantestung mit Candidaextrakt, eine gesteigerte epidermale Proliferation und ein verstärkter lymphozytärer Thymidineinbau in vitro nach Stimulation. Bei der Zweitinfektion immunisierter Tiere ist entsprechend frühzeitig neben dem neutrophilen Abszeß ein lymphozytäres Infiltrat histologisch erkennbar. Unterschiedliche Defekte der zellulären Immunität liegen den verschiedenen Formen der chronisch-mukokutanen Candidose zugrunde [11]. Eine humorale Immunantwort führt zu einer Vielzahl in ihrer Bedeutung unklarer Antikörper im Serum. Candidaantigene können in vitro B-Zellen direkt stimulieren [13]. Möglicherweise werden in vivo Antikörperkomplexe an die Zelloberfläche von C. albicans gebunden, auf der sich auch Komplementrezeptoren nachweisen lassen [18]. Immunmodulation [7] sowohl im Sinne der Verstärkung wie der Suppression der Immunantwort durch Candidabestandteile ist gesichert.

Pityriasis versicolor

Malassezia furfur ist fähig, in Keratinozyten einzudringen. Auffällig ist die stets nur minimale Entzündungsreaktion, obwohl die Komplementaktivierung durch diesen Erreger derjenigen durch C. albicans gleichkommt. Histologisch kann man unspezifische Veränderungen wie diskrete Parakeratose, Akanthose, Spongiose und ein geringes mononukleäres Infiltrat finden. Dies ist gut vereinbar mit der sich stets entwickelnden, jedoch verhältnismäßig gering ausgeprägten zellulären Immunantwort. In vitro werden nur wenig Zytokine von Pityrosporum-stimulierten Lymphozyten freigesetzt. IgG-Serumantikörper gegen Pityrosporum findet man altersabhängig gleichermaßen bei Gesunden und Patienten mit Pityriasis versicolor; solche vom IgE-Typ vermehrt bei Atopikern. Eine Besonderheit von Malassezia furfur ist die Beeinflussung der Hautpigmentierung, deren Pathogenese nicht sicher geklärt ist. Nachgewiesen wurden Tyrosinaseinhibitoren beim Erreger.

Ekzemreaktion bei chronischer Dermatomykose

Es fällt beim Vergleich der geschilderten Krankheitsbilder auf, daß bei der chronischen Tinea und der Pityriasis versicolor viele Gemeinsamkeiten mit einem Kontaktekzem bestehen [20]. So ist, abgesehen vom Pilznachweis, die Histologie grundsätzlich gleich, und es besteht eine spezifische zelluläre Immunität. Wir haben aus diesem Grunde das Zellinfiltrat bei beiden Erkrankungen durch Immunfärbung von Leukozytenoberflächenantigenen näher analysiert. Es enthält viele Langerhanszellen, und die mononukleäre Population besteht ganz überwiegend aus T-Memoryzellen sowie Monozyten und Makrophagen. Viele Zellen zeigen HLA-DR-Expression. Naive T-Zellen und B-Lymphozyten sind kaum vorhanden. Dies sind Befunde, wie sie ähnlich bei nichtinfektiösen entzündlichen Dermatosen beschrieben wurden [14], so auch beim Kontaktekzem. Möglicherweise unterhält die Erregerpersistenz bei chronischen Dermatomykosen eine Allergenzufuhr, die dann ein allergisches Kontaktekzem verursacht.

Zytokine bei Dermatomykosen

Hierzu gibt es kaum Untersuchungen. In-vitro-Versuche mit C. albicans lassen jedoch einen Einfluß von Zytokinen auf die mykotische Entzündungsreaktion erwarten. So konnte die candidacide Wirkung von Makrophagen durch Lymphokine, Il 3 und gamma-Interferon [2] gesteigert werden. TNF-alpha verstärk die fungizide Wirkung von neutrophilen Granulozyten [8] und wird nach Stimulation mittels C. albicans aus Killerzellen und Makrophagen freigesetzt [6]. Die wachstumshemmende Wirkung von Monozyten auf C. albicans wird durch GM-CSF, M-CSF und IL3 verstärkt [21]. Es wäre nicht überraschend, wenn in naher Zukunf mit besseren Nachweismöglichkeiten für Zytokine mehr über deren vermutlich wichtige Rolle bei Dermatomykosen bekannt würde.

Literatur

1. Apodaca G, McKerrow JH (1989) Purification and characterization of a 27,000-M_r extracellular proteinase from Trichophyton rubrum. Infect Immun 57:3072–3080
2. Bleiberg I, Kletter Y et al. (1989) Induction of murine macrophage fungal killing by interleukin 3. Exper Hematol 17:895–897
3. Braathen LR, Kaaman T (1983) Human epidermal Langerhans cells induce cellular immune response to trichophytin in dermatophytosis. Br J Dermatol 109:295–300
4. Brasch J (1990) Erreger und Pathogenese von Dermatophytosen. Hautarzt 41:9–15
5. Diamond RD (1988) Fungal surfaces: effects of interactions with phagocytic cells. Rev Infec Dis, Suppl 2:S428–S431

6. Djeu JY, Nlanchard DK, Richards AL, Friedman H (1988) Tumor necrosis factor induction by Candida albicans from human natural killer cells and monocytes. J Immunol 141:4047–4052
7. Domer J, Elkins K, Ennist D, Baker P (1988) Modulation of immune responses by surface polysaccharides of Candida albicans. Rev Infect Dis 10, Suppl 2:S419–S422
8. Ferrante A (1989) Tumor necrosis factor alpha potentiates neutrophil antimicrobial activity: increased fungicidal activity against Torulopsis glabrata and Candida albicans and associated increases in oxygen radical production and lysosomal enzyme release. Infect Immun 57:2115–2122
9. Fukazawa Y, Kagaya K (1988) Host defence mechanisms against fungal infection. Microb Sciences 5:124–127
10. Kennedy MJ (1990) Models for studying the role of fungal attachment in colonization and pathogenesis. Mycopathologia 109:123–137
11. Kirkpatrick CH (1989) Chronic mucocutaneous candidiasis. Europ J Clin Microb Infec Dis 8:448–456
12. Leusch H-G (1989) Detection and characterization of two antigens specific for cell walls of Candida albicans mycelial growth phase. Current Microbiology 19:193–198
13. Mangeney M, Fischer A, Le Deist F, Latgé JP, Durandy A (1989) Direct activation of human B lymphocytes by Candida albicans-derived mannan antigen. Cellular Immunology 122:329–337
14. Markey AC, Allen MH, Pitzalis C, Macdonald DM (1990) T-cell inducer populations in cutaneous inflammation: a predominance of helper T-inducer lymphocytes (THi) in the infiltrate of inflammatory dermatoses. Br J Dermatol 122:325–332
15. Murphy JW (1990) Immunity to fungi. Cur Op Immunol 2:360–367
16. Odds FC (1988) Candida and candidosis. Baillière Tindall, London Philadelphia Toronto Sydney Tokyo
17. Rippon W, (1988) Medical mycology, 3rd edn. Saunders, Philadelphia London Toronto Sydney Tokyo
18. Saxena A, Calderone R (1990) Purification and characterization of the extracellular C3d-binding protein of Candica albicans. Infect Immun 58:309–314
19. Sohnle PG, Hahn BL (1989) Epidermal proliferation and the neutrophilic infiltrates of experimental cutaneous candidiasis in mice. Arch Dermatol Res 281:279–283
20. Tagami H, Kudoh K, Takematsu H (1989) Inflammation and immunity in dermatophytosis. Dermatologica 179 (suppl 1):1–8
21. Wang M, Friedman H, Djeu JY (1989) Enhancement of human monocyte function against Candida albicans by the colony-stimulating factors (CSF): IL-3, granulocyte-macrophage-CSF, and macrophage-CSF. J Immunol 143:671–677
22. Wilson BD, Sohnle PG (1988) Neutrophil accumulation and cutaneous responses in experimental cutaneous candidiasis of genetically complement-deficient mice. Clin Immunol Immunopath 46:284–293

Dr. Jochen Brasch
Universitäts-Hautklinik
Schittenhelmstraße 7
D-2300 Kiel

Die Rolle der Epidermis in der Immunreaktivität

G. STINGL, Wien

Die Haut beherbergt alle zellulären Elemente, die zum Aufbau einer Immunantwort benötigt werden, und zwar
1. Antigen-präsentierende Zellen (z. B. epidermale Langerhanszellen).
2. Zytokin-produzierende Zellen (z. B. Keratinozyten, Endothelzellen) und
3. T-Lymphozyten der Epidermis und Dermis.

Nach einem Vorschlag von Streilein (J. invest. Derm. 80, 12, 1983) bilden diese Immunzellen der Haut zusammen mit den lymphoiden Zellen regionärer Lymphknoten ein funktionell zusammengehörendes System Haut-assoziierter lymphoider Gewebe (Skin-Associated Lymphoid Tissues = SALT). Die Funktionstüchtigkeit von SALT wird durch einen wohlgesteuerten Signalaustausch zwischen dessen einzelnen zellulären Komponenten gewährleistet und trägt entscheidend zur Überwachungsfunktion des Immunsystems bei. Eine Störung dieses Systems durch exogene (z. B. UV, Pharmaka, Mikroorganismen) oder endogene (Neoantigene) Noxen kann zu dessen funktioneller Beeinträchtigung führen, die sich schließlich in der unkontrollierten Ausbreitung infektiöser bzw. neoplastischer Prozesse äußert.

Univ.-Prof. Dr. Georg Stingl
Abteilung für Immunbiologie der Haut
I. Universitäts-Hautklinik
Alser Straße 4
A-1090 Wien

Prinzipien antientzündlicher Therapie

H. F. MERK, Köln

Entzündungsreaktionen begleiten die meisten Hauterkrankungen oder stehen sogar im Zentrum ihrer Pathophysiologie. Erst die Verwendung zuverlässig wirkender antientzündlicher Arzneimittel haben eine rasche und effektive Therapie vieler Dermatosen ermöglicht und das Bild der modernen Dermatologie wesentlich geprägt.

Die Einführung der Glucocorticoide in die Dermatologie mit Hydrocortison 1952 durch Sulzberger und Witten führte zur Einteilung eines dermatologischen Zeitalters v.C. (vor Corticosteroiden) und n.C (nach Corticosteroiden). Der Vorzug der Glucocorticoide besteht darin, daß sie viele antientzündliche Prinzipien gleichzeitig verfolgen und daher nicht nur potent in ihren erwünschten wie auch unerwünschten Wirkungen sind, sondern darüber hinaus die Erforschung ihrer Wirkprinzipien neue antientzündliche Prinzipien erkennen läßt.

Glucocorticoide

Voraussetzung für die Wirkung von Glucocorticoiden ist ihre Bindung an spezifische Rezeptoren im Cytosol sowie der Transport dieses Komplexes in den Zellkern. Dort erfolgt eine weitere, reversible Bindung an Rezeptoren des Zellkerns. Diese nukleären Rezeptoren konnten kürzlich identifiziert werden [17]. Durch die Bindung der Glucorticoide an diese Rezeptoren wird die Ribonucleinsäuresynthese und damit die Synthese von Proteinen und von Enzymen moduliert. Die von den Steroiden beeinflußten Gene werden zusammengefaßt als die Glucocorticoid-Regulations-Elemente (GRE), die wiederum zu der Genfamilie der Hormon-Regulations-Elemente (HRE) gehören [5, 17]. Die cytosolischen Rezeptoren für Glucocorticoide konnten sowohl in den Zellen der Epidermis als auch des Coriums nachgewiesen werden.

Dadurch rufen die Glucorticoide ein antientzündliches Programm auf, durch das alle Zellarten der Haut und die meisten Entzündungsmediatoren betroffen sind [8]:
- Hemmung der Freisetzung der Arachidonsäure durch Induktion eines Lipocortins, das die Phospholipase A_2 hemmt,
- Hemmung der Bildung von Interleukin 1, 2 und 6,
- Hemmung der Adhäsion polymorphkerniger Leukozyten an das Endothel der Gefäße im Entzündungsareal,
- Hemmung der Freisetzung lysosomaler Enzyme,
- Hemmung der Wirkung von aktivierten Komplementkomponenten und Bradykinin,
- Reduktion der Mastzellen und des Histamingehaltes in der Haut,
- Hemmung der Chemotaxis polymorphkerniger Granulozyten,
- Hemmung der Antigenpräsentation und morphologische Veränderungen an der Langerhanszelle,
- Proliferations- und Migrationshemmung der Lymphozyten und Granulozyten,
- Zunahme der vasomotorischen Aktivität vor allem der Arteriolen,
- Erweiterung der Kapillaren, aber Abnahme der bereits erweiterten Kapillaren bei der Entzündungsreaktion, dadurch verringerte Permeabilität für kleinmolekulare Entzündungsmediatoren,
- Steigerung der Antwort peripherer Gefäße auf Adrenalin,
- Kontraktion der Hautgefäße,
- Proliferationshemmung und Normalisierung der Keratinisierung,
- Hemmung der Melaninbildung in Melanozyten,
- Hemmung der Kollagenbiosynthese in Fibroblasten,
- Proliferationshemmung der Fettgewebszellen.

Ein Versuch, das antiinflammatorische Programm der Glucocorticoide zu nutzen, ohne oder weniger unerwünschte Wirkungen in Kauf nehmen zu müssen, führte zur Entwicklung von Pharmaka, die nur einzelne antiinflammatorische Prinzipien der Glucocorticoide besitzen. Besonders konzentrierte man sich dabei auf Inhibitoren der Bildung oder Wirkung von 5-Lipoxygenase abhängigen Leukotrienen (LT). Diese Substanzen lassen sich in 2 Gruppen einteilen: LTB_4 wirkt chemotaktisch, induziert Oedeme, Schmerzempfinden und moduliert immunologische Reaktionen. Cysteinylhaltige Leukotriene (LTC_4, LDT_4, LTE_4, LTF_4) induzieren Oedeme und beeinflussen die Gefäßmuskulatur und deren Permeabilität [4].

Sowohl bei der Psoriasis als auch bei IgE abhängigen allergischen Hautreaktionen werden sie gebildet. Bei der Psoriasis wurde kürzlich über einen günstigen Effekt mit Lonapolen (RS-43179), einer Substanz, die die Bildung von Leukotrienen hemmt, berichtet. Diese antipsoriatische Wirkung ging mit einer Reduktion der LTB_4 Bildung einher [12]. Ob dieser Effekt aber alleine mit einer Hemmung der Leukotrien-Bildung zu erklären ist, bleibt umstritten [6]. Obgleich es noch offen ist, ob diese neuen eine partielle antiinflammatorische Wirkung der Glucocorticoide nachahmenden Substanzen wirkungsvolle antiinflammatorische Strategien darstellen, vor allem ob sie in ihrer Stärke mit Glucocorticoiden vergleichbar sind, bleibt abzuwarten. Die Wirkung der Leukotriene wird fernerhin durch Interaktionen untereinander, mit Neuropeptiden wie dem Calcitonin verwandten Peptialprodukte, Interleukin 1 oder PAF (Plättchenaktivierender Faktor) moduliert [4, 25, 26]. Erst wenn diese Interaktionen vollständig verstanden werden, läßt sich eine befriedigende Bewertung der Stellung dieser Substanzen in der Physiologie und Pathophysiologie der Entzündungsreaktion geben. In jedem Fall stellen die gegenwärtigen Untersuchungen mit diesen Substanzen einen wertvollen Beitrag zur Beurteilung des Stellenwertes der Leukotriene in der Physiologie und Pathophysiologie der Entzündungsreaktion dar.

Antihistaminika

Ein zentraler Grundsatz der Pharmakologie ist, daß die Wirkung der Arzneimittel durch für sie spezifische Rezeptoren vermittelt werden, an die sie sich binden müssen (extrinsic activity), um selber (intrinsic activity) eine Wirkung auszulösen oder einen Agonisten an der Bindung hemmen und somit Antagonisten sind, die in einem bestimmten Konzentrationsbereich dosisabhängig wirken. Ein klassisches, darauf basierendes antiinflammatorisches Prinzip sind die Antihistaminika. Es werden mindestens 3 Histaminrezeptoren unterschieden. Im Vordergrund der dermatologischen Anwendung stehen Antagonisten der H_1-Rezeptoren. In den letzten Jahren konnte durch Entwicklung neuer Präparate ohne die unerwünschte sedierende Wirkung der Antihistaminika ein wesentlicher Fortschritt vor allem in der Behandlung der Urticaria erzielt werden [16]. Der verringerte sedierende Effekt von Loratandin scheint dabei nicht nur durch pharmakokinetische Eigenschaften - verringerte Passage der Blut-Hirn-Schranke bedingt zu sein, sondern auch durch pharmakodynamische. So wird Loratandin von corticalen H_1-Rezeptoren durch den klassischen H_1-Antagonisten Mepyramin sehr viel leichter verdrängt, als von den peripheren H_1-Rezeptoren [10].

Interessant ist, daß in mehreren Untersuchungen die Kombination von H_1- oder H_2-Antagonisten wie zum Beispiel Chlorpheniramin und Cimetidin in der Unterdrückung der Quaddelreaktion auf Histamin wirkungsvoller ist als nach alleiniger des H_1- oder H_2-Antagonisten. Die Verwendung von H_2-Antagonisten in der Behandlung der Urtikaria geht daher auf Untersuchungen zurück, die zeigten, daß sowohl H_1- als auch H_2-Rezeptoren in der Haut vorhanden sind [24]. Trotzdem sind die klinischen Studien über eine kombinierte Anwendung von H_1- und H_2-Antagonisten enttäuschend geblieben und werden nur gelegentlich bei Urticaria angewendet [6].

Doxepin - ein heterozyklisches Analogon zu den trizyklischen antidepressiv wirkenden Amitriptylinen - erwies sich als ein hochpotentes H_1- und H_2-Antihistaminikum, das die Quaddelreaktion auf Histamin in menschlicher Haut hemmen kann. Die antihistaminerge Wirkung von Doxepin weist auf die Möglichkeit hin, daß ähnliche Antidepressiva oder Substanzen, die sich chemisch von den trizyklischen Antidepressiva ableiten, bei einigen histaminabhängigen Erkrankungen therapeutisch angewendet werden können. Substanzen aus der Gruppe der Impromidine, bei denen die 5-Methylimidazolgruppe durch einen klassischen H_1-Antagonisten ersetzt ist, weisen ebenfalls einen kombinierten H_1- und H_2-Antihistaminikaeffekt auf [10].

Einige Antihistaminika – wie z. B. Oxatomid oder Ketotifen – besitzen zusätzlich einen antiallergischen Effekt, d. h. sie hemmen die Freisetzung von Histamin aus Basophilen und Mastzellen. Dieses antientzündliche Prinzip läßt sich unter in-vivo-Bedingungen besonders gut bei Kälteurticaria zeigen (Abb. 1). In weiteren Untersuchungen erwies sich, daß dieser Effekt nur nach in-vivo-Gabe dieser Antihistaminika auftrat, während bei einer in-vitro-Inkubation mit Oxatomid oder Ketotifen Basophile Histamin sogar verstärkt freisetzen (C. Bitter, H. Merk, in Vorbereitung). Eine Erklärung für diesen widersprüchlichen Befund könnte sein, daß Metabolite der Substanzen für die antiallergische Reaktion verantwortlich sind.

Neuerdings wurden H_3-Rezeptoren charakterisiert. Sie hemmen die Freisetzung von Histamin aus Nerven, die es als Überträgersubstanz nutzen. Untersuchungen mit spezifischen H_3-Agonisten und H_3-Antagonisten zeigen, daß Agonisten zu einer Verringerung des cutanen Histamingehaltes führten, ein Effekt, der sich jedoch im Gegensatz zum Cortex oder Hypothalamus durch Antagonisten nicht aufheben ließ [1]. Deshalb ist die Rolle von H_3-Rezeptoren in der Haut und die denkbare Kombination von H_1-Antagonisten mit H_3-Agonisten z. B. bei der Urticaria noch unklar.

Große Fortschritte konnten in den letzten Jahren in unseren Kenntnissen über Cytokine wie z. B. Interleukin 1, 6 oder 8, der Ausbildung von Adhäsionsproteinen und deren Bezug zur Entzündungsreaktion und bei antiinflammatorischen Strategien erzielt werden [11, 13, 18, 19, 23]. Über sie und die antientzündliche Wirkung neuer Immunsuppressiva wie z. B. Cyclosporin oder dem noch stärker wirksamen FK506 [9] wird in vielen Beiträgen auf diesem Treffen berichtet.

Oxidativer Streß

Abschließend gehe ich daher auf ein weiteres Entzündungsprinzip und seiner therapeutischen Beeinflussung ein: den Sauerstoff. Durch viele an Entzündungen beteiligten Zellen – vor allem den Neutrophilen – aber z. B. auch bei der Metabolisierung der Arachidonsäure entstehen aus dem Sauerstoff durch Reduktion Sauerstoffradikale: das Superoxidanion, Wasserstoffsuperoxid und Hydroxylradikale [3]. Durch das Enzym Myeloperoxidase reagieren diese Sauerstoffradikale zu noch potenteren cytotoxischen Verbindungen mit Halogenen [3]. Vor

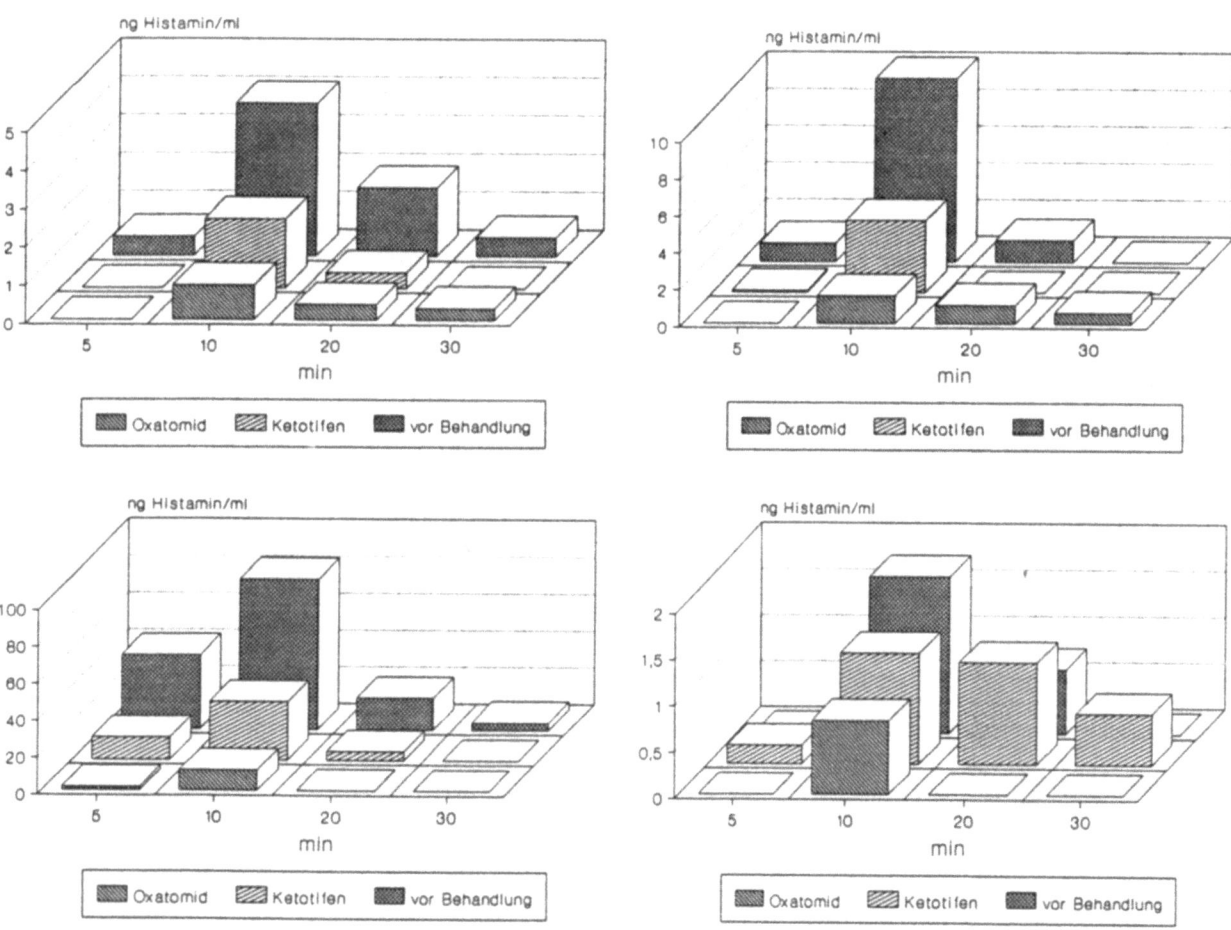

Abb. 1. 4 Patienten mit Kälteurticaria wurden exponiert und der Histamingehalt im venösen Blut des exponierten Areals bestimmt. Vor allem 10 Minuten nach Exposition war ein Anstieg des Histamingehaltes zu beobachten. Nach einwöchiger Einnahme von Oxatomid und Ketotifen kam es zu einer Reduktion dieser Histaminfreisetzung bei allen 4 Patienten, was für einen antiallergischen Effekt dieser Antihistaminika spricht. Unter antiallergischen Effekt versteht man dabei die Hemmung der Freisetzung von Entzündungsmediatoren [14].

allem durch Einfügen der Sauerstoffradikale in ungesättigte Fettsäuren (Lipidperoxidation) führen sie zu starken Entzündungsreaktionen, aber auch Alterungsprozessen der Zellen und sogar Karzinogenese [15]. Ihre Präsenz in der Haut z. B. bei photodynamischen Reaktionen ließ sich mit Hilfe der Elektronen-Spin-Resonanz-Messung direkt nachweisen [2]. Um sich gegen diese sehr toxischen Substanzen zu schützen, verfügen die Zellen über verschiedene Schutzmechanismen, wie z. B. die Superoxiddismutase, Katalase und die Glutathion-Peroxidase [20]. Die Stärkung dieser Schutzmechanismen bedeutet daher auch ein antiinflammatorisches Prinzip, wie am Beispiel der Superoxiddismutase gezeigt werden konnte [21]. Aber auch α-Tocopherol bzw. Vitamin E führt zu einer Aktivitätssteigerung der Glutathion-Peroxidase, was ein wesentliches antientzündliches Wirkprinzip dieser Substanz neben ihren generellen Eigenschaften als Antioxidans ist [27]. Auch Sauerstoffquencher oder Antioxidantien wie Karotinoide oder Pharmaka mit SH-Gruppen (z. B. Penicillamin) wirken über diese Mechanismen antiinflammatorisch. Interessanterweise kann das die Cyclooxygenase hemmende Indomethacin auch durch Komplexierung mit Kupferionen eine Superoxiddismutase-Aktivität entfalten, was z. T. seinen antientzündlichen Effekt erklärt [22]. Das in der Dermatologie schon lange angewendete Sulfon DADPS hemmt die Myeloperoxidase und damit die Verbindung von Hydroxylradikalen mit Halogenen [28]. Bei der zentralen Rolle des Sauerstoffs im Organismus werden in Zukunft nicht nur neue Pharmaka – wie z. B. Superoxid-Dismutasen oder Flavonoide – entwickelt werden, die durch Beeinflussung des Sauerstoff-Metabolismus antientzündlich wirken, sondern sich auch herausstellen, daß bekannte antientzündliche Arzneimittel durch dieses Prinzip zumindest teilweise ihre antiinflammatorischen Wirkungen erzielen.

Literatur

1. Arrang JM, Garbarg M, Lancelot JC, Lecomte JM, Pollard H, Robba M, Schunack W, Schwartz JC (1987) Highly potent and selective ligands for histamine H3-receptors. Nature 327:117–123
2. Athar M, Elmets CA, Bickers DR, Mukhtar H (1989) A novel mechanism for the generation of superoxide anions in hematoporphyrin derivative-mediated cutaneous photosensitization. J Clin Invest 83:1137–1143
3. Badwey JA, Karnovsky Ml (1980) Active oxygen species and the functions of phagocytic Leukocytes. Annual Reviews Biochem 49:695–726
4. Brain SD, Williams TJ (1990) Leukotrienes and inflammation. Pharmac Ther 46:57–66
5. Burnstein KL, Cidlowski JA (1989) Regulation of gene expression by glucocorticoids. Ann Rev Biochem 51:683–99
6. Camp RDR, Greaves MW (1987) Inflammatory mediators in the skin. British Med Bulletin 43:No 2401–414
7. Czarnetzki BM (1986) Urticaria. Springer, Heidelberg
8. Dale MM, Foreman JC (1989) Immunopharmacology. Blackwell, Oxford
9. Drews J (1990) Immunopharmacology. Springer, Heidelberg
10. Haaksma EEJ, Leurs R, Timmerman H (1990) Histamine receptors: subclasses and specific ligands. Pharmac Ther 47:73–104
11. Heinrich PC, Castell JV, Andus T (1990) Interleukin-6 and the acute phase response. Biochem J 265:621–636
12. Kobza-Black A, Camp R, Greaves MW (1990) J invest Dermatol 95
13. Luger TA (1987) Die Bedeutung epidermaler Zytokine im Rahmen der Wundheilung. Wiener klin Wschr 99:101–104
14. Merk HF, Sauer R, Steigleder GK (1985) Histamine release in cold urticaria – effect of ketotifen and oxatomide. In: Champion RH, Greaves MW, Kobza-Black A, Pye RJ (eds). The urticarias. Churchill Livingstone, Edinburgh, pp 222–223
15. Merk HF (1987) Die Bedeutung der Sauerstoff-Metaboliten für die Entzündungsreaktion. In: Holzmann H et al. (Hrsg) Dermatologie und Rheuma. Springer, Heidelberg, S 51–56
16. Merk HF (1990) Urticaria, Angioedem und Rhinitis allergica. In: Hornbostel H, Kaufmann W, Siegenthaler W (Hrsg) Innere Medizin in Praxis und Klinik. Thieme, Stuttgart (im Druck)
17. Miesfeld RL (1989) The structure and function of steroid receptor proteins. Critical Reviews in Biochemistry and Molecular Biology 24:101–117
18. Mizel StB (1989) The interleukins. FASEB 3:2379–2388
19. Nakanishi S (1987) Substance P precursor and kininogen: their structures, gene organizations, and regulation. American Physiol 67:1117–1142
20. Naqui A, Chance B (1986) Reactive oxygen intermediates in biochemistry. Ann Rev Biochem 55:137–166
21. Niwa Y (1989) Lipid peroxides and superoxide dismutase (SOD) induction in skin inflammatory diseases, and treatment with SOD preparations. Dermatologica 179 (suppl 1):101–106
22. Oyanagui Y (1976) Inhibition of superoxide anion production in macrophages by anti-inflammatory drugs. Biochemical Pharmacology 25:1473–1480
23. Pober JS, Cotran RS (1990) Cytokines and endothelial cell biology. Physiological Reviews 70/2:427–451
24. Ring J, Sedlmeier F, von der Helm D, Mayr T, Walz U, Ibel H, Riepel H, Przybilla B, Reimann HJ, Dorsch W (1986) Histamine and allergic diseases. In: Ring J, Burg G (eds) New trends in allergy II. Springer, Heidelberg, pp 44–77
25. Ruzicka T (1988) The physiology and pathophysiology of eicosanoids in the skin. Eicosanoids 1:59–72
26. Ternowitz Th, Andersen PHG, Bjerring P, Fogh K, Schröder JM, Kragballe K (1989) 15-Hydroxyeicosatetraenoic acid (15-HETE) specifically inhibits the LTB-induced skin response. Arch Dermatol Research 281:401–405
27. Shan X, Aw TY, Jones DP (1990) Glutathione-dependent protection against oxidative injury. Pharmac Ther 47:61–71
28. Standahl O, Molin L, Dahlgren C (1978) The inhibition of polymorphonuclear leucocyte cytotoxicity by dapsone. J clin Invest 62:214–220

Prof. Dr. Hans F. Merk
Universitäts-Hautklinik
Joseph-Stelzmann-Straße 9
D-5000 Köln 41

Hereditäre Dermatosen

Erbkrankheiten: gestern, heute und morgen

URS W. SCHNYDER und LEENA BRUCKNER-TUDERMAN, Zürich

Vor 90 Jahren hat Gregor Mendel in Brünn die sog. Mendel'schen Gesetze entdeckt. Seither hat im Bereich der Erbkrankheiten eine stürmische Entwicklung eingesetzt, die nicht zuletzt dank molekularbiologischen Methoden in den nächsten Jahren zu einem neuen Erkenntnisschub führen wird.

Die heutige Nachmittagssitzung soll auch dem freipraktizierenden Dermatologen zeigen, daß die Erbkrankheiten der Haut, so selten sie in der Praxis vorkommen, heute keine „Kongreßkrankheiten" mehr sind, sondern daß wir durchaus auch bei diesen Krankheiten – teilweise sogar recht wirksame – Möglichkeiten haben, solchen Patienten die Lebensqualität zu verbessern.

Die Entwicklung vom Sammeln und Beschreiben solcher Krankheiten bis heute verlief in *Phasen,* die wir kurz besprechen möchten (siehe Abb. 1). Um die Jahrhundertwende haben v. a. deutsche und französische Dermatologen die *Klinik* der Erbkrankheiten der Haut herausgearbeitet. Im Deutschen Kaiserreich war es v. a. Siegfried Bettmann, Heidelberg, der die damaligen Erkenntnisse im Kapitel „Die Mißbildungen der Haut" im Schwalbe'schen Lehrbuch „Die Morphologie der Mißbildungen des Menschen und der Tiere" festgehalten hat.

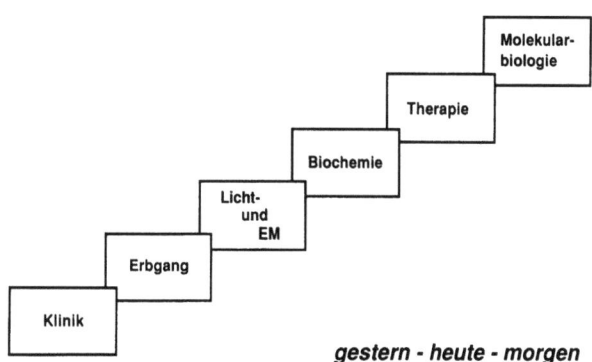

Abb. 1. Die verschiedenen Entwicklungsphasen in der Erforschung von Erbkrankheiten der Haut.

Die Erkenntnis, daß die *Mendel'schen Gesetze* auch beim Menschen vorkommen, wurde in aller Breite erst nach dem ersten Weltkrieg realisiert. In der Zwischenkriegszeit waren es in Deutschland v. a. H. W. Siemens und in Großbritanien E. A. Cockayne, die gezeigt haben, daß viele Erbkrankheiten der Haut nach den Mendel'schen Gesetzen vererbt werden. Diese Ära wird heute oft als die Zeit der „Stammbaumforschung" bezeichnet. Daß diese mit viel Mühe aufgearbeiteten Stammbäume heute die Basis für die moderne Genlokalisationsforschung sind, hat man damals allerdings nicht ahnen können.

Die Stammbaumforschung ermöglichte aber auch, verschiedene ähnliche Krankheiten nosologisch besser zuzuordnen resp. gegeneinander abzugrenzen. Drei Beispiele aus dem Formenkreis der hereditären Palmoplantarkeratosen seien pars pro toto erwähnt. So konnte Heierli-Forrer 1959 zeigen, daß die von Buschke und Fischer 1906 beschriebene papulöse (maculöse) Palmoplantarkeratose streng autosomal-dominant vererbt wird und die Abgrenzung einer sporadischen Form, wie dies Brauer 1913 postulierte, nicht gerechtfertigt ist. Entweder sind die sporadischen Fälle methodisch bedingt, Spontanmutationen oder Phaenokopien. Ein weiteres Beispiel ist die 1929 von Vohwinkel beschriebene Keratosis palmoplantaris mutilans, die identisch ist mit der ebenfalls mutilierenden Form, die mit Innenohrschwerhörigkeit einhergeht. Nockemann hat nämlich 1961 die mutilierende Palmoplantarkeratose mit Innenohrschwerhörigkeit als eigenständiges Syndrom beschrieben. Voigtländer hat dann 1973 als erster auf die Identität dieser beiden Genodermatosen aufmerksam gemacht. Das dritte Beispiel ist hochaktuell. Herr Küster der Plewig'schen Schule konnte nämlich vor einem Jahr zeigen, daß die von Thost und Unna beschriebenen Fälle von diffuser Palmoplantarkeratose auch mit einer Akanthokeratolyse einhergehen und deshalb der „Thost-Unna" wohl in der von Voerner 1901 beschriebenen akanthokeratolytischen Palmoplantarkeratose aufgeht. Diese Problematik wird an dieser Tagung auch in einer freien Mitteilung und in einem Poster angesprochen.

Lange Zeit wurden – um noch ein weiteres Beispiel anzusprechen – Ichthyosis-Stammbäume mit autosomaldominanter und X-chromosomaler Vererbung publiziert, ohne daß die Klinik genau beachtet wurde. Wells und Kerr haben dann 1956 die klinischen Verhältnisse von Ichthyosen dieser beiden Stammbaumtypen analysiert und zeigen können, daß die dominante und X-chromosomale Ichthyose zwar viele Gemeinsamkeiten zeigen, aber gewisse Randsymptome wie z. B. die Keratosis follicularis und die „ichthyotic hands" nur bei der autosomaldominanten Ichthyose vorkommen.

Nach dem zweiten Weltkrieg folgte dann zuerst die sog. *histogenetische Ära.* Mit Hilfe der Licht- und Elektronenmikroskopie konnten eine Reihe von klinisch ähnlichen Erbkrankheiten gegeneinander abgegrenzt werden. Als Beispiel erwähnen möchten wir in diesem Zusammenhang wieder die autosomal-dominante und die X-chromosomale Ichthyose. Die eine geht nämlich u. a. mit einem Defekt der Keratohyalingranula einher, während bei der X-chromosomalen Ichthyose das Keratohyalin normal ausdifferenziert wird. Die mikromorphologische Betrachtungsweise war auch Ausgangspunkt für die v. a. von I. Anton-Lamprecht systematisch entwickelte pränatale Diagnostik von Genodermatosen (s. a. das Hauptreferat von Herrn F. Vogel, Heidelberg, über die Erbprognose von Dispositions- und Erbkrankheiten).

Die *biochemische Analyse* von Genodermatosen hat im Vergleich mit der Erforschung anderer humaner Erbkrankheiten erst verhältnismäßig spät eingesetzt. Auch hier sollen nur Beispiele aus dem Formenkreis der erblichen Verhornungsstörungen aufgeführt werden. Immerhin findet man bei nicht weniger als vier Genodermatosen dieser Art biochemische Störungen. Es sind dies

1. eine Neutralfettspeicherung beim Dormann-Chanarin-Syndrom,
2. der Sulfatasemangel bei der X-chromosomalen Ichthyose,
3. ein Defekt im Phytansäurestoffwechsel infolge Fehlens der Phytansäurehydroxylase beim Refsum-Syndrom und
4. die Tyrosinanemie Typ II beim Richner-Hanhart-Syndrom.

Der kausalgenetische Zusammenhang zwischen Verhornungsstörung und biochemischem Defekt ist nur beim Richner-Hanhart-Syndrom eindeutig geklärt (s. bei Therapie).

Kommen wir noch zum zweitletzten Schritt, den ich ansprechen möchte: die *Therapie*. Noch gibt es keine gentechnologischen Behandlungsmöglichkeiten. Grundsätzlich stehen uns derzeit folgende Therapien zur Verfügung, die wir bei den Erbkrankheiten der Haut in Erwägung ziehen müssen:

1. Operative Verfahren,
2. Diätetische Maßnahmen und
3. Medikamentöse Therapien.

Beim autosomal-dominanten Basalzell-Naevus-Syndrom z. B. stehen die operativen Verfahren im Vordergrund, während die Retinoide nur bedingt die Entstehung von Basaliomen verhindern.

Das bekannteste Beispiel, wie mit diätetischen Maßnahmen eine Verhornungsstörung beeinflußt werden kann, ist das bereits erwähnte Richner-Hanhart-Syndrom, das mit einer Tyrosinaemie vom Typ II einhergeht. Unter einer tyrosin- und phenylalaninarmen Diät verschwinden innert Wochen nicht nur die schmerzhaften clavusartigen Hyperkeratosen, sondern auch die herpetiforme Keratitis, die mit einer störenden Photophobie einhergeht (Abb. 2a und b). Umgekehrt kann bei Ratten mit einer tyrosinreichen Diät innert Wochen ein Syndrom erzeugt werden, das demjenigen beim Menschen ähnlich ist. In der Praxis ist es allerdings außerordentlich schwierig, über Jahre hinaus eine tyrosinarme Diät aufrecht zu erhalten, da die oft imbezilen Patienten weder die Einsicht, noch die Disziplin haben, eine solche Diät einzuhalten.

Die medikamentöse Therapie gewinnt insbesondere bei den erblichen Verhornungsstörungen dank den Retinoiden immer mehr an Bedeutung. So kann man sowohl mit Etretinat, als auch mit Isotretinoin z. B. bei schweren kongenitalen Ichthyosen innerhalb von Wochen spektakuläre Besserungen erzielen. Allerdings wird bei den erythrodermatischen Formen nur die Verhornung beeinflußt, während die Erythrodermie bleibt (Abb. 3a und b). Die teratogene Wirkung und Knochendysplasien, welche nach langzeitiger Einnahme von Retinoiden gelegentlich beobachtet werden können,

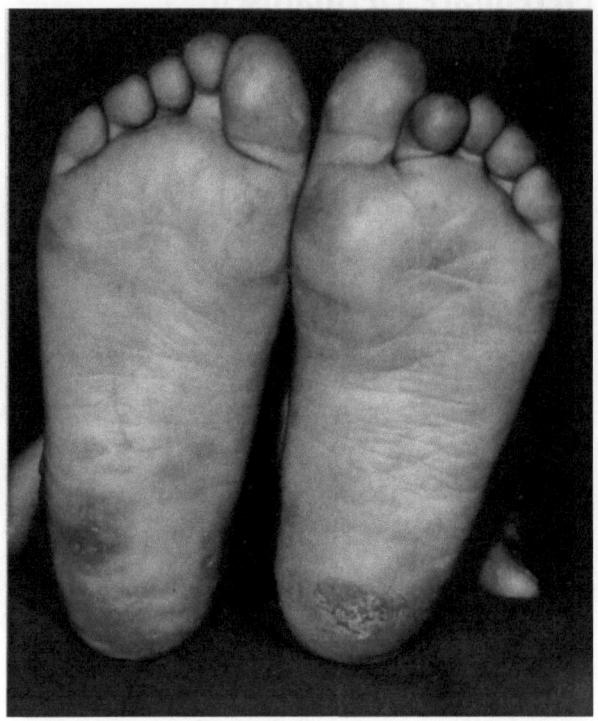

a

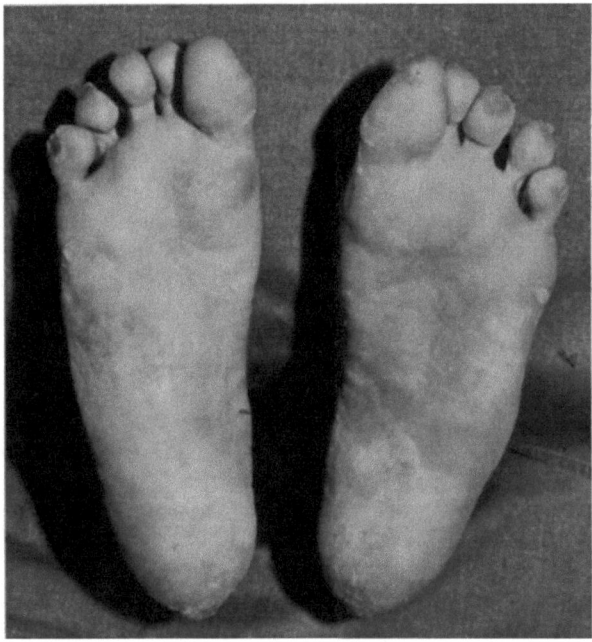

b

Abb. 2a, b. Palmoplantarkeratose (Richner-Hanhart-Syndrom). a) vor Therapie, b) 6 Wochen nach tyrosinarmer Diät

machen jedoch die Anwendung dieser Medikamentengruppe in der Praxis problematisch. Auch in der lokalen Behandlung von Verhornungsstörungen hat man in den letzten Jahren dank carbamidhaltiger Externa Fortschritte gemacht.

Der Schwerpunkt der heutigen und zukünftigen Genodermatosenforschung liegt in der *molekularen Analyse* der Defekte. Von Interesse sind die molekularen Strukturen der betroffenen Proteine und der defekten Gene. Die Aufklärung dieser Strukturen wird sich aber vermutlich komplexer darstellen, als wir erwartet haben, weil nicht

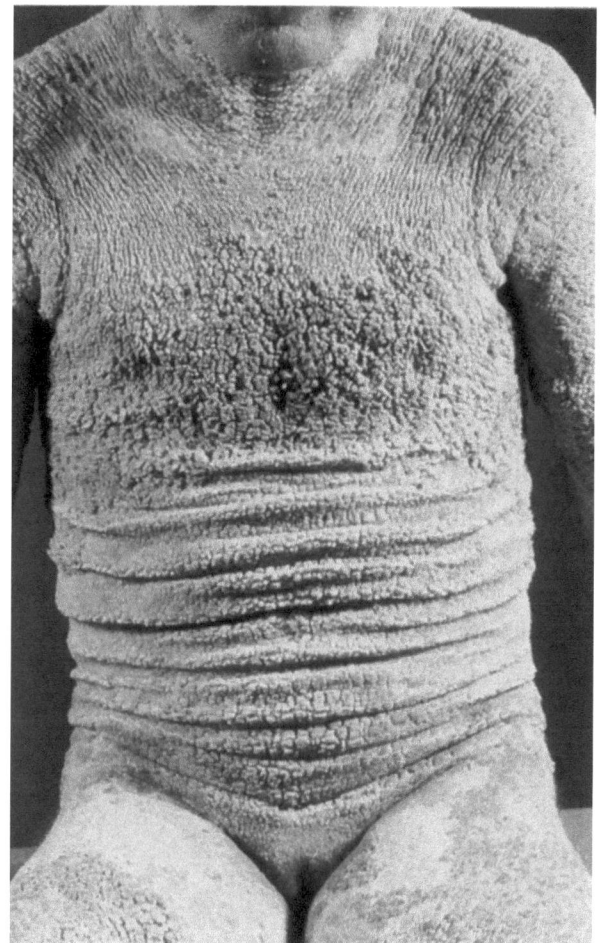 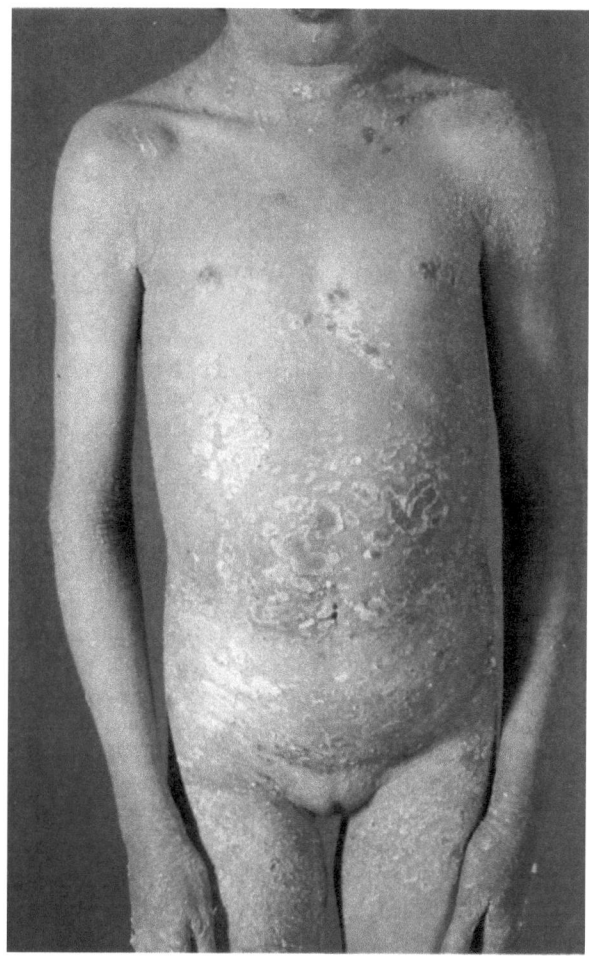

Abb. 3a, b. Bullöse Erythrodermie congénitale ichthyosiforme bei L. Nicoletta, 9jährig (Körpergewicht 21,5 kg). **a)** vor Therapie, **b)** 6 Wochen nach Beginn der Therapie mit Etretinat (Anfangsdosis 25 mg/Tag; Erhaltungsdosis ab 3. Woche 10 mg/Tag)

nur die klinische, sondern auch die molekulare Heterogenität der meisten Erbkrankheiten groß ist. Von gut untersuchten genetischen Erkrankungen, z. B. der Osteogenesis imperfecta, wissen wir, daß unterschiedliche Mutationen zum gleichen klinischen Bild führen können. Es werden aber auch ähnliche Mutationen bei klinisch unterschiedlichen Erkrankungen beobachtet.

Auf Grund klinischer Symptome und morphologischer Befunde können Kandidatmoleküle gesucht werden, die zuerst proteinchemisch und zellbiologisch charakterisiert werden. Anschließend wird deren Genstruktur durch molekularbiologische Methoden ermittelt. Die Mutationen im betroffenen Gen werden durch Segregations-Analyse und direkte Sequenzierung identifiziert. Als Alternative zu diesem Vorgehen wurde in den letzten Jahren die Strategie der „Reverse Genetics" entwickelt, bei welcher die Natur des Defektes, das Gen und die Mutation untersucht werden, ohne daß die mikroskopischen und biologischen Abnormitäten bekannt sind.

Anormale Expression eines Enzymes oder eines Strukturproteins ist bis heute auch bei einigen erblichen Hautkrankheiten gefunden worden. Beispiele dafür sind mangelnde Steroidsulfatase bei der XRI (X-chromosomale Ichthyose), Fehlen von BM 600-Protein bei der EBJ Herlitz (letale Epidermolysis bullosa junctionalis) oder von Kollagen VII bei EBD mutilans (mutilierende Epidermolysis bullosa dystrophica). Verminderte Expression von Fibrillin beim Marfan-Syndrom, oder stark reduzierte Menge von Kollagen III als Folge von Punktmutationen beim Ehlers-Danlos-Syndrom IV sind weitere bekannte Abnormitäten (Tabelle 1).

Die primäre chromosomale Lokalisierung des Krankheitsgenes stellt ein weiteres Vorgehen zur Aufklärung von zugrundeliegenden Mutationen bei Genodermatosen dar. Dabei werden Chromosom-spezifische Marker eingesetzt. Bis heute sind das Steroidsulfatase-Gen, welches bei der XRI defekt ist, im X-Chromosom, das Gen für die Neurofibromatose I im Chromosom 17, für die EBS Köbner (Epidermolysis bullosa simplex) im Chromosom

Tabelle 1. Anormale Expression

Krankheit	Protein
X-chromosomale Ichthyose (XRI)	Steroidsulfatase
Letale Epidermolysis bullosa junctionalis Herlitz (EBJ Herlitz)	BM 600-Protein
Mutilierende Epidermolysis bullosa dystrophicans (EBD mutilans)	Kollagen VII
Marfan-Syndrom	Fibrillin
Ehlers-Danlos-Syndrom IV	Kollagen III

Tabelle 2. Chromosomale Lokalisation

Krankheit	Chromosom
X-chromosomale Ichthyose (XRI)	X
Neurofibromatose I	17
Epidermolysis bullosa simplex Köbner (EBS)	1
Marfan-Syndrom	15
Ehlers-Danlos-Syndrom IV	2

I, für das Marfan-Syndrom im Chromosom 15, und das Gen für das EDS IV (Ehlers-Danlos-Syndrom IV) im Chromosom 2 lokalisiert worden (Tabelle 2). Auf Grund solcher Informationen werden jetzt Kandidatgene mit gleicher chromosomaler Lokalisation gesucht und danach ihre Mutationen in betroffenen Familien analysiert.

Die Methode „Reverse Genetics" wurde letztes Jahr erstmals erfolgreich für die Klonierung des Gens für Zystische Fibrose eingesetzt. Weiter wurde mit dieser Technik eine häufige Genodermatose, die Neurofibromatose I, schon teilweise abgeklärt. Reverse Genetics wird jetzt auch positionale Klonierung genannt, weil die Technik auf der Lokalisierung des Gen-Locus und auf der Klonierung und Sequenzierung von Millionen von Nukleotiden eines Chromosomenteils beruht. Die enorm aufwendige, aber sehr effektive Technik hat bis jetzt am meisten Information über die Zystische Fibrose gebracht.

Erstens wurde eine krankheitsverursachende Mutation gefunden, was pränatale Diagnostik und Träger-Bestimmung erlaubt. Zweitens wurde das normale Gen und damit die Primärstruktur des betroffenen Transmembran-Proteins analysiert. So wurden die Funktion der betroffenen Proteine und die Pathophysiologie der Krankheitsmechanismen in kurzer Zeit aufgeklärt. – Wir warten jetzt gespannt auf ähnliche Daten über das Gen, dessen Mutationen zu Neurofibromatose I führen, und später auch über die genetischen Ursachen anderer Genodermatosen.

In Zukunft dürfen wir mit einer schnellen Erweiterung des Wissens über normale und mutierte Gene und Genprodukte rechnen. Solche Erkenntnisse führen zu verbessertem Verständnis der Pathophysiologie einer Krankheit. Damit sind neue Möglichkeiten zur Entwicklung von therapeutischen Strategien gegeben. Dabei gelangen Modellsysteme, z. B. Transgene Mäuse, zum Studium der kausalen Zusammenhänge zwischen Gendefekten und Krankheit zur Anwendung.

Literatur kann bei den Referenten angefordert werden.

Prof. Dr. Dr. h.c. Urs W. Schnyder
PD Dr. Leena Bruckner-Tudermann
Dermatologische Klinik, Universitätsspital Zürich
Gloriastrasse 31
CH-8091 Zürich

Genetische Anomalien des Haares: die Genotrichosen und ihre Klassifikation

C. E. ORFANOS, Berlin

Einleitung

Es wäre sicher verfehlt zu behaupten, daß genetische Anomalien des Haares im Mittelpunkt des heutigen Interesses der Dermatologen stehen. Dies verwundert auch nicht, da genetische Erkrankungen des Haares noch relativ selten sind, trotz der hohen Zahl von Patienten mit Haarproblemen, die regelmäßig die dermatologischen Praxen bzw. die diversen Hautkliniken aufsuchen. Dennoch ist die Diagnose derartiger Anomalien eine dankbare Aufgabe für den Dermatologen, wenn er im Stande ist, aus dem Haarbefund konkrete Hinweise für eine zugrundeliegende Stoffwechselstörung zu geben und damit für Abhilfe zu sorgen, oder ein Syndrom zu erkennen, das für viele medizinische Disziplinen von Interesse ist. Nicht zuletzt ist die genauere Kenntnis der Haarveränderungen, die beispielsweise bei einer Phenylketonurie vorkommen, oder auch bei einer Störung des Kupferstoffwechsels, außerordentlich hilfreich, um rechtzeitig auf derartige wichtige Krankheitsbilder hinzuweisen. Es kommt dazu, daß dies nicht nur dem Kliniker möglich ist, sondern auch dem praktizierenden Dermatologen. Die Hilfsmittel, die zur Diagnose notwendig sind, sind relativ einfach; die genaue Kenntnis der Symptomatik genügt in den meisten Fällen. Nicht zuletzt wird auch der Patient und seine Familie davon profitieren – unabhängig von therapeutischen Möglichkeiten, die sich gelegentlich auch ergeben mögen – wenn der Arzt durch die Kenntnis der Symptomatik und des Vererbungsmodus einer Haaranomalie dem Patienten bzw. seiner Familie eine genetische Beratung zukommen läßt. Insofern bin ich unserem Vorsitzenden dankbar, der mich gebeten hat, zu dieser Thematik die eher am Rande der dermatologischen Aktualität liegt, Stellung zu nehmen.

Genotrichosen und ihre Klassifikation

In Analogie zu den Genodermatosen kann man bei den genetisch determinierten Erkrankungen des Haares von „Genotrichosen" sprechen. Genotrichosen sind oft komplizierte Krankheitsbilder. Sie können Ausdruck oder Teilausdruck einer tiefergreifenden Genodermatose sein, wobei der Haarfollikel ein Zielorgan des zugrundeliegenden genetischen Defektes unter vielen anderen sein kann, oder aber sind der Haarfollikel bzw. das Haar selbst allein betroffen. Eine wichtige Aufgabe des Dermatologen ist es, die Genotrichosen zu klassifizieren, um ihr Verständnis zu erleichtern. Vielerlei Klassifikations-Versuche, auch in einschlägigen Fachbüchern, waren und sind immer noch unbefriedigend. Daher habe ich diese Aufgabe als Mittelpunkt meiner heutigen Ausführung herausgegriffen.

Tabelle 1. Klassifikation von Genotrichosen

I. Vererbungsmodus

II. Klinischer Phänotyp
begleitende Haut-, Skelett-, Stoffwechselanomalien etc.

III. Molekularmechanismen
Transkriptions-/Translationsdefekte. Synthesestörungen
(Haarproteine, -lipide, KH)

IV. Genanomalien
(Haupt-, Regulator-Gene u. a.)

---

* Können allein oder mit anderen assoziierten Defekten auftreten

* *Primär,*
mit ektodermaler Symptomatik:
Haut und Nägel, Zähne, Knochensystem, Auge, Ohr, ZNS

* oder *Sekundär,*
als Folge von Stoffwechselanomalien:
Defekte des Aminosäure- und Mineral-Stoffwechsels

* Vererbungsmodus ist unterschiedlich;
Konsanguinität kommt gelegentlich vor

Tabelle 2. Genotrichosen ohne assoziierte Defekte

I. Autosomal dominant	II. Autosomal recessiv
a) Hypotrichosen	
Aplasia congenita	
H. congenita simplex	H. congenita
H. congenita Marie-Unna	
b) Hypertrichosen	
H. localisata congenita	
H. universalis congenita	
c) Haarschaftsanomalien	
Monilethrix (Pseudo-M)	Pili torti
Pili anulati	Pili bifurcati
Pili trianguli et canaliculi (Glaswolle-Haar)	Trichorrhexis congenita
Wollhaar	Wollhaar?
d) Haarpigmentanomalien	
Poliosis	

Zunächst einmal ist es möglich, Genotrichosen

a) vom *Vererbungsmodus* her einzuordnen (Tabelle 1). Dies entspricht einer traditionellen Betrachtungsweise aller genetisch determinierten Erkrankungen. Klassische Beispiele dafür sind etwa die diversen Hypotrichosen, die vielfach die Eltern der meist jungen Patienten zum Arzt führen und auch die Varianten der Pigmentanomalien am Haar (Albinismus, Albinoidismus). Eine solche Klassifikation der Genotrichosen fordert das genetische Verständnis und ermöglicht auch eine entsprechende Beratung des Patienten, wie oben erwähnt.

b) Eine zweite Möglichkeit ist es, von der *phänotypischen Vielfalt der klinischen Symptomatik* her eine weitere Klassifikation der Genotrichosen zu konstruieren. Diese ist zweifellos die Betrachtungsweise des Klinikers, die auf seiner klinischen Empirie beruht. Dadurch wird die Einordnung diverser Symptome in immer wieder diagnostizierbare Syndrome ermöglicht. In diesem Falle steht also das Gesamtbild des Kranken als klinische Entität im Vordergrund.

Zur klinischen Symptotik ist zunächst zu unterstreichen, daß assoziierte Störungen in Körperbau und -Funktion häufig mit Haaranomalien vorkommen, so daß vor allem in der pädiatrischen Dermatologie immer danach gefahndet werden muß. Meist handelt es sich um eine ektodermale Symptomatik, wobei neben dem Haar die Haut, die Nägel, die Zähne, das Skelett und vielfach auch wichtige Lebenszentren mit Intelligenzdefekten betroffen sind. Diese Haaranomalien möchte ich primär nennen, im Gegensatz zu den sekundären, die Ausdruck einer zugrundeliegenden Stoffwechsel-Anomalie sind, wobei das Haar nur als Indikator oder Marker dieser Anomalie zu einer Bedeutung gelangt. Das Menkes-Syndrom als Hauptvertreter einer Haaranomalie als Folge einer Mineralstoffwechselstörung, hier des Kupfers, gehört dazu. Der Vererbungsmodus vor allem der primären Genotrichosen ist außerordentlich schwierig in einem klaren Schema unterzubringen; es irritiert am Haar, daß nicht selten eine und dieselbe Anomalie unter verschiedenen Vererbungsgängen vorkommen kann.

Einige klinische Beispiele mögen all dies illustrieren:

I. Haaranomalien ohne assoziierte Defekte (auf Haar/Haarfollikel beschränkt): z. B. Monilethrix, Trichorrhexis congenita, Pili trianguli et canaliculi, Wollhaar, Hypotrichosis congenita Marie-Unna (auf II. übergreifend) (s. Tabelle 2)

II. Haaranomalien mit assoziierten Defekten (haarübergreifend): z. B. Ektodermale Dysplasien, Netherton Syndrom, PIBIDS, okulokutaner Albinismus (weiße/gelbe Variante), Piebaldismus, Werner Syndrom (s. Tabelle 3)

c) Eine dritte Möglichkeit zur Klassifikation von genetischen Haaranomalien ergibt sich von den diversen *Molekularmechanismen* her, die dem jeweiligen Defekt zugrunde liegen (Tabelle 4). Dabei geht man von der Vorstellung aus, daß die Haaranomalien letztendlich durch Sequenzanomalien der Haarproteine bedingt sind, als Folge von Translations- bzw. Transkriptionsdefizienzen. Diese Betrachtungsweise, die vor allem von amerikanischen Autoren angestrebt wurde, hat zwar das Verständnis für die Genese mancher Haaranomalie ermöglicht, ist aber unbefriedigend, da die klinische Symptomatik, die in den meisten Fällen zur Diagnose führt, erst später zur Betrachtung kommt und zum anderen, weil viele der Mechanismen, die gerade am Haar zu solchen Sequenzstörungen führen können, noch völlig im Dunkeln liegen. In jedem Falle möchte ich diese genetisch verankerten Haaranomalien als sekundär bezeichnen, weil die Haarveränderungen eher am Rande der klinischen Symptomatik liegen. Wie bereits erwähnt, liegt in den meisten Fällen der Defekt in einer Störung des Aminosäure- oder Mineralstoffwechsels. Als klassisches Beispiel derartiger Veränderungen gilt die Phenylketonurie; als Ausdruck einer Stoffwechselstörung des Schwefels sind die diversen Varianten einer Trichothiodystrophie hier zu nennen.

d) Eine vierte Möglichkeit ist schließlich die *direkte Erkennung und Lokalisation der vorliegenden Genanomalie.* Darin liegt sicherlich die Zukunft der gesamten Thematik, wie bei Genodermatosen überhaupt, wenn die molekularbiologische Kenntnis eine vollständige Analyse der diversen Haupt- und Regulatorgene erreicht hat. Dies ist z. Z. noch völliges Neuland,

Tabelle 3. Genotrichosen mit assoziierten Defekten

I. Autosomal-dominant	II. Autosomal-recessiv	III. X-Chromosomal
a) Hypotrichosen		
Ektodermale Dysplasie (hidrotischer Typ)	Ektodermale Dysplasie (hypohidrotischer Typ)	Ektodermale Dysplasie (hypohidrotischer Typ)
Syndrome: AEC, EED, Trichorhinophalangeal-S., Basan-S., tooth and nails-S., u. a.	*Syndrome:* Rothmund-Thomson-S., Cockayne-S., Hallermann-Streiff-S., Werner-S, McKusick-S., Schöpf-S., Atrichie m. papulösen Läsionen u. a.	*Syndrome:* Fokale epiderm. Hypoplasie, Chondrodysplasia punctata, Bloch-Sulzberger-S., CHILD, u.a.
b) Hypertrichosen		
bei Porphyrien	M. Günther	Generalisierte Hypertrichose
Syndrome: Cornelia de Lange-S., Lawrence-Seip-S., Hurler-S., Hunter-S., San Filippo-S., u.a.		
c) Schaftsanomalien		
Noonan-S., Tricho-Dento-ossäres-S., Wollhaar + Keratosis pilaris u. a.	Netherton-S., Björnstad-S., Tay-S., Marinesco-Sjögren-S., PIBIDS und bei mehreren Störungen des AMS- und Mineral-Stoffwechsels	Menkes-S.
d) Pigmentanomalien		
Oculokutaner Albinismus Partieller Albinismus	Oculokutaner Albinismus	
Waardenburg-Klein-S., Hammerschlag-Telfer-S.	Chediak-Higashi-S., Hermansky-Pudlak-S., Phenylketonurie, Tyrosinämie	

Tabelle 4. Defekte des Aminosäure- oder/und Mineralstoffwechsels die mit Haaranomalien verbunden sind

Defekt	Haar
* Phenylketonurie Mangel an Phenylalanin-Hydroxylase: Phenylalanin ↛ Tyrosin	Dünnes, hell- bzw. rotblondes Haar
* Homozystinurie Fehlen v. Zystathionin-Synthetase: Methionin ↛ Zystin	Dünnes, brüchiges, blondes Haar
* Arginisukzinyl-Acidurie Fehlen v. Argininsukzinase	Trichorrhexis, nodosa
* Schwefelmangelsyndrome (Trichothiodystrophie) Pollitt, Brown, Amish-Sippe, Marinesco-Sjögren Syndrom u.a.	Trichoschisis, Trichorrhexis nodosa-artige V., Doppelbrechung
* Tyrosinmangel-Syndrom	Brüchiges Haar
* Kupfer-Verteilungsstörung Menkes-Syndrom	Sog. „kinky hair" Pili torti, Stahlwolle-Haar

dennoch zeichnen sich einige Fortschritte ab: Vor wenigen Monaten haben japanische Autoren berichtet, daß es ihnen gelungen ist, den genetischen Defekt bei okulokutanem Albinismus nachzuweisen und zu lokalisieren. Die Aminosäurensequenz in den Positionen 292–296 des Tyrosinase-Gens zeigt eine einfache Mutante die den klinischen Phänotyp determiniert.

Alle Versuche, die Genotrichosen zu ordnen und nachvollziehbar zu machen, haben ihre Berechtigung, je nach dem Blickwinkel des Betrachters. Sie können dem interessierten Kliniker, der das Haar in seine Diagnostik miteinbezieht, von großem Nutzen sein. Zugegebenermaßen ist die Haardiagnostik im allgemeinen einschließlich von Genotrichosen im besonderen oft diffizil und wird sich auf diejenigen beschränken, die die notwendige Zeit und das Interesse daran investieren wollen. Die Tabellen 1–4 sollen meine Ausführungen zusammenfassen.

Literatur

1. Baden HP, Jackson CE, Weis L, Jimbow K, Lee L, Kubihus J, Gold RJM (1976) The physiochemical properties of hair in the BIDS syndrome. Am J hum Genet 28:514–521
2. Beare JM (1952) Congenital pilar defect showing features of pili torti. Br J Dermatol 64:366
3. Bentley-Philips B (1990) Monilethrix and pseudo-monilethrix. In: Orfanos CE, Happle R (eds) Hair and hair diseases. Springer, Berlin Heidelberg New York, pp 423–441
4. Brown AC, Belser RB, Crounse RG, Wehr RF (1970) A congenital hair defect: trichoschisis with alternating birefringence and low sulfur content. J Invest Dermatol 54:496–509
5. Comaish S (1971) Metabolic disorders and hair growth. Br J Dermatol 84:83–86
6. Crovato F, Borrone C, Rebora A (1983) Trichothiodystrophy-BIDS, IBIDS and PIBDS? Br J Dermatol 108:247–251
7. Danks DM, Cartwright E, Stevens BJ, Townley RR (1973) Menkes kinky hair disease: further definition of the copper transport. Science 179:1140–1142
8. Dupre A, Bonafe JL (1978) A new type of pilar dysplasia. The uncombable hair syndrome with pili triangulati et canaliculi. Arch Derm Res 261:217
9. Ellis J, Dawber RPR (1980) Ectodermal dysplasia syndrome: a family study. Clin Exp Dermatol 5:295–304
10. Frenk E, Mevorath B (1972) Ichthyosis linearis circumflexa comél with trichorrhexis invaginata (Netherton's syndrome): an ultrastructural study of the skin changes. Arch Dermatol Forsch 245:42–49

11. Frenk E, Lattion F (1982) The melanin pigmentary disorder in a family with Hermansky-Pudlak syndrome. J Invest Dermatol 78:141–143
12. Frieder IJ (1986) Aplasia cutis congenita: a clinical review and proposal for classification. J Am Acad Dermatol 14:646–660
13. Goltz RW, Henderson RR, Hitch JM, Ott JE (1970) Focla dermal hypoplasia syndrome. A review of the literature and report of two cases. Arch Dermatol 101:1–11
14. Grob JJ, Laure M, Berge G et al. (1988) Les signes cutanés du syndrome de Noonan. A propos d'une observation avec ulérythéme ophryogène, kératose pilaire et sudorale disséminée et alopécie progressive. Ann Dermatol Venerol 115:303–310
15. Happle R, Traupe H, Gröbe H, Bonsmann G (1984) The Tay syndrome (congenital ichthyosis with trichothiodystrophy). Eur J Pediatr 141:147–152
16. Happle R (1990) Genetic defects involving the hair. In: Orfanos CE, Happle R (eds) Hair and hair diseases. Springer, Berlin Heidelberg New York, pp 325–362
17. Hu F, Hanifin JM, Prescott GH, Tongue AC (1980) Yellow mutant albinism: cytochemical, ultrastructural and genetic characterization suggesting multiple allelism. Am J Hum Genet 32:387–395
18. Hutchinson PE, Cairns RJ, Wells RS (1974) Woddly hair. Transactions of St. John's Hospital Dermatological Society 60:160
19. Jay B, Carruthers J, Treplin MCW, Winder Af (1976) Human albinism. Birth Defects 12(3):415–426
20. Jorizo JL, Atherton DJ, Crouse RG, Wells RS (1982) Ichthyosis brittle hair, impaired intelligence, decreased fertility and short stature (IBIDS syndrome). Br J Dermatol 106:705–710
21. Kanzler MH, Rasmussen JE (1986) Atrichia with papular lesions. Arch Dermatol 122:565–567
22. Kinnear PE, Barrie J, Witkop CJ Jr (1985) Albinism. Survey Ophthalm 2:75–101
23. Küster W, Traupe H (1988) Klinik und Genetik angeborener Hautdefekte. Hautarzt 39:553–563
24. Kuokannen K (1971) Keratosis follicularis spinulosa decalvans in a family from northern Finland. Acta Derm Venerol (Stockh) 51:146–150
25. Menkes JH, Alter M, Steigleder GK, Weakly DR, Sung JH (1962) A sex-linked recessive disorder with retardation of growth, peculiar hair and focal cerebral degeneration. Pediatrics 29:764–779
26. Mortimer PS (1985) Unruly hair. Br J Dermatol 113:467–473
27. Nance WE, Jackson CE, Witkop CJ Jr (1970) Amish albinism: a distinctive autosomal reccessive phenotype. Am J Hum Genet 22:579–586
28. Neild VA, Pegum JS, Wells RS (1984) The association of keratosis pilaris atrophicans and woolly hair, with and without Noonan's syndrome. Br J Dermatol 110:357–362
29. Neste van DJJ, Miller X, Bohnert E (1988) Trichothiodystrophie. Ein kutanes Merkmal für einen Symptomenkomplex von zunehmendem Schweregrad mit Beziehung zu Xeroderma pigmentosum. Akt Dermatol 14:191–196
30. Orfanos CE, Mahrle G, Salamon T (1971) Netherton-Syndrom. Ichthyosiforme Hautveränderungen und Trichorrhexis invagnata. Nachweis eines krankhaft veränderten Cortexkeratins im Haar. Hautarzt 22:397–409
31. Patel HP, Unis ME (1985) Pili torti in association with citrullinemia. J Am Acad Dermatol 12:203–206
32. Pollitt RJ, Jenner FA, Davies M (1968) Sibs with mental and physical retardation and trichorrhexis nodosa with abnormal amino acid composition of the hair. Arch Dis Cils 43:211–216
33. Porter PS, Lobitz WC (1970) Human hair: a genetic marker. Br Dermatol 83:225–241
34. Price VH, Odom RB, Ward WH, Jones FT (1980) Trichothiodystrophy: sulfur-deficient brittle hair as a marker for a neurectodermal symptom complex. Arch Dermatol 116:1375–1384
35. Price VH (1990) Structural anomalies of the hair shaft. In: Orfanos CE, Happle R (eds) Hair and hair diseases. Springer, Berlin Heidelberg New York, pp 363–422
36. Rajagopalan K, Tay CH (1968) Hidrotic ectodermal dysplasia: autosomal dominant inheritance with palate and lip anomalies. J Med Gent 5:269–272
37. Rook A, Dawber RPR (1982) Diseases of the hair and scalp. Blackwell Scientific Publications, Oxford, p 188
38. Spiegel B, Hundeiker M (1979) Hypotrichosis congenita hereditaria. Autosomal dominante generalisierte Hypertrichose mit Pili torti (Hypertrichosis congenita hereditaria Marie Unna). Fortschr Med 97:2018–2022
39. Spiegel J, Colton A (1985) AEC syndrome: ankyloblepharon
40. Stroud JD, Mehregan AW (1973) "Spunglass" hair: a clinicopathologic study of an unusual hair defect. In: Brown A (ed) First Hair Symposium. Medcom Press, New York, p 103
41. Tomita Y, Takeda A, Okinaga S, Tagami H, Shibahara S (1989) Human oculocutaneous albinism caused by single base insertion in the tyrosinase gene. Biochem Biophys Res Commun 164/3:990–996
42. Voigtländer V (1979) Pili torti with deafness (Bjornstad syndrome). Report of a family. Dermatologica 159:50–54
43. Wolff HH, Vigl E, Braun-Falco O (1975) Trichorrhexis congenita. Hautarzt 26:576–580
44. Zaun H, Stenger D, Zabransky M (1984) Das Syndrom der langen Wimpern („Trichomegaliesyndrom"), Oliver-McFarlane). Hautarzt 35:162–165

Prof. Dr. med. Constantin E. Orfanos
Universitäts-Hautklinik und Poliklinik
Klinikum Steglitz der Freien Universität Berlin
Hindenburgdamm 30
D-1000 Berlin 45

Erbliche Komplementdefekte

V. Voigtländer, Ludwigshafen

Komplementmangelzustände können entstehen durch a) genetisch determinierte Synthesedefekte einzelner Komponenten, b) abnorm gesteigerten Komplementverbrauch durch eine forlaufende Immunkomplex-bedingte Aktivierung (z. B. Lupus erythematodes), c) insuffiziente Inhibitoren, die eine überschießende Aktivierung zulassen und damit einen gesteigerten Verbrauch (z. B. C1-Inaktivator-Mangel beim hereditären Angioödem) und d) passiven Verlust von Komplementproteinen (z. B. nach Plasmapherese).

Erbliche Komplementdefekte werden mit Ausnahme des hereditären Angioödems autosomal rezessiv vererbt und sind sicher häufiger, als allgemein angenommen. Man findet sie, wenn man systematisch nach ihnen sucht [1, 6]. Was die Begleiterkrankungen betrifft, so sind die Defekte der Komponenten des klassischen Aktivierungsweges C1, C4 und C2 überzufällig häufig mit Autoimmunkrankheiten assoziiert, während solche der Komponenten C3 bis C9 überzufällig häufig mit rezidivierenden und therapeutisch schwer beeinflußbaren bakteriellen Infektionen einhergehen. Der Lupus erythematodes ist die bei weitem häufigste Begleiterkrankung und kann in allen Varianten vorkommen, von der rein kutanen Form bis zu schwersten Verläufen mit ausgedehntem viszeralen Befall. Es überwiegen aber die Lupus erythematodes-artigen Syndrome, die einige Besonderheiten aufweisen: man findet familiäre Häufung und frühen Krankheitsbeginn, die systemische Beteiligung ist gering ausgeprägt, die Hautherde sind diskoid und häufig disseminiert, das „Lupusband" ist nur schwach oder gar nicht vorhanden, ebenso antinukleäre Faktoren (ANA) und Anti-DNS-Antikörper.

C1-Defekte sind für alle 3 Subkomponenten (C1q, C1r, C1s) beschrieben worden. Unter den Begleiterkrankungen überwiegen die Lupus-ähnlichen Syndrome. Die C1q-Defizienz ist bisher am besten untersucht. Sie bildet eine heterogene Krankheitsgruppe, wobei das C1q-Molekül strukturell verändert oder funktionell blockiert sein kann [2].

Der C1-Inaktivator-Defekt (Hereditäres Angioödem) erlaubt eine unkontrollierte Komplementaktivierung mit dem bekannten Bild der Ödemattacken, die sich nicht nur im Bereich des Gesichts und der oberen Luftwege, sondern auch im Magen-Darm-Trakt ausbilden und wegen kolikartiger Schmerzzustände zu unnötigen Laparatomien führen können. Auch ZNS-Symptome (Kopfschmerzen, Krampfanfälle, Aphasien, Hemiplegien) sind möglich, bedingt durch Hirnödeme. Die Anfälle werden gelegentlich durch charakteristische retikuläre Erytheme am Stamm eingeleitet. Die Vererbung ist autosomal dominant. Es können drei genetische Typen unterschieden werden, die sich in der Konzentration des C1-Inaktivatorproteins unterscheiden und denen gemeinsam dessen herabgesetzte funktionelle Aktivität ist. Mit Hilfe von Hybridisierungsexperimenten ist es inzwischen gelungen, das C1-Inaktivator-Gen auf dem langen Arm des Chromosoms Nr. 11 zu lokalisieren, im Abschnitt zwischen q11 und 13.1 [8]. Patienten mit hereditärem Angioödem haben durch die nicht ausreichend kontrollierte Aktivierung von C1 eine sekundäre Defizienz der Komponenten C4 und C2, was bei ca. 2% der Patienten zu Lupus erythematodes (viszerale und kutane Form) führen kann. Dieser spricht in der Regel auf die Langzeitprophylaxe mit attenuierten Androgenen (Danazol) gut an.

Dem *erworbenen C1-Inaktivator-Defekt*, der ebenfalls mit anfallsweisen Ödemen einhergeht, liegen meist lymphoproliferative Erkrankungen in Form von B-Zell-Neoplasien zugrunde. Die Syntheserate des C1-Inaktivators ist normal. Pathogenetisch werden anti-idiotypische Antikörper gegen monoklonales Immunglobulin maligner B-Zellen sowie Autoantikörper gegen das C1-Inaktivator-Protein diskutiert [4]. *Homozygote C4-Defekte* sind sehr selten und fast immer mit einem systemischen Lupus erythematodes assoziiert, der vor allem bei Knaben eine schlechte Prognose hat [7]. Sehr viel häufiger sind *heterozygote C4-Defekte,* deren Bedeutung für die Dermatologie erst vor kurzem erkannt wurde. Es hat sich gezeigt, daß partielle C4-Defekte häufig mit dermatologischen Erkrankungen gekoppelt sind, vor allem mit einem kutanen Lupus erythematodes, aber auch mit Urtikaria und Quincke-Ödem [1]. Dabei handelt es sich überwiegend um Träger des Null-Allels BQ. Null-Allele stellen offenbar einen Risikofaktor für die Entwicklung eines Lupus erythematodes dar [3].

Mit einer geschätzten Inzidenz von 1:10000 ist der *C2-Defekt* der häufigste erbliche Komplementdefekt. Es ist bemerkenswert, daß nur ca. 60% der Genträger eine Begleiterkrankung haben. Das Spektrum assoziierter Krankheiten ist groß, aber auch hier überwiegen die Lupus erythematodes-artigen Syndrome [5,6]. Wie für C4 besteht eine enge Koppelung an das HLA-System. Unmittelbar benachbart sind die Genloci für Faktor B und die C4-Allele A4 und B2, für die die engste Koppelung besteht.

Defekte der Komponenten C3 bis C9 sind wesentlich seltener. An Begleiterkrankungen überwiegen rezidivierende, schwer beherrschbare bakterielle Infektionen, insbesondere durch Gonokokken und Meningokokken. Bei Kindern mit der Leinerschen Krankheit (Erythrodermia desquamativa) konnte wiederholt ein funktionell defizientes C5 nachgewiesen werden mit einer eingeschränkten Fähigkeit zur Opsonisierung von Mikroorganismen wie Hefen oder Staphylokokken.

Welche Rolle spielen nun Komplementdefekte für die Pathogenese der assoziierten Krankheitsbilder und speziell der Lupus erythematodes-artigen Syndrome? Die aktuellen Hypothesen ergeben sich unmittelbar aus der Funktion des Komplementsystems für die Entzündungsvermittlung und Infektabwehr.

1. Der Organismus wird mit einer Virusinfektion nicht fertig, diese persistiert und verfremdet körpereigene Proteine zu Autoantigenen.
2. Zirkulierende Immunkomplexe werden nicht ausreichend solubilisiert und damit nur verzögert oder unzureichend eliminiert.
3. Die enge chromosomale Nachbarschaft einiger Komplementgene mit dem HLA-Komplex bedeutet nur, daß sie eine bestimmte Konstellation von Immunantwortgenen anzeigt, die mit einer Disposition zu Autoimmunkrankheiten einhergeht.

Erbliche Komplementdefekte werden gerne übersehen, da im allgemeinen nur proteinchemische Bestimmungen von C3 und C4 routinemäßig durchgeführt werden. Entscheidend für die Diagnose (Ausnahme: hereditäres Angioödem) ist die gesamthämolytische Komplementaktivität (CH 50), die bei homozygoten Defekten der einzelnen Komplementkomponenten unmeßbar niedrig ist und sich daher für Screening-Zwecke am besten eignet.

Literatur

1. Agnello V, Gell J, Tye MJ (1983) Partial genetic deficiency of the C4 component of complement in discoid lupus erythematosus and urticaria/angioedema. J Am Acad Dermatol 9:894–898
2. Chapuis RM, Hauptmann G, Grosshans E, Isliker H (1982) Structural and functional studies in C1q deficiency. J Immunol 129:1509–1512
3. Fielder AHL, Walport MJ, Batchelor JR, Rynes RI, Black CM, Dodi IA, Hughes GRV (1983) Family study of the major histocompatibility complex in patients with systemic lupus erythematosus: importance of null alleles of C4b determining disease susceptibility. Br Med J 286:425–428
4. Fivenson DP, Dillman RO, Gigli I (1990) Acquired C1 inhibitor deficiency: postmortem diagnosis. Dermatologica 180:133–135
5. Guenther LC (1983) Inherited disorders of complement. J Am Acad Dermatol 9:815–839
6. Rynes RI (1982) Inherited complement deficiency states and SLE. Clin Rheum Dis 8:28–47
7. Tappeiner G, Hintner H, Scholz S, Albert E, Linert J, Wolff K (1982) Systemic lupus erythematosus in hereditary deficiency of the fourth component of complement. J Am Acad Dermatol 7:66–79
8. Theriault A, Whyley K, McPhaden AR, Boyd E, Connor JM (1990) Regional assignment of the human C1-inhibitor gene to 11q11-q13.1. Hum Genet 84:477–479

Prof. Dr. Volker Voigtländer
Hautklinik Ludwigshafen
Bremserstraße 79
D-6700 Ludwigshafen/Rhein

Genetisch bedingte Störungen der Spermiogenese

W.-B. SCHILL und G. HAIDL, Gießen

Während bei männlichen Fertilitätsstörungen chromosomale Ursachen in bis zu 10% der Fälle verantwortlich sind, geht man in 30% der Fälle von monogenen Defekten als Ursache einer Differenzierungsstörung der Spermatogenese aus. Liegen gleichartige funktionelle oder morphologische Störungen bei mehr als 50% aller Spermatozoen vor, muß ein der Störung zugrundeliegender genetischer Defekt vermutet werden.

Im folgenden sollen einige seltene monosymptomatische Defektsyndrome im Bereich der subzellulären Strukturen der Spermatozoen dargestellt werden. Anschließend wird über neuere Ergebnisse bei genetischen Spermiogenesestörungen berichtet.

Genetisch bedingte Störungen der Spermiogenese manifestieren sich besonders drastisch während der Spermatidendifferenzierung, wo gleichzeitig drei verschiedene Entwicklungen stattfinden: die Kernkondensation, die Akrosombildung und die Formation des Geißelapparates.

Globozoospermie

Am häufigsten sind genetische Defekte, die zu einer gestörten Akrosombildung führen und bei ca. 0,1% aller andrologischen Patienten beobachtet werden. Das aus dem Golgi-Apparat sich entwickelnde Akrosombläschen findet keinen Kontakt zum Spermatidenkern. Beide entwickeln sich unabhängig voneinander, so daß die charakteristische Gestaltsänderung des Kerns unterbleibt und dafür Rundkopfspermatozoen resultieren [14].

Das ohne Verbindung zum Kern gebildete Akrosomenbläschen wird von der Sertoli-Zelle aufgenommen. Bei dem auch *Globozoospermie* genannten Krankheitsbild besteht Infertilität, da die im übrigen motilen Spermatozoen infolge des Fehlens der Penetrationsenzyme die Eihüllen nicht durchdringen können [15]. Die fehlende Assoziation von Akrosomblasen und Kernmembran ist wahrscheinlich bedingt durch das Fehlen einer Kittsubstanz, eines speziellen Proteins, das im subakrosomalen Raum für die Neuorganisation der Kernhüllen und die Fixierung der Akrosomenbläschen verantwortlich ist [5].

Von der Globozoospermie abzugrenzen gilt die von Anton-Lamprecht et al. [2] beschriebene *Pseudoglobozoospermie*. Bei diesen Spermatozoen ist eine regelrechte akrosomale Anlage vorhanden, allerdings wird die Rundkopfbildung infolge Unreife durch einen großen zytoplasmatischen Tropfen um den Zellkern und das Akrosom vorgetäuscht. Pseudo-Rundkopfspermatozoen können in Eizellen eindringen und diese befruchten.

Eine einfache Differenzierungsmethode zwischen beiden Zelltypen ist durch die Bestimmung der Akrosinaktivität mit Hilfe des Verfahrens der Gelatinolyse gegeben.

Kraterdefektsyndrom

Ein weiteres, äußerst seltenes Syndrom mit 100% identischen Fehlformen stellt der von Baccetti und Mitarbeitern [4] beschriebene sog. Kraterdefekt der Spermatozoen dar.

Dabei kommt es während der Spermiogenese zu einer Einmuldung des Kerns mit Invagination des Akrosoms und der Zellmembran. Der Bewegungsapparat der Spermatozoen ist in der Regel intakt. Der Defekt erfolgt während der Spermiogenese im Zuge der Entwicklung von Mikrotubuli, die für das Zytoskelett des Spermatozoenkopfes verantwortlich sind. Kraterformen wurden im Tierreich bei Bullen, Hengsten und Ebern berichtet, beim Menschen bisher nur einmal. Da auch das Äquatorialsegment des Akrosoms fehlt, resultiert wahrscheinlich eine Infertilität.

Dekapitationssyndrom

Bei diesem seltenen Syndrom werden meist gut bewegliche „kopflose" Spermatozoen im Sperma gefunden, die ein exzellentes Zervixmukuspenetrationsvermögen aufweisen. Ursache ist eine Dissoziation des proximalen und distalen Zentriols während der Spermatidendifferenzierung, was auf das Fehlen der segmentierten Säulen im Bereich des Verbindungsstückes hinweist. Dieser umschriebene Defekt zeigt, daß sich der Spermatozoenschwanz unabhängig vom Kern differenzieren kann. Das distale Zentriol reicht aus, um eine komplette Schwanzstruktur einschließlich der autonomen Motilität zu entwickeln. Das proximale Zentriol induziert andererseits die Bildung der Basalplatten im Bereich der Implantationsgrube am distalen Ende des Nukleus [10]. Unabhängig davon ist als weitere Möglichkeit eine fehlende Implantation des gesamten Flagellums am Spermatozoenkopf beschrieben worden [3, 13]. Beiden Defekten gemeinsam ist das Auftreten schwanzloser Köpfe und das isolierte Vorkommen kopfloser Schwänze.

Immotile-cilia-Syndrom

Bei diesem Syndrom, das in einer Häufigkeit von ca. 0,2‰ zu beobachten ist, werden 100% immotile Spermatozoen vorgefunden, ohne daß lichtmikroskopisch erkennbare Defekte der Flagella oder andere funktionelle Störungen, z.B. im Nebenhoden oder den Adnexen, vorliegen. Elektronenmikroskopisch fällt das Fehlen der Dyneinarme zwischen den Mikrotubuli des Axonems auf [1, 12]. Dynein ist eine ATPase, die für die Umwandlung chemischer in mechanische Energie zur Motilitätsentwicklung des Spermatozoenflagellums verantwortlich ist. Dieses Syndrom kann isoliert oder familiär vorkommen und ist in 50% der Fälle mit dem Kartagener-Syndrom (Asthenozoospermie, rezidivierende bronchopulmonale Infekte, Bronchiektasen, Situs inversus) kombiniert [11].

Der Arbeitsgruppe W. Engel in Göttingen ist es inzwischen gelungen, das Gen für die Ausbildung von Dynein darzustellen.

Sehr selten kommt das Fehlen der Dyneinarme im Flagellum der Spermatozoen zusammen mit Zilienstörungen des Gleichgewichtsorgans und gleichzeitigem Hörverlust sowie Degeneration von Photorezeptoren bei Retinitis pigmentosa als sog. Usher-Syndrom vor.

Defekte des Protamingens

Wie eingangs erwähnt, muß bei Vorliegen eines hohen Prozentsatzes monomorpher Störungen von Spermatozoen in vielen Fällen eine genetische Ursache vermutet werden. So konnte Engel kürzlich zeigen, daß bei Spermatozoen mit gestörter Akrosomentwicklung das Gen für die Protaminbildung deletär ist. Die Protamine sind basische spermienspezifische Nukleoproteine, die während der ersten Schritte der Spermiogenese die Histone ersetzen. Bei Störungen der Chromatinkondensation und damit der Akrosomentwicklung persistieren die lysinreichen Histone. Dies kann sichtbar gemacht werden durch Färbung von Spermatozoen mit saurem Anilinblau [6]. Dabei werden im Falle einer gestörten Chromatinkondensation die Spermatozoenköpfe blau dargestellt, während sie sich im Normalfall nicht anfärben.

Hofmann et al. [9] konnten zeigen, daß gerade bei Spermatozoen mit akrosomgestörten Köpfen ein hoher Prozentsatz der Gameten diese Blaufärbung aufwies; Dadoune et al. [6] haben gefunden, daß auch bis 20% der normalgeformten Spermatozoen Störungen der Chromatinkondensierung zeigen. Damit ist bewiesen, daß akrosomgestörte Köpfe, wenn sie mehr als 50% aller Spermatozoen betreffen, anlagebedingt und keiner Therapie zugänglich sind.

Mit diesen Untersuchungen konnten erstmals monosymptomatische Störungen der Spermatozoen einer genetischen Ursache zugeordnet werden.

Weitere Flagellumdefekte

Findet man in Fällen stark eingeschränkter Spermatozoenmotilität bei der mikroskopischen Spermaanalyse einen hohen Prozentsatz von Flagellumveränderungen, ist ebenfalls eine anlagebedingte Störung anzunehmen. Meist handelt es sich hierbei um Flagella mit Kaliberschwankungen, unscharfer Membranbegrenzung und Verdünnung des Schaftes nach dem Mittelstück sowie fehlendem Endstück. Als ein wesentliches morphologisches Substrat liegt dieser Flagellumstörung eine verminderte Ausprägung der Mantelfasern zugrunde [8]. Eine weitere schwere, wahrscheinlich anlagebedingte Flagellumstörung stellt der sog. „Schwanzsporn" bzw. „Kaulquappenschwanz" dar [7].

Zukünftige Forschungen werden diese Störungen auf ihren genetischen Ursprung überprüfen. Für den praktisch tätigen Andrologen ist wichtig, bei hochgradiger Einschränkung der Spermatozoenzahl und bei Vorliegen eines monomorphen Schädigungsmusters (> 50% gleichartige morphologische Störungen der Spermatozoen) an die Möglichkeit einer anlagebedingten Störung zu denken, die bisher kausal nicht therapierbar ist, weshalb in diesen Fällen von frustranen Behandlungsversuchen Abstand genommen werden sollte.

Literatur

1. Afzelius BA, Eliasson R, Johnson O, Lindholmer C J(1975) Lack of dynein arms in immotile human spermatozoa. J Cell Biol 66:225–232
2. Anton-Lamprecht J, Kotzur B, Schöpf E (1976) Round-headed human spermatozoa. Fertil Steril 27:685–693
3. Baccetti B, Selmi MG, Soldani P (1984) Morphogenesis of "decapitated" spermatozoa in a man. J Reprod Fert 70:395–397
4. Baccetti B, Burrini AG, Collodel G, Magnano AR, Piombini P, Renieri T, Sensini C (1989) Crater defect in human spermatozoa. Gamete Res 22:249–255
5. Böck P, Gasser G, Mossig H (1990) Morphologische Studien zum Akrosomenverlust bei Globozoospermie. In: Schirren C, Frick J, Schill W-B (Hrsg) Fortschritte der Reproduktionsmedizin und Reproduktionsbiologie, Band 18, Grosse, Berlin, S. 240
6. Dadoune JP, Mayaux MJ, Guihard-Moscato ML (1988) Correlation between defects in chromatin condensation of human spermatozoa stained by aniline blue and semen characteristics. Andrologia 20:211–217
7. Haidl G, Hartmann R, Hofmann N (1987) Morphological studies on spermatozoa in motility disorders. Andrologia 19:433–447
8. Haidl G, Becker A (1990) Elektronenmikroskopische Befunde an menschlichen Spermatozoen mit Flagellumdefekten. Hautarzt (im Druck)
9. Hofmann N, Bierling Chr, Hilscher B, Hilscher W (1990) Quantitative Untersuchungen der Korrelation von Störungen der Chromatinkondensierung mit der Spermatozoenmorphologie. Reprod Dom Anim 25:104
10. Holstein AF, Schill W-B, Breucker H (1986) Dissociated centriole development as a cause of spermatid malformation in man. J Reprod Fert 78:719–725
11. Lungarella G, Fonzi L, Burrini AG (1982) Ultrastructural abnormalities in respiratory cilia and sperm tails in a patient with Kartagener's syndrome. Ultrastruct Pathol 3:314–323
12. Pedersen H, Rebbe H (1975) Absence of arms in the axoneme of immotile human spermatozoa. J Cell Biol 66:225–232
13. Perotti ME, Giarola A, Giarola M (1981) Ultrastructural study of the decapitated sperm defect in an infertile man. J Reprod Fert 63:543–549
14. Schirren sen. CG, Holstein AF, Schirren C (1971) Über die Morphogenese rundköpfiger Spermatozoen des Menschen. Andrologie 3:117–125
15. Wolff HH, Schill W-B, Moritz P (1976) Rundköpfige Spermatozoen: ein seltener andrologischer Befund („Kugelkopfspermatozoen", „Globozoospermie"). Hautarzt 27:111–116

Prof. Dr. Dr. med. habil. Wolf-Bernhard Schill
Dr. med. Gerhard Haidl
Universitäts-Hautklinik
Gaffkystraße 14
D-6300 Gießen

Erbprognose von Dispositions- und Erbkrankheiten

F. VOGEL, Heidelberg

Entwicklung der medizinisch-genetischen Prognose

Eines unserer Ziele in der medizinischen Genetik ist es, das Risiko und die Schwere genetisch bedingter Erkrankungen in der einzelnen Familie möglichst genau vorherzusagen. Damit soll es in mehr und mehr Fällen möglich werden, dem Auftreten dieser Krankheiten vorzubeugen. Aufgrund der Ergebnisse der „klassischen" humangenetischen Forschung konnte man hier zwei Situationen unterscheiden: Bei Krankheiten, die einem einfachen Mendel'schen Erbgang folgen, kann das Risiko mit Hilfe der Mendel'schen Gesetze bestimmt werden (theoretische Erbprognose). Dagegen benötigt man Daten aus statistischen Erhebungen für die Prognose von Krankheiten, deren genetische Determination von mehreren Genen oft in Zusammenwirken mit Umweltfaktoren abhängig zu sein scheint. Das sind die „multifaktoriellen" Erkrankungen. Man spricht von einer „empirischen Erbprognose" (vgl. [14]).

Die Prognose-Möglichkeiten für derartige multifaktorielle Erkrankungen haben sich in den letzten Jahren kaum verbessert; dagegen besitzt man für Krankheiten mit einfachem Erbgang – also für die typischen „Erbkrankheiten", zu denen auch die „Genodermatosen" gehören – heute zahlreiche neue diagnostische Zugänge. Neue Möglichkeiten haben sich gerade in dem Bereich eröffnet, wo der Bedarf an möglichst früher pränataler Diagnostik besonders dringlich ist, weil die Krankheiten so schwer sind, daß eine „sekundäre" Prävention durch Abbruch der Schwangerschaft erwogen werden muß. Dagegen wird (hoffentlich) kaum jemand auf die Idee verfallen, wegen des erhöhten Risikos für multifaktoriell verursachte Krankheiten – etwa solche aus dem atopischen Formenkreis – eine pränatale Diagnose anzustreben, die dann zu dem Entschluß führen könnte, die Schwangerschaft abzubrechen.

So stehen uns neue Möglichkeiten im Prinzip gerade in demjenigen Bereich zur Verfügung, wo wir sie tatsächlich benötigen – nämlich bei den schweren, typischen Erbkrankheiten. Ich sage bewußt: Im Prinzip; denn wir sind längst noch nicht so weit, die modernen diagnostischen Möglichkeiten für alle Erbkrankheiten anbieten zu können, für die man sie sich wünschen würde. Aber die Entwicklung schreitet rasch vorwärts.

Molekularbiologische Diagnostik

Blickt man auf die medizinische Genetik im allgemeinen, so sind es vor allem Methoden aus der Molekularbiologie, die uns eine Frühdiagnostik und manchmal eine sichere, oft jedoch eine genauere Prognose im Einzelfall möglich machen. Diese Methoden werden aber bei Genodermatosen z. Z. noch wenig angewendet. Dagegen hat es in der Dermatologie vor allem im Laufe des letzten Jahrzehnts eine Sonderentwicklung gegeben, die es jetzt möglich macht, viele gerade auch der besonders schweren Genodermatosen durch eine pränatale Untersuchung von

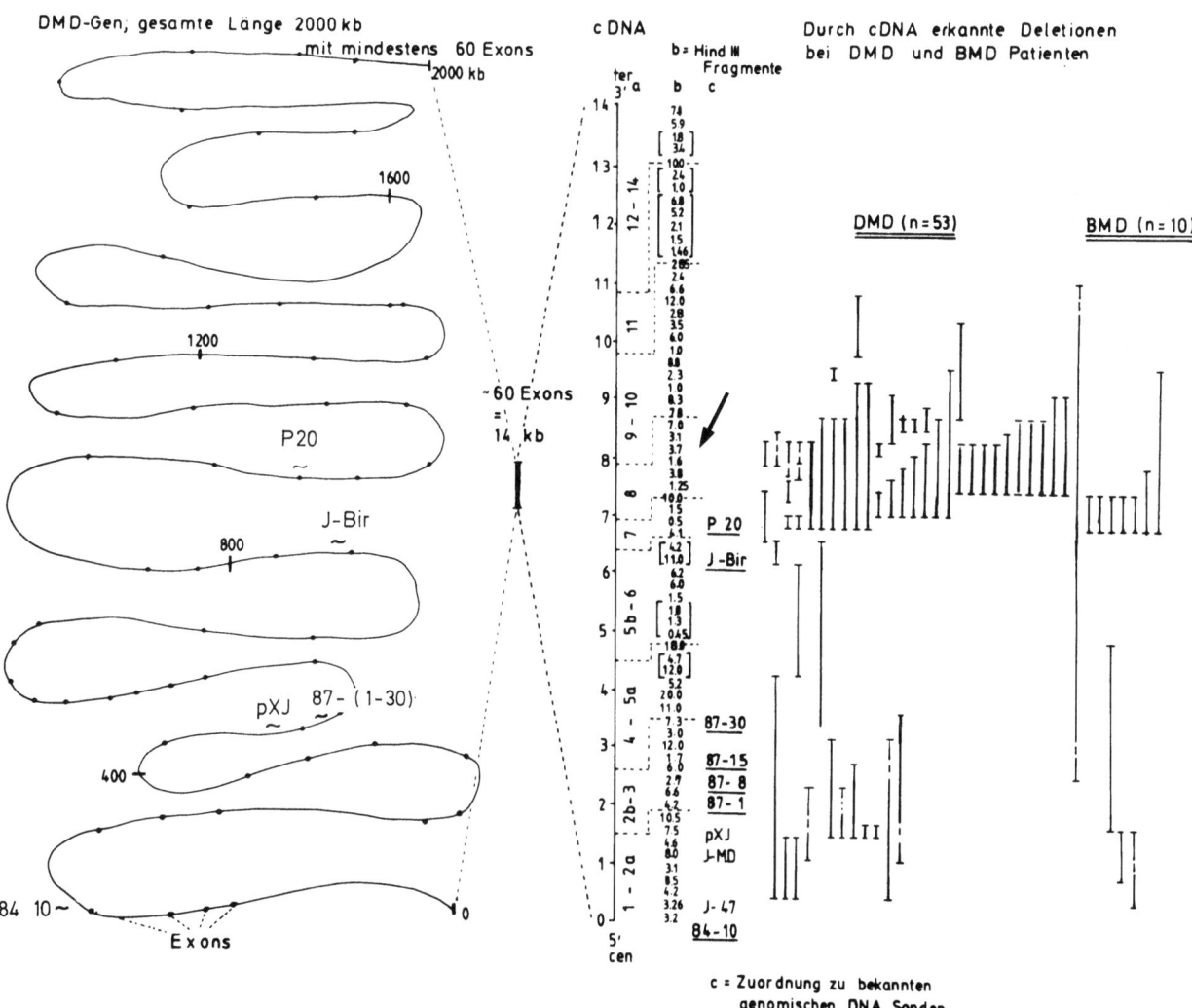

Abb. 1. Das Gen für Dystrophin, dessen Mutationen zu den Muskeldystrophien Typ Duchenne (DMD) oder Typ Becker (BMD) führen. Das gesamte Gen (links) hat eine Länge von ca. 2000 kb, das sind ca. 2×10^6 Basenpaare. Es hat mindestens 60 Exons (= in Protein transkribierte Abschnitte). Diese 60 Exons zusammen (cDNA) haben ca. 14000 Basenpaare (Mitte). Die rechte Seite der Abbildung zeigt diese cDNA vergrößert. Bei der Mehrzahl der Patienten mit Muskeldystrophie der beiden genannten Typen wurden Deletionen (= DNA-Stückverluste) unterschiedlicher Länge gefunden (= rechter Teil der Abbildung). In der Mitte finden sich die Nummern der für die Analyse eingesetzten DNA-Sonden. Der Pfeil bezeichnet die Sonde, durch die die in der folgenden Abbildung 5 beschriebene Deletion nachgewiesen wird (Abb. auf Grund der Angaben verschiedener Autoren, u. a. [6])

Hautbiopsien mit Hilfe der Elektronenmikroskopie zu erkennen. Z. Z. ist diese Methode für die Prognose und Verhütung schwerer Genodermatosen praktisch noch wichtiger als die Methoden der DNA-Diagnostik. Trotzdem werde ich in meiner Darstellung mit der DNA-Diagnostik beginnen. Da mir ein geeignetes Beispiel aus der Dermatologie nicht eingefallen ist, möchte ich die Methoden an einer Muskelkrankheit darstellen – der Duchenne-Muskeldystrophie. Bekanntlich ist diese Krankheit X-chromosomal rezessiv erblich; bei den erkrankten Jungen geht die Muskulatur langsam, aber sicher zugrunde, bis sie um das 20. Lebensjahr herum sterben. Der Krankheitsverlauf ist therapeutisch nicht wirklich beeinflußbar; daher das dringende Bedürfnis nach einer Prophylaxe durch pränatale Diagnostik. Sie wurde möglich, nachdem man das Gen identifiziert und lokalisiert hatte; es liegt auf dem kurzen Arm des X-Chromosoms (Xp 21–22). Mit ca. 2000 kb ist es das weitaus längste bisher bekannte menschliche Gen; diese Länge erklärt auch die ungewöhnlich hohe Mutationsrate (und damit die große Häufigkeit der Krankheit) [6]. Das Gen hat über 60 Exons, d. h. in reife mRNA transkribierte Bereiche; der gesamte in der reifen mRNA repräsentierte Bereich hat immer noch über 14000 Basenpaare (Abb. 1). Dieses Gen kodiert für das „Dystrophin", ein Protein, das die Muskelmembran versteift. Von den bekannten Mutationen sind mindestens 60% nachweisbare Deletionen, d. h. es fehlt ein beträchtliches Stück des Gens. Ein kleinerer Teil von Deletionen im gleichen Bereich führt zu einer wesentlich milderen und protrahierten Verlaufsform, dem nach Becker (vgl. [3]) benannten Krankheitstyp. Das hat zunächst Kopfzerbrechen verursacht, bis man herausbekam, daß es mit dem genetischen Code zusammenhängt (Abb. 2): Liegen die Bruchpunkte so, daß sich das Ableseraster verschiebt, dann kann von dieser Stelle in der mRNA an kein ordentliches Protein gebildet werden. Bleibt das Raster jedoch erhalten, so entsteht ein, wenn auch um die Deletion verkürztes, so doch wenigstens teilweise funktionsfähiges Protein.

Am Beispiel dieser Krankheit kann man die beiden Methoden der DNA-Diagnostik zeigen.

Zur Beratung kommen meist die weiblichen Verwandten der Patienten, oft die Schwestern. Sie wollen wissen, ob sie heterozygote Überträgerinnen sind und welches das Risiko für ihre Söhne ist. Zunächst gilt es, die Art der Mutation bei dem Patienten einer Familie zu identifizieren. Mit Hilfe der bekannten DNA-Proben wird man also festzustellen versuchen, ob eine Deletion vorhanden ist und wo sie liegt. Den Ablauf der Untersuchung zeigen Abb. 3 und 4. Kann keine Deletion nachgewiesen werden und steht die klinische und biochemische Diagnose bei den Patienten fest, so ist die Deletion höchstwahrscheinlich sehr klein, oder es ist eine Punktmutation vorhanden. In diesen Fällen kommt nur die *indirekte* DNA-Diagnose mit Hilfe von Restriktionsfragmentlängen-Polymorphismen (RFLPs) in Frage; sie soll später besprochen werden. In der Mehrzahl der Fälle kann jedoch eine Deletion nachgewiesen werden; die radioaktiv markierte DNA-Probe gibt kein Signal. So wird es möglich, mit Hilfe der gleichen Proben auch nachzuweisen, ob eine Frau hetero-

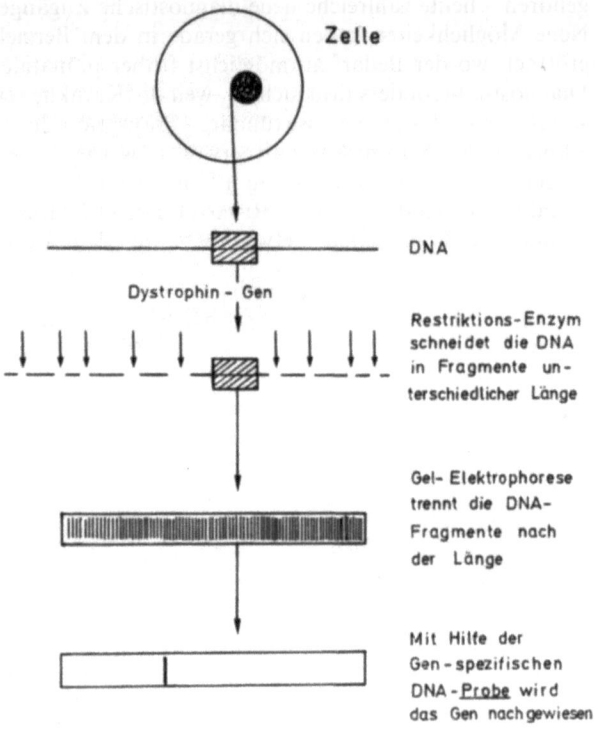

Abb. 3. Prinzip der DNA-Diagnostik von der Extraktion der DNA bis zum Nachweis des gesuchten Fragmentes mit Hilfe einer spezifischen DNA-Probe

··· | 1 2 3 | 1 2 3 | 1 2 3 | 1 2 3 | 1 2 3 | 1 2 3 | 1 2 3 | 1 2 3 | 1 2 3 | ··· Normale Codon-Sequenz

| 1 2 3 | 1 2 3 | 1 2 3 | 1 2 ——————————— 2 | 3 | 1 2 | 3 | ·· Duchenne-Deletion
Sequenz wird <u>falsch</u> abgelesen

"Frame shift" -Mutation

| 1 2 3 | 1 2 3 | 1 2 3 |——————————— 1 2 3 | 1 2 3 | ··· Becker-Deletion
Sequenz wird <u>richtig</u> abgelesen.
Es entsteht <u>verkürztes</u> Dystrophin

Abb. 2. Der Unterschied zwischen Deletionen, die zur DMD und zu BMD führen. Im ersten Falle entsteht durch „Frame shift" ein unsinniges Protein, im zweiten Fall durch Anschluß „richtiger" Codons ein verkürztes Protein. Deshalb sind BMD-Patienten leichter erkrankt

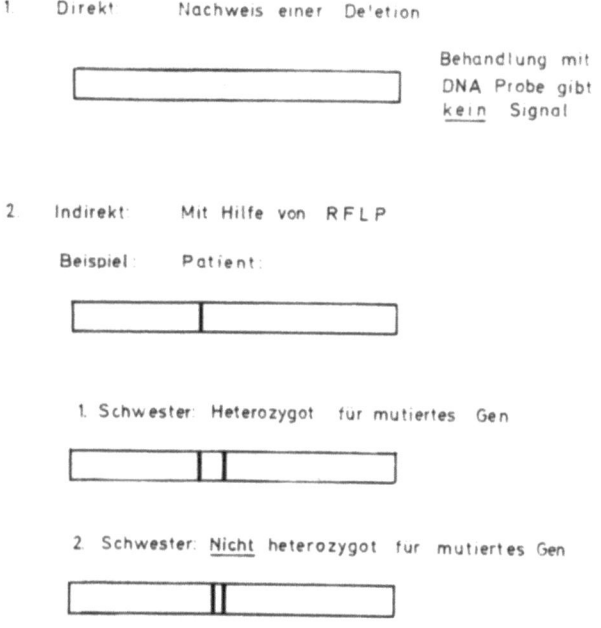

Abb. 4. Direkte und Indirekte DNA-Diagnostik

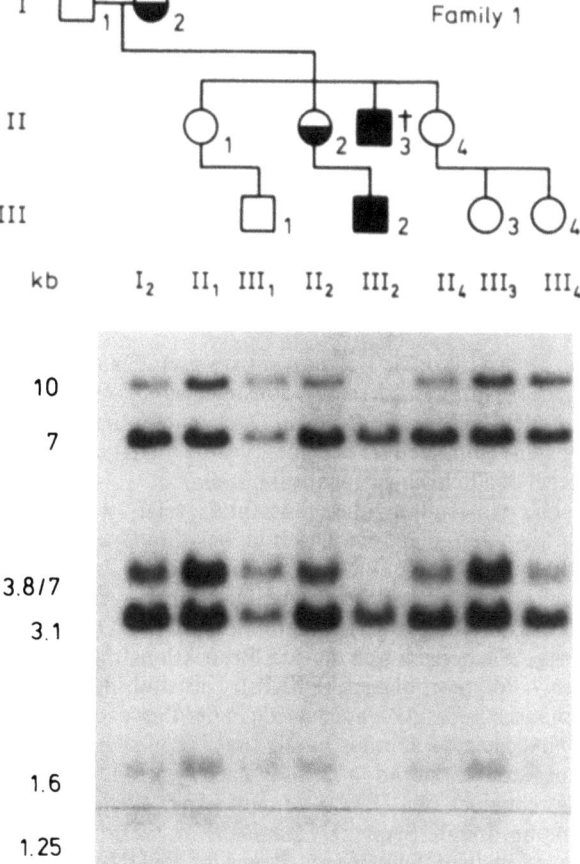

zygot ist. Die hier (Abb. 5) gezeigte Probe ermöglicht das auf besonders elegante Art [7]. Denn sie zeigt auch eine X-chromosomale DNA-Sequenz außerhalb dieses Genes an, die bei Frauen auf jeden Fall in doppelter Dosis vorhanden ist. Ein Vergleich mit ihr macht es möglich, sicher festzustellen, ob der beim Patienten deletierte Bereich des Duchenne Gens vorhanden ist oder nicht (Abb. 5). Neben diesem jetzt schon klassischen Nachweis einer Deletion durch den „Southern Blot" gibt es aber neuerdings noch eine alternative Methode durch in situ Hybridisierung, der die Deletion anzeigende Probe in Chromosomenpräparaten der Metaphase mit nicht radioaktivem Nachweis der erfolgten Hybridisation durch bestimmte Farbstoffe.

Beide Methoden machen es nun möglich, der als heterozygot nachgewiesenen Frau eine pränatale Diagnose anzubieten – etwa nach Chorionzotten-Biopsie (Abb. 6. und 7). Ist das erwartete Kind eine Tochter, dann könnte man an ihr feststellen, ob sie Überträgerin ist; ein nur für ihr späteres Leben wichtiger Befund, der aber für das Weiterführen der Schwangerschaft keine Bedeutung haben darf. Wenn das Kind aber ein Sohn ist, dann hat dieser

Abb. 5. Nachweis der Heterozygotie mittels einer DNA-Probe. Der Patient III,2 besitzt die Band 3.8/7 nicht; er hat eine Deletion. Bei seiner Mutter II,2, seiner Tante II,4 und seiner Kousine III,4 ist diese Bande deutlich schwächer ausgeprägt als die Referenzbande 3.1. Sie sind also heterozygot. Dagegen ist die Band 3.8/7 bei II,1 und bei III,3 genauso stark ausgebildet wie die Referenzbande 3.1. Sie sind also homozygot normal (nach [7])

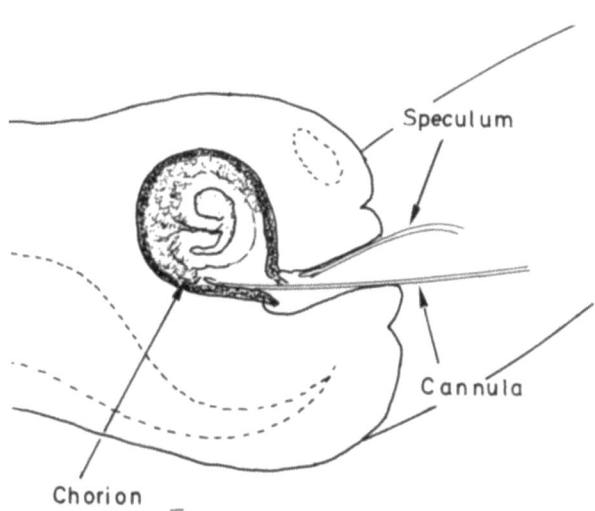

Abb. 6. Zervikale Chorionzotten-Biopsie. Die Biopsie wird mit Hilfe der Cannula entnommen

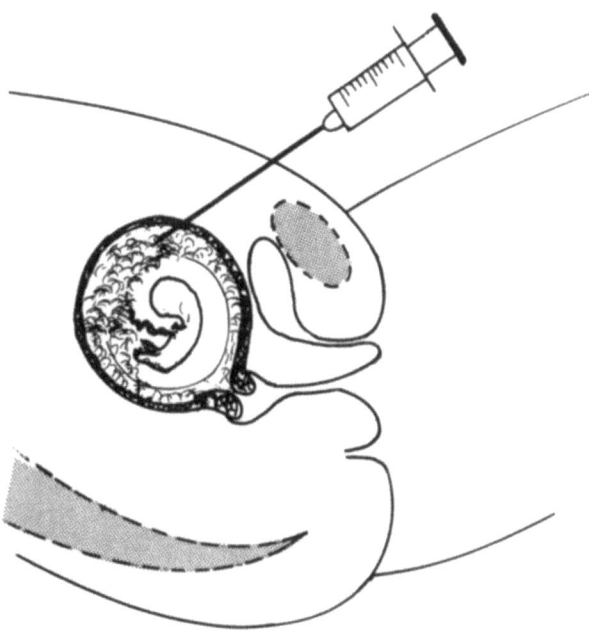

Abb. 7. Transabdominale Chorionzotten-Biopsie

Ein Enzym schneidet eine spezifische DNA-Sequenz bei einer Person:

```
-G-C-A-A-G-A-A-T-T-C-C-T-G-G-
-C-G-T-T-C-T-T-A-A-G-G-A-C-C-
```

Eine andere Person besitzt eine veränderte Sequenz – hier kann das Enzym nicht schneiden

```
-G-C-A-A-G-A-A-T-G-C-C-T-G-G-
-C-G-T-T-C-T-T-A-C-G-G-A-C-C-
```

Abb. 8. Prinzip der Restriktionsfragmentlängen-Polymorphismen (RFLPs). Eine Schnittstelle ist vorhanden, wenn die für das Schneiden der DNA notwendige Sequenz vorliegt. Sie verschwindet, wenn die Änderung nur eines Basenpaares diese Sequenz zerstört

ein 50% Risiko, die Deletion aufzuweisen. Da die Mütter meist bei ihren Brüdern oder sonstigen nahen Verwandten miterlebt haben, wie elend ein Duchenne-Patient zugrunde geht, wünschen sie bei einer positiven Diagnose in der Regel den Schwangerschaftsabbruch.

Die Anwendung dieser Methode setzt, wie gesagt, voraus, daß man die Deletion bei mindestens einem Patienten der Familie und auch bei der Überträgerin nachgewiesen hat. Wurde eine Deletion ausgeschlossen, dann kommt die *indirekte* Methode der DNA-Diagnose in Frage. Sie bedient sich der sog. Restriktionsfragmentlängen – Polymorphismen (RFLPs). Das sind individuelle, genetisch bedingte Unterschiede in der Basensequenz der DNA. Sie sind überaus häufig und lassen sich mit Hilfe von Restriktionsendonukleasen nachweisen. Diese Enzyme schneiden den DNA-Strang nur an Stellen, an denen eine bestimmte Sequenz vorhanden ist; weicht nur eine Base von dieser Sequenz ab, dann wird die DNA an dieser Stelle nicht geschnitten (Abb. 8). So entstehen Fragmente verschiedener Länge, die deshalb in der Elektrophorese verschieden weit wandern und sich so unterscheiden lassen.

Liegt ein solcher RFLP in unmittelbarer Nachbarschaft eines Gens, dann wird er fast immer mit diesem Gen zusammen auf die nächste Generation übertragen. Die DNA-Variante wird dann zum Indikator für das – nicht direkt erkennbare – mutierte Gen. Aber wie ich gesagt habe: Ein eng gekoppelter RFLP wird *fast* immer zusammen mit der Mutation weitergegeben, die wir gerne nachweisen möchten. Das Wort „fast" sagt, daß es von dieser Regel Ausnahmen gibt. Sie kommen dadurch zustande, daß zwischen zwei Genloci in der Meiose Crossing-over vorkommen kann; dieses Crossing-over ist desto häufiger, je weiter die beiden Genloci auseinanderliegen. Um diese Fehlerquelle möglichst gering zu halten, sucht man deshalb nach RFLPs, die möglichst nahe bei dem interessierenden Genlocus gelegen sind.

Hat man es jedoch mit einem besonders langen Genlocus zu tun – wie das bei dem Dystrophin-Locus der Fall ist –, dann kommt Crossing-over auch nicht so selten innerhalb dieses Genlocus vor. Wir wissen aber meist nicht genau, wo innerhalb dieses Locus die Mutation gelegen ist, die gerade in dieser Familie zu der Krankheit führt. So können wir uns in der Diagnose sehr irren (Abb. 9).

Die Fehlerquelle kann man nur dann vermeiden, wenn man mehrere Marker benutzt.

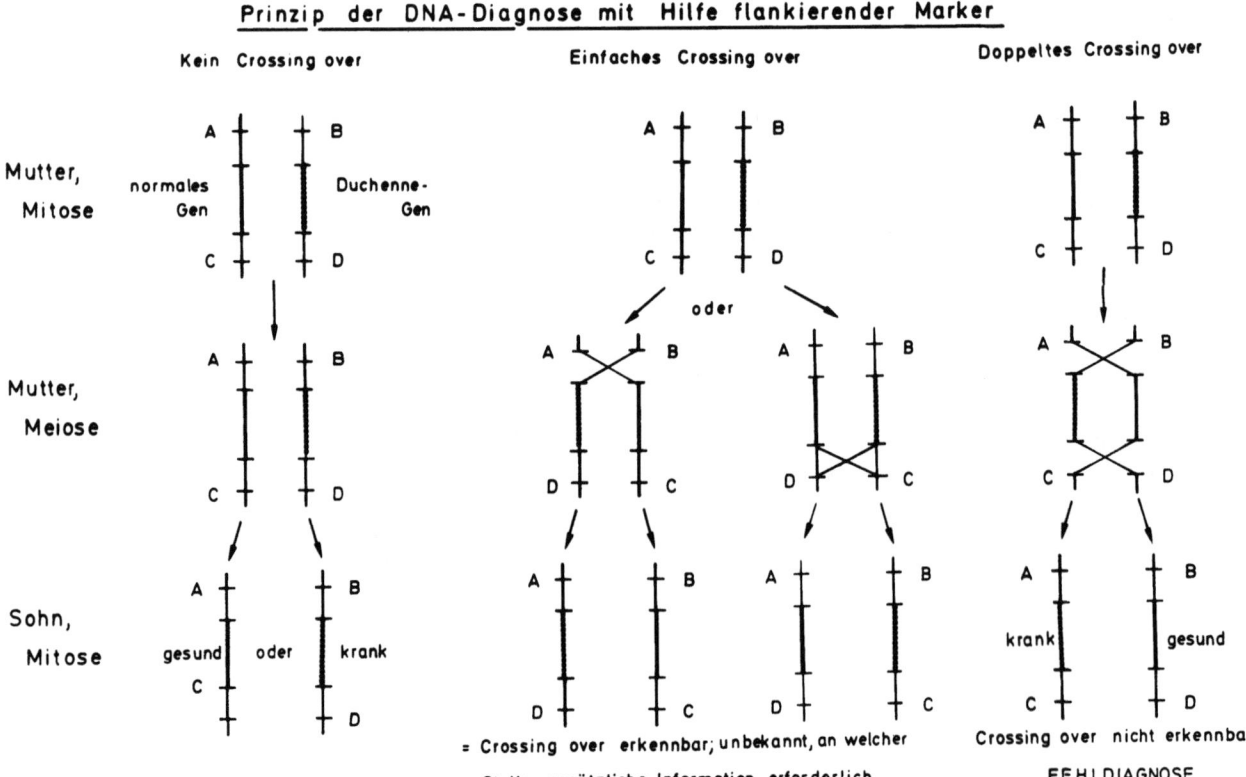

Abb. 9. Irrtumsmöglichkeit bei der RFLP-Diagnose durch doppeltes Crossing-over

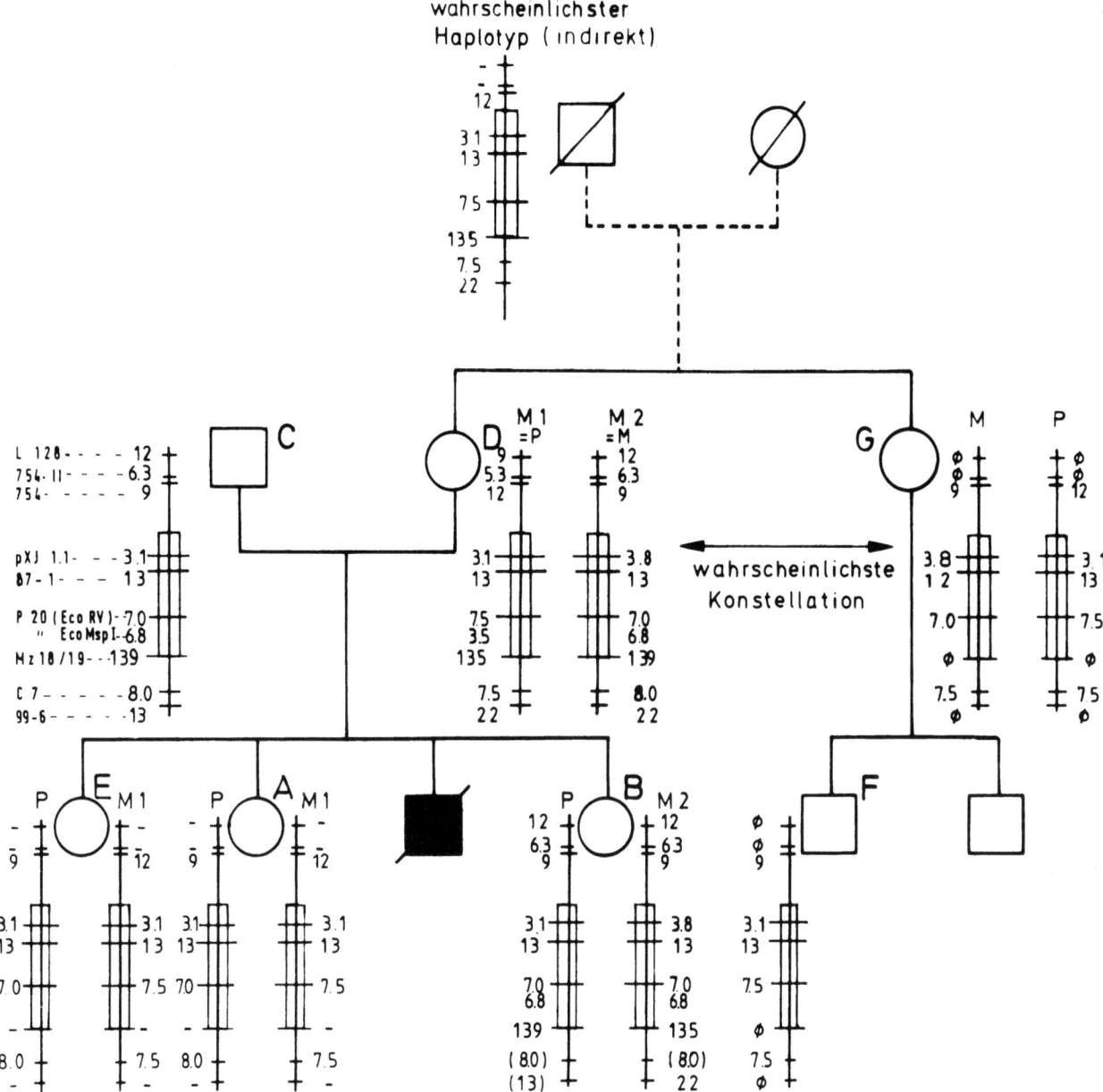

Abb. 10. Stammbaum eines verstorbenen Patienten mit DMD. Die Bezeichnungen an den Seiten zeigen nicht weniger als 9 verschiedene Marker an. Für Einzelheiten vgl. dem Text (Beobachtung Dr. M. Cremer)

Es kann also erforderlich sein, in einer solchen Duchenne-Familie zahlreiche DNA-Marker zu verwenden und mit all diesen Markern relativ viele Familienangehörigen zu untersuchen; unter Umständen ein enormer Arbeitsaufwand. Als Beispiel zeige ich Ihnen eine Familie, bei der die Verhältnisse noch dadurch kompliziert wurden, daß der Patient bereits verstorben war, also für die Untersuchung nicht mehr zur Verfügung stand. Zur Frage stand das Risiko der Schwestern des Patienten, heterozygot zu sein und erkrankte Söhne zu bekommen. Es würde zu weit führen, die Analyse dieses Stammbaumes im einzelnen zu schildern (Abb. 10). Nur einige Gesichtspunkte seien genannt: so wurden nicht weniger als 9 RFLPs an verschiedenen Genorten bestimmt; es mußte die Möglichkeit berücksichtigt werden, daß der verstorbene Patient eine Neumutante war; und für die Bestimmung des Heterozygotenstatus wurde außer DNA-Daten noch die Bestimmung der Kreatin-Phosphokinase (CPK) herangezogen. Das Gesamtergebnis zeigt Tabelle 1, welche die Risiken für die drei Schwestern E, A und B und ihre Söhne enhält. Die Risiken sind verschieden.

Wie gesagt, solche Untersuchungen können zeitraubend sein. Für die praktische Arbeit bedeutet das, daß sie sorgfältig geplant werden müssen. Man kann z. B. mit den

Tabelle 1. Risiken der in Abb. 10 aufgeführten Schwestern des Probanden, A, E, und B, homozygot zu sein, und Erkrankungsrisiko der Söhne

Proband	A	E	B
Vor DNA-Analyse (bezogen auf Stammbaum und CK-Wert)	~10%	~10%	~10%
Nach DNA-Analyse	~10%	~10%	~30%
Erkrankungsrisiko für einen Sohn nach pränataler Diagnose:			
Großmütterliches X-Chromosom	~10%	~10%	~30%
Großväterliches X-Chromosom	0.13%	0.13%	0.75%

Untersuchungen nicht erst beginnen, wenn eine Frau, die eine pränatale Diagnostik wünscht, schon schwanger ist. Sondern die Untersuchungen in der Familie und bei der Frau selbst müssen schon abgeschlossen sein, wenn die Schwangerschaft eintritt. Der große Aufwand, den man jedes Mal treiben muß, macht es auch notwendig, die Fälle sorgfältig auszuwählen, wo tatsächlich ein beträchtliches Risiko für ein krankes Kind besteht. Das festzustellen, kann die Anwendung relativ komplizierter statistischen Methoden erfordern.

Die X-chromosomal erblichen Muskeldystrophien habe ich als Beispiel ausgewählt, weil sich an ihnen die Probleme besonders anschaulich darstellen lassen; es wird aber nicht mehr lange dauern, bis ähnliche Problem bei Krankheiten sichtbar werden, die in den Bereich des Dermatologen gehören. Das Gen für Neurofibromatose z. B., das auf Chromosom Nr. 17 lokalisiert wurde, hat eine Mutationsrate in der Größenordnung von ca. 5–10×10^{-5}; d. h. sie ist (mindestens) so hoch wie die für das Dystrophin-Gen. Das Gen selbst ist noch längst nicht so genau bekannt, aber es wurde kürzlich identifiziert, und wesentliche Eigenschaften wurden ermittelt. Es hat tatsächlich eine erhebliche Länge, was seine hohe Mutationsrate erklärt, und innerhalb seiner Introns finden sich nicht weniger als drei andere Gene [16] (vgl. auch [9]). Damit kommen in naher Zukunft die gleichen Probleme auf uns zu, wie sie für die Muskeldystrophien geschildert wurden.

Primat der Beratung – Zusammenarbeit mit humangenetischen Instituten

Aus all dem ergibt sich für die Praxis: Der Dermatologe, der es mit Genodermatosen zu tun hat, bei denen eine DNA-Diagnostik in Frage kommt, sollte nach Möglichkeit mit einem gut ausgestatteten humangenetischen Institut zusammenarbeiten. Heute werden schon einzelne Laborleistungen auch im Bereich der humangenetischen Diagnostik durch private Laborärzte wie durch andere Speziallabors angeboten. Im Prinzip ist das zu begrüßen; ich habe selbst die Laborärzte aufgefordert, sich dem Gebiet der humangenetischen Diagnostik zuzuwenden [12]. Auf diese Weise erhobene Einzelbefunde, die einem behandelnden Arzt ohne Kommentar mitgeteilt werden, so daß dieser damit nichts anfangen kann, bringen mehr Schaden als Nutzen. Sie sind geeignet, die gesamte medizinisch-genetische Diagnostik und Beratung in der Öffentlichkeit in Mißkredit zu bringen. Diese Diagnostik gehört in den Rahmen eines umfassenden Beratungskonzeptes hinein; der Schwerpunkt muß bei der Beratung und Indikationsstellung liegen. Es wäre eine moralische Katastrophe für unsere Ärzteschaft, ließen wir zu, daß so aufwendige und komplizierte Untersuchungstechniken zu isolierten, rein technischen Maßnahmen verkommen. Dafür hängt für den einzelnen und seine Familie zu viel an lebenswichtigen Entscheidungen von ihrem Ergebnis ab.

Mikromorphologische Differentialdiagnose im Rahmen der pränatalen Diagnostik

Das gilt für die DNA-Diagnostik, die erst jetzt und in Zukunft auch auf den Dermatologen zukommen wird. Es gilt aber auch für einen anderen Bereich, der sich aus der Dermatologie selbst entwickelt hat: Die mikromorphologische Diagnostik und Differentialdiagnose erblicher Hautkrankheiten – insbesondere ihre Anwendung im Rahmen der pränatalen Diagnostik. Hier kann ich dem Organisator unseres heutigen Symposiums, Herrn Schnyder, das Kompliment machen, daß er die Wichtigkeit dieses Arbeitsgebietes schon vor über 25 Jahren erkannt hat und mit der Gründung einer Abteilung für Elektronenmikroskopie an der Universitätshautklinik Heidelberg daraus die Konsequenzen zog. Seitdem hat diese Abteilung unter der Leitung von Frau Anton-Lamprecht grundlegende Befunde erarbeitet und für die pränatale Diagnostik im Rahmen der genetischen Beratung nutzbar gemacht.

Der erste Schritt war die mikromorphologische Differenzierung phänotypisch ähnlicher Genodermatosen an der Haut von Patienten mit ausgeprägtem Krankheitsbild. In enger Verflechtung von Erbgangsanalyse mit Mikromorphologie konnte so eine viel bessere morphologische Differenzierung ganzer Gruppen von Krankheiten erreicht werden – mit der praktisch wichtigen Folge, daß auch Krankheitsverlauf und individuelle Prognose im Einzelfall genauer vorausgesagt werden konnten als zuvor.

In einem zweiten Schritt wurden daraus die Konsequenzen gezogen für die sekundäre Prävention (vgl. [1]). Bei den schweren, prognostisch ungünstigen, therapeutisch wenig beeinflußbaren Formen kann man nun die Diagnose bereits so früh stellen, daß ein Schwangerschaftsabbruch innerhalb der gesetzlich vorgeschriebenen Zeit, also bei der kindlichen Indikation bis zur 22. Woche, noch möglich ist. Wenn man weiß, daß ein bestimmtes, hohes genetisches Risiko vorhanden ist – z. B. weil ein Elternteil eine dominant erbliche Erkrankung trägt oder weil einem Elternpaar bereits ein Kind mit einer autosomal-rezessiven Krankheit geboren wurde –, dann geht der in dieser Methodik speziell geübte Gynäkologe mit einem Spezial-Troikart in den Uterus ein, betrachtet den Föten mittels einer Optik und entnimmt dann mit einer Spezialzange ein Stück Haut (Abb. 11). Von früheren Untersuchungen an anderen erkrankten Familienangehörigen ist bekannt, mit welcher Diagnose in gerade dieser Familie gerechnet werden muß. Die Möglichkeit eines Abbruches ermutigt auch solche Betroffenen, eine Schwangerschaft

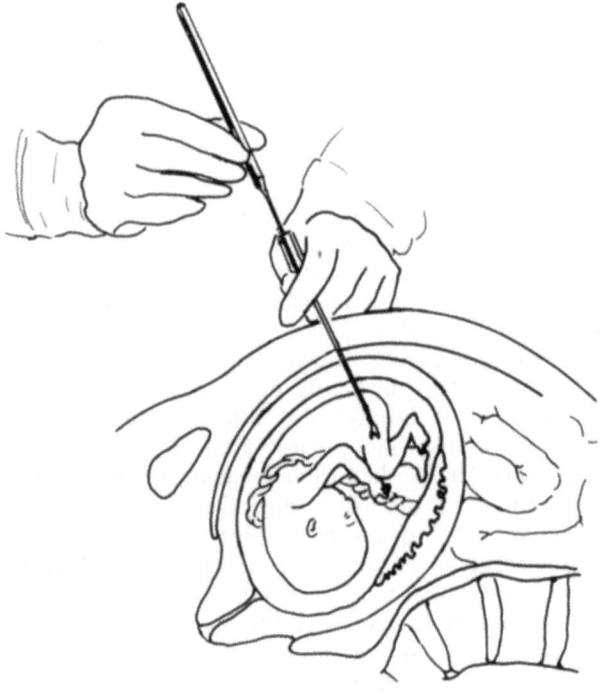

Abb. 11. Entnahme einer Gewebeprobe mittels einer Spezialzange (Anton-Lamprecht)

zu beginnen, die früher aus Furcht vor der Krankheit ganz darauf verzichtet hätten. In der Regel haben sie eine hohe und in vielen Fällen überwiegende Chance für ein gesundes Kind. Hier ermöglicht die pränatale Diagnose also die Geburt gesunder Kinder, die ohne sie entweder nicht gezeugt worden wären oder vielleicht sogar aus Furcht vor der Krankheit einem Schwangerschaftsabbruch zum Opfer gefallen wären.

Als Beispiel nenne ich die Gruppe der blasenbildenden Dermatosen. Gerade hier zeigte sich übrigens, wie die mikromorphologische Diagnose einerseits auf den Ergebnissen der klinisch-genetischen und genetisch-epidemiologischen Forschung aufbaute und wie sie andererseits die Ergebnisse dieser Forschung erweiterte und vertiefte. Aus genetisch-epidemiologischer Seite sind hier besonders die Untersuchungen von Gedde-Dahl in Norwegen zu nennen [4]. Abb. 12 zeigt die heutige Systematik dieser Krankheitsformen zusammen mit dem Erbgang (D = autosomal-dominant; R = autosomal-rezessiv; X = X-chromosomal) und der klinischen Manifestationsform (EBS = E. bullosa simplex; EBD = E. b. dystrophicans; EBA = E. b. atrophicans; EBP = E. b. Pasini; EBH = Herlitz-Form). Diese Abbildung (nach [2]) stellt eine Synthese dar aus klinischen, genetischen und mikromorphologischen Befunden. Bei leichteren Formen wird man eine Indikation zur vorgeburtlichen Diagnostik nicht als gegeben ansehen, weil ein Schwangerschaftsabbruch nicht in Frage kommt; bei anderen – wie dem Herlitz-Typ oder auch der „klassischen" Hallopeau-Siemens-Form werden die meisten eine Indikation ohne weiteres als gegeben ansehen.

Patienten-Autonomie und die Aufgabe des Arztes als Diener am Leben

Bei mancher der weniger schweren Formen kommt es vor allem auf das Urteil der Patienten und ihrer Familienangehörigen an; denn sie können am besten beurteilen, wie stark die Krankheit ihre Lebensqualität beeinträchtigt. Hier gilt besonders stark, was in der genetischen Beratung überhaupt unser Grundsatz sein sollte: Nicht wir als Ärzte bestimmen, welche Konsequenz die Ratsuchenden aus einem bestimmten genetischen Risiko ziehen, sondern die Entscheidung müssen die Ratsuchenden selber treffen. Wir als Ärzte können informieren und mögliche Alternativen aufzeigen. Allerdings müssen wir in den Dialog auch unsererseits unsere Wertvorstellungen und Handlungsmaximen einbringen; wir dürfen uns nicht einfach zu einem verlängerten Arm der Ratsuchenden machen lassen. Es kann immer wieder schwer sein, das richtige Gleichgewicht zwischen Anerkennung der Patientenauto-

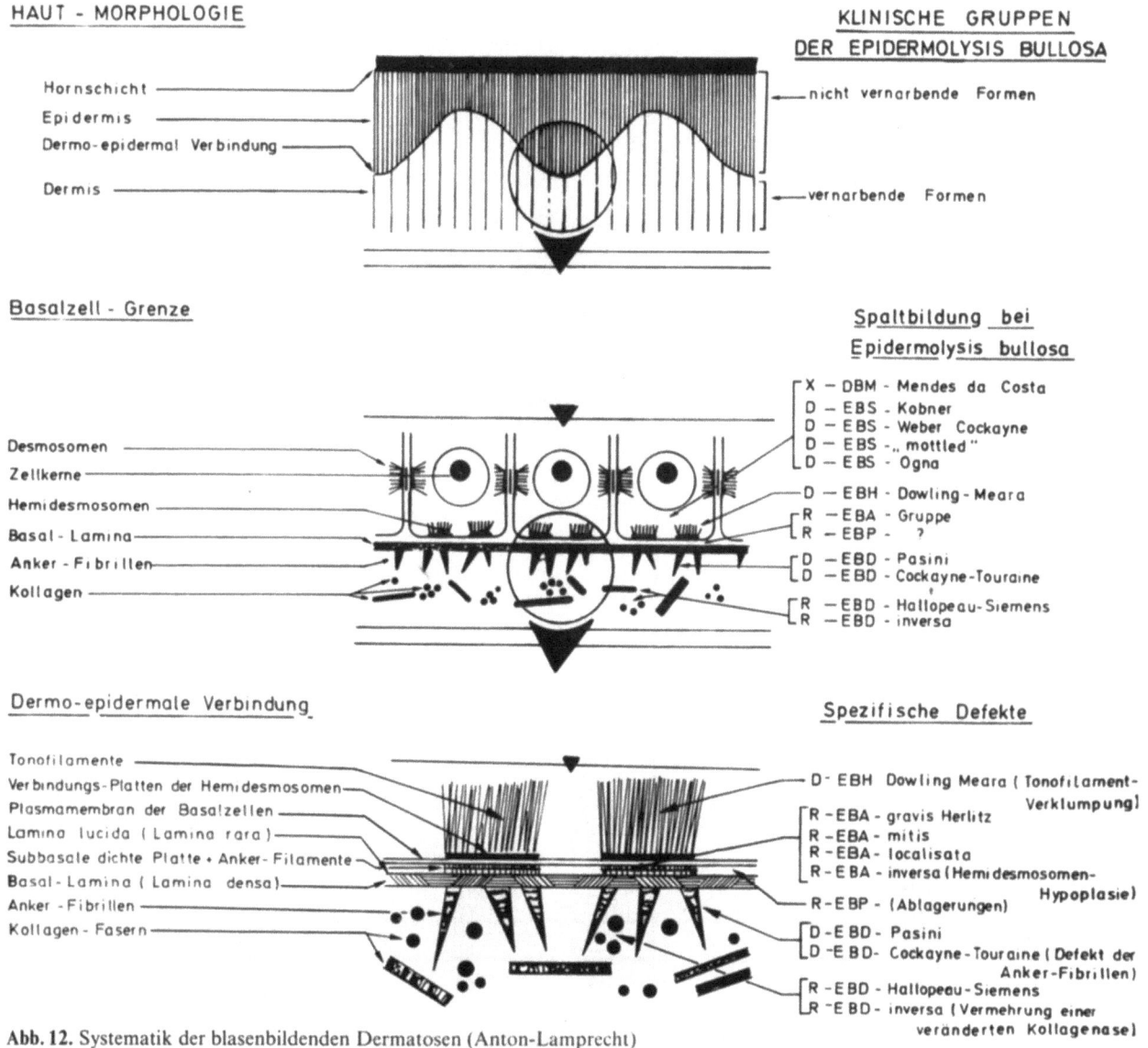

Abb. 12. Systematik der blasenbildenden Dermatosen (Anton-Lamprecht)

nomie einerseits, unserer Funktion als Arzt, der dem Leben zu dienen hat, andererseits zu finden. Aber dieser Konflikt muß ausgestanden werden; für das Ansehen und die Zukunft der genetischen Beratung und anderer medizinisch-genetischen Dienste in unserer Gesellschaft wäre es das Allergefährlichste, wenn wir uns in die Rolle des reinen Medizin-Technikers drängen ließen; und wäre diese Technik noch so perfekt (zu dieser Gesamt-Problematik vgl. [11]).

Multifaktoriell erbliche Erkrankungen

Bisher besprachen wir hoch entwickelte moderne Techniken, die bei meist sehr schweren, immer aber sehr seltenen monogen erblichen Krankheiten indiziert sind. Übrigens bedeutet das nicht, daß diese Krankheiten *insgesamt* sehr selten wären; es gibt nämlich sehr viele von ihnen, die *im einzelnen* selten vorkommen. – Den größten Anteil unserer Patienten mit genetisch relevanten Krankheiten machen jedoch einige wenige Krankheiten aus, die häufig sind und keinen einfachen Erbgang zeigen. Man bezeichnet sie manchmal als Konstitutions- oder Dispositionskrankheiten. Die bekanntesten Beispiele im Bereich der Dermatologie sind die Atopien (Atopische Dermatitis; Asthma bronchiale; Heuschupfen) und die Psoriasis. Bei ihnen findet man eine Anhäufung unter Verwandten der Probanden und hohe, aber nicht absolute Konkordanz bei eineiigen Zwillingen. Zur Erklärung für die genetische Disposition zieht man allgemein das Modell der „multifaktoriellen Vererbung mit Schwellenwert-Effekt" heran; d. h. in der Bevölkerung sei eine erbliche Disposition für diese Krankheitsgruppe kontinuierlich, idealerweise in Form einer Gauß'schen Normalverteilung verteilt; überschreitet die Disposition eine gewisse Schwelle, so komme es zu manifesten Krankheiterscheinungen (Abb. 13.) Dieses Modell erklärt einige Befunde; so z. B. die familiäre Häufung. Eine andere Voraussage ist: das Erkrankungsrisiko für Geschwister muß dann am höchsten sein, wenn beide Eltern erkrankt sind; etwas niedriger, wenn nur ein Elternteil befallen ist, und am niedrigsten, wenn beide Eltern gesund sind. Ganz allgemein steigt das Risiko für weitere Erkrankte in der Familie an mit der Häufigkeit der schon Erkrankten in dieser Familie. Oft findet man bei dieser Gruppe von Krankheiten auch, daß das eine

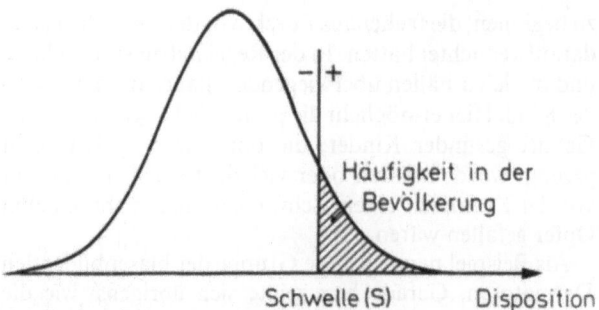

Abb. 13. Das genetische Modell der multifaktoriellen Vererbung mit Schwellenwert. In der Bevölkerung findet sich eine normal verteilte durch eine unbekannte Zahl von Genen verursachte Krankheitsdisposition. Überschreitet die Disposition eine gewisse Schwelle (S), so kommt es zu Krankheitserscheinungen

Geschlecht häufiger erkrankt ist als das andere. Die atopische Dermatitis z. B. ist bei Männern seltener als bei Frauen. In diesen Fällen haben die Erkrankten des seltener betroffenen Geschlechtes im Durchschnitt eine höhere genetische Disposition; ihre Verwandten haben deshalb ein höheres Erkrankungsrisiko als die gleichen Verwandtschaftsgrade des häufiger erkrankten Geschlechtes.

Insgesamt sind aber die Voraussagen, die dieses multifaktorielle Modell erlaubt, doch sehr allgemein. Wir sind an spezifischeren Fragen interessiert – wir wollen konkret wissen, welche biologischen Komoponenten es im einzelnen sind, die zu der Krankheitsdisposition beitragen, und über welche Mechanismen sie zusammenwirken und mit Einflüssen von seiten der Umwelt interagieren. Was auch der Genetiker hier letztlich braucht, ist Pathophysiologie. Bei einigen vorläufigen Fragen kann aber auch die formale Genetik helfen. So unterscheidet man innerhalb der Atopien die atopische Dermatitis von den Respirations-Atopien. Man kann nun fragen: Sind Patienten ganz allgemein für Atopien disponiert, so daß es nur von äußeren Zufälligkeiten abhängt, an welchem Organ die Krankheitserscheinungen auftreten, oder gibt es neben dieser allgemeinen auch eine spezifische Organ-Disposition? Bei den Atopien ist das letztere der Fall; denn unter nahen Verwandten von Asthma-Probanden sind Respirations-Atopien, bei den Verwandten von Dermatitis-Pa-

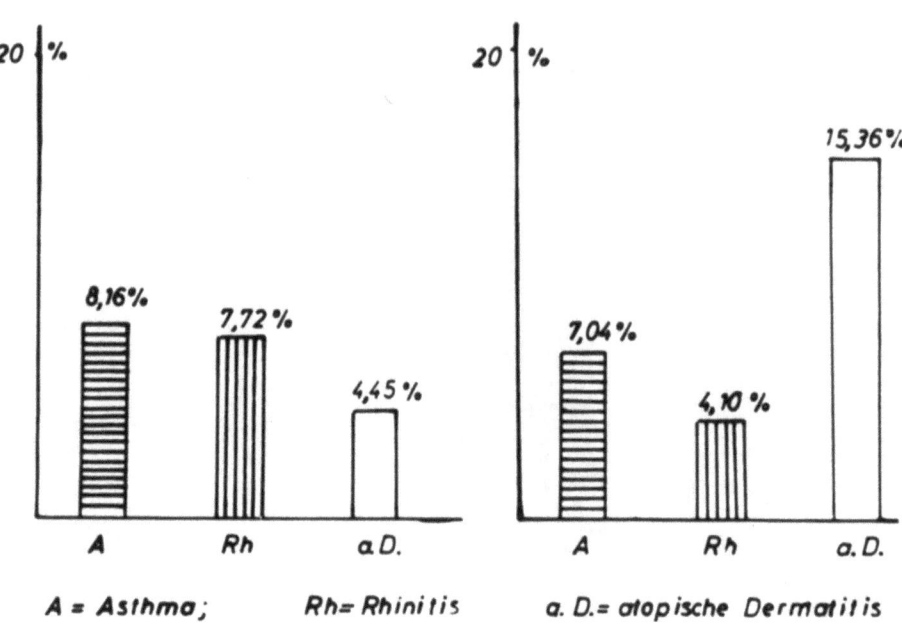

Abb. 14. Anzahl von Respirations- und Hautatopien bei nahen Verwandten von Asthmatikern und von Patienten mit atopischer Dermatitis

Tabelle 2. Genetisches Risiko der Kinder von Probanden mit atopischer Dermatitis (n. Voigtländer 1977, ergänzt)

Elternkonstellation	1. Kind	Risiko für weitere Kinder	
		Atopische Dermatitis	Atopien insgesamt
gesund × gesund	krank	6%	15–20%
gesund × krank	krank	10%	25–30%
krank × krank	krank		50–70%
gesund × krank	noch kein Kind vorhanden	8%	25–30%

tienten dagegen sind Haut-Atopien häufiger (Abb. 14). Das komplexe Gebiet der Bedeutung der IgE-Bildung für die Atopien möchte ich hier übergehen; dagegen soll als genetischer Ansatz für eine vertiefte pathophysiologische Erforschung der *Psoriasis* die Assoziation mit den Merkmalen des MHC-Komplexes wenigstens erwähnt werden. Bekanntlich haben die verschiedenen HLA-Merkmale des MHC-Komplexes eine erhebliche Bedeutung in der Immunantwort (vgl. das „Spektrum der Wissenschaft"-Buch über Immunologie, 1988). Gerade bei der Psoriasis sieht man immer wieder einmal Stammbäume, bei denen ein autosomal-dominanter Erbgang gleichsam „durchzuschimmern" scheint, wenn auch die „Penetranz" meist nicht vollständig ist. Solche Stammbäume würden sich als Ausgangsmaterial sowohl für pathophysiologische Studien, als auch für Koppelungsstudien mit RFLPs zur genetischen Identifikation relevanter Gene besonders eignen.

Für den praktischen Gebrauch in der genetischen Beratung verwendet man noch immer die „empirischen Belastungsziffern", wie sie schon vor ca. 30 Jahren von Autoren wie unserem Vorsitzenden, Herrn Schnyder, auf Grund umfangreicher empirischer Erfahrungen erarbeitet worden sind (vgl. [10, 13, 15]; Tabelle 2). Für die beiden genannten Hauptgruppen, – Atopien und Psoriasis – sind diese Risikoziffern natürlich in Abhängigkeit von der konkreten Beratungssituation recht oft hoch. Trotzdem käme eine pränatale Diagnostik in der Regel selbst dann nicht in Frage, wenn sie auf Grund mikromorphologischer, pathophysiologischer oder genetischer Befunde möglich wäre: Diese Krankheiten sind meistens nicht schwer genug, um einen Schwangerschaftsabbruch als mögliche Alternative erscheinen zu lassen. Im Bereich dieser nicht ganz so schweren Krankheiten kann man einer möglichen Verbesserung unserer pränatal-diagnostischen Möglichkeiten nur mit gemischten Gefühlen entgegensehen: Einerseits erwecken sie natürlich die Hoffnung auf eine entsprechende verbesserte Therapie. Andererseits verstärkt sich die Gefahr, daß lästige, aber nicht eigentlich schwere, die Lebensqualität ernsthaft beeinträchtigende Krankheiten zum Anlaß für Schwangerschaftsabbrüche genommen werden.

Ich hoffe, Ihnen an einigen wenigen Beispielen einen Einblick in die neuen diagnostischen Möglichkeiten der medizinischen Genetik gegeben zu haben. Verfeinerte Diagnostik bedeutet auch verbesserte Prognose – für den einzelnen Patienten wie für seine Familie. Das ist eine wirksame Hilfe für die Betroffenen – daß damit neue Probleme auf uns Ärzte zukommen, müssen wir in Kauf nehmen; wir sollten uns aber diesen Problemen offenen Auges stellen.

Literatur

1. Anton-Lamprecht I, Arnold M-L (1987) 18. Pränatale Diagnose von erblichen Hautkrankheiten. In: Murken J (ed) Pränatale Diagnostik und Therapie. Ferdinand Enke Verlag, Stuttgart, pp 184–214
2. Anton-Lamprecht I (1989) Pathomorphogenese von Genodermatosen. Ulmensien 2. Univ.-Verlag Ulm, pp 129–159
3. Becker PE, Kiener F (1955) Eine neue X-chromosomale Muskeldystrophie. Arch Psychiat Z Neurol 193:427–448
4. Gedde-Dahl T Jr (1970, 2nd ed 1988) Epidermolysis bullosa. A clinical, genetic and epidemiological study. Universitetsforlaget Oslo (Johns Hopkins Press, Baltimore 1971)
5. Köhler J, Eichmann K (eds) (1988) Immunsystem, 2. Auflage. Spektrum der Wissenschaft
6. Koenig M, Hoffmann EP, Bertelson CJ, Monaco AP, Feener C, Kunkel LM (1987) Complete cloning of the Duchenne muscular dystrophy (DMD) cDNA and preliminary genomic organisation of the DMD gene in normal and affected individuals. Cell 50:509–517
7. Mao Y-P, Cremer M (1989) Detection of Duchenne muscular dystrophy carriers by dosage analysis using the DMD cDNA clone 8. Hum Genet 81:193–195
8. Ried T, Mahler V, Vogt P, Blonden L, van Ommen GJB, Cremer T, Cremer M (1990) Carrier detection by in situ suppression hybridisation with cosmid clones of the Duchenne/Becker muscular dystrophy (DMD(BMD)-locus. Hum Genet 581–586
9. Roberts L (1990) Down to the wire for the NF gene. Science 249:236–237
10. Schnyder UW (1960) Neurodermitis-Asthma-Rhinitis. Acta genet (Basel) 10:18 (Suppl)
11. Schroeder-Kurth TM (ed) (1989) Medizinische Genetik in der Bundesrepublik Deutschland. J. Schweitzer Verlag, Frankfurt/Main
12. Vogel F (1987) Möglichkeiten und Grenzen humangenetischer Diagnostik in der Praxis des Laborarztes. Lab med 11:285–288
13. Vogel F, Dorn H (1964) Erbliche Hautkrankheiten. In: Becker PE (ed) Humangenetik, ein kurzes Handbuch, vol IV. Thieme-Verlag, Stuttgart, pp 346–535
14. Vogel F, Motulsky AG (1986) Human genetics. Problems and approaches, 2nd ed. Springer, Berlin etc.
15. Voigtländer V (1977) Genetik der Neurodermitis. Z Hautkr 52 (Suppl):65–71
16. Wallace MR, Marchuk DA, Andersen LB, Letcher R, Odeh HM, Saulino AM, Fountain JW, Brereton A, Nicholson J, Mitchell AL, Brownstein BH, Collins FS (1990) Type 1 neurofibromatosis gene: identification of a large transcript disrupted in three NF1 patients. Science 249:181–186

Prof. Dr. med. Dr. h. c. F. Vogel
Ruprecht-Karls-Universität Heidelberg
Klinikum
Institut für Humangenetik u. Anthropologie
Im Neuenheimer Feld 328
6900 Heidelberg 1

Die psychosoziale Betreuung bei Erbkrankheiten

K. BOSSE, Göttingen

Das mir gestellte Thema enthält folgende Teilfragen:
- Was ist *Betreuung?*
- Welche Möglichkeiten der *sozialen* Betreuung stehen uns zur Verfügung?
- Welche Möglichkeiten der *psychischen/psychologischen* Betreuung können wir als Ärzte diesen Patienten anbieten bzw. vermitteln?
- Gibt es *spezifische Gesichtspunkte* für die psychosoziale Betreuung bei Erbkrankheiten?
- Gibt es *die* psychosoziale Betreuung bei Erbkrankheiten?

Begnügen wir uns zunächst mit einem Überblick, der uns die Zeit läßt, anschließend auf den zentralen Punkt des Themas einzugehen: das Gespräch des Arztes mit diesen Patienten als Ausdruck der Arzt-Patienten-Beziehung.

Betreuung

Was unterscheidet die Betreuung von der professionellen Beratung oder Information des Patienten durch den Arzt? Zum einen die Zeitdauer der Betreuung, z. B. von der Zeit des Kinderwunsches der Partner über die Dauer der Schwangerschaft bis zur spezifischen fachärztlichen Versorgung des Kindes nach der Geburt. Dieser emotionalen und fachlichen Begleitung steht die einmalige oder mehrfach wiederholte und in sich abgeschlossene „Beratung" bzw. „Information" des Patienten als Antwort auf ein aktuelles Problem gegenüber: z. B die Entscheidung zum Kind oder die Entscheidung, das empfangene Kind trotz Risiko erblicher Belastung zu behalten oder schließlich die nichterwartete Schwangerschaft zu unterbrechen. Die begleitende Betreuung hat eine andere Art der Patientenbeziehung zur Folge und zur Voraussetzung, als die einfache Beratung bzw. Information. Letztere können zu dem selben Problem auch durch mehrere Fachleute mit unterschiedlicher Meinung erfolgen. Der gute Betreuer vermittelt Information durch die zuständigen Fachspezialisten oder holt diese Information für sich selber ein. Betreuung ist damit mehr als neutrale Information und weniger – wenngleich doch mehr – als Beratung. Die Betreuung ist der speziellen Information und Beratung übergeordnet, umfassender und in der Arzt-Patienten-Beziehung verbindlicher.

Möglichkeiten der sozialen Betreuung

Diese betreffen die Eltern und/oder das Kind. Bei Partnerschaft und Kinderwunsch ergänzt sich die klinische fachärztliche Beratung mit der genetischen Beratung, die ggf. auch durch eine genetisch orientierte Nachsorge komplettiert werden sollte. Nach erfolgter Konzeption wird über die pränatale Diagnostik und die genetische Diagnostik hinaus die klinische Beratung durch den zuständigen Facharzt, durch pro Familia, ggf. durch die kirchliche Stellungnahme vervollständigt oder kritisch hinterfragt.

Post partum kommt neben der fortlaufenden fachärztlichen Betreuung den Selbsthilfegruppen und etwaigen Patientenvereinigungen eine besondere Bedeutung zu. Für Heranwachsende bieten sich im Einzelfall Sonderschulen, kirchliche Institutionen mit Heimen (Bethel) sowie die Behindertenwerkstätten verschiedener Träger an.

Möglichkeiten der psychologischen Betreuung

Die individuelle psychologische Betreuung wendet sich vornehmlich an die heranwachsenden oder erwachsenen Patienten, bei Kindern an die gesamte Familie, und thematisiert die Krankheitsverarbeitung.

Je nach dem Alter des Patienten wird dieser eine individuelle Stütze in Selbsthilfegruppen mit oder ohne ärztlich psychologischer Anleitung, als Mitglied einer Patientenvereinigung (Psoriasisbund, Vereinigung der Neurodermitiker, Sklerodermiepatienten u. a.) finden. Während der Schulzeit bietet sich der Kontakt zum Schulpsychologen an (Entstellungsproblematik, Teilnahme am Sport), nicht nur für den betroffenen Schüler, sondern auch für die Lehrer, die Eltern und schließlich für den behandelnden Facharzt. In erster Linie ist der Facharzt selbst gefragt. Für uns Dermatologen sind es die Ekzematiker, Psoriatiker, Patienten mit Verhornungsanomalien, blasenbildenden Erkrankungen – chronisch Hautkranke, die neben der klinischen eine lebenslängliche ärztliche Betreuung im weiteren Sinne von uns erwarten. Die Bilanz dieser Betreuung schlägt sich nicht nur im Hautzustand der Patienten und damit in seiner Lebensqualität nieder, sondern wird auch früher oder später seine Entscheidung zum Kind, sodann ggf. die Einstellung des Kindes zu seiner Mitgift, der Hauterkrankung, beeinflussen.

Besondere Gesichtspunkte des ärztlich-psychologischen Gespräches mit den Betroffenen

Was haben wir als Ärzte zu beachten in den erweiterten ärztlichen Gesprächen, die zwangsläufig über die einfache dermatologische Beratung hinausgehen?

Ich werde im folgenden – gemäß der mir gestellten Thematik – von klinischen Überlegungen absehen. Da wir die erste Anlaufstelle für die werdenden Eltern im Falle erblicher Hautkrankheiten sind, ist es notwendig, die Art der Gesprächsführung z. B. bei Kinderwunsch in belasteten Familien oder in der Frage der Unterbrechung bewußt und kontrolliert zu handhaben. Leitlinien sind hierbei, wie auch für das spätere Gespräch mit dem Patienten selbst, unabhängig vom dermatologischen Inhalt des Gespräches:
- Die Betreuung als wiederholte Folge von Gesprächen kann bei Klienten(Patienten) sowohl die Befürchtung als auch die Erwartung auslösen, einen „Rat" zu erhalten (Hoffnung des Patienten auf eine direktive Gesprächsführung). In beiden Fällen kann die Haltung des Arztes zu einer Spannung in der Beziehung zum Patienten führen: Bei der Verweigerung eines Ratschlages überhaupt ebenso wie bei einer nicht erwünschten Empfehlung.
- Eine eugenisch orientierte Beratung im Interesse von einem zeitbedingten gesellschaftlichen Gesundheitsideal wird heute überwiegend abgelehnt. Ein vermeintlicher Schaden oder Nutzen für die Gesellschaft ist als

Argument auch unter Fachleuten nicht unbestritten. Kriterium für die Entscheidung zum Risiko eines erbkranken Kindes ist die Einschätzung der Tragfähigkeit der Familie.
- Aufgabe des Arztes als Betreuer ist es, die notwendigen fachlichen Berater zu vermitteln (Genetik, pränatale Diagnostik), die Variabilität der Erkrankung und besondere familien-eigene Gesichtspunkte ins Gespräch zu bringen, die für die Entscheidungsfindung der Familie von Bedeutung sein könnten.
- Die Gesprächsatmosphäre soll trotz der bedrängenden und bedrohlichen Thematik möglichst entängstigen, neue Einsichten ermöglichen und zur eigenen Verantwortlichkeit in der Entscheidung bestärken. So gesehen rückt das erweiterte ärztliche Gespräch in die Nähe eines psychologisch/psychotherapeutisch orientierten Gespräches.
- Charakteristika einer „direktiven" Gesprächsführung sind:
  „Sie sollten – müßten – dürfen –" „sollten nicht ..."
  „ich an Ihrer Stelle würde ..."
  „ich empfehle – gebe zu bedenken ..."
  „es wäre sicher sinnvoll ..."
  „wir – man – sind der Meinung ..."
  Eine Antwort auf die naheliegende Frage: „was würden Sie denn an unserer Stelle tun?" ist abzulehnen und allenfalls mit den Gedanken zu beantworten, was „ich selbst für mich tuen würde" und daß dies aber andere Voraussetzungen hat und deshalb nicht für andere übertragbar ist.
- Eine total wertfreie Stellungnahme und ein wirklich non-direktives Gespräch ist kaum denkbar (s. u.).

Die Berücksichtigung eines weiteren Gesichtspunktes kompliziert unser Gespräch mit dem Träger einer erblichen Krankheitsanlage bzw. dessen Familie:

Sowohl die allgemeine gesellschaftliche und kulturelle Sozialisation und deren normativer Hintergrund als auch die familiäre und individuelle Sozialisation des Patienten bzw. seiner Familie bestimmen den Entscheidungsprozeß im Umgang mit der Erbkrankheit z. B.
- die Einstellung zur Krankheit („Defizit"...)
- die Einstellung zur Gesundheit („Vitalität ist Erfolg"...)
- die Einstellung zur Behinderung („Abwertung durch Auffälligkeit")
- der religiös-weltanschauliche Hintergrund („Einstellung zur Unterbrechung der Schwangerschaft"...)
- zeitbedingte Überzeugungen („Ablehnung von Antikonzeptiva oder pränataler Diagnostik"...)
- der Bildungsgrad des Betroffenen bzw. der Familie.

Die im Einzelfall tatsächlich resultierenden Einstellungen können bei ein und derselben Person in sich widersprüchlich sein und konflikthaft gleichzeitig bestehen. Sie blockieren damit eine Entscheidung oder aber sie erscheinen als homogen und können vorsichtig auf die Gewichtigkeit der Einzelkomponenten familiärer – individueller oder gesellschaftlicher Genese hinterfragt werden.

Nicht genug damit: Wir haben noch eine letzte Variable in dem komplexen System der psychosozialen Betreuung Erbkranker zu berücksichtigen: Wir selber, die Ärzte!

Auch wir unterliegen grundsätzlich den selben Einflüssen gesellschaftlicher, familiärer und individueller Sozialisation, wie wir sie eben für unsere Gesprächspartner geschildert haben. Sie beeinflussen die Entwicklung unserer persönlichen Werte und Normen zu einer tiefinternalisierten Ausrüstung, mit der wir dem Gesprächspartner bei unserer Betreuung gegenüberstehen. Spätestens jetzt müssen wir wohl oder übel unsere Wertneutralität, unsere Fähigkeit zur nondirektiven Gesprächsführung infrage stellen.

Wir erkennen, daß wir bei dieser Thematik nicht indifferent sind: z. B. wenn wir
- mit eigener familiärer Erfahrung betroffen sind
- konfessionell in der einen oder anderen Richtung festgelegt sind
- als Angehörige einer familiären Tradition, in der tierzüchterische oder wirtschaftliche Überlegungen bei der Entscheidung über Leben und Tod legitim sind (Landwirtschaft)
- als Angehörige einer Generation, in der Begriffe wie Volksgesundheit und Erbkrankheit, kinderreiche Familie und Mutterkreuze ihre spezifischen Werte hatten
- wenn wir schließlich in unserer Ausbildung ein professionelles Selbstbild vermittelt bekamen, in dem Faktenwissen und das Treffen von Entscheidungen in demselben Maße von uns erwartet werden, wie wir es von uns selbst erwarten. Ein professionelles Selbstbild der Verantwortung und der Stärke, welches nur schwer mit dem hier geforderten nondirektiven Verhalten des Arztes, der geduldigen Betreuung unter Zurücksetzung eigener Wertvorstellungen vereinbar ist.

Damit ist zusammenfassend die letzte der eingangs gestellten Fragen unseres Themas dahingehend beantwortet, daß es *die* psychosoziale Betreuung des Erbkranken nicht geben kann, da unabhängig von der Art der erblichen Belastung die Individuen Patient/Arzt, ihre Familien und der gesellschaftliche Hintergrund als Variable in den Betreuungsprozeß eingehen und einer ständigen Änderung unterliegen.

Wir als Ärzte sind in diesem Prozeß nicht als Wissende oder Macher gefragt, sondern als zugewandte Mitmenschen mit Sensibilität und eigenen persönlichen und fachlichen Voraussetzungen. Ein Arztbild, das über unsere an den Universitäten vermittelte Tradition weit hinausgeht.

Literatur

Fäßler-Trost A (1990) Genetische Beratung: Wertorientierungen des Beraters und dessen Einflußnahme auf den Entscheidungsprozeß der Klienten. Psychother med Psychol 40:27–32

Vogel F (1989) Gentechnologie und die biologische Zukunft der Menschheit. Dt Ärztebl 86:769–753

Prof. Dr. Dr. med. Klaus Bosse
Abteilung Dermatologie und Venerologie II
der Georg-August-Universität Göttingen
von-Siebold-Straße 3
D-3400 Göttingen

Immundermatosen

Einleitung

K. Wolff, Wien

Die Methoden der molekularen Biologie erlauben es heute, Details der Genaktivierung, der Transskription und Proteinsynthese zu untersuchen und ermöglichen es, Gene zu klonen und zu sequenzieren und die Struktur funktionell wichtiger Proteine aufzuklären. Das Verständnis komplizierter Interaktionen von Zytokinen, Wachstumsfaktoren, Adhäsionsmolekülen und zellulären Erkennungsstrukturen innerhalb des Immunsystems hat dabei auch zu einer früher nicht erahnten Expansion des Wissens auf dem Gebiet der Immundermatologie und zu einem wesentlich besseren Verständnis von Krankheitsprozessen und deren Beeinflußbarkeit durch therapeutische Maßnahmen geführt. Das heute allgemein anerkannte Konzept der Epidermis als ein Immunorgan, in dem die Immunantwort initiiert werden kann, ermöglicht es, durch die Entschlüsselung der Interaktion von Langerhanszellen, intraepidermalen T-Zellen und Zytokinen, koloniestimulierenden und Wachstumsfaktoren die Funktion und das Verhalten dieses Gewebes auch als Erfolgsorgan immunologischer Reaktionen zu verstehen. Die Analyse von Proteinen, die Zellinteraktionen mediieren und eine Aktivierung von Lymphozyten und anderen Immunzellen hervorrufen, bzw. die Kenntnis von Faktoren, die spezifische Erkennungssignale wahrnehmen können, gestatten es erstmals, wenn derzeit auch nur ansatzweise, zu verstehen, wie und warum bestimmte Immunzellen an ihr Zielorgan gelangen und hier eine im Sinne der Klinik pathologische Reaktion auslösen. Die Untersuchung dieser Interaktionen hat daher in den letzten Jahren das Gebiet der Immundermatologie geprägt, und so ist es heute möglich, beispielsweise jene Vorgänge, die zu einer Kontaktüberempfindlichkeit führen, nicht nur auf zellulärer sondern auch auf molekularer Ebene zu sezieren und damit Mechanismen freizulegen, die in Zukunft durch spezifische Blockade oder Modulation therapeutisch beeinflußt werden können. Wenn wir, um eine weiteres Beispiel zu nennen, bei bullösen Autoimmunkrankheiten in der Vergangenheit vorwiegend die bei diesen Krankheiten auftreten Autoantikörper zur Diagnose herangezogen haben, so sind wir heute durch Kenntnis der entsprechenden Antigenstrukturen und die im Ansatz bereits mögliche Klonierung der entsprechenden Gene endlich in der Lage, uns Gedanken über neue Therapiekonzepte zu machen.

Es ist natürlich nicht möglich, im Rahmen des heutigen Programmes das gesamte Gebiet der Immundermatosen abzudecken, da die Darlegung aller neuen Errungenschaften auf diesem Gebiet einen eigenen Kongreß erfordern würde. Stattdessen soll anhand von Beispielen gezeigt werden, wo wir heute auf bestimmten, aufgrund Ihrer klinischen Relevanz selektionierten Gebieten stehen. Um den Bogen möglichst weit zu spannen, habe ich daher für das heutige Programm einerseits die IgE-mediierten und die bullösen Dermatosen, andererseits das allergische Kontaktekzem und, als ein besonders interessantes Modell immunologischer Krankheitsprozesse, die kutane Graft-versus-Host-Erkrankung ausgewählt. Mögen diese, partes pro toto, einen Eindruck über den State of the art der Immundermatologie vermitteln.

Prof. Dr. Klaus Wolff
I. Universitäts-Hautklinik
Alser Straße 4
A-1090 Wien

Immunglobulin E (IgE) in Gesundheit und Krankheit

J. Ring, Hamburg

Die 5. Immunglobulinklasse, IgE, kommt im Serum von Normalpersonen nur in verschwindenden Konzentrationen vor, ist jedoch bei bestimmten Erkrankungen drastisch erhöht. Hierzu zählen vor allen Dingen Parasitosen, Erkrankungen aus dem atopischen Formenkreis sowie Störungen der T-Zellregulation. In der Evolution war IgE wahrscheinlich als Träger der Abwehr von parasitärer Infektion, insbesondere von Helminthen von Bedeutung.

Eine originelle Hypothese sieht den Anstieg der Häufigkeit allergischer Erkrankungen in zivilisierten Ländern in direktem Zusammehang mit der verbesserten Hygiene und der abnehmenden Häufigkeit von parasitären Infekten („Urwaldhypothese"). Die fehlgeleitete IgE-Überproduktion führt zu allergischen Erkrankungen vom Sofort-Typ, wie z. B. Anaphylaxie, Urtikaria sowie den Erkrankungen des atopischen Formenkreises (allergische Rhinokonjunktivitis, allergisches Asthma bronchiale, atopisches Ekzem). Bei schweren Verlaufsformen atopischer Erkrankungen, insbesondere beim atopischen Ekzem finden sich häufig Störungen der zellulären Immunantwort im Sinne einer Immunschwäche; das sogenannte Hyper-IgE-Syndrom könnte hier als Maximalvariante eingeordnet werden. In der Regulation der IgE-Bildung spielen verschiedene Zytokine eine entscheidende Rolle, insbesondere Interleukin 4, das die IgE-Bildung fördert, während Gamma-Interferon an bestimmten B-Zell-Linien die IgE-Bildung zu senken scheint. IgE bindet sich im Organismus an verschiedene Zellen über verschiedene Rezeptoren. Man unterscheidet einen hochaffinen IgE-Rezeptor auf Mastzellen und Basophilen von einem niedrig-affinen Rezeptor (Fcε R IIa) auf Lymphozyten, aber auch auf anderen Zellen wie z. B. Monozyen, Makrophagen, Thrombozyten, Eosinophilen und Langerhanszellen unter bestimmten Bedingungen (Fcε R IIb). Die neueren Befunde zum IgE-Rezeptor auf Lymphozyten und insbesondere auf epidermalen Langerhanszellen könnten praktische Bedeutung in der Ätiopathogenese des atopischen Ekzems erlangen, bei dem die Rolle von IgE-vermittelnden Allergien als Auslöser der ekzematösen Hautveränderungen in den letzten Jahren zunehmend erkannt wird. Mit einem Epikutantest mit Aeroallergenen, die häufig eine IgE-Reaktion auslösen, könnte es gelingen, die Relevanz einer Sofort-Typ-Sensibilisierung für das Ekzem zu beurteilen („Atopie-Patch-Test").

In der Zukunft wird die verstärkte Allergie-Diagnostik in dem Management vom Patienten mit atopischen Ekzem neben der antientzündlichen und Rehabilitationsbehandlung eine tragende Rolle spielen. Neue Konzepte zur Hemmung der übersteigerten IgE-Produktion umfassen Strategien, die entweder Isotyp-spezifisch die IgE-Bildung insgesamt senken, oder Rezeptor-spezifisch blockieren oder Antigen-spezifisch selektiv die Produktion eines spezifischen IgE-Idiotyps hemmen sollen.

Prof. Dr. Dr. J. Ring
Universität Hautklinik
Martinistraße 52
2000 Hamburg 20

Neue Entwicklungen auf dem Gebiet bullöser Dermatosen

H. HINTNER, N. ROMANI und G. KLEIN, Innsbruck

Das Interesse, das Dermatologen seit jeher den blasenbildenden Dermatosen entgegengebracht haben, fand auch in jüngster Zeit in einem intensiven Studium dieser Erkrankungsgruppe und in der Folge in einer beeindruckenden Zahl von Publikationen seinen Niederschlag. In einer automatisierten Literatursuche ließen sich allein in den Jahren 1988 und 1989 1021 Veröffentlichungen über bullöse Hauterkrankungen nachweisen. Es ist daher nur möglich, in der folgenden Abhandlung schwerpunktmäßig auf einige Forschungsergebnisse – erhoben unter Verwendung neuer Labormethoden sowie Studium großer Krankenkollektive –, die das Verständnis der Ätiologie und Pathogenese blasenbildender Immundermatosen erweitern und vor allem in der Praxis bei der Diagnosefindung und Therapie der betroffenen Patienten Bedeutung haben, näher einzugehen.

Ätiologie

Epidemiologie des brasilianischen Pemphigus foliaceus

Von großer Bedeutung erscheint uns eine epidemiologische Studie des brasilianischen Pemphigus foliaceus (Fogo selvagem), die von Wissenschaftlern aus den Vereinigten Staaten gemeinsam mit Kollegen aus Brasilien durchgeführt worden ist [6]: Die Erkrankung kommt endemisch hauptsächlich in vier aneinander grenzenden Staaten Brasiliens (Goias, Mato Grosso do Sul, Sao Paulo, Parana) mit großen Wasserläufen und subtropischem Klima vor und breitet sich in nordwestlicher und westlicher Richtung aus. Besonders betroffen sind auf dem Lande lebende junge Erwachsene und Kinder; es besteht keine Geschlechts- und Rassendisposition. Die Erkrankung tritt hauptsächlich in vordem unbewohnten Gebieten, die kolonisiert wurden, auf und verschwindet, wenn die betroffene Gegend urbanisiert wird. Die Mehrzahl der Patienten – über 15000 waren bisher registriert und eigene „Pemphigus-Krankenhäuser" zur Behandlung und Rehabilitation von Pemphigus foliaceus-Patienten errichtet worden – lebt in der Nähe von Flüssen und im Ausbreitungsgebiet von Moskitos oder von „black flies" (Simulium pruinosum). Man nimmt heute an, daß diese Insekten den Vektor eines infektiösen Agens oder Überträger von sensibilisierenden antigenen Substanzen (z. B. Speichel der Insekten) darstellen. Interessant ist auch – besonders in Bezug auf die bekannte Rassendisposition beim Pemphigus vulgaris –, daß der endemische Pemphigus foliaceus gehäuft bei blutsverwandten Familienangehörigen (Eltern-Kind und Geschwister im Gegensatz zu Ehemann-Ehefrau) auftritt. Dies spricht für eine genetische Disposition, wobei man bei Familienmitgliedern von Familien mit mehreren Erkrankten gemäß der Reaktion, auf den „Umweltfaktor" zu reagieren, drei Gruppen unterscheiden kann: „high responders" (ausgeprägte, generalisierte Erkrankung mit hohen Autoantikörpertitern), „low responders" (lokalisierte, kutane Erkrankung mit niederen Autoantikörpertitern) und „non responders". Weitere Studien an Patienten aus dem Endemiegebiet könnten es in Zukunft ermöglichen, das ätiologische Agens, das zur Autoantikörperproduktion und in der Folge zur Pemphiguserkrankung führen kann, zu identifizieren und ausschlaggebend zu unserem Verständnis von kutanen Autoimmunerkrankungen bzw. von Autoimmunerkrankungen im Generellen beitragen.

Pathogenese

Charakterisierung von Autoantigenen

Stanley und Mitarbeiter haben die Charakterisierung von *Pemphigus-Antigenen* weiter vorangetrieben [19]: Sie konnten jetzt zeigen, daß der „Pemphigus foliaceus Antigen-Komplex" aus drei Polypeptiden mit einem Molekulargewicht von 260 Kilo-Dalton (kD), 160 kD und 85 kD besteht. Dabei ist das 160 kD Protein als *Desmoglein,* ein transmembranöses Glykoprotein der Desmosomen [1], identifiziert worden. Es trägt die Bindungsstelle für die Pemphigus foliaceus-Autoantikörper und ist kovalent an *Plakoglobin,* das 85 kD Protein, gebunden. Plakoglobin stellt als intrazelluläres Haftungsprotein der „dense plaque" einen Teil von Adhäsionsverbindungen bzw. Desmosomen dar [1]. Plakoglobin und Desmoglein zusammen bauen das 260 kD Protein auf. Der „Pemphigus vulgaris Antigen-Komplex" besteht aus einem 210 kD, 130 kD und 85 kD Protein. Dabei ist wiederum Plakoglobin (das 85 kD Protein) kovalent an das 130 kD Polypeptid, das ebenfalls die Autoantikörper-Bindungsstelle trägt, gebunden und fügt sich mit diesem zum 210 kD Protein zusammen. Das 130 kD Polypeptid ist noch nicht identifiziert worden; es könnte sich um Vinculin, Desmocollin I oder A-CAM (Proteine, die ebenfalls mit Adhäsionsverbindungen bzw. Desmosomen assoziiert sind) handeln [19]. Studien wie diese zeigen, daß es mehr und mehr gelingt, „Autoantigene" von blasenbildenden Immundermatosen als bereits anderweitig wohldefinierte Proteine von Verbindungsvorrichtungen zwischen Zellen zu identifizieren bzw. sie altbekannten morphologischen (ultrastrukturellen) Strukturen in diesen zuzuordnen. Interessant ist auch die von Stanley und Mitarbeitern diskutierte Möglichkeit, daß Pemphigus-Autoantikörper während der (permanent ablaufenden) Neubildung von Adhäsionsverbindungen beim Zusammenschluß von Proteinen interferieren und so zur Blasenbildung führen könnten.

Es besteht nun wenig Zweifel mehr daran, daß ein 230 kD basisches (pI ~8) Eiweißmolekül das Hauptantigen für Autoantikörper des *bullösen Pemphigoides* (BP) darstellt [20]. Die häufig diskutierte Heterogenität von BP-Antigenen – es wurden z. B. ein 166 kD und ein 180 kD schweres Polypeptid beschrieben – könnte zumindest zum Teil durch den Nachweis von (spezifischen, metabolischen?) Abbauprodukten des 230 kD BP-Hauptantigens erklärbar sein [20, 21]. Untersuchungen an cDNA-Klonen für das BP-Antigen weisen auf dessen strukturelle und Sequenz-Homologie mit *Desmoplakin I,* das in der „dense plaque" der Desmosomen lokalisiert ist, bzw. auf eine Verwandschaft zu den Kollagenen hin [14, 24]. Immunelektronenoptisch läßt sich die Bindung von BP-Autoantikörpern einerseits an der zytoplasmatischen Plaque der Hemidesmosomen, andererseits aber (in der Organkultur) in der Lamina lucida und zwar wiederum hauptsächlich im Bereich der Hemidesmosomen, nachweisen [21]. Immunoblot-Experimente haben gezeigt, daß Anti-BMZ-Autoantikörper in den Seren von Patienten mit *vernarbendem (Schleimhaut)-Pemphigoid* (VP) ebenfalls an ein etwa 230 kD schweres bzw. ein 180 kD Protein binden; es dürften somit das Antigen des BP und des VP, zumindest zum Teil, sehr ähnlich sein [3]. Ultrastrukturell wurde die Lokalisation des Antigens, an das Antikörper von Patienten mit VP binden, ebenfalls in der Lamina lucida, aber (diskrepanterweise?) auch in der Lamina densa angegeben [3, 7]. Gleichermaßen erkennen Anti-BMZ-Autoantikörper im Serum von Patientinnen mit *Herpes gestationis* (HG) Antigene, die spezifische immunologische Ähnlichkeiten mit dem BP-Antigen aufweisen, und binden an die intrazelluläre Plaque der Hemidesmosomen bzw. in der darunterliegenden Lamina lucida [18]. Zukünftige Studien werden zeigen, ob das BP-, das VP- und das HG-Antigen (Antigenkomplex) tatsächlich ident sind und ob z. B. eine Verschiedenheit der Bindungsstellen und somit die unterschiedliche Lokalisation der entsprechenden Autoantikörper in der BMZ für die Charakteristika der jeweiligen Erkrankung verantwortlich sind.

Eine der interessantesten Entwicklungen nahm wohl die Erforschung der Epidermolysis bullosa acquisita (EBA), die sich von der „Ausschlußdiagnose" zu einer der bestdefinierten der blasenbildenden Immundermatosen gewandelt hat. Woodley und Mitarbeiter konnten zeigen, daß das „EBA-Antigen" (molekulargewicht 290 kD) ident mit Typ VII Prokollagen ist, wobei der globuläre Anteil des Carboxylendes des Moleküls die Bindungsstelle für EBA-Autoantikörper darstellt [25]. Typ VII Prokollagen ist mit den Ankerfibrillen der BMZ assoziiert, wobei sich die globuläre Carboxyldomäne im Bereich der Lamina densa der BMZ nachweisen läßt. Dementsprechend ist es auch erklärbar, daß sich in vitro und in vivo gebundene EBA-Autoantikörper hauptsächlich in der Lamina densa der humanen BMZ oder direkt darunter nachweisen lassen [8, 25] (Abb. 2a). Auch Woodley diskutiert die Möglichkeit, daß bei der EBA die Kohärenztrennung in der BMZ nicht unbedingt die Folge eines Entzündungsprozesses ist, sondern vielmehr auf eine Störung der Affinität von Typ VII Prokollagen zu anderen notwendigen Komponenten der extrazellulären Matrix (wie Fibronektin) durch EBA-Autoantikörper zurückzuführen ist. In Sicht dieser neuen Erkenntnisse ist es auch wert sich zu erinnern, daß Gammon und Mitarbeiter zeigen konnten, daß Anti-BMZ-Autoantikörper in den Seren von Patienten mit *bullösem systemischen Lupus erythematodes* ebenfalls gegen das EBA-Antigen gerichtet sind [12]. Das Spektrum der bullösen Erkrankungen mit Autoantikörpern gegen Typ VII Prokollagen wird möglicherweise noch durch die *„lineare IgA-Dermatose"* erweitert [22].

Regulation der Blasenbildung

Die Blasenbildung wird bei bullösen Immundermatosen von der initialen Bindung der Autoantikörper an die entsprechenden Antigene – in vivo und in vitro Experimente haben die ursächliche Bedeutung dieser Immunkomplexbildung vielfach untermauert [2, 9] – bis zur Kohärenztrennung in Epidermis oder BMZ von zahlreichen Faktoren (Entzündungszellen und deren Produkte, Enzyme etc.) getragen. Von ausschlaggebender Bedeutung ist sicher das Komplementsystem, und zwar nicht nur durch die Generation chemotaktisch wirksamer Komplementfragmente (Entzündungszellen bewirken durch lysosomale Enzyme die Spaltbildung in der BMZ), sondern mit großer Wahrscheinlichkeit auch durch direkte Zellyse von Keratinozyten durch den Membran-Attack-Komplex (MAC, C5b-9). So wurden C9-Neoantigene, die unter anderem bei der Bildung des MAC formiert werden, z. Bsp. in Kolokalisation mit Immunglobulinen und Komplementkomponenten bei der Dermatitis herpetiformis Duhring, dem BP oder der EBA nachgewiesen (abgehandelt in [16]). Und obschon bei den Pemphiguserkrankungen die Komplementaktivierung keine conditio sine qua non für die Akantholyse darstellt und die durch die Autoantikörperbindung getriggerte Aktivierung von proteolytischen Enzymen (Plasminogen-Aktivator) als wesentlicher pathogenetischer Schritt diskutiert wird [23], so kann doch nach der Beobachtung des MAC im Bereich der Zellzwischenräume in der Epidermis von Patienten mit Pemphigus foliaceus und Pemphigus vulgaris nicht ausgeschlossen werden, daß das Komplementsystem durch eine epidermale Zellyse eine pathogenetische Bedeutung besitzt [17]. In letzter Zeit wurde nun das Augenmerk auf Inhibitoren der Komplementkaskade,

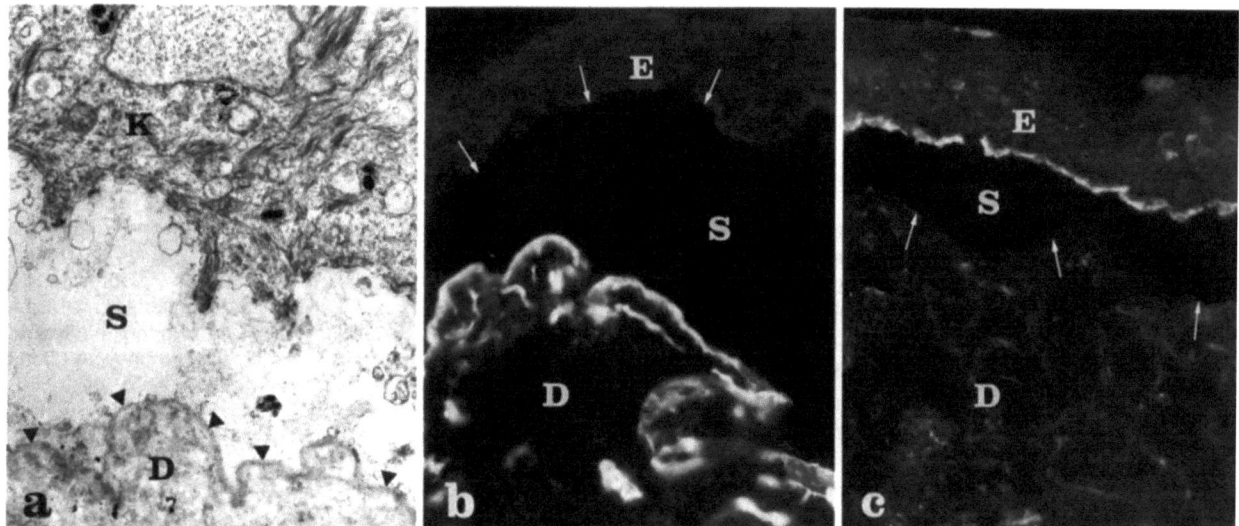

Abb. 1a–c. In Kochsalz-getrennter Haut läßt sich (**a**) die Lamina densa ultrastrukturell an der dermalen Seite des Spaltes nachweisen (×12000). (**b**) Typ IV-Kollagen (lokalisiert in der Lamina densa) findet sich ebenfalls ausschließlich an der dermalen Seite des Spaltes; zusätzlich sind die dermalen Gefäße mit dem Anti-Typ-IV-Kollagen-Antiserum angefärbt (×250). (**c**) Das bullöse Pemphigoid (BP)-Antigen läßt sich mit Hilfe von BP-Autoantikörpern eines Referenzserums lediglich an der epidermalen Seite darstellen (×250). K: Keratinozyt; E: Epidermis; S: Spalt; D: Dermis; Pfeilspitzen in (a): Lamina densa. In (b) markieren nach unten gerichtete Pfeile den unteren Rand der Epidermis; in (c) zeigen nach oben gerichtete Pfeile den Oberrand der Dermis an.

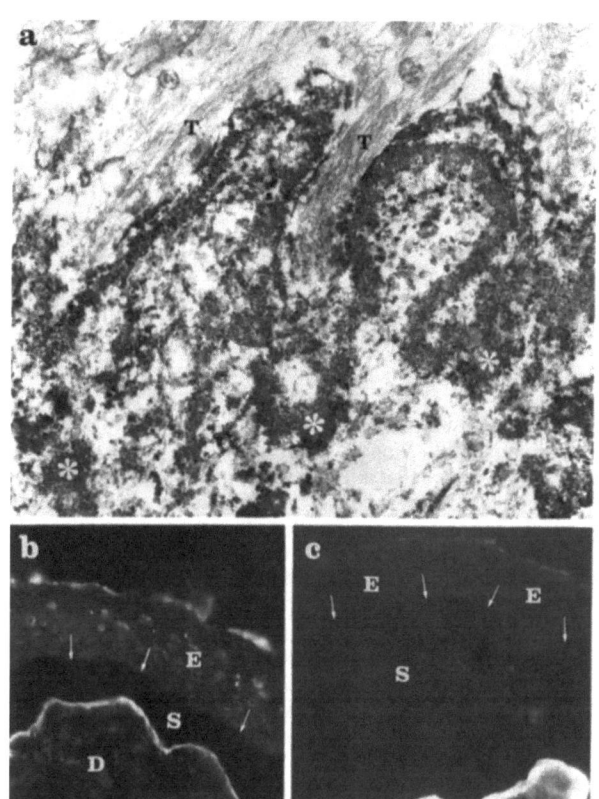

Abb. 2a–c. (**a**) Bei einem Patienten mit Epidermolysis bullosa acquisita lassen sich immunelektronenoptisch in vivo gebundene Autoantikörper (Sternchen) in der Lamina densa und darunter nachweisen (×35000). (**b**) An Kochsalz-separierter Haut zeigt sich die Bindung von EBA-Autoantikörpern mit Hilfe der indirekten Immunfluoreszenz ausschließlich an der dermalen Seite des Spaltes (×250). (**c**) In einer Probeexcision klinisch unauffäliger, paraläsionaler Haut eines Patienten mit EBA lassen sich mit Hilfe der direkten Immunfluoreszenz die in vivo gebundenen Autoantikörper nach NaCl-Trennung von Epidermis (E) und Dermis (D) ebenfalls ausschließlich an der dermalen Seite des Spaltes nachweisen (×250). S: Spalt; T: Tonofilamentbündel; Pfeile markieren den unteren Rand der Epidermis.

wie z. B. Vitronektin, gelenkt. Vitronektin, das auch „S-Protein of Complement" oder „Epibolin" genannt wird, ist ein multifunktionelles Protein, das im Plasma und gewebsgebunden an elastischen Fasern vorkommt, an zahlreiche Liganden bindet und dabei essentielle Funktionen im Gerinnungs-, Fibrinolyse- und Komplementsystem ausübt [16]. Es könnte dem Vitronektin auch eine Rolle bei den blasenbildenden Dermatosen zukommen, da es bei der Dermatitis herpetiformis Duhring und der EBA in Kolokalisation mit C9-Neoantigenen nachgewiesen worden ist (übersichtlich beschrieben in [16]). Auch unsere Beobachtung, daß bei einem Patienten mit Lichen pemphigoides, bei dem bei Fortbestand des lichenoiden Exanthems die Blasenbildung sistierte, C9-Neoantigene und Vitronektin kolokalisiert in der BMZ vorkamen, spricht für die Möglichkeit, daß Inhibitoren der Komplementkaskade letztendlich regulierend in die Pathogenese von blasenbildenden Erkrankungen eingreifen können [15].

Differentialdiagnose

Das Wissen um die Natur der „Autoantigene" und deren genaue Lokalisation ist – wie im Kommenden gezeigt – nicht reiner Selbstzweck, sondern dient hauptsächlich der Diagnosestellung, von der naturgemäß die Verwendung gezielter Therapieformen (z. B. Cyclosporin A bei der EBA, [5]) abhängt. So kann es in den Anfangsstadien der Erkrankung oft sehr schwierig sein, das BP (und das vernarbende Pemphigoid) von der EBA, besonders von deren entzündlichen Varianten [8, 11] zu unterscheiden, da sich klinisches Bild, Histologie und immunologische Parameter (lineäre Ablagerung von IgG und/oder C3 in der BMZ bzw. zirkulierende IgG-Anti-BMZ-Autoantikörper) sehr gleichen können. Hier kommt nun eine Untersuchungsmethode zu Hilfe, die sich die Erkenntnis, daß beim BP die Anti-BMZ-Autoantikörper an der intrazytoplasmatischen Plaque der Hemidesmosomen und in der darunterliegenden Lamina lucida [21], bei der EBA hingegen in der Lamina densa und direkt darunter

[8, 25] nachweisbar sind, und die Tatsache, daß durch eine Inkubation in einem NaCl-Buffer sich menschliche Haut in der Lamina lucida trennt, zunutze machen [10].

Nachweis der in vitro Bindung von Anti-BMZ-Autoantikörpern an NaCl-separierter Haut

Man inkubiert Stückchen normaler menschlicher Haut für 72 Stunden bei 4°C in einer einmolaren Kochsalzlösung und trennt dann mechanisch für eine gewisse Strecke (es ist vorteilhaft, den Beginn der Spaltbildung am Schnitt erkennen zu können) die Epidermis von der Dermis. Kryostatschnitte des in der Folge in flüssigem Stickstoff tiefgefrorenen Präparates werden zur indirekten Immunfluoreszenz verwendet. Die junktionale Spaltbildung in derart behandelten Hautproben kann durch den Nachweis der Lamina densa (mit Hilfe der Eletronenmikroskopie oder durch die indirekte Immunfluoreszenz unter Gebrauch von Antikörpern gegen Typ IV Kollagen) an der dermalen (Abb. 1a und b), oder des BP-Antigens (unter Verwendung eines ausgesuchten BP-Serums; siehe unten) an der epidermalen Seite des Spaltes gezeigt werden (Abb. 1c). Sind in einem BP-Serum (das ist der Fall in etwa 70–80%) oder in einem EBA-Serum (bei der Hälfte der Patienten) die entsprechenden Autoantikörper vorhanden, kann man nun deren Bindung an Kryostatschnitten der NaCl-separierten Haut beim BP ausschließlich an der epidermalen Seite (Abb. 1c) oder an der epidermalen und dermalen Seite, bei der EBA ausschließlich an der dermalen Seite (Abb. 2b) des Spaltes nachweisen [10]. Es lassen sich so beide Erkrankungen leicht voneinander unterscheiden.

Nachweis von in vivo gebundenen Anti-BMZ-Autoantikörpern an NaCl-separierter Haut

Bei Fehlen von zirkulierenden Autoantikörpern kann man, wie jüngst ebenfalls von Gammon und Mitarbeitern gezeigt werden konnte, dasselbe Untersuchungsprinzip an Probeexzisionen klinisch unbefallener, *paraläsionaler* (in läsionaler Haut kann die Methode, wie wir gesehen haben, falsche Ergebnisse bringen) Haut, in der ja die Ablagerungen von Autoantikörpern regelmäßig zu finden sind, durchführen [13]. Die Probeexzisionsstückchen werden wiederum für 2 bis 3 Tage (nach unserer Erfahrung genügt oft ein Tag) in der Kochsalzlösung inkubiert und dann wie oben beschrieben weiterbearbeitet (man kann die Gewebestückchen auch im Transportmedium nach Michel an ein Labor, das routinemäßig immunfluoreszenzoptische Untersuchungen durchführt, schicken, um dort die weiteren Untersuchungen durchführen zu lassen). Kryostatschnitte solcher Präparate werden dann mit Hilfe Fluoreszein-markierter Antikörper (beim BP und der EBA gegen IgG gerichtet) auf die Lokalisation immunreaktiver Proteine in Bezug auf den Spalt untersucht. Dabei zeigte sich wiederum, daß die in vivo gebundenen BP-Autoantikörper entweder ausschließlich an der epidermalen Seite oder an der epidermalen und der dermalen Seite, die in vivo gebundenen EBA-Autoantikörper ausschließlich an der dermalen Seite (Abb. 2c) des Spaltes nachweisbar sind. Es stellt dies eine elegante und wenig aufwendige Methode zur Abgrenzung eines BP (oder eines vernarbenden Pemphigoides? – Cooper und Mitarbeiter berichteten vor kurzem, daß IgG-Anti-BMZ-Autoantikörper in Seren von Patienten mit VP an der epidermalen Seite NaCl-separierter Haut binden [4]) von einer EBA dar.

Literatur

1. Alberts B, Bray D, Lewis J, Raff M, Roberts K, Watson JD (1989) Cell adhesion, cell junctions and the extracellular matrix. In: Molecular biology of the cell. Garland Publishing, Inc., New York London, pp 791–802
2. Anhalt GJ, Labib RS, Voorhees JJ, Beals TF, Diaz LA (1982) Induction of pemphigus in neonatal mice by passive transfer of IgG from patients with the disease. N Engl J Med 306:1189–1196
3. Bernard P, Prost C, Lecerf V, Intrator L, Combemale P, Bedane Ch, Roujeau-J-C, Revuz J, Bonnetblanc J-M, Dubertret L (1990) Studies of cicatricial pemphigoid autoantibodies using direct immunoelectron microscopy and immunoblot analysis. J Invest Dermatol 94:630–635
4. Chan LS, Hammerberg CH, Soong HK, Cantu G, Johnson K, Cooper KD (1990) The spectrum of cicatricial pemphigoid. J Invest Dermatol 94:513A
5. Crow LL, Finkle JP, Gammon WR, Woodley DT (1988) Clearing of epidermolysis bullosa acquisita with cyclosporine. J Am Acad Dermatol 19:937–942
6. Diaz LA, Sampaio SAP, Rivitti EA, Martins CR, Cunha PR, Lombardi C, Almeida FA, Castro RM, Macca ML, Lavrado C, Filho GH, Borges P, Chaul A, Minelli L, Empinotti JC, Friedman H, Campbell I, Labib S, Anhalt GJ (1989) Endemic pemphigus foliaceus (fogo selvagem): II. Current and historic epidemiologic studies. J Invest Dermatol 92:4–12
7. Fine J-D, Neises GR, Katz SI (1984) Immunofluorescence and immunoelectron microscopic studies in cicatricial pemphigoid. J Invest Dermatol 82:39–43
8. Gammon WR, Briggaman RA, Wheeler CE (1982) Epidermolysis bullosa acquisita presenting as an inflammatory bullous disease. J Am Acad Dermatol 7:382–387
9. Gammon WR, Merrit CC, Lewis DM, Sams WM, Carlo JR, Wheeler CE (1982). An in vitro model of immune complex-mediated basement membrane zone separation caused by pemphigoid antibodies, leucocytes, and complement. J Invest Dermatol 78:285–290
10. Gammon WR, Briggaman RA, Inman III AO, Queen LL, Wheeler CE (1984) Differentiating anti-lamina lucida and anti-sublamina densa anti-BMZ antibodies by indirect immunofluorescence on 1.0 M sodium chloride-separated skin. J Invest Dermatol 82:139–144
11. Gammon WR, Briggaman RA, Woodley DT, Heald PW, Wheeler CE (1984) Epidermolysis bullosa acquisita – a pemphigoid-like disease. J Am Acad Dermatol 11:820–832
12. Gammon WR, Woodley DT, Dole KC, Briggaman RA (1985) Evidence that anti-basement membrane zone antibodies in bullous eruption of systemic lupus erythematosus recognize epidermolysis bullosa acquisita autoantigen. J Invest Dermatol 84:472–476
13. Gammon WR, Kowalewski C, Chorzelski TP, Kumar V, Briggaman RA, Beutner EH (1990) Direct immunofluorescence studies of sodium chloride-separated skin in the differential diagnosis of bullous pemphigoid and epidermolysis bullosa acquisita. J Am Acad Dermatol 22:664–670
14. Giudice GJ, Elias P, Squiquera HL, Diaz LA (1990) Identification of two collagen-like domains on the bullous pemphigoid antigen, BP 180. J Invest Dermatol 94:529A
15. Hintner H, Sepp N, Dahlbäck K, Dahlbäck B, Fritsch P, Breathnach SM (1990) Deposition of C3, C9 neoantigen and vitronectin (S-protein of complement) in lichen planus pemphigoides. Br J Dermatol 123:39–47
16. Hintner H, Breathnach SM, Dahlbäck K, Dahlbäck B, Fritsch P (...) Vitronektin in normaler und läsionaler menschlicher Haut. Hautarzt (im Druck)
17. Kawana S, Geoghegan WD, Jordon RE, Nishiyama S (1989) Deposition of the membrane attack complex of complement in pemphigus vulgaris and pemphigus foliaceus skin. J Invest Dermatol 92:588–592
18. Kim S-C, Mutasim D, Morrison LH, Labib RS, Anhalt GJ (1990) Herpes gestationis: immunoprecipitation and indirect immuno-electron microscopy show specific immunologic similarities to bullous pemphigoid. J Invest Dermatol 94:542A

19. Korman NJ, Eyre RW, Klaus-Kovtun V, Stanley JR (1989) Demonstration of an adhering-junction molecule (plakoglobin) in the autoantigens of pemphigus foliaceus and pemphigus vulgaris. N Engl J Med 321:631–635
20. Mueller S, Klaus-Kovtun V, Stanley JR (1989) A 230-kD basic protein is the major bullous pemphigoid antigen. J Invest Dermatol 92:33–38
21. Mutasmin DF, Morrison LH, Takahashi Y, Labib RS, Skouge J, Diaz LA, Anhalt GJ (1989) Definition of bullous pemphigoid antibody binding to intracellular and extracellular antigen associated with hemidesmosomes. J Invest Dermatol 92:225–230
22. Rusenko KW, Gammon WR, Briggaman RA (1989) Type VII collagen is the antigen recognized by IgA anti-sub lamina densa autoantibodies. J Invest Dermatol 92:510A
23. Singer KH, Hashimoto K, Jensen PJ, Morioka, Lazarus GS (1985) Pathogenesis of autoimmunity in pemphigus. Ann Rev Immunol 3:87–108
24. Tanaka T, Parry DAD, Korman NJ, Klaus-Kovtun V, Steinert PM, Stanley JR (1990) cDNA cloning of bullous pemphigoid (BP) antigen reveals structural and sequence homology with desmoplakin (DP) I. J Invest Dermatol 94:583A
25. Woodley DT, Burgeson RE, Lunstrum G, Bruckner-Tuderman L, Reese MJ, Briggaman RA (1988) Epidermolysis bullosa acquisita antigen is the globular carboxyl terminus of type VII procollagen. J Clin Invest 81:683–687

Doz. Dr. Helmut Hintner
Doz. Dr. Nikolaus Romani
Dr. Georg Klein
Universitätsklinik für Dermatologie
und Venerologie
Anichstraße 35
A-6020 Innsbruck

Neue Entwicklungen auf dem Gebiet des allergischen Kontaktekzems

J. KNOP, Mainz

Die Aufklärung der Ätiopathogenese des allergischen Kontaktekzems ist mit den Namen bekannter Dermatologen und Immunologen, wie Hebra, Jadassohn [2], Landsteiner und Jacobs [9], Landsteiner und Chase und vielen anderen assoziiert. Die Untersuchungen unserer Vorgänger haben das allergische Kontaktekzem (AKE) als ein der Natur nach allergisches Geschehen herausgestellt, welches durch Substanzen mit niedrigem Molekulargewicht (Haptene), die zu ihrer Immunogenität der Kopplung an sogenannte Träger (carrier) bedürfen, ausgelöst wird und welches schließlich durch Zellen und nicht durch Serumfaktoren übertragbar ist, mit anderen Worten, welches T-Zell vermittelt ist. Schließlich entstand das Konzept der peripheren Sensibilisierung [11] und die wichtige Rolle der Langerhanszelle als antigen-präsentierende Zelle wurde definiert. Faßt man das bisherig Bekannte zusammen, so stellt sich der Ablauf einer kontaktallergischen Reaktion wie folgt dar: Kontaktallergen penetriert in die Epidermis und natürlich auch in das Corium, wird von antigen-präsentierenden Langerhanszellen aufgenommen und TH-1-Lymphozyten (T-Helfer-Zellen mit der Fähigkeit, Interleukin 2 und Interferon-gamma zu produzieren) präsentiert: Dieses führt zu einer Aktivierung der TH-1-Zelle mit nachfolgender Differenzierung und Proliferation in der parakortikalen Zone des drainierenden Lymphknoten (Sensibilisierungs- oder Induktionsphase). Als sogenannte Memory-Zellen sind diese Lymphozyten in den Immunorganen vorhanden, können nach erneuter Applikation des Kontaktallergens sehr schnell rekrutiert werden und über Zytokine ein entzündliches Infiltrat aufbauen, welches schließlich für die Schädigung der Keratinozyten und das entzündliche Geschehen verantwortlich ist. Aktivierung und Funktion des allergenspezifischen T-Lymphozyten wird durch komplizierte T-Suppressor-Lymphozyten-vermittelte Mechanismen reguliert und kontrolliert.

Die Immunologie hat in den letzten Jahren auf Grund der Entwicklung sehr potenter zellbiologischer und molekularbiologischer Methoden einen weiteren Aufschwung genommen, der dazu geführt hat, daß die zellulären und molekularen Mechanismen der T-Zell-vermittelten Immunreaktion wesentlich detaillierter vor uns ausgebreitet worden sind. Naturgemäß hat dieses auch zu einem wesentlich genaueren Verständnis der Ätiopathogenese des allergischen Kontaktekzems, einer T-Zell-vermittelten Immunreaktion, geführt. Es ist im Rahmen dieses kurzen Beitrags unmöglich, auf alle, auch für das allergische Kontaktekzem relevanten, neueren Erkenntnisse einzugehen. Es sollen daher die folgenden, für die Induktion einer kontaktallergischen Immunantwort wichtigen Mechanismen diskutiert werden:
1. Die Antigenpräsentation
2. Die T-Zellmigration und -interaktion
3. Signalinduktion- und Informationsübertragung

Die Antigenpräsentation

Die antigen-spezifische Erkennung und Aktivierung eines T-Lymphozyten erfordert die Präsentation des Antigens durch sogenannte Antigen-präsentierende Zellen. Diese können B-Lymphozyten oder Makrophagen sein. Für die Antigenpräsentation besonders spezialisierte Zellen sind die dendritischen Zellen, hierzu gehören u. a. die epidermalen Langerhanszellen [15]. Diese sind außerordentlich effiziente Antigen-präsentierende Zellen, die durch eine konstitutive Expression von MHC-Klasse-II-Moleküle auf ihrer Zelloberfläche gekennzeichnet sind. Derzeit beschäftigen sich viele Arbeitsgruppen mit der Aufklärung des sehr komplexen Vorganges der Antigen-Präsentation. Diese Untersuchungen sind zumeist mit Protein- und nicht mit Kontaktallergen durchgeführt worden; dennoch wird man die Erkenntnisse dieser Untersuchungen teilweise auch auf die Präsentation von Kontaktallergenen übertragen können.

Grundsätzlich lassen sich zwei Wege der Antigen-Präsentation unterscheiden: der eine führt über die Präsentation exogener Antigene in Verbindung mit MHC-Klasse-II-Molekülen zu einer Aktivierung der CD4-positiven T-Helfer-Lymphozyten, der andere über die Präsentation von endogenen Antigenen (zum Beispiel Tumorantigene, Virusantigene) in Verbindung mit MHC-Klasse-I-Molekülen zur Aktivierung von CD8 positiven T-Lymphozyten [7]. Kontaktallergene werden in Verbindung mit MHC-Klasse-II-Molekülen präsentiert und folgen daher vermutlich dem Weg der exogenen Allergene. Kontaktallergene sind kleine reaktive Moleküle (Haptene), die selbst nicht immunogen sind. Sie bilden jedoch durch Reaktion mit Trägermolekülen (in der Regel Protein) ein komplettes Antigen. Ein in die Epidermis eindringendes Kontaktallergen wird an zahlreiche Proteine auf der Membran der Keratinozyten und Langerhanszellen covalent binden. Die metallischen Salze wie Nickel, Kobalt und andere dagegen mögen Komplexe mit Trägerproteinen bilden, die dann ebenfalls ihre spezifische Immunogenität erwerben. Das oder die relevanten Trägermoleküle für Kontaktallergene werden aller Voraussicht nach auf der Zelloberfläche der antigen-präsentierenden Langerhanszellen zu finden sein. Es ist jedoch nicht geklärt, ob die primäre Bindung an Ketten der MHC-Klasse-II-Moleküle oder an andere Oberflächenproteine erfolgen muß. Der Vorgang der Bindung an Zellmembranproteine, möglicherweise MHC-Klasse-II-Moleküle, löst den Vorgang der Endozytose aus, wobei unter anderem das Allergen wie auch die MHC-Klasse-II-Moleküle von der Zelle aufgenommen werden. Nun erfolgt der Vorgang des „Processierens", an dessen Ende schließlich die mundgerechte Präsentation des Allergens in Verbindung mit den MHC-Klasse-II-Molekülen auf der Zelloberfläche steht. Der Vorgang des „Processierens" muß dafür Sorge tragen, daß der Allergencarrierkomplex in geeignete, kopplungsfähige Fragmente zerlegt und an neu synthetisierte bzw. an rezirkulierende MHC-Klasse-II-Moleküle gekoppelt wird. Dieser Vorgang geschieht in bestimmten Organellen, den Endosomen, in einem sauren Milieu. Der MHC-Klasse-II-Allergenkomplex wird auf die Zelloberfläche geschleust und dort exprimiert. Röntgenstrukturanalysen von kristallinen, Antigen-präsentierenden MHC-Klasse-I-Molekülen zeigen, daß das Antigen in einer Tasche oder Spalt dieses Moleküls eingebettet ist.

Langerhanszellen sind außerordentlich potente Antigen-präsentierende Zellen. Warum dies so ist, ist unklar. Kürzlich ist durch Biosyntheseexperimente gezeigt worden, daß Langerhanszellen im wesentlich höherem Maß als andere Antigen-präsentierende Zellen stark sialinisierte, invariante Ketten der MHC-Klasse-II-Moleküle synthetisieren [1]. Möglicherweise hat dies eine Bedeutung für die Antigenpräsentation, obwohl die Funktion dieser Ketten bisher nicht geklärt ist. Möglicherweise sind die verschiedenen Teilfunktionen des Antigenpräsentationsvorganges nicht unbedingt in ein und derselben Zellen zur gleichen Zeit exprimiert. In vitro läßt sich zeigen, daß Langerhanszellen eine gewisse Reifung (Aktivierung) durchlaufen, wobei die frisch isolierten Langerhanszellen bevorzugt die Fähigkeit besitzen, MHC-Klasse-II-Moleküle zu internalisierten und Antigen zu processieren; dagegen ist die MHC-Klasse-II-Expression auf der Zellmembran vergleichsweise geringer. Andererseits zeigen drei Tage kultivierte Langerhanszellen eine verstärkte MHC-Klasse-II-Expression, erwerben eine verbesserte Fähigkeit zu präsentieren, können nach wie vor internalisieren, verlieren jedoch die Fähigkeit, effizient zu processieren [3, 12]. Durchlaufen Langerhanszellen einen solchen Reifungs- bzw. Aktivierungsschritt auch in vivo z. B. ausgelöst durch Kontaktallergen? Unsere und andere Arbeitsgruppen konnten zeigen, daß nach Applikation von Kontaktallergen Langerhanszellen zur Auswanderung aus der Epidermis angeregt werden [6] und die Endozytose und Internalisierung von MHC-Klasse-II-Molekülen verstärkt wird. Es ist bisher nicht eindeutig geklärt [4, 5], ob dieses mit einer Verbesserung der Antigen-Präsentation und verstärkten Ia-Expression einhergeht.

T-Lymphozyten-Migration und -Interaktionen

Im Ablauf einer kontaktallergischen Reaktion wandern T-Lymphozyten (und auch Makrophagen) in die Epidermis ein. In der Auslösephase, in der klinisch wie auch histologisch eine Entzündungsreaktion ohne Schwierigkeiten zu erkennen ist, ist dieses evident und nicht überraschend. Interessant ist, daß bereits wenige Stunden nach Applikation eines Kontaktallergens auf die Haut nicht-sensibilisierter Meerschweinchen oder humaner Probanden ebenfalls Lymphozyten in die Epidermis einwandern. Ein wesentlicher Teil dieser Lymphozyten lagert sich an Langerhanszellen an, d. h. nimmt Kontakt mit Langerhanszellen auf. Wir wissen nicht, ob es sich hierbei schon um antigen-spezifische T-Lymphozyten handelt und ob dieser Vorgang der Anlagerung in der frühen Phase für den Sensibilisierungsvorgang von Bedeutung ist. Folgendes Experiment, welches in unserer Arbeitsgruppe durchgeführt wurde, weist daraufhin, daß diese frühe Einwanderung von T-Lymphozyten in die Epidermis nicht-sensibilisierter Tiere nach Allergenapplikation genetisch kontrolliert und möglicherweise für den Sensibilisierungsvorgang von Bedeutung sein kann. Diese Untersuchungen wurden an zwei Meerschweinschenstämmen durchgeführt, von denen der eine Stamm mit DNCB nicht sensibilisierbar war (NR = non-responder), der andere schon durch Applikation geringster Mengen DNCB sensibilisiert wurde (responder = R). Wurde nun das Kontaktallergen DNCB (und in Kontrolluntersuchungen Oxazolon und Diphencyprone) auf die Haut dieser nicht sensibilisierten Tiere appliziert, so wanderten im Falle der Responder-Tiere Lymphozyten in die Epidermis ein und nahmen Kontakt mit den Langerhanszellen auf. In dem nicht-sensibilisierbaren NR-Stamm fanden sich dagegen keine Einwanderung und Apposition der T-Lymphozyten an die Langerhanszellen. Wurde dieses Phänomen noch einen Schritt weiter verfolgt, so stellte sich heraus, daß bei den NR-Tieren eine Extravasation von Lymphozyten aus dem Gefäß nicht bzw. nur im wesentlichen geringeren Maße stattfand wie bei den R-Tieren. Damit wird das Problem der immungenetisch kontrollierten, antigen-spezifischen Einwanderung und Apposition von T-Lymphozyten auf die Ebene der Endothelzellen verschoben. Wird an einer Stelle der Haut ein entzündlicher Reiz gesetzt (sei es immunologisch spezifisch oder unspezifisch), der von einer T-Zell-Einwanderung gefolgt wird, so muß der im peripheren Blut vorhandene T-Lymphozyt erkennen, wo er das Gefäßsystem verlassen muß. Dieses erfordert eine Interaktion zwischen Endothelzelle und T-Lymphozyt. Wie erfolgt nun die Interaktion zwischen Langerhanszelle, Keratinozyt und Endothelzelle und T-Lymphozyt und welche Moleküle spielen hierbei eine Rolle?

Antigen-Erkennung erfordert den direkten Kontakt des T-Lymphozyten mit der Antigen-präsentierenden Zelle, entweder im lymphatischen Gewebe oder in anderen Geweben einschließlich der Haut. Die zuvor beweglichen Zellen verlassen die Blut- bzw. Lymphbahn mit dem Ziel, das eingedrungene Antigen (Pathogen oder Kontaktallergen) zu erkennen und eine entzündliche Reaktion zu seiner Elimination einzuleiten. Migration, Lokalisation und schließlich auch das sogenannte Homing der Lymphozyten werden durch Rezeptor-Moleküle vermittelt, die unter dem Begriff Adhäsionsmoleküle zusammengefaßt werden [14]. Man kennt drei Familien solcher Adhäsionsrezeptoren, die Immunglobulin-Superfamily, die Integrine und die Selektine. Die Immunglobulin-Superfamily beinhaltet neben den neuentdeckten Adhäsionsmolekülen wie LFA-2 (lymphocyte function antigen), LFA-3, ICAM-1 und 2 (intercellular adhesion molecules), die antigen-spezifischen Rezeptoren für T- und B-Lymphozyten sowie die MHC-Klasse I und II-Moleküle einschließlich deren Liganden, die CD4 bzw. CD8 Moleküle. Die Integrine, hierzu gehört das LFA-1, MAC I und P 150, 95, sind Moleküle, die ebenfalls für die Adhäsion und Migration verschiedener am entzündlichen Prozess teilnehmender Zellen verantwortlich sind. Die Selektine regulieren im wesentlichen die Interaktion von Lymphozyten und neutrophilen Granulozyten mit dem Gefäßendothel. Diese Moleküle, insbesondere LFA-1 und dessen Ligand, ICAM-1 bzw. 2 oder CD2-LFA3, sind für den oben beschrieben Vorgang der kontaktallergen-induzierten Auswanderung der Lymphozyten aus dem Gefäßsystem und deren Einwanderung und Apposition an Keratinozyten bzw. Langerhanszellen verantwortlich. Sie spielen sicher eine ganz wesentliche Rolle sowohl für die Induktion wie auch die Auslösung eines allergischen Kontaktekzems. So findet man nach Applikation von DNCB oder DCP auf die Haut nicht sensibilisierter humaner Probanden wenige Stunden danach eine verstärkte Expression von ICAM-1 auf Endothelzellen und auf einzelnen Zellen innerhalb der Epidermis, die als Langerhanszellen identifiziert werden konnten.

Desweiteren findet man eine Einwanderung von LFA-1 positiven Zellen in die Epidermis. Die Expression dieser Moleküle auf der Oberfläche verschiedener Zellen wird von Zytokinen (siehe unten) reguliert, ganz besonders ist hier das Interferon-gamma zu nennen.

Signale und Informationsübertragung

In der Sensibilisierungsphase des allergischen Kontaktekzems werden T-Lymphozyten aktiviert, so daß sie sich vermehren. Darüber hinaus erwerben sie bestimmte Funktionen, die sie in die Lage versetzten, wiederum andere Zellen zu aktivieren und somit ein entzündliches Infiltrat aufzubauen. All diese komplexen Vorgänge werden durch Faktoren induziert. Diese Faktoren werden als Zytokine oder Reguline bezeichnet, von verschiedenen Zellen im Ablauf einer Immunreaktion oder einer entzündlichen Reaktion gebildet und wirken entweder in der näheren Umgebung dieser Zellen oder in manchen Fällen auch weit entfernt, also systemisch. Die Epidermis, insbesondere die Keratinozyten, sind eine reiche Quelle solcher Zytokine [10].

Zu diesen Faktoren gehören die Interleukine, bestimmte kolonie-stimulierende Faktoren, Wachstumsfaktoren und Suppressor-Faktoren. Der zuerst beschriebene und wichtigste, von Keratinozyten gebildet Faktor, das Interleukin 1, ist für die Aktivierung einer Immunantwort von Bedeutung. Es aktiviert T-Zellen und veranlaßt diese, bestimmte T-Zell-Produkte wie Interleukin 2 und 4, Interferon und kolonie-stimulierende Faktoren zu produzieren. Weitere wichtige Faktoren sind tumor necrosis factor alpha, Interferon-gamma und Interleukin 4. Applikation von Kontaktallergenen auf die Haut von Mäusen oder Mensch führt zur Induktion einer TNF-alpha spezifischen mRNA in den Keratinozyten und zu einer vermehrten Expression dieses Moleküls auf den Endothelzellen. Zudem lassen sich Interferon-gamma-positive Zellen im Corium bzw. auch in der Epidermis nach Applikation von Kontaktallergen auf die Haut bei der Maus und auch beim Menschen nachweisen. Interferon-gamma ist ein wesentlicher Regulatur der Immunantwort: es verstärkt die Expression von MHC-Klasse-II-Molekülen und ICAM-1. Es aktiviert Makrophagen und NK-Zellen, veranlaßt die Einwanderung von Lymphozyten in die Epidermis und kann schließlich T-Suppressor-Lymphozyten hemmen [8]. Interessant sind auch sogenannte Suppressor-Faktoren, die nach UV-Bestrahlung aus Keratinozyten freigesetzt werden und die Induktion eines allergischen Kontaktekzems hemmen [13] oder sogar die Erzeugung von T-Suppressorzellen des allergischen Kontaktekzems induzieren. Die Epidermis hat also die Fähigkeit, über solche Faktoren nicht nur eine Immunantwort zu beginnen bzw. zu verstärken, sondern sie auch zu unterdrücken. Welche Signale erforderlich sind, um beim allergischen Kontaktekzem die jeweilige Funktion der Epidermis an- oder abzuschalten, ist unklar.

Schlußfolgerung

Die Applikation eines Kontaktallergens ruft sowohl in der Induktions- wie auch in der Auslösephase eine Reihe komplexer Ereignisse hervor, die schließlich zu einer Aktivierung des allergen-spezifischen T-Lymphozyten (Sensibilisierung) und über diesen zu einer Entstehung eines entzündlichen Infiltrates mit Schädigung der Epidermalzellen (Auslösung) führt. Die Grundlagenforschung in der Immunologie und Molekularbiologie hat uns mit Erkenntnissen versorgt, die nur teilweise bisher auf die Ätiopathogenese des allergischen Kontaktekzems übertragen worden sind. Die Analyse der initialen Ereignisse, die schließlich zu einer Sensibilisierung oder Auslösung führen, werden uns sicher eines Tages in die Lage versetzten, gezielt auf diese Vorgänge einzuwirken und eine Sensibilisierung bzw. Auslösung zu verhindern. Interessant ist in diesem Zusammenhang, daß bestimmte Kontaktallergenanaloga, die anstatt zu sensibilisieren eine kontaktallergen-spezifische Toleranz hervorrufen, bestimmte Mechanismen, wie die Endozytose, die Einwanderung von Lymphozyten und die Induktion von TNF-alpha nicht induzieren können; dieses mag für ihre Toleranz-induzierende Wirkung von Bedeutung sein.

Literatur

1. Becker D, Knop J, Reske K (1989) Biochemical analysis of Ia molecules on Langerhans cell-enriched mouse epidermal cells. J Invest Dermatol 92:400
2. Belsito DV (1989) The pathophysiology of allergic contact hypersensitivity. In: Gershwin ME Clinical Reviews in Allergy (ed) 7:347-379
3. Girolomoni G, Cruz PD, Bergstresser PR (1990) Internalization and acidification of surface HLA-DR molecules by epidermal Langerhans cells: a paradigm for antigen processing. J Invest Dermatol 94:753-760
4. Hanau D, Fabre M, Schmitt DA, Garaud J-C, Pauly G, Tongio M-M, Mayer S, Cazenave J-P (1987) Human epidermal Langerhans cells cointernalize by receptor-mediated endocytosis "nonclassical" major histocompatibility complex class I molecules (T6 antigens) and class II molecules (HLA-DR antigens). Proc Natl Acad Sci 84:2901-2905

5. Kolde G, Knop J (1987) Different cellular reaction patterns of epidermal Langerhans cells after application of contact sensitizing, toxic, and tolerogenic compounds. A comparative ultrastructural and morphometric time-course analysis. J Invest Dermatl 89:19–23
6. Kolde G, Knop J (1988) Distribution and turnover of epidermal Langerhans cells and indeterminate cells in experimental contact sensitivity: an ultrastructural-morphometric evaluation. J Invest Dermatol 90:246
7. Kourilsky P, Claverie JM (1989) MHC-antigen interaction: what does the T cell receptor see? Adv Immunol 45:107–193
8. Knop J, Stremmer R, Neumann Ch, DeMaeyer E, Macher E (1982) Interferon inhibits the suppressor T cells response of delayed-type hypersensitivity. Nature 296:775–776
9. Landsteiner K, Jacobs J (1936) Studies of the sensitization of animals with simple chemical compounds. II. J Exp Med 64:625–639
10. Luger TA (1989) Epidermal cytokines. Acta Derm Venereol (Stockh) 69 (Suppl 151):61–76
11. Macher E, Chase M (1969) Studies on the sensitization of animals with simple chemical compounds. XII. The influence of excision of allergenic depots on onset of delayed hypersensitivity and tolerance. J Exp Med 129:103–121
12. Romani N, Koide S, Crowley M, Witmer-Pack M, Livingstone AM, Fathman CG, Inaba K, Steinman RM (1989) Presentation of exogenous protein antigens by dendritic cells to T cells clones. J Exp Med 169:1169–1178
13. Schwarz T, Urbanska A, Gschnait F, Luger TA (1987) UV-irradiated epidermal cells produce a specific inhibitor of interleukin 1 activity. J Immunol 138:1457–1463
14. Springer TA (1990) Adhesion receptors of the immune system. Nature 346:425–434
15. Stingl G, Katz SI, Clement L, Green I, Shevach EM (1978) Immunological functions of Ia-bearing epidermal Langerhans cells. J Immunol 121:2005–2013

Prof. Dr. med. Jürgen Knop
Direktor der Univ.-Hautklinik
Langenbeckstraße 1
D-6500 Mainz

Neue Entwicklungen auf dem Gebiet der kutanen Graft-versus-Host-Erkrankung

B. VOLC-PLATZER, Wien

Einleitung

Die allogene Knochenmarkstransplantation (KMT) entwickelt sich immer mehr zu einer Therapie der ersten Wahl bei verschiedenen hämatologischen und nichthämatologischen Erkrankungen. Obwohl nach wie vor in der überwiegenden Zahl der Fälle Knochenmark von verwandten Spendern verwendet wird, die mit den Empfängern in den Haupthistokompatibilitäts (HLA) antigenen übereinstimmen, und die Graft-versus-Host (GvH) Prophylaxe mit Immunsuppressiva wie Methotrexat (MTX) und Cyclosporin A (CSA) durchgeführt wird, kommt es bei einem Drittel bis zur Hälfte der Patienten zum Auftreten einer Graft-versus-Host-Erkrankung (GvHD).

Die GvHD ist ein klinisches Syndrom, welches sich an drei Hauptzielorganen manifestiert: Darm, Leber und Haut. Die Gesamtheit der klinischen Symptome wird als GvHD bezeichnet und die dieser Symptomatik zugrundeliegenden pathogenetischen Vorgänge als Graft-versus-Host-Reaktion (GvHR). Die klassischen Postulate für das Zustandekommen einer GvHR wurden 1966 von Billingham [1] formuliert: Immunkompetente Zellen eines Spenders reagieren mit HLA-inkompatiblen Zellen oder Geweben eines schwerst immunsupprimierten Empfängers. Diese Definition im strengen Sinn ist jedoch heute nicht mehr in ihrer Gänze haltbar. Es gibt eine Reihe von Berichten über das Auftreten einer akuten GvHD nicht nur bei Empfängern von allogenem, sondern auch von syngenem Knochenmark (KM) bei eineiigen Zwillingen [2, 3]. Untersuchungen im Tiermodell der „syngenen" ebenso wie der „autologen" (-eigenes KM) GvHD [4] haben gezeigt, daß nicht nur immunpathologische Vorgänge, die auf der Erkennung von Fremdantigen zusammen mit Klasse I oder Klasse II Alloantigenen durch cytotoxische bzw. Helfer-T Zellen beruhen, für die Entstehung der GvHD verantwortlich sein müssen, sondern daß auch andere pathogenetische Mechanismen existieren.

Klinische, histopathologische und immunpathologische Aspekte der akuten und chronischen kutanen GvHD

Wir kennen sowohl eine akute als auch eine chronische kutane GvHD. Anhand etablierter Kriterien [5–8] wird die kutane GvHD aufgrund ihres klinischen Erscheinungsbildes und nach der Schwere der Symptomatik beurteilt. Wie bereits beschrieben [9], tritt die akute kutane GvHD innerhalb der ersten 100 Tage nach KMT auf, üblicherweise innerhalb der ersten 4 Wochen. Zu den Prodromalsymptomen zählen Juckreiz, Druckschmerz der Handflächen und Fußsohlen und retroaurikuläre sowie palmoplantare Erytheme.

Bei der frühen und weniger schwer verlaufenden akuten kutanen GvHD tritt ein makulopapulöses Exanthem am seitlichen Stamm, an den Streckseiten der Extremitäten, an Händen und Füßen (dorsal und palmoplantar), und, gelegentlich, axillär sowie inguinal auf. Diese Symptome werden von einem zentrofazialen Erythem begleitet. Bei einem Teil der Patienten erfaßt das Exanthem progredient das gesamte Integument (Erythrodermie), und in schweren, aber glücklicherweise seltenen Fällen entwickelt sich das klinische Bild einer toxischen epidermalen Nekrolyse (TEN) [10]. Immer wieder ergibt sich auch für sehr erfahrene und in der Beurteilung der GvHD geübte Dermatologen das Problem der Differentialdiagnose gegenüber medikamentös oder viral-induzierten Exanthemen. Daher ist die Hautbiopsie unbedingt erforderlich, deren histopathologische Beurteilung in vielen, wenn auch nicht in allen Fällen zur Bestätigung der Diagnose GvHD führt und die genaue Zuordnung zu einem bestimmten (histopathologischen) Stadium ermöglicht [6].

Die kutanen Symptome der chronischen GvHD unterscheiden sich deutlich von denen der akuten Form. In >50 % geht der chronischen eine akute GvHD voran [11]. Üblicherweise tritt die chronische GvHD erst nach dem Tag 100 post transplantationem auf, entweder unmittelbar im Anschluß an die akute Verlaufsform oder nach einem klinisch und histologisch freien Intervall. Bei der chronischen GvHD handelt es sich um eine Multisystemerkrankung. Die mukokutanen Symptome ähneln klinisch denen verschiedener bereits bekannter Erkrankungen wie Lichen ruber planus [12, 13], Lichen sclerosus et atrophicans (Volc-Platzer et al., Manuskript in Vorbereitung), Sicca-Syndrom [14] und subakut-kutaner Lupus erythematosus (Volc-Platzer et al., Manuskript in Vorbereitung). Weiters beobachten wir insbesondere beim Fortschreiten der GvHD Läsionen, die denen der systemischen [7], lokalisierten [15] oder der disseminierten [14] Sklerodermie ähneln. Gelegentlich dominieren Veränderungen, die durch den Befall der darunterliegenden Faszie entstehen und so das Vorliegen einer „eosinophilen Fasziitis" vortäuschen [14].

Die zytopathologischen Veränderungen der Keratinozyten (KZ) stellen die auffallendsten histopathologischen Veränderungen der akuten GvHD dar; dazu gehören die fokale Basalzellvakuolisierung, Dyskeratose oder eosinophile Degeneration von vereinzelten Epidermalzellen sowie die Nekrose des gesamten Stratum Malpighii. Die epithelialen Veränderungen sind nicht auf die Epidermis beschränkt, sondern finden sich simultan auch im Haarfollikel- und Talgdrüsenepithel. Begleitet werden die epithelialen Veränderungen von einem mehr oder weniger dichten Infiltrat mononukleärer Zellen in der papillären Dermis. Als weiteres Charakteristikum finden sich häufig lymphozytäre Zellen in enger Nachbarschaft zu dyskeratotischen bzw. nekrotischen KZ („Satelliten-Nekrose").

Das Auffallendste bleibt nach wie vor die üblicherweise zu beobachtende Diskrepanz zwischen den ausgeprägten epidermalen Veränderungen und dem schütteren Infiltrat mononukleärer Zellen in der papillären Dermis.

Festzuhalten ist auch die Tatsache, daß nach Verabreichung zytotoxisch wirksamer Substanzen ebenso wie nach Ganzkörperbestrahlung [16, 17] und im Verlauf viraler Infektionen histopathologische Veränderungen beobachtet werden, die denen bei akuter kutaner GvHD Grad I/Grad II ähnlich sind.

Die histopathologischen Veränderungen der chronischen GvHD umfassen sowohl zytopathische Veränderungen der basalen KZ als auch eine deutliche Zunahme der Dicke der Epidermis („Akanthose"), vermutlich durch eine gesteigerte Proliferationsrate der KZ. Dieses Bild ist dem eines Lichen ruber planus sehr ähnlich. Im Gegensatz zum „idiopathischen" Lichen ruber planus ist das mononukleäre Infiltrat in der papillären und oberen retikulären Dermis weitaus weniger dicht, dafür aber deutlich ausgeprägt in der unmittelbaren Umgebung von dermalen Blutgefäßen, Haarfollikeln und Schweißdrüsen. Mit Zunahme des Entzündungsprozesses nimmt die Dichte des entzündlichen Infiltrates ab!, während die Fibrosierung und Sklerosierung der Dermis fortschreitet und die Atrophie der Epidermis immer deutlicher wird [7, 18].

Die Annahme, daß es sich bei der GvHR um einen immunologisch mediierten Vorgang handelt, hat zahlreiche Untersucher veranlaßt, nach immunpathologischen Phänomenen in den von der GvHR betroffenen Organen zu suchen. Sowohl bei der akuten als auch bei der chronischen kutanen GvHD finden sich entlang der dermoepidermalen Junktionszone Ablagerungen von IgM und Komplement-Komponenten [19]. Weiters wurden zirkulierende Antikörper der IgM-Klasse bei Empfängern von HLA-identem KM beschrieben, welche für epitheliale, nicht aber für lymphoide Zellen zytotoxisch sind [20]. Die Bedeutung dieser Phänomene für die Pathogenese der GvHR ist jedoch derzeit noch ungeklärt.

In den vergangenen Jahren wurden zahlreiche Untersuchungen im Hinblick auf den Immunphänotyp von epidermalen und dermalen Zellen („resident" und „passenger" skin cells) unter Anwendung geeigneter monoklonaler Antikörper (mAk) und verschiedener immunhistochemischer Techniken durchgeführt [21-26].

Bei der Untersuchung der Oberflächenantigene epidermaler, aus dem KM stammender, Langerhanszellen (LZ) [27] (CD45, CD1a, CD4, HLA-DR, DQ & DP) zeigt sich eine deutliche numerische Reduktion der LZ bei der akuten kutanen GvHD. Die wenigen noch verbliebenen LZ sind morphologisch verändert, d. h. abgerundet, und ihre Dendriten sind plump. Noch deutlicher geht aus Untersuchungen im Maus-Modell hervor, daß die LZ in ihrer Zahl reduziert und in ihrer antigenpräsentierenden Funktion behindert sind [28, 29]. Diese Veränderungen sind zumindest zu einem beträchtlichen Teil infolge der akuten GvHD entstanden und sind nicht alleine durch die konditionierenden Maßnahmen (z. B. Ganzkörperbestrahlung, Cyclophosphamid), durch die es ja auch zur Veränderung von Zahl, Form und Funktion der LZ kommt, zu erklären.

Nahezu der auffälligste immunhistologische Befund in läsionaler Haut ist die aberrante Synthese und Expression von Klasse II Alloantigenen durch und an KZ [21, 23, 24, 30]. Monomorphe Determinanten von HLA-DR und, wenn auch in einem geringeren Ausmaß, HLA-DP-Antigenen werden vorwiegend an der Oberfläche von KZ exprimiert. Gleichzeitig finden sich Epitope der invariablen bzw. in ihrem Molekulargewicht konstanten Kette im Zytoplasma der KZ [30]. HLA-DQ Antigene wurden im Gegensatz dazu weder im Zytoplasma noch an der Oberfläche von KZ gefunden [24]. Die Bedeutung der Klasse II Alloantigen-Expression durch KZ für die Pathogenese der akuten kutanen GvHD ist noch ungeklärt. Für die Diagnostik ist dieses Phänomen jedoch sehr erheblich, als bei etwa der Hälfte der Patienten die Klasse II Alloantigen Expression durch und an KZ noch vor dem Auftreten der ersten histopathologisch faßbaren Veränderungen zu beobachten ist [24].

Erst kürzlich wurde bei bestimmten Hauterkrankungen, bei denen eine aberrante HLA-DR Expression an KZ beobachtet wird (z. B. Lichen ruber planus) über die Expression des interzellulären Adhäsionsmoleküls-1 (ICAM-1) berichtet [31, 32]. In Hautbiopsien läsionaler Haut von Patienten mit akuter kutaner GvHD konnten wir gelegentlich die Expression von ICAM-1 an KZ beobachten, jedoch nicht grundsätzlich simultan zur HLA-DR Expression und zumeist in weitaus geringerem Ausmaß, wenn auch in ähnlicher Verteilung (Volc-Platzer et al., Manuskript in Vorbereitung).

Im Gegensatz zu den Beobachtungen der regelmäßig auftretenden HLA-DR Expression durch KZ und der weitaus weniger regelmäßigen aberranten Expression von ICAM-1 ebenfalls durch KZ ist der exakte Phänotyp der infiltrierenden mononukleären Zellen bei der akuten kutanen GvHD weniger gut definiert. Verschiedene Untersucher, so auch wir, beobachteten den CD3/CD8 Phänotyp bei der Mehrzahl der infiltrierenden Lymphozyten [21-24]. Dies bedeutet jedoch nicht, daß $CD3^+$/$CD8^+$ T-Zellen tatsächlich die Effektorzellen der akuten kutanen GvHD sind. Vielmehr fanden sich zahlreiche $CD3^+$/$CD4^-$/$CD8^-$ T-Zellen, sogenannte „double-negatives", häufig in der Umgebung nekrotischer KZ. Erst kürzlich wurden bei einem Kind, welches bei Vorliegen einer schweren kombinierten Immundefizienz (SCID-Syndrom) die klinischen, histopathologischen sowie immunpathologischen (HLA-DR + KZ) Veränderungen einer akuten GvHD entwickelte, CD3$^+$/CD4$^-$/CD8$^-$ T-Zellen sowohl aus dem peripheren Blut als auch aus der Haut isoliert [33]. Bei der chronischen kutanen GvHD weist der Immunphänotyp der KZ und der infiltrierenden mononukleären Zellen – wenn auch nicht ausschließlich – Ähnlichkeiten mit den bei der akuten Verlaufsform beobachteten auf. In Hautläsionen chronischer GvHD exprimieren die KZ reichlich HLA-DR Antigene [24], reagieren aber auch in einem weitaus größerem Ausmaß mit dem gegen ICAM-1 gerichteten mAk als bei der akuten kutanen GvHD (Volc-Platzer et al., Manuskript in Vorbereitung). Die infiltrierenden T-Zellen sind fast ausschließlich CD3$^+$/CD8$^+$ [24], ein geringer Teil ist CD3$^+$/CD4$^+$. Im Gegensatz zur akuten GvHD ist zumindest die Dichte der epidermalen LZ bei fast allen Patienten mit chronischer GvHD der in normaler Haut vergleichbar [24], vorbehaltlich der untersuchten Körperregion.

Neue Aspekte der pathogenetischen Vorgänge

Welcher Vorgang bzw. welche Vorgänge müssen ablaufen, um das histopathologische Phänomen der Dyskeratose bzw. der Nekrose der KZ zu verursachen? Während dieser zytopathische Effekt gemeinsam mit einem mehr oder minder stark ausgeprägten dermalen Ödem bei der akuten GvHD zu beobachten ist, finden sich bei der chronischen GvHD zwar auch dyskeratotische KZ, aber zusätzlich dominieren epidermale Hyperproliferation und dermale Fibrose [7].

Für ein hypothetisches Konzept der Vorgänge bei der akuten kutanen GvHR ist die Vorstellung unumgänglich, daß der Schaden der Epidermalzellen nicht nur bei Vorliegen eines deutlichen entzündlichen mononukleären Infiltrats, sondern genauso, wenn nicht sogar in größerem Ausmaß, in Abwesenheit desselben auftreten kann. Insbesondere für eine ausgedehnte Nekrose der Epidermis scheint ein Zell-Zell-Kontakt zwischen zytotoxischen T-Zellen und KZ nicht allein ausreichend zu sein. Lösliche Mediatoren, die entweder von aktivierten Zellen in der Haut selbst oder in einem anderen Organ gebildet und freigesetzt werden, sind in erster Linie für den epidermalen Schaden verantwortlich. Die Tatsache, daß das Auftreten einer akuten GvHD – induziert im semi-allogenen Maus-Modell mit einer ausgewählten Kombination bestimmter Mausstämme – durch die in vivo Gabe eines Antiserums gegen Tumor-Nekrose-Faktor (TNF) alpha [34] nahezu vollständig verhindert werden kann, spricht eindeutig dafür, daß TNF alpha einer der hauptverantwortlichen Mediatoren der akuten GvHD ist. Inwieweit andere Zytokine, die vermutlich auch in kutanen Läsionen der akuten GvHD vorhanden sind (IL-1, IFN gamma), pathogenetisch wirksam werden, ist derzeit noch ungeklärt.

Auch die Frage, ob Spender- oder Empfängerzellen in erster Linie für den KZ-Schaden verantwortlich sind, ist immer noch ungeklärt. Die Vorbehandlung des Spender-KM mit anti-pan T-Zell Reagenzien sowohl bei der humanen als auch der murinen allogenen KMT reduziert sowohl die Häufigkeit des Auftretens als auch die Schwere der kutanen GvHD [35, 36]. Dies zeigt, daß Spenderzellen für die Auslösung der Effektormechanismen der GvHD erforderlich sind [35, 36]. Trotzdem heißt das nicht, daß allogene oder sogar syngene [4] Spenderzellen allein direkt durch den physischen Zellkontakt den Zell- oder Gewebsschaden vermitteln. Es gibt eine Reihe von Hinweisen dafür, daß auch Zellen des Empfängers zur Entwicklung der akuten GvHD beitragen, da auch die Vorbehandlung von KM-Empfängern mit einem Antiserum gegen das Asialo-GM1 Antigen die Schwere der akuten GvHD erheblich zu reduzieren vermag [37]. Verfolgt man diese Überlegungen weiter, könnten T-Zellen des Empfängers, welche bereits in den Zielorganen in geringer aber konstanter Zahl vorhanden sind, aktiviert werden, und sie selbst und/oder die von ihnen produzierten Zytokine könnten den beschriebenen Zell- und Gewebsschaden hervorrufen. Seit neuestem wissen wir, daß die Epidermis eine CD3$^+$ T-Zell Subpopulation beheimatet. Die Mehrzahl dieser CD3$^+$ T-Zellen exprimiert auch das CD8-Antigen. Sie sind zwischen den basalen KZ lokalisiert, und die größte Anzahl wird palmoplantar gefunden [38]. Dies ist umso interessanter, also gerade an Handflächen und Fußsohlen die ersten GvHD-Symptome zu beobachten sind. Möglicherweise bedingt die Immundysregulation, die durch einen vorübergehenden Verlust zirkulierender CD8$^+$-Zellen hervorgerufen wird [39], eine Aktivierung dieser intraepidermalen T-Zellen. Diese als „autozytotoxisch" [40] bezeichneten Zellen könnten für den Schaden an KZ verantwortlich sein. Die Verstärkung dieses Phänomens wird durch die hapten- bzw. antigenunabhängige Interaktion zwischen „Leukozytenfunktions-assoziierten" Antigenen 1 (LFA-1) sowie ICAM-1 mediiert [41], zumal die aberrante Expression von ICAM-1 durch KZ in Läsionen kutaner GvHD beobachtet wird.

Eigene immunzytochemische Studien haben auch Hinweise für die Beteiligung von Zellen des Empfängers an der Entwicklung der GvHD geliefert: mit Hilfe des Nachweises des männlichen Y-Körperchens konnten wir dasselbe zwar in epidermalen LZ einer Patientin nachweisen [42], die wegen einer schweren aplastischen Anämie das KM des Bruders erhalten hatte, nicht jedoch in den die Hautläsion infiltrierenden Lymphozyten. Auch diese Beobachtung ist ein Hinweis für die Beteiligung von Empfängerzellen am Zustandekommen der GvHD.

Die pathogenetischen Mechanismen, die der chronischen GvHD zugrundeliegen, dürften sich zu einem guten Teil von denen der akuten GvHD unterscheiden. Während die Histoinkompatibilität für das Zustandekommen der akuten GvHD keine wesentliche Rolle spielen dürfte, ist sie – zumindest für die „minor" HLA-Antigene – für die Entwicklung der chronischen GvHD offenbar erforderlich. Weder beim Menschen noch im Tiermodell wurde eine chronische GvHD nach syngener oder autologer KMT beobachtet. T-Zellen, die aus läsionaler Haut bei akuter GvHD ein bis zwei Monate nach allogener KMT isoliert wurden, antworteten auf bestimmte Empfänger-Zielzellen in vitro so, wie es üblicherweise bei sensibilisierten T-Zellen beobachtet wird [43]. Das heißt, daß eine Sensibilisierung der T-Zellen auf „altered-self" oder auf allogene Determinanten bereits in der frühen Periode post transplantationem stattfindet.

Die chronische GvHD ist in der Regel ein sehr lange dauernde Erkrankung. Daraus ergibt sich die Frage, wodurch dieses „Dahinschwelen" des Krankheitsprozesses ermöglicht wird. Es ist bekannt, daß IFN gamma von aktivierten T-Zellen produziert wird [44] und entweder im Serum oder intraläsional im entzündlichen Infiltrat vorhanden ist. Es verstärkt nicht nur, sondern induziert sogar die Expression des Adhäsionsmoleküls ICAM-1 und der Klasse II Alloantigene in und an Zellen, die unter Normalbedingungen diese Moleküle nicht aufweisen [45, 46]. Die aberrante Expression von ICAM-1 durch KZ zusammen mit einer verstärkten Expression dieses Adhäsionsmoleküls durch Endothelzellen könnte sehr wohl für die „Rekrutierung" von Lymphozyten in die Haut verantwortlich sein, wodurch die Anzahl der Zellen, die an einem lokalen Entzündungsprozeß beteiligt sind, erheblich zunimmt. Die Aktivität der GvHD kann weiters durch die zumeist große Anzahl Klasse II Alloantigen-exprimierender KZ unterhalten werden, die in vitro imstande sind, T-Zell Blasten zu stimulieren [47]. Es ist daher vorstellbar, daß dadurch Zell-mediierte Immunantworten verstärkt werden. (Die andere Möglichkeit, daß in Abhängigkeit von der Quantität der aberrant exprimierten Klasse II Moleküle an KZ unter Umständen das Phänomen der Immuntoleranz induziert wird, sei hier lediglich erwähnt. Untersuchungen zur Beweisführung stehen jedoch im Hinblick auf die Bedeutung bei der Pathogenese der kutanen GvHD noch aus). Die aktivierten T-Zellen und/oder die von ihnen produzierten löslichen Mediatoren können sehr wohl auch die Zytokinproduktion durch Zellen der Haut (vor allem KZ), z. B. IL-1, IL-6, GM-CSF, TNF-alpha, TGF-alpha, TGF-beta [27], anregen und verstärken. Es ist daher naheliegend anzunehmen, daß derartig veränderte Zytokin-Sekretionsmuster eine wesentliche Rolle beim Zustandekommen der histopathologischen Merkmale der chronischen GvHD spielen, insbesondere bei der Akanthose und der Fibrose.

Literatur

1. Billingham RE (1966) The biology of graft-versus-host reactions. Harvey Lect 62:21–72
2. Rappaport J, Reinherz E, Mihm M, Lopansri S, Parkman R (1979) Acute graft-versus-host disease in recipients of bone marrow transplants from identical twin donors. Lancet II:717–720
3. Gluckman E, Devergie A, Solier J, Saurat JH (1980) Graft-versus-host disease in recipients of syngeneic bone marrow. Lancet I:253–254
4. Glazier A, Tutschka PJ, Farmer E, Santos GW (1983) Graft-versus-host disease in cyclosporin A-treated rats after syngeneic reconstitution. J Exp Med 158:1–8
5. Glucksberg H, Storb R, Fefer A, Buckner CD, Neiman PE, Clift RA, Lerner KG, Thomas ED (1974) Clinical manifestations of graft-versus-host disease in human recipients of marrow from HLA-matched sibling donors. Transplantation 18:295–304
6. Lerner KG, Kao GF, Storb R, Buckner CD, Clift RA, Thomas ED (1974) Histopathology of graft-versus-host-reaction (GVHR) in human recipients of marrow from HLA-matched sibling donors 4:367–371
7. Shulman HM, Sale GE, Lerner KG, Barker EA, Weiden PL, Sullivan K, Gallucci B, Thomas ED, Storb R (1980) Chronic cutaneous graft-versus-host disease. Am J Pathol 91:545–570
8. Sullivan KM, Parkman R (1983) The pathophysiology and treatment of graft-versus-host disease. Clinics in Hematol 12:775–789
9. Volc-Platzer B, Wolff K (1987) Graft-versus-Host-Erkrankung. In: Braun-Falko O, Schill WB (Hrsg) Fortschritte der praktischen Dermatologie und Venerologie 11. Springer, Berlin Heidelberg New York London Paris Tokyo, pp 53–63
10. Peck GL, Herzig GP, Elias PM (1972) Toxic epidermal necrolysis in a patient with graft-vs-host reaction. Arch Dermatol 105:561–569
11. Storb R, Thomas ED (1985) Allogeneic bone-marrow transplantation. Immunol Rev 71:77–102
12. Touraine R, Revuz J, Dreyfus B, Rochant H, Mannoni P (1975) Graft versus host reaction and lichen planus. Br J Dermatol 92:589
13. Saurat JH, Didierjean L, Gluckman E, Bussel A (1975) Graft versus host reaction and lichen planus-like eruption in man. Br J Dermatol 92:591–592
14. Lawley TJ, Peck GL, Montsopoulos HM, Gratwohl AA, Deisseroth AB (1977) Scleroderma, Sjögren-like syndrome, and chronic graft-versus-host disease. Ann Int Med 87:707–709
15. Van Vloten WA, Scheffer E, Dooren LJ (1977) Localized scleroderma-like lesions after bone marrow transplantation in man: a chronic graft-versus-host reaction. Br J Dermatol 96:337–341
16. Sale GE, Lerner KG, Barker EA, Shulman HM, Thomas ED (1977) The skin biopsy in the diagnosis of acute graft-versus-host disease in man. Am J Pathol 89:621–636
17. Hymes SA, Simonton SC, Farmer EA, Beschorner WB, Tutschka PJ, Santos GW (1985) Cutaneous busulfan effects in patients receiving bone marrow transplantation. J Cut Pathol 12:125–129
18. Janin-Mercier A, Saurat JH, Bourges M, Solier J, Didierjean L, Gluckman E (1981) The lichen planus-like and sclerotic phases of the graft versus host disease in man: an ultrastructural study of six cases. Acta Dermatovener 61:187–193
19. Tsoi M, Storb R, Jones E, Weiden PL, Shulman H, Witherspoon R, Atkinson K, Thomas ED (1982) Deposition of IgM and complement at the dermo-epidermal junction in acute and chronic graft-versus-host disease in man. J Immunol 120:1485–1492
20. Merrit CB, Mann DL, Rogentine GN (1971) Cytotoxic antibody for epithelial cells in human graft-versus-host disease. Nature 232:638–639
21. Lampert IA, Janossy G, Suitters AJ, Bofill M, Palmer S, Gordon-Smith E, Prentice H, Thomas JA (1982) Immunologic analysis of the skin in graft-versus-host disease. Clin Exp Immunol 50:123–131
22. Sloane JP, Thomas JA, Imrie SF, Easton DF, Powles RL (1984) Morphological and immunohistochemical changes in the skin in allogeneic bone marrow recipients. J Clin Pathol 37:919–930
23. Lever R, Turbitt M, MacKie R et al. (1986) A prospective study of the histological changes in the skin receiving bone marrow transplants. Br J Dermatol 114:161–170
24. Volc-Platzer B, Rappersberger K, Mosberger I, Hinterberger W, Emminger-Schmidmeier W, Radaszkiewicz T, Wolff K (1988) Sequential immunohistologic analysis of the skin following allogeneic bone marrow transplantation. J Invest Dermatol 91:162–168
25. Perreault D, Pelletier M, Landry D, Gyger M (1984) Study of Langerhans cells after allogeneic bone marrow transplantation. Blood 63:807–811
26. Murphy GF, Merot Y, Tong AKF, Smith B, Mihm MC Jr (1985) Depletion and repopulation of epidermal dendritic cells after allogeneic bone marrow transplantation in humans. J Invest Dermatol 84:210–214
27. Stingl G, Hauser C, Tschachler E, Groh V, Wolff K (1989) Immune functions of epidermal cells. In: Norris DA (Hrsg) Immune mechanisms in cutaneous disease. Marcel Dekker, New York, pp 3–72
28. Breathnach SM, Shimada S, Kovac Z, Katz SI (1986) Immunological aspects of acute cutaneous graft-versus-host disease: decreased density and antigen-presenting function of Ia+ Langerhans cells and absent antigen-presenting function of Ia+ keratinocytes. J Invest Dermatol 86:226–234
29. Breathnach SM, Katz SI (1985) Effect of X-irradiation on epidermal immune function: decreased density and alloantigen presenting capacity of Ia+ Langerhans cells and impaired production of epidermal cell derived thymocyte activating factor (ETAF). J Invest Dermatol 85:538–553
30. Volc-Platzer B, Majdic O, Knapp W, Wolff K, Hinterberger W, Lechner K, Stingl G (1984) Evidence of HLA-DR biosynthesis by human keratinocytes in disease. J Exp Med 159:1784–1789
31. Dustin ML, Rothlein R, Bhan AK, Dinarello CA, Springer TA (1986) Induction by IL-1 and interferon gamma, tissue distribution, biochemistry, and function of a natural adherence molecule (ICAM-1). J Immunol 137:245–254
32. Dustin ML, Singer KH, Tuck DT, Springer TA (1988) Adhesion of T lymphoblasts to epidermal keratinocytes is regulated by interferon-gamma and is mediated by intercellular adhesion molecule 1 (ICAM-1). J Exp Med 167:1323–1340
33. Wirt DO, Brooks EG, Vaidya S, Klimpel GR, Waldmann TA, Goldblum RM (1989) Novel T-lymphocyte immunodefi-

ciency with features of graft-versus-host disease. N Engl J Med 321:370–374
34. Piguet PF, Grau GE, Allet B, Vassalli P (1987) Tumor necrosis factor/cachectin is an effector of skin and gut lesions of the acute phase of graft-vs.-host disease. J Exp Med 166:1280–1289
35. Korngold R, Sprent J (1978) Lethal graft-versus-host disease after bone marrow transplantation across minor histocompatibility barriers in mice. Prevention by removing mature T cells from marrow. J Exp Med 148:1687–1698
36. Neudorf S, Filipovich A, Ramsay N, Kersey J (1984) Prevention and treatment of acute graft-versus-host disease. Semin Hematol 21:91–100
37. Charley MR, Mikhael A, Bennet M, Gilliam JN, Sontheimer RD (1983) Prevention of lethal, minor-determinate graft-host disease in mice by the in vivo administration of anti-asialo-GM1. J Immunol 131:2101–2105
38. Foster CA, Yokozeki H, Rappersberger K, Koning F, Volc-Platzer B, Rieger A, Coligan JE, Wolff K, Stingl G (1990) Human epidermal T cells predominately belong to the lineage expressing the alpha/beta T cell receptor. J Exp Med 171:997–1013
39. Reinherz EL, Parkman R, Rappaport J, Rosen FS, Schlossman SF (1979) Aberrations of suppressor T cells in human graft-versus-host disease. N Engl J Med 300:1061–1068
40. Parkman R, Rappaport J, Rosen FS (1980) Human graft-versus-host disease. J Invest Dermatol 74:276–279
41. Krensky AM, Robbins E, Springer TA, Burakoff SJ (1984) LFA-1, LFA-2 and LFA-3 antigens are involved in CTL-target-conjugation. J Immunol 132:2180–2182
42. Volc-Platzer B, Stingl G, Wolff K, Hinterberger W, Schnedl W (1984) Cytogenetic identification of allogeneic epidermal Langerhans cells in a bone-marrow-graft-recipient. N Engl J Med 310:1123–1124
43. Reinsmoen NL, Kersey JH, Bach FH (1984) Detection of HLA-restricted anti-minor histocompatibility antigen(s) reactive cells from skin GVHD lesions. Human Immunol 11:249–257
44. Kelso A, Glasebrook AL (1984) Secretion of interleukin-2, macrophage activating factor, interferons, and colony-stimulating factor by alloreactive T lymphocyte clones. J Immunol 132:2924–2931
45. Volc-Platzer B, Stingl G (1986) HLA-DR synthesis and expression by human keratinocytes. In: Daynes RA, Krueger G (eds) Exp Clin Photoimmunol. CRC Press, Boca Raton, FL, pp 119–126
46. Auböck J, Romani N, Grubauer G, Fritsch P (1986) HLA-DR expression on keratinocytes is a common feature of diseased skin. Br J Dermatol 114:465–472
47. Niederwieser D, Auböck J, Troppmair J, Herold M, Schuler G, Boeck G, Lotz J, Fritsch P, Huber C (1988) IFN-gamma mediated induction of MHC antigen expression on human keratinocytes and its influence on in vitro alloimmune responses. J Immunol 140:2556–2564

Univ.-Doz. Dr. Beatrix Volc-Platzer
I. Universitäts-Hautklinik
Alser Straße 4
A-1090 Wien

Ablagerungsdermatosen

Einleitung

G. K. STEIGLEDER, Köln

Unter dem Begriff „Ablagerungsdermatosen" werden eine Reihe von Erkrankungen zusammengefaßt, die zunächst scheinbar unabhängig nebeneinander stehen. Im Zentrum steht der Fibrozyt der Haut, eine bisher unterschätzte Zelle, die durch lokale oder allgemeine Faktoren veranlaßt wird, Substanzen abnormaler Qualität und/oder Quantität zu produzieren. Wir müssen davon ausgehen – und dies wird besonders bei den Schleimablagerungen erkennbar –, daß übergeordnete Faktoren den Fibroblasten zu einem abnormalen Verhalten nötigen. Bei Veränderungen mit Beteiligung der Fibroblasten wird es also notwendig sein, nach diesen übergeordneten Faktoren zu suchen. Der Ausdruck „Ablagerungsdermatosen" ist im Grunde unglücklich, es handelt sich vielmehr um eine aktive Verhaltensweise des Organismus, die sich aber, wie etwa bei den Xanthomen oder dem prätibialen Myxödem, trotz zumindest scheinbar gleicher Situation nur bei einem Teil der Patienten findet. Ich hoffe, daß dieser Tagungsabschnitt zur Aufklärung dieses faszinierenden Phänomens beiträgt.

Xanthomatöse Tumoren der Haut ohne Nachweisbare Störungen des Fettstoffwechsels

H. KERL und L. CERRONI, Graz

Xanthome sind reaktive Proliferationen von Histiozyten – Makrophagen, die Lipide enthalten. Man findet Xanthome der Haut nicht nur im Verlauf von Hyperlipidämien, sondern gelegentlich auch bei normolipämischen Zustandsbildern.

Klassifikation – Klinik – Histologie

Tabelle 1 zeigt Hautkrankheiten, die als Xanthome bzw. Xanthomatosen ohne Störung des Fettstoffwechsels klassifiziert werden können. Es handelt sich um ein heterogenes Spektrum im Hinblick auf das klinische Bild und z. T. auch die histopathologischen Veränderungen.

Tabelle 1. Normolipämische Xanthome

---

1. plane Xanthome
2. (tuberöse und Sehnenscheiden-Xanthome, eruptive Xanthome)
   „xanthomatous infiltrate of the face"
   subkutane Xanthomatose
3. „Xanthomisation" (Tumoren, Entzündungen)
   verruciformes Xanthom
4. juveniles Xanthogranulom
   Xanthoma disseminatum
   „papular xanthoma"

---

1. Plane Xanthome. Die häufigste Erscheinungsform stellen die im Bereich der Lidregion (meist mediales Oberlid) lokalisierten *Xanthelasmen* dar. Man findet gelbliche flache Knötchen und Knoten bzw. Plaques, die im mittleren Erwachsenenalter beobachtet werden. Das histologische Bild zeigt mosaikartig angeordnete Schaumzellen und Touton-Zellen in der Dermis. Ca. 50% der Patienten mit Xanthelasmen der Lider weisen ein normolipämisches Blutbild auf. Ein erhöhtes Risiko zur Entwicklung kardiovaskulärer Erkrankungen kann angenommen werden. Das Vorkommen von komedoartigen Hyperkeratosen und milienartigen Zysten in Xanthelasmen wird als Hutchinson-Syndrom bezeichnet, welches nicht selten mit Lebererkrankungen assoziiert ist.

Außerhalb der Lidregion vorkommende lokalisierte und generalisierte (Xanthelasma corporis) plane Xanthome sind selten. Sie treten namentlich auf dem Boden chronisch-entzündlicher Prozesse auf und werden als sekundäre normolipämische plane Xanthome bezeichnet (siehe auch Xanthomisation).

Besonders wichtig ist, daß normolipämische plane Xanthome als *Leitsymptom systemischer Erkrankungen* wie Kryoglobulinämie, Veränderungen des Komplementsystems, Paraproteinämie, Myelom und maligner Lymphome beobachtet werden [19]. Klinisch findet man sich langsam ausdehnende flächenhafte hautfarbene und gelbe makulöse und plaqueförmige Läsionen am Stamm und an den proximalen Extremitäten. Histologisch liegen Schaumzellen in perivaskulärer oder diffuser Anordnung vor. Plane Xanthome können auch mit Leukämien (Xantho-Leukämie) assoziiert sein, wobei insbesondere die Kombination mit der juvenilen chronischen myelo-monozytären Leukämie bedeutsam ist [5]. Die Xanthome finden sich in diesen Fällen bevorzugt am Kopf.

Das *nekrobiotische Xanthogranulom* [15] ist durch multiple zur Ulzeration neigende orangefarbene, braunrote bis violette Knötchen, Knoten und Plaques charakterisiert. Betroffen sind die periorbitale Region, aber auch das übrige Integument. Histologisch sieht man Nekrosezonen und Palisaden-Granulome mit Lymphozyten, Histiozyten, Plasmazellen, Epitheloidzellen, Schaumzellen und zahlreichen Riesenzellen vom Fremdkörper- und Touton-Typ. Beim nekrobiotischen Xanthogranulom findet sich immer eine Koinzidenz mit einer monoklonalen Paraproteinämie (meist IgG), eventuell auch mit einem Lymphom oder Myelom. Es wird vermutet, daß zirkulierende Paraproteine die Lipoproteinrezeptoren der Histiozyten besetzen, in die Zelle aufgenommen werden und die Bildung von Schaumzellen induzieren.

2. Es gibt zahlreiche Fallberichte über Patienten mit tuberösen und Sehnenscheiden-Xanthomen und auch mit eruptiven Xanthomen bei Fehlen einer Hyperlipoproteinämie.

Das Krankheitsbild *„xanthomatous infiltrate of the face"* [16] ist durch multiple hautfarbene Papeln an der Nase gekennzeichnet. Histologisch liegen Schaumzellen in der mittleren Dermis vor. Bei der *subkutanen Xanthomatose*, die wahrscheinlich eine Variante des juvenilen Xanthogranuloms repräsentiert, finden sich multiple subkutane Knoten am Stamm und an den Extremitäten bei älteren Männern. Histologisch sieht man Schaumzellen, Touton-Zellen, entzündliche Zellinfiltrate und Fibrose [1].

3. „Xanthomisation" wird als sekundäres Phänomen bei verschiedenen Entzündungen und Tumoren beobachtet und ist durch das Vorliegen von Xanthomzellen (Schaumzellen, Touton-Riesenzellen) charakterisiert. Folgende Beispiele seien hier angeführt: Lymphödem, Phlebitis, Rosacea („Rosacea xanthomisata") [12], photodynamisches Ekzem, Akrodermatitis chronica atrophicans, Zoster, Insektenstiche, Impfnarben, verschiedene Erythrodermien, aktinisches Retikuloid, Histiozytome, malignes fibröses Histiozytom – entzündlicher Typ („Xanthosarkom"), atypisches Fibroxanthom und Lymphome.

Beim *verruciformen Xanthom* („foamy cell nevus") liegt ein solitärer Knoten oder eine plaqueförmige Läsion in der Mundschleimhaut oder Genital-Anal-Region vor [10]. Die Oberfläche dieser Xanthome ist meist papillomtös-verruciform, der Farbton rosafarben oder graurötlich. Das histologische Bild ist durch eine verruciforme Hyperplasie des Epithels und Schaumzellen im Stratum papillare gekennzeichnet. Wahrscheinlich handelt es sich um einen reaktiven Prozeß mit der Entwicklung von Schaumzellen nach chronischer Entzündung oder nach einem Trauma. Verruciforme Xanthome werden auch in Epidermal-Naevi und in Läsionen bei Epidermolysis bullosa hereditaria beschrieben.

4. Juveniles Xanthogranulom, Xanthoma disseminatum und „papular xanthoma" gehören in die Gruppe der benignen *Histiozytosen* (Tabelle 2), die viele Überschneidungen der morphologischen Charakteristika aufweisen und differentialdiagnostische Probleme aufwerfen [6, 18].

Beim *juvenilen Xanthogranulom* sieht man rasch wachsende rötliche bis gelbe Knötchen und Knoten mit

Tabelle 2. Klassifikation der benignen Histiozytosen

juveniles Xanthogranulom
Xanthoma disseminatum
„papular xanthoma"

Histiozytosis X
„self-healing reticulohistiocytosis"
„benign cephalic histiocytosis"
multizentrische Retikulohistiozytose
generalisierte eruptive Histiozytome
disseminierte dermale Dendrozytome [11]
progressive knotige Histiozytome
Sinushistiozytose mit massiver Lymphadenopathie
hereditäre progressive muzinöse Histiozytose bei Frauen [2]

bevorzugter Lokalisation im Kopf-Halsbereich. Spontanregression wird nach einigen Jahren beobachtet. Die Läsionen finden sich meist im Säuglingsalter und nur gelegentlich bei Erwachsenen. Klinisch werden eine kleinknotige Form mit disseminierten Knötchen und nicht selten Augenbeteiligung und eine großknotige Form mit eher einzeln vorliegenden Läsionen unterschieden [6]. Hier findet man auch systemische Manifestationen (Schleimhäute, Lunge, Knochen, Perikard, Niere, Ovarien etc.). Histologisch gelangen Schaumzellen, Touton-Zellen, Fremdkörper-Riesenzellen und gemischtzellige Infiltrate mit Eosinophilen, Plasmazellen und Neutrophilen zur Ansicht. In seltenen Fällen zeigen Xanthogranulome eine Assoziation mit einer Neurofibromatose.

Das *Xanthoma disseminatum* (Montgomery-Syndrom) ist durch zahlreiche rötlich-braune bis gelblich-braune Knötchen und Plaques – meist bei Erwachsenen – gekennzeichnet. Die Lokalisation betrifft das gesamte Integument, bevorzugt sind jedoch die Augenlieder, die seitlichen Halspartien, Gelenksbeugen und die intertriginösen Areale. Die Läsionen zeigen eine Tendenz zur Konfluenz und manchmal eine verruköse Oberfläche. Diabetes insipidus (bei 30% der Patienten), Schleimhautbeteiligung (bei 40% der Patienten) und Mitbeteiligung viszeraler Organe werden beobachtet [9]. Nach Jahren tritt eine spontane Abheilung ein. Histologisch sind Schaumzellen, Touton-Zellen und entzündliche Infiltrate nachzuweisen.

Die disseminierte Xantho-Siderohistiozytose stellt eine Variante der disseminierten Xanthome dar und ist durch keloidförmige Plaques charakterisiert.

Beim *„papular xanthoma"* findet man multiple bräunliche bzw. gelbbraune Knötchen und Knoten (ohne Konfluenzneigung) im Gesicht, am Stamm und selten an den Schleimhäuten. Systemische Manifestationen werden im allgemeinen nicht beobachtet. Das Krankheitsbild kommt vor allem bei Erwachsenen vor. Histologisch liegt das Bild eines typischen Xanthoms mit nur wenigen Entzündungszellen vor [3].

Pathogenese

Folgende Aspekte spielen in der Pathogenese der normolipämischen Xanthome bzw. Xanthomatosen eine Rolle:
– Änderungen in der Zusammensetzung oder Struktur der zirkulierenden Plasma-Lipoproteine (bei normaler Konzentration). Die abnormen Lipoproteine werden in die mononukleären Zellen inkorporiert. Beispiele betreffen die „cerebrotendinous xanthomatosis" und die „sitosterolemia" [13].

Tabelle 3. Normolipämische Xanthome und histiozytäre Proliferationen – Immunhistologie

	KP1	MAC387	S100	FXIIIa
„Xanthomisation"	+	–	–	–
Xanthogranulom	+	–	–	+
plane Xanthome	+	–	–	–
Xanthoma disseminatum	–	–	–	+
Retikulohistiozytom	+	–	–	–
atypisches Fibroxanthom	–	–	–	+
Histiozytosis X	–	–	+	–

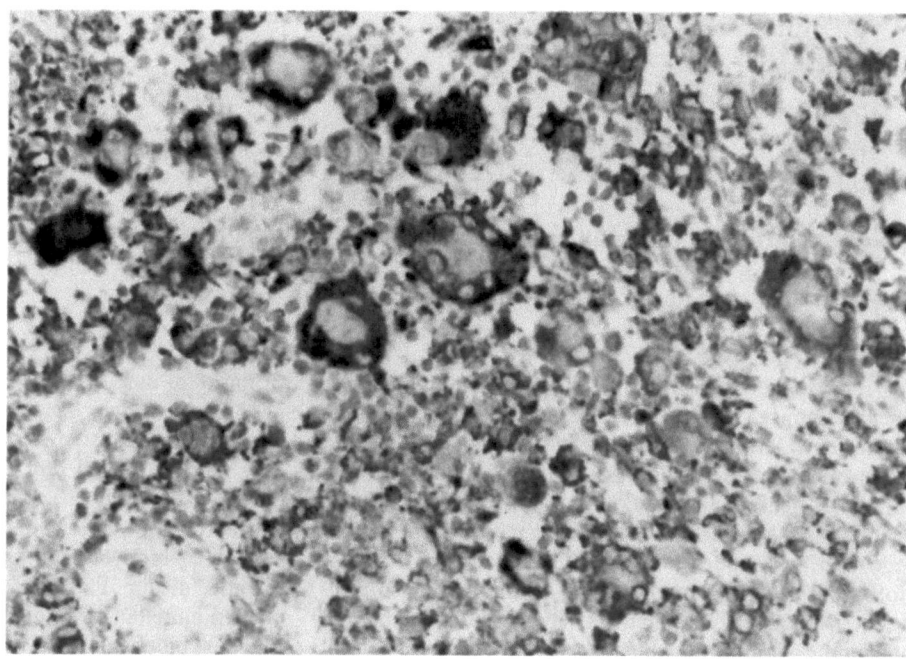

Abb. 1. Juveniles Xanthogranulom. Darstellung der Schaumzellen und Touton-Riesenzellen mit dem monoklonalen Antikörper KP-1 (CD68)

- Plane Xanthome bei Paraproteinämien und Lymphomen: Man findet eine Proliferation lymphohistiozytärer Zellen und nachfolgende Bildung von Schaumzellen.
- Lokale Gewebsfaktoren. Nach Entzündung oder Trauma wird die Permeabilität der Gefäßwände verändert. Die Lipoproteine gelangen in die Dermis und werden von Histiozyten phagozytiert. Auch Mechanismen, die zu einer Fettsynthese durch Histiozyten in situ (lokale Lipid-Synthese) führen, sind wahrscheinlich bedeutsam [8].

Die Schaumzellen bzw. Xanthomzellen gehören zum Spektrum der histiozytären Zellen (mononukleäres Phagozyten-System). Durch Fusion von Schaumzellen (und nicht durch Kernteilung) entstehen die Touton-Riesenzellen.

Kürzlich konnte gezeigt werden, daß in der Haut funktionell heterogene histiozytäre Zellpopulationen, deren Differenzierung vor allem immunhistologisch gelingt, vorliegen [4, 7, 17]. Man unterscheidet Makrophagen (KP1-CD68$^+$, MAC387$^+$) und dendritische Zellen (dermaler Dendrozyt-Faktor XIIIa $^+$, Langerhans-Zellen-S100$^+$).

Tabelle 3 zeigt unsere immunhistologischen Ergebnisse mit diesen Antikörpern zur Darstellung von Makrophagen – dendritischen Zellen an 30 Biopsien (Paraffin-Material) von Xanthomen und histiozytären Proliferationen. In den meisten Fällen fand sich eine Markierung der Schaumzellen und der Touton-Zellen mit dem Marker KP1-CD68 [14] (Abb. 1). Diesbezügliche Untersuchungen sind für die Diagnose und das Studium der Pathogenese der Xanthomatosen bedeutsam.

Literatur

1. Archer CB, Sharvill DE, Smith NP (1990) Subcutaneous xanthomatosis. Br J Dermatol 123:107–112
2. Bork K, Hoede N (1988) Hereditary progressive mucinous histiocytosis in women. Arch Dermatol 124:1225–1229
3. Bundino S, Zina AM, Aloi F (1988) Papular xanthoma. Dermatologica 177:382–385
4. Cerio R, Spaull J, Oliver GF, Wilson Jones E (1990) A study of factor XIIIa and MAC 387 immunolabeling in normal and pathological skin. Am J Dermatopathol 12:221–233
5. Cooper PH, Frierson HF, Kayne AL, Sabio H (1984) Association of juvenile xanthogranuloma with juvenile myeloid leukemia. Arch Dermatol 120:371–375
6. Gianotti F, Caputo R (1985) Histiocytic syndromes: a review. J Am Acad Dermatol 13:383–404
7. Headington JT, Cerio R (1990) Dendritic cells and the dermis: 1990. Am J Dermatopathol 12:217–220
8. Hu CH, Ellefson RD, Winkelmann RK (1982) Lipid synthesis in cutaneous xanthoma. J Invest Dermatol 79:80–85
9. Knobler RM, Neumann RA, Gebhart W, Radaskiewicz Th, Ferenci P, Widhalm K (1990) Xanthoma disseminatum with progressive involvement of the central nervous and hepatobiliary systems. J Am Acad Dermatol 23:341–346

10. Neville B (1986) The verruciform xanthoma. Am J Dermatopathol 8:247–253
11. Nickoloff BJ, Wood GS, Chu M, Beckstead JH, Griffiths CEM (1990) Disseminated dermal dendrocytomas. Am J Surg Pathol 14:867–871
12. Pachinger W (1985) Lokalisierte sekundäre „normolipämische" plane Xanthome. Akt Dermatol 11:62–65
13. Parker F (1986) Normocholesterolemic xanthomatosis. Arch Dermatol 122:1253–1257
14. Pulford KAF, Rigney EM, Micklem KJ, Jones M, Stross WP, Gatter KC, Mason DY (1989) KP1: a new monoclonal antibody that detects a monocyte/macrophage associated antigen in routinely processed tissue sections. J Clin Pathol 42:414–421
15. Rappersberger K, Wrba F, Heinz R, Zonzits E, Hönigsmann H (1989) Nekrobiotisches Xanthogranulom bei Paraproteinämie. Hautarzt 40:358–363
16. Smoller BR, McNutt NS, Kline M, Gray MH, Balin A (1989) Xanthomatous infiltrate of the face. J Cutan Pathol 16:277–280
17. Weber-Matthiesen K, Sterry W (1990) Organization of the monocyte/macrophage system of normal human skin. J Invest Dermatol 95:83–89
18. Winkelman RK (1981) Cutaneous syndromes of non-X histiocytosis. Arch Dermatol 117:667–672
19. Winkelmann RK (1983) Das normolipämische plane Xanthom und seine assoziierten Syndrome. Hautarzt 34:159–163

Prof. Dr. Helmut Kerl
Univ.-Klinik für Dermatologie
und Venerologie in Graz
Auenbruggerplatz 8
A-8036 Graz

Lipidablagerungen der Haut bei gestörtem Fettstoffwechsel

TH. KRIEG, F. ECKERT und O. BRAUN-FALCO, München

Oft repräsentieren Xanthome die kutanen Symptome einer systemischen Erkrankung, und in diesen Fällen kommt der Dermatologie eine ganz besondere Rolle zu, da sie oft als erste Disziplin die Veränderung erkennen und die Patienten einer exakten Untersuchung zuführen kann. Diese systemischen Erkrankungen können einmal angeboren sein, oder aber Sekundärfolgen erworbener Stoffwechselstörungen darstellen. Xanthome lassen sich in unterschiedliche Formen aufteilen, so unterscheidet man plane Xanthome, tuberöse, Sehnenxanthome und eruptive Xanthome. Diese einzelnen Formen finden sich bevorzugt bei ganz bestimmten Erkrankungen des Fettstoffwechsels.

Der Fettstoffwechsel hat einen wichtigen Anteil an der Energieversorgung des Organismus, er ist wesentlich für den Aufbau biologischer Membranen und für die Synthese vieler Mediatoren wie Prostazykline, Thromboxan und Leukotriene. Im Plasma werden die verschiedenen Lipide wie Cholesterin, Triglyzeride und Phopholipide mit Hilfe der Apolipoproteine transportiert. Die Lipoproteine werden einmal über ihr Verhalten in der Elektrophorese, dann aber auch in der Ultrazentrifuge klassifiziert (Tabelle 1) Apolipoproteine konnten bisher mindestens 13 identifiziert werden. Diese spielen nicht nur für den Transport der Lipide eine wichtige Rolle, sie besitzen weitere Funktionen bei der Kontrolle der für den Abbau verantwortlichen Enzyme, sowie bei der über spezifische Rezeptoren gesteuerten Aufnahme der Lipide in Zellen. Zu den für den weiteren Stoffwechsel verantwortlichen Enzymen gehören die Lipoprotein-Lipase, die Trigyzerid-Lipase in der Leber, die Lezithin-Cholesterin-Acetyltransferase sowie das Cholesterylester Transferprotein. Auch die wichtigsten Rezeptoren für Lipoproteine konnten in den letzten Jahren identifiziert werden; hierzu gehören der LDL-Rezeptor, der Chylomikron-Remnant Rezeptor und der Scavenger-Rezeptor.

Hyperlipoproteinämien lassen sich je nach Art der Lipide, die im Plasma der Patienten vorkommen, in 5 Typen einteilen. Allerdings handelt es sich hier lediglich um eine biochemische Symptomenbeschreibung und dem jeweiligen Typ können unterschiedliche Störungen zugrunde liegen.

Wichtig für das Verständnis der Hyperlipoproteinämien ist die Kenntnis der Fett-Transportsysteme. Fette werden über den Darm aufgenommen und in den Endothelzellen in Chylomikronen verpackt. Diese enthalten die Apolipoproteine B48, A1 und A4. Das Apo-CII ist ein wichtiger Kofaktor für die Lipoprotein-Lipase. Diese hydrolysiert die Triglyzeride und Chylomikron-Remnants entstehen, welche dann mit Hilfe des Apolipoproteins E an den Chyomikron-Remnant-Rezeptor der Leber gebunden und in die Zellen aufgenommen werden (Abb. 1). Auch die Leber sezerniert Triglyzeride in Form von VLDL, die an die Apolipoproteine B100, CII und E gebunden sind. Diese werden dann durch die Apolipoprotein-Lipase hydrolysiert, und das LDL, das an das Apolipoprotein B100 gebunden ist und von den LDL-Rezeptoren peripherer Zellen erkannt wird, wird von diesen aufgenommen (Abb. 2). Schließlich existiert noch ein dritter Fettstoffwechsel-Zyklus, der als HDL-Zyklus bezeichnet wird. Dieser stellt eine Möglichkeit dar, Cholesterin, das von dem Gewebe nicht metabolisiert wird, wieder in die Leber zu bringen, von wo es dann ausgeschieden werden kann.

Eruptive Xanthome finden sich bei Patienten mit Chylomikronämie, z. B. bei der Hyperlipoproteinämie Typ I und zum anderen bei der Hyperlipoproteinämie Typ V. Bei der angeborenen Typ V Hyperlipoproteinämie sind die molekularen Defekte z. T. bekannt. Hier kann der Erkrankung ein Lipoprotein-Lipase Defekt oder eine Störung des Apo-CII-Lipoproteins zugrunde liegen.

Tabelle 1. Klassifikation der Lipoproteine

Elektrophorese	Ultrazentrifugation
Chylomikronen	Chylomikronen
Prä-β-Lipoproteine	Very Low Density Lipoproteins (VLDL)
β-Lipoproteine	Low Density Lipoproteins (LDL)
α-Lipoproteine	Intermediate Density Lipoproteins (IDL)
	High Density Lipoproteins (HDL)

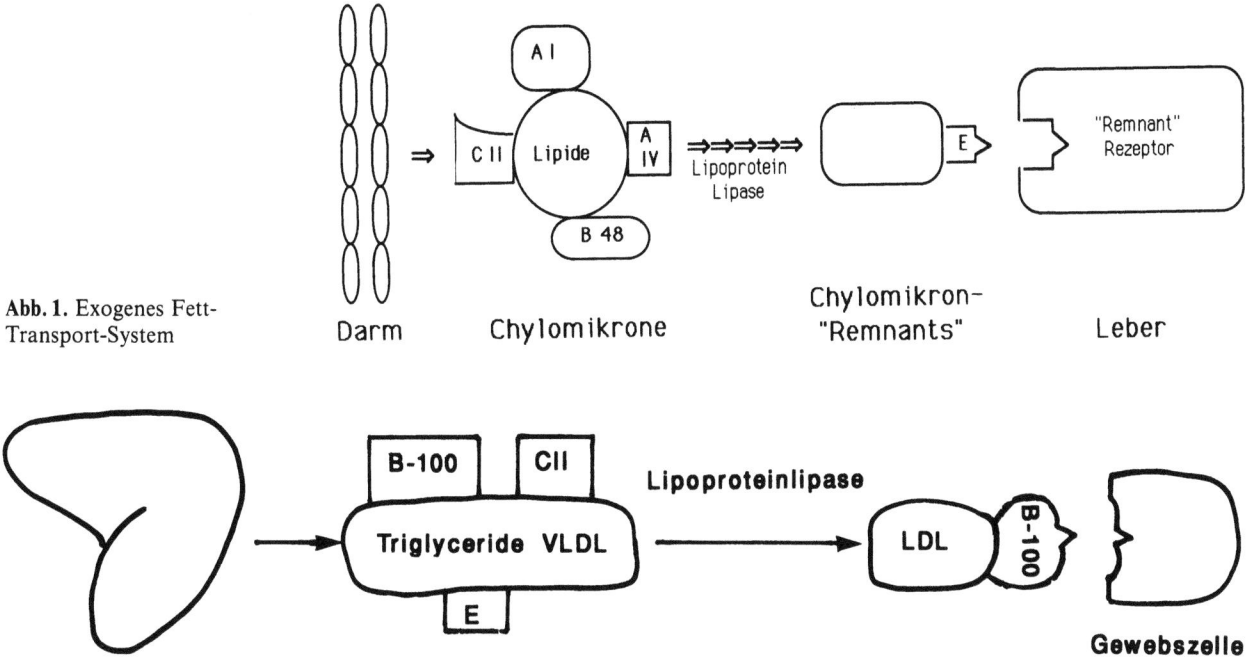

Abb. 1. Exogenes Fett-Transport-System

Abb. 2. Endogenes Fett-Transport-System

Manchmal konfluieren eruptive Xanthome und assoziieren sich mit tuberösen Xanthomen. Diese werden dann *tubero-eruptive Xanthome* genannt und kommen bei einer anderen Gruppe von Erkrankungen vor, die durch eine gestörte Aufnahme der Chylomikron-Remnants in der Leber charakterisiert sind. Klinisch weisen diese eine Typ-III-Hyperlipoproteinämie auf. Bei einigen Patienten ist die Störung durch einen angeborenen Defekt des Apolipoproteins E bedingt, bei anderen fehlt dieses Apolipoprotein, und bei wiederum anderen konnte der Defekt bisher noch nicht identifiziert werden. Hier finden sich neben den tubero-eruptiven Xanthomen auch plane Xanthome, die vorwiegend palmar lokalisiert sind. *Plane Xanthome* sind allerdings heterogen und kommen in unterschiedlicher Form auch bei vielen anderen Erkrankungen vor (Tabelle 2). Intertriginös finden sie sich bei der familiären Hypercholesterinämie, bei Cholestase, als diffuse Xanthome bei sekundären Erkrankungen und als Xanthelasmen bei der Typ-III-Hyperlipoproteinämie, der Hypercholesterinämie und natürlich auch bei sekundären Erkrankungen.

Sehnenxanthome sind relativ harte, unter der Haut liegende Knoten, über denen die Haut üblicherweise gut

Tabelle 2. Plane Xanthome

- intertriginös (fam. Hypercholesterinämie)
- palmar (Typ III Hyperlipoproteinämie)
- Plane Xanthome bei Cholestase (Lebererkrankungen)
- diffus (sekundäre Erkrankungen)
- Xanthelasmen (Typ III Hyperlipoproteinämie, Hypercholesterinämien)

verschieblich ist. Sie treten immer dann auf, wenn im Serum ein erhöhter LDL-Spiegel nachweisbar ist, also bei der Typ-III-Hyperlipoproteinämie, vor allem beim LDL-Rezeptordefekt, der familiären Hypercholesterinämie und der kombinierten Hypercholesterinämie (Tabelle 3).

Neben diesen primären Hyperlipidämien, die alle genetisch festgelegt sind, treten erhöhte Lipidspiegel unterschiedlicher Art auch bei einer großen Zahl verschiedener Erkrankungen sekundär auf. Diese sind in Tabelle 4 zusammengefaßt. Hier finden sich oft unterschiedliche Xanthome gleichzeitig bei bestimmten Veränderungen

Tabelle 3. Primäre Hyperlipoproteinämien

Erkrankung	Xanthome	Lipoproteine	Defekt
Lipoproteinlipasen Defekt	Eruptive	Chylomikronen	Fehler der LPL
Apolipoprotein CII Defekt	–	Chylomikronen	Fehler der Apo CII
Fam. komb. Hyperlipidämie	–	VLDL	Synthese von VLDL
Fam. Hypertriglycerinämie	–	VLDL	Abbaustörung von VLDL
Fam. Hyperlipoproteinämie Typ V	Eruptive	VLDL, Chylomikronen	Synthese und Abbaustörung von VLDL
Fam. Dysbetalipoproteinämie Typ III	Palmare, tubero-eruptive, tuberöse Xanthelasmen	Chylomikronen-Remnants	Aufnahmestörung der Remnants
Fam. Hypercholesterinämie	Sehnen, Tuberöse, intertriginöse, Xanthelasmen	LDL	LDL-Rezeptor

Tabelle 4. Sekundäre Hyperlipoproteinämien

Diabetes mellitus	eruptive Xanthome [Sehnen X., tuberöse X.]
Alkohol, Östrogene, Retinoide	eruptive Xanthome [Sehnen X., tuberöse X.]
Hypothyreodismus	eruptive Xanthome, tubero-eruptive X., [Sehnen X., Xanthelasmen]
Nephrotisches Syndrom	eruptive Xanthome, Sehnenxanthome, Xanthelasmen
v. Giercke Erkrankung	eruptive Xanthome
Primäre biliäre Zirrhose, Biliäre Atresie	plane Xanthome bei Cholestase [tuberöse X., Xanthelasmen, Sehnen X.]
Paraproteinämien, Leukämien, Lymphome, Rheumatoide Arthritis	diffuse plane Xanthome, [Sehnen X., tuberöse X.]

und oft kann durch die Identifizierung des Xanthom-Typs nicht auf die Grunderkrankung geschlossen werden.

Pathophysiologisch entscheidend für die Entwicklung von Xanthomen ist immer die Umwandlung von Makrophagen in Schaumzellen, bedingt durch die Aufnahme von unterschiedlichen Lipiden aus der Umgebung. Hierbei kommt in vielen Fällen der Gruppe der Scavenger-Rezeptoren der Makrophagen eine besondere Rolle zu. Diese Rezeptorfamilie erkennt unterschiedliche Formen des LDL, und ihre einzelnen Mitglieder konnten kürzlich in ihrer Struktur aufgeklärt werden. So enthalten diese neben einem intrazellulären Anteil und einer Transmembrandomäne im Extrazellulärraum neben anderen auch kollagene Sequenzen. Es wird diskutiert, daß diese Sequenzen, ebenso wie die interstitiellen Kollagene in Haut, Gefäßwand und Sehnen, eine hohe Affinität zu LDL besitzen und so dessen Bindung und Aufnahme ermöglichen. Die Charakterisierung dieser Rezeptoren hat also entscheidend zu dem Verständnis der Umwandlung von Makrophagen in Schaumzellen beigetragen und wird es in Zukunft auch gestatten, mehr über die Entstehung von Xanthomen zu erfahren.

Weiterführende Literatur

1. Cruz PD, East C, Bergtresser PR (1988) Dermal, subcutaneous and tendon xanthomas: diagnostic markers for specific lipoprotein disorders. J Amer Acad Dermatol 19:95–111
2. Breslow JL (1989) Genetic basis of lipoprotein disorders. J Clin Invest 84:373–380
3. Munro JM, Cotran RI (1988) The pathogenesis of atherosclerosis, atherogenesis and inflammation. Lab Invest 58:249–261
4. Kodama T, Freeman M, Rohrer L, Zubrecky J, Matsudaira P, Krieger M (1990) Type I macrophage scavenger receptor contains α-helical and collagen-like coiled coils. Nature 343:531–534
5. Brown MS, Goldstein JL (1990) Scavenging for receptors. Nature 343:508–509

Prof. Dr. Thomas Krieg
Dr. Fritjof Eckert
Prof. Dr. Otto Braun-Falco
Dermatologische Klinik und Poliklinik
der Universität München
Frauenlobstraße 9–11
D-8000 München 2

Amyloidosen

W. Gebhart, Wien

Die große Zahl von Publikationen zum Thema Amyloidosen während der letzten 3 Jahre zeigt, daß gerade auf diesem Gebiet die medizinische Forschung im allgemeinen, ebenso wie die dermatologische Wissenschaft im speziellen kräftige Impulse erhalten hat. In der Vergangenheit hatten besonders Fortschritte der histologisch-histochemischen und ultrastrukturellen Techniken und die Einführung der Strahlenanalytik für wesentliche Informationsschübe gesorgt. Die allen Amyloidmassen gemeinsame Protein-Natur, Fibrillencharakter und β-Faltblattstruktur konnten damit weitgehend abgeklärt werden (Literaturübersichten bei [3, 11]).

Weiters enthalten alle Amyloide noch einen etwa 10% ausmachenden Anteil von Serum-Amyloid-Komponente (SAP). Dieses zur Pentraxin-Gruppe gehörende Glykoprotein kommt normalerweise im Plasma von Wirbeltieren vor. Auch in normaler Haut von Erwachsenen wurde SAP mit Hilfe immunzytochemischer Methoden in elastischen Fasern nachgewiesen [9]. Bei Kindern unter 4 Jahren scheint jedoch keine signifikante Menge von SAP in der Haut vorhanden zu sein [2, 10]. Jüngste immunhistologische Befunde lassen darauf schließen, daß Amyloid-P-Komponente nicht direkt mit den Mikrofibrillen sondern mit dem amorphen Elastin an der Peripherie der elastischen Fasern assoziiert sein könnte [4]. Eine genauere morphologische Zuordnung ist aber zur Zeit noch ebenso unmöglich wie eine nähere Definition der funktionellen Rolle von SAP in der normalen Haut.

Biochemische Heterogenität der Amyloide

Neue Akzente in der Amyloidforschung wurden zuletzt mit Hilfe immunologischer und molekularbiologischer Methoden gesetzt. Unter Einsatz von monoklonalen Antikörpern und Aminosäuresequenzanalysen gelang es, die enorme biochemische Diversität des ursprünglich so uniform erscheinenden Materials „Amyloid" im Detail zu charakterisieren und so eine viel bessere Erklärung für völlig unterschiedliche klinische Formen der Amyloiderkrankungen und auch für die Natur und Herkunft dieser rätselhaften Fibrillenmassen zu finden. Obwohl die Erforschung der bei den einzelnen Amyloidosen möglichen molekularen Strukturen keineswegs abgeschlossen ist,

Tabelle 1. Systematik der Amyloidproteine (mod. nach Vorlaender bzw. Ruzicka et al.)

Amyloid-Typ	Vorläuferproteine	Vorkommen bzw. klinische Relevanz
AA	Serum-Amyloid A	Mit entzündlichen Begleitkrankheiten assoziiert (sekundäre Amyloidose), Mittelmeerfieber, Muckle-Wells-Syndrom, idiopathisch
AL [A_k bzw. A_l]	Leichtketten-Ig	Mit B-Zell-Tumor, Plasmozytom assoziiert, auch bei benignen Plasmazellproliferationen, idiopathisch bei lokalen AL-Amyloidosen
AF	Präalbumin-Homolog	Bei familiären Amyloidneuropathien, z. B. AF_P beim portugiesischen Typ. Im Präalbumin in Position 30 Valin gegen Methionin getauscht
AScl	Präalbumin-Homolog	Bei seniler Amyloidose (Herz, Lunge, große Gefäße, Gelenke)
Asc2	Atriales natriuretisches Peptid	Bei seniler Herzamyloidose. Häufigste Amyloidoseform, da allgemein über dem 90. Lebensjahr üblich
Aβ [ASb]	unbekannt	Bei Morbus Alzheimer, seniler Demenz, kongophiler Angiopathie
AB	β-2-Mikroglobulin	Bei Hämodialyse, in Gelenken, Bindegewebe und in Knochen. Oft auch tumorförmige Ablagerungen im Knochenmark
AC	Cystatin C-Homolog	Hereditäre isländische Apoplexie
AEt	Kalzitonin-Homolog	Medulläres Schilddrüsenkarzinom
AEi	Kalzitonin-Homolog	Pankreasamyloidose bei Typ II-Diabetes
ASAF/APrP	Prionen-Protein	Scrapie-assoziiertes Protein, Jakob-Creutzfeldt-Erkrankung, „slow-virus-Prion-disease bei Tieren"
AK	Keratin	Hautamyloidose
Andere!	unbekannt	

soll in der folgenden Tabelle 1 eine Auflistung der bisher bekannten Amyloidfibrillenproteine in Anlehnung an die Einteilungen von Vorlaender [12] bzw. Ruzicka et al. [11] gegeben werden.

Amyloide in der Haut

Die Tatsache, daß mit den immer sensitiver werdenden Nachweismethoden in zahlreichen Organen des klinisch gesunden älteren Menschen geringe Deposite von Amyloid gefunden werden, läßt erwarten, daß auch in der Haut eine solche Bildung laufend und altersabhängig erfolgt. In Analogie sollte deshalb von einer Amyloidose auch im dermatologischen Bereich nur dann gesprochen werden, wenn klinisch faßbare und pathophysiologisch wirksame Symptome dadurch hervorgerufen werden. Dieser Forderung entspricht die auf einer rein deskriptiven Phänomenologie basierende Auflistung der kutanen Amyloidosen durchaus. Alle übrigen historischen Klassifikationsversuche mit ihren Unterscheidungen von primären und sekundären Hautamyloidosen werden wohl in Hinkunft von einer auf der chemischen Natur der Strukturproteine beruhenden Einteilung abzulösen sein. Deshalb wird im folgenden speziellen Teil versucht, die einzelnen Erscheinungsformen der Hautamyloidose bestimmten fibrillären Hautkomponenten – bzw. „amyloidogenen Filamenten" zuzuordnen.

Tabelle 2. Amyloidogene kutane Strukturproteine

Keratine:	AK, Lichen amylodosus, makuläre Amylodosen
Immunglobuline:	AL, AA, sekundäre systemische Amyloidosen
Neurofilamente?	AF?, familiäre Amyloidneuropathien
Vimentin?	
Elastische Mikrofibrillen?	AL, AB, andere?
Desmin?	
Andere?	

Das von Hashimoto als „Amyloid K" bezeichnete Material [7, 8] hat seinen Namen deshalb erhalten, weil diverse Keratine als dominantes Strukturprotein in den abgelagerten Massen vorherrschen. Bei der makulösen Amyloidose, bei Lichen amyloidosus und bei peritumoralem Amyloid wurden solche Keratine mehrfach mit verschiedenen Antikeratinantikörpern nachgewiesen [1, 5, 13]. Aso und Mitarbeiter [1] meinen sogar, daß die basalen Keratinozyten selbst aufgrund einer abnormen Keratinisierung dieses Amyloid bereits bilden. Die Frage nach dem Woher und Wie der SAP-Komponente bleibt allerdings vorerst unbeantwortet.

Leichter zu beantworten sind diese Fragen bei den immunglobulinabhängigen Amyloidosen. Plasmazellen produzieren auch bekanntermaßen in der Haut oft große Mengen von Strukturprotein-immunglobulinen, die speziell bei IgM-Klassen auch filamentösen Charakter haben. Wenn noch SAP aus dem Plasma dazukommt, ist die Ablagerung von vollwertigem Amyloid zwanglos erklärt.

Andere filamentöse Strukturproteine wie Neurofilamente bei der familiären Amyloidneuropathie, Vimentin oder Desmin bei verschiedenen Gefäß- bzw. Bindegewebsformen sowie Bausteine der elastischen Fasern dürften ebenso als Gerüst für voll ausgeprägtes Amyloid und somit als amyloidogene Filamente in Frage kommen. Dafür spricht einerseits die Tatsache, daß bei systemischen Amyloidosen ebenso wie bei heredofamiliären kein Keratin nachweisbar ist [13]. Andererseits sprechen zahlreiche Hinweise dafür, daß auch von Fibroblasten produzierte Strukturproteine amyloidogen sein können [7]. Schließlich scheinen auch Kombinationen von Myelom-assoziierten Formen mit perikollagenen [6] bzw. elastolytischen [14] Amyloidosentypen vorzukommen. Von der weiteren biochemischen Charakterisierung solcher Typen in Bezug auf die genaue Zusammensetzung ihrer Strukturproteine ist wohl in Hinkunft eine befriedigendere Einteilung und Klassifikation des komplexen Krankheitsbildes der Amyloidosen zu erwarten.

Literatur

1. Aso M, Hagari Y, Kakamura K, Mihava M, Shimao S (1990) A case of secondary cutaneous amyloidosis: epidermal keratinocytes procedure amyloid in the cytoplasm. J Cutan Pathol 17:176-181
2. Breathnach SM, Melrose SM, Bhogal B, de Beer FC, Dyck RF, Black MM, Tennent G, Pepys MB (1981) Amyloid P components is located on elastic fibre microfibrilis on normal human tissue. Nature 293:652-654
3. Breathnach SM (1988) Amyloid and amyloidosis. J Am Acad Dermatol 18:1-16
4. Dahlbäck K, Ljungquist A, Löfberg H, Dahlbäck B, Engvall E, Sakai LY (1990) Fibrillin immunoreactive fibers constitute a unique network in human dermis: immunohistochemical comparison of the distributions of Fibrillin, Vitronectin and Amyloid P component and Orcein stainable structures in normal skin and elastosis. J Invest Dermatol 94:284-291
5. Gebhart W (1983) Cutaneous amyloidosis. In: Kukita A, Seiji (ed) Proc. XVIth Int. Congr. Derm. Univ. Tokyo Press, p 580
6. Göring HD, Ziemer A, August Ch, Adamo W (1990) Systemische perikollagene Amyloidose bei Bence-Jones-Protein (Lambda-Leichtkettentyp). Akt Dermatol 16:116-119
7. Hashimoto K (1984) Progress on cutaneous amyloidoses. J Invest Dermatol 82:1-3
8. Hintner H, Stössl H, Höpfl R, Grubauer G, Fritsch P (1988) Amyloid K. Hautarzt 39:419-425
9. Hintner H, Breathnach SM (1988) Die Amyloid-P-Komponente in normaler und läsionaler menschlicher Haut. Hautarzt 39:712-716
10. Kahn AM, Walker F (1984) Age related detection of tissue amyloid P in the skin. J Pathol 143:183-186
11. Ruzicka T, Donhauser G, Linke RP, Landthaler M, Bieber T (1990) Kutane Amyloidosen. Hautarzt 41:245-255
12. Vorlaender KO (1983) Immunologie: Grundlagen – Klinik – Praxis. Thieme, Stuttgart New York, S 354
13. Yoneda K, Watanabe H, Yanagihava M, Mori S (1989) Immuno-histochemical staining properties of amyloids with anti-keratin antibodies using formalin-fixed, paraffin-embedded sections. J Cutan Pathol 16:133-136
14. Yoneda K, Kanok T, Nomura S, Ozaki M, Imamura S (1990) Elastolytic cutaneous lesions in myeloma-associated amyloidosis. Arch Dermatol 126:657-660

Prof. Dr. Walter Gebhart
II. Universitäts-Hautklinik
Alser Straße 4
A-1090 Wien

Kalzinosen der Haut

E. GROSSHANS und B. CRIBIER, Strasbourg

Die Ursachen von Ablagerungen in der Haut von Kalksalzen als amorphes Kalziumphosphat untermischt mit kleineren Mengen von Kalziumkarbonat werden unterschiedlich dargestellt. Die übliche Unterteilung in metastatische, metabolische, dystrophische und idiopathische Kalzinosen ist nicht sehr zufriedenstellend, insbesondere wegen der zahlreichen Überlappungen der sogenannten metabolischen und dystrophischen Kalzinosen und der Ungenauigkeit dieser beiden Bezeichnungen. Wir unterscheiden neben den idiopathischen Varianten die generalisierten Kalzinosen bekannter Ursache mit Kalzium- und Phosphatstoffwechselstörungen und die sekundären Kalzinosen, die keine vorangehende Stoffwechselstörungen betragen. Diese letzteren sind entweder generalisiert und manchmal das maßgebende Leitsymptom für Diagnosis und Prognosis oder lokalisiert und hautbeschränkt (Tabelle 1).

Mechanismen der Verkalkung

Im allgemeinen sind die biochemischen und zellulären Vorgänge der Verkalkung im normalen Knochengewebe und in Weichteilen unter pathologischen Umständen nicht verschieden. In allen Umständen beginnt die Verkalkung mit der Kristallisierung von Hydroxyapatiten $Ca_5(PO_4)_3OH$.

Der erste Kristall entsteht in Zellorganen, die mit Membranen versehen sind. Diese Organellen sind matrizielle Vesikeln die sich von der Zellmembran der Osteoblasten, der Knorpelzellen oder nicht osteogener Zellen (Fibroblasten, Tumorzellen) herbilden. In diesen Vesikeln konzentrieren sich Kalzium Ca^{++}, durch ihre hohe Affinität für Phospholipiden, und inorganische Phosphate PO_4^{3-} durch die Einwirkung der membrangebundenen Phosphatasen (alkalische Phosphatasen, ATPase, Pyrophosphatasen). Diese Enzyme hemmen zugleich die natürlichen Inhibitoren der Kristallisierung, ATP und Pyrophosphaten. Wenn die Konzentration von Ca^{++} und PO_4^{3-} innerhalb der Vesikeln weiter zunimmt entsteht der erste Kristall von Hydroxyapatit $Ca_5(PO_4)_3OH$. Die Mitochondrien vermögen auch den Ausgangspunkt der auslösenden Kristallisierung zu sein: der Inhalt der Mitochondrien kann sich sehr stark an Ca^{++} und PO_4^{3-} anreichern wenn der extrazelluläre Spiegel dieser beiden Ionen stark zunimmt oder wenn die Zellmembranen teilweise beschädigt sind [2].

Die morphologischen Bilder dieser intrazellulären Verkalkung sind die osmiophilen Granula die man in Fibroblasten, Histiozyten [6] oder Mastzellen [18] beobachten kann.

Die Fortsetzung der Verkalkung ist mit der zunehmenden Kristallwucherung verbunden. Die Faktoren, die die Verkalkung begünstigen und beschleunigen, sind sehr zahlreich:
- der extrazelluläre Ca^{++}- und PO_4^{3-}-Spiegel: sogar im normalen Bereich sind diese beiden Ionen in den Geweben in einem labilen Zustand und sobald sich das erste Kristall gebildet hat kann sich die Kristallisierung ohne weiteres fortsetzen
- die Hyperphosphorämie spielt in der Pathogenese der Kalzinosen eine wichtigere Rolle als die Hyperkalzämie: in Teutschländer's Tumorkalzinose ist eine Hyperphosphatämie stets vorhanden; bei chronischer Niereninsuffizienz erscheint die metastatische Kalzinose erst nach dem Auftreten eines sekundären Hyperparathyreoidismus, wenn der Phosphatblutspiegel steigt; bei übermäßigen Milchtrinkern mit Hyperkal-

Tabelle 1. Klassifikation der (Haut-)Kalzinosen

Mit Ca-P-Stoffwechselstörungen verbundene Kalzinosen

Hyperkalzämische Kalzinosen
    Primäres Hyperparathyreoidismus
    Vitamin D Überlastung oder Intoxikation
    Alkalisches Milchtrinker Syndrom
    Sarkoidose
    Osteolytische Erkrankungen (multiples Myelom, Metastasen ...)

Normokalzämische hyperphosphorämische Kalzinosen
    Niereninsuffizienz mit sekundärem bzw. tertiärem Hyperparathyreoidismus
    Calcinosis tumoralis (Teutschländersche Krankheit)

Assozierte (sekundäre) Kalzinosen, ohne Ca-P-Stoffwechselstörungen

Lokalisierte, hautbeschränkte Kalzinosen
    Narben, chronisch-entzündliche Veränderungen (Thrombosen, Fremdkörpergranulome), Parasitosen (Würmer), Fettnekrosen (Adiponecrosis neonatorum), gutartige Tumoren (Pilomatricom) oder Weichteilmalignome (Liposarkom), exogene Kalzinosen (durch Einbruch von Kalksalzen in die Haut)

Generalisierte Kalzinosen
    Sklerodermie (Thibierge-Weissenbach Syndrom)
    Dermatomyositis
    Lupus erythematosus
    Elastopathien (Pseudoxanthoma elasticum)
    Porphyria cutanea tarda
    Kongenitale Poikilodermie

Idiopathische (primäre) Kalzinosen ohne Ca-P-Stoffwechselstörungen

Lokalisierte Formen
    Kalzinose der Skrotalhaut, des Penis, der Vulva
    Solitäre und multiple noduläre Kalzinome
    Calcinosis circumscripta

Generalisierte Formen
    Calcinosis universalis idiopathica

---

zämie entstehen Kalkablagerungen nur wenn eine sekundäre Niereninsuffizienz mit Hyperphosphatämie eintritt; im primären Hyperparathyreoidismus mit erhöhtem Ca^{++}-Blutspiegel sind Kalzinosen nur zu beobachten wenn es zur Niereninsuffizienz kommt; schließlich erfolgen gute therapeutische Ergebnisse nur durch langwierige Behandlung mit Phosphatbindern oder nach radikaler Parathyreoidektomie
- das Kalzium × Phosphat-Produkt, wenn es eine gewisse Schwelle ($N \leq 70$ mg/100 ml) überschreitet, begünstigt den Niederschlag der Ca^{++}- und PO_4^{3-}-Ionen.
- Beschädigungen der Kollagen- und Elasticafasern begünstigen beträchtlich die Kristallisierung. Kalkablagerungen auf den elastischen Fasern gehören zum histologischen Befund des genetischen und des Salpeter-induzierten [29] Pseudoxanthoma elasticum. Veränderungen der Stereostruktur der Kollagenfasern oder eine Zunahme der Hyaluronsäure der Bindegewebe [19] begünstigen die Kalziphylaxie und unterhalten die Verkalkung. Die Addierung von Carboxylgruppen (γ-Carboxylglutaminsäure) auf die Kollagenmolekülen gewährt diesen eine höhere Bindungsfägigkeit für Kalzium und Eisen. Vitamin K ermöglicht die Umbildung von Glutaminsäure in γ-Carboxylglutaminsäure,

und Antikoagulantien wurden daher für die Therapie der primären Kalzinosen vorgeschlagen [21]
zahlreiche lokale Faktoren spielen unterschiedliche Rollen: Sensibilisierung der Kalziphylaxie durch Vitamin D2 [36] oder Eisen [34, 36], exogene Zugabe von Kalziumsalzen, alkalische Verschiebung des pH-Wertes [43], Aktivierung der Mastzellen die zahlreich in den Hautkalzinosen vorhanden sind und manchmal Kalkgranula enthalten [18], histogenetische Rolle der Schweißdrüsen in den idiopathischen hautbeschränkten Kalzinosen [39, 53], Kalkfreundlichkeit der Bereiche mit einer erheblichen Anhäufung von Mucopolysacchariden wie die Gefäßwände, das Bindegewebe der glatten Muskulatur der Haarbalgmuskeln, die Basalmembranen der Schweißdrüsen [15].

Kalzinosen durch Kalzium-Phosphatstoffwechsel-Störungen

An erster Stelle, weil sie der häufigsten Ätiologie entsprechen, sind die Hautkalzinosen bei chronischer haemodialysepflichtiger Niereninsuffizienz zu berücksichtigen. Die anderen metastatischen Kalzinosen haben viel weniger klinische Spezifität. Zu dieser nosologischen Gruppe zählt auch die Teutschländersche Krankheit oder Lipocalcinogranulomatosis, der in den meisten Fällen eine Hyperphosphorämie zu Grunde liegt.

Bei chronischer Niereninsuffizienz

Durch die Niereninsuffizienz entsteht ein enzymatischer Mangel der zu einer starken Beeinträchtigung der Synthese von $1,25(OH)_2$-Vitamin D und anschließend zur Reduktion der Darmabsorption des Kalziums führt. Zugleich ist die verzögerte Clearance der Phosphaten für eine steigende Hyperphosphorämie verantwortlich. Hypokalzämie und Hyperphosphorämie sind die auslösenden Faktoren eines sekundären Hyperparathyreoidismus mit Steigerung des Parathormonblutspiegels. Das Parathormon verursacht eine allmähliche Knochenresorption, eine Normalisierung des Ca^{++}-Blutspiegels und eine zusätzliche Steigerung des PO_4^{3-}-Blutspiegels. Von diesem Stadium an, wenn das Produkt Ca × P die kritische Schwelle von 70 mg/100 ml überschreitet, vermögen die ersten Kalkniederschläge zu entstehen. In allen Fällen spielen der erhöhte Blutspiegel des Phosphors und die Dauer der Hyperphosphorämie eine ausschlaggebende Rolle.

Um die geweblichen Lokalisationen der Kalkablagerungen zu erklären, wird meistens auf den Begriff der Kalziphylaxie von Selye zurückgegriffen. Bei experimentellen Kalzinosen braucht man stets zwei ergänzende Faktoren: ein systemischer Faktor wie Vitamin D oder Parathormon und ein lokaler Faktor oder „challenger" der an gewissen Stellen die Kalksalze abfängt und kristallisiert. Oft wird das experimentelle Wort „Kalziphylaxie" benutzt um die Kalzinose der Niereninsuffizienz zu bezeichnen bzw. zu beschreiben: eigentlich ist der Begriff der Kalziphylaxie rein experimentell und praktisch weiß man nicht genau welche „challengers" schließlich den Niederschlag der Hydroxyapatiten in bestimmten Organen oder Geweben bewirken.

Seitdem die Patienten mit Niereninsuffizienz dank der Haemodialyse oder der Transplantation immer längere Überlebenschancen genießen, hat die Häufigkeit dieser sekundären Kalzinosen in den letzten zwei Jahrzehnten stark zugenommen. Diese Voraussage steht ausdrücklich in der ersten deutschsprachigen dermatologischen Publikation von 1972 [15].

Klinik

Diese Kalzinosen treten öfters bei Frauen auf (69%) [7]. Das wichtigste klinische Kennzeichnen ist ein schmerzhafter Livedo reticularis verbunden mit violetten derben Plaques der unteren Glieder; auf diesen Plaques entstehen Purpura und ausgedehnte Nekrosen [24]. Die Beziehung dieser Hautnekrosen zur Gefäßkalzinose besonders Arteriolokalzinose kann sehr einfach durch röntgenologische Aufnahmen der Weichteile [25] oder durch histologische Untersuchung einer Probeexzision des Livedos oder eines Ulcusrandes [52] bestätigt werden. Die spontane Prognose dieser Nekrosen ist sehr ungünstig und die Hälfte dieser Patienten versterben [7]. Die Parathyreoidektomie hat im Gegenteil eine auffällige Wirkung und in einigen Fällen kam es sogar zur Rückbildung der Gefäßkalzinosen [55]. Im histologischen Befund beobachtet man eine ausgedehnte Mediakalzinose sämtlicher arteriellen Gefäße der Haut, manchmal sogar mit Verkalkung der kleineren Gefäße des Coriums und der Subcutis.

Außerhalb der Gefäße kann man auch noduläre Verkalkungen des Fettgewebes am Bauch, an den Oberschenkeln oder am Gesäß beobachten. Diese kalzifizierten Pannikulitiden können nekrotisch verfallen und anschließend ulzerieren. Subkutane Injektionen von Calciparin haben manchmal offensichtlich eine auslösende Wirkung [22]. Periartikuläre und dermale Kalkablagerungen sind auch nicht selten [10]: es bilden sich harte Papeln und Knoten symmetrisch in den Gelenkbereichen und in den Körperfalten (Axillen, Leisten, Armbeugen). Meistens sind diese Verkalkungen symptomfrei; Juckreiz [16], entzündliche Anfälle (Pseudo-Gicht), Absonderung von einem weißen teigigen Inhalt können Begleiterscheinungen sein. Die Resektion der Nebenschilddrüsen, aber auch die Hemmung der enteralen Phosphatresorption durch Aluminiumhydroxid und eine phosphorarme Diät können die Kalkablagerungen zur Rückbildung bringen. Außerhalb der Haut sind ähnliche Verkalkungen im Magen, im linken Herzvorhof, in den Lungen und in den Nieren beschrieben worden.

Die Ursache der Niereninsuffizienz spielt kaum eine Rolle beim Auftreten dieser metastatischen Kalzinose. In einem Fall sekundärer Oxalose konnten kristallographisch Kalziumoxalat Niederschläge nachgewiesen werden [35].

Bei anderen Grundleiden

Metastatische Kalzinosen wurden nach Vitamin D Intoxikationen (mit einer täglichen Einnahme von ca. 50000 E.) und bei Milchtrinkern beobachtet. Bei den letzteren beobachtet man zugleich Nierenverkalkungen und Nephrolithiasis. Beim primären Hyperparathyreoidismus, solange die Nierenfunktion nicht beeinträchtigt ist und der Phosphorblutspiegel niedrig oder im normalen Bereich bleibt, auch bei sehr erhöhter Kalzämie, sind Kalzinosen nur sehr selten anzutreffen. Sie sind auch selten bei Hyperkalzämien die auf Knochenmetastasen, auf einen Morbus Paget, oder ein multiples Myelom zurückzuführen sind. Die Kalzinosen, die unter diesen Umständen erscheinen, unterscheiden sich von den Kalzinosen der renalen Insuffizienz indem sie überwiegend die Gelenkbereiche und weniger die Blutgefäße betreffen.

*Die Lipocalcinogranulomatosis
(Teutschländersche Krankheit)*

Diese Krankheit ist durch zahlreiche tumoröse, vorzugsweise periartikuläre Kalkablagerungen („tumoral calcinosis", Inclan 1943) gekennzeichnet, ohne Beeinträchtigung der gesunden Gefäße oder der Nierenfunktion. In einer Übersicht von 1983 [14] konnten ungefähr 100 Fälle in der Literatur ausfindig gemacht werden. Die Krankheit scheint in Afrika häufiger zu sein („Krankheit der steinernen Hüften") aber nicht überwiegend in der schwarzen Rasse. Zu den diagnostischen Kriterien gehören außer dem klinischen Befund das familiäre Auftreten der Kalkablagerung und die Hyperphosphorämie.

Die Krankheit beginnt in 2/3 der Fälle vor dem 20. Lebensjahr und ist hereditär in 3/4 der Fälle. Es bilden sich steinerne harte Massen, bis zu 20 cm, um die Hüftengelenke, die Schultern, die Ellenbogen.

Die Hände, Finger, Knie, Füße können auch betroffen sein. Selten entstehen Nekrosen, Fisteln, Vereiterungen oder Kompressionsstörungen. Röntgenologische Aufnahmen zeigen daß Knochen und Gelenke unverändert bleiben und pathologische Untersuchungen daß die Kalkschollen sich im tiefen Corium und in der Fettschicht befinden. Ausnahmsweise wurden kortikale Hyperostosen [50] und pathologische Befunde der Elasticafasern beschrieben [12].

Die Teutschländersche Krankheit gehört zur Kalzinosen mit Ca-P-Stoffwechselstörungen: in 98% der Fälle [14] wird eine Hyperphosphorämie nachgewiesen mit normaler Kalzämie; der 1,25(OH)$_2$ Vitamin D Blutspiegel ist oft erhöht [44]. Der erhöhte Blutspiegel des Calcitriols scheint auf eine defekte Kontrolle der 1α-Hydroxylase der Nieren bezogen. Der Parathormonblutspiegel ist im normalen Bereich. Die Hyperphosphorämie ist durch eine erhöhte Resorption der Phosphaten in den proximalen Nierentubuli bedingt. Sie ist die maßgebende biologische Veränderung: man kann sie schon vor der Erscheinung der ersten Kalkablagerungen und auch bei gesunden Familienangehörigen nachweisen.

Die Krankheit wird autosomal entweder dominant [26] oder rezessiv [32] übertragen. In einer Familie mit einem dominanten Erbgang, wurde auf spezifische Zahnanomalien [26] hingewiesen und die hohe Anzahl der „formes frustes" hervorgehoben.

Für die Behandlung sind operative Eingriffe sinnlos: 93% der exzidierten Steinmassen rezidivieren [14]. Durch langwierige Behandlungen mit Phosphatbindern (Al- oder Al-Mg-Hydroxyde, Diphosphonate [23]) kann mit der Zeit eine Verminderung der Kalzinose erfolgen. Die Prognose ist im allgemeinen gut.

Sekundäre Kalzinosen
ohne Kalzium-Phosphatstoffwechselstörungen

Die *umschriebenen hautbeschränkten Kalzinosen* sind sehr häufig und oft Nebenbefunde bei histopathologischen Untersuchungen. Sie entstehen auf vorangehenden Veränderungen des Bindegewebes oder in und um Tumorzellen. Die Beispiele aus der Literatur und aus der Praxis sind sehr zahlreich. In allen Fällen sind Blutspiegel und Stoffwechsel des Ca^{++}, der Phosphaten, des Vitamins D und des Parathormons normal. Umschriebene Hautkalzinosen können in folgenden Umständen entstehen:
- nach Trauma: reversible Kalzifikationen der Fersen bei Säuglingen nach wiederholten Blutentnahmen, nach oberflächlichen Hautabschürfungen [32]

- auf Narben: nach Laparotomie, nach Brandwunden, in Wundkeloiden, nach Hematomen
- in entzündlichen oder nekrotischen chronischen Veränderungen der Haut: Kalzinosen der Ohrmuschel nach Chondritis oder Gefrierwunden [8], der Unterschenkel bei der chronischen Veneninsuffizienz (Phlebolithen) mit oder ohne Ulcus cruris, im Gesichtsbereich als späte Komplikation einer entzündlichen Akne; Knochengewebe und sogar differenzierte Osteomen bilden sich öfters in diesen beiden letzteren Umständen. Eine vorübergehende Calcinosis ist oft in den adiponekrotischen Läsionen beobachtet und kann in der Adiponecrosis neonatorum eine drohende Hyperkalzämie mit sich ziehen
- in Parasitosen, wo sich die toten Parasiten manchmal in der Haut verkalken: z. B. subkutane miliäre Verkalkungen in der Zystizerkose, tubuläre Verkalkungen der Filarien (Dracuncula, Loa-Loa)
- bei benignen Tumoren, Fremdkörpergranulomen und Zysten: Trichilemmalzysten, Pilomatricome, Trichoepitheliome, seltener Haemangiome, Fibrome, Lipome, Naevuszellnaevus (solitäre noduläre Kalzinome sind wahrscheinlich Naevus oder andere Hamartome die vollständig kalzifiziert sind); in malignen Tumoren sind Kalkablagerungen in Basaliomen und Liposarkomen manchmal vorhanden
- in ganz seltenen Umständen die nur als Anekdoten zu erwähnen sind: Aussaat von multiplen Kalkknötchen bei einem 6jährigen Kind mit einer Trisomie 21 [41] oder angeborene dermale Verkalkungen nach einer Herpesinfektion in utero bei einem frühgeborenen 31 Wochen alten Kind [4].

Exogene hautbeschränkte Kalzinosen sind in der dermatologischen Literatur seltener erwähnt und beschrieben. Sie entstehen nach einem traumatischen Einbruch von konzentrierten Kalksalzen in das Corium entweder direkt anläßlich einer verfehlten intravenösen Verabreichung von Kalzium, oder indirekt nach epikutaner Applikation oder oberflächlichen Verletzungen. Kalziumchlorid ist meistens daran schuld: gemischt mit Sand und Salz für die winterliche Streuung der Straßen [54], im Abflußwasser der Bergwerke [42], in Lösungen für therapeutische Zwecke oder in Pasten für Elektroencephalographie. Der Salpeter enthält 78% Kalknitrat und kann durch Einbruch in die Haut eine Verkalkung der elastischen Fasern hervorrufen die man kaum von der Verkalkung der Fasern des Pseudoxanthoma elasticum unterscheiden kann [29].

Die Kalkeinlagerungen entstehen 2 bis 3 Wochen später an den exponierten Körperstellen und lösen sich nach einigen Wochen oder Monaten wieder auf. Der klinische Befund ist sehr verschieden und hängt von dem auslösenden Vorgang ab: Papeln und Knoten von 0,5 bis 2 cm auf den Fingerrücken oder in linearer Anordnung auf einer Narbe, gelbliche oder graue Plaques nach paravenöser Diffusion oder nach unerwünschter Ionophorese eines Kalksalzes.

Die Pathophysiologie dieser exogenen Kalzinosen ist wichtig zu betrachten: deren Vorgang hat nämlich viel Ähnlichkeiten mit demjenigen der experimentellen Kalziphylaxie von Selye.

Diffuse oder generalisierte Kalzinosen gehören als Leitsymptom oder als häufige Komplikation zu verschiedenen systemisierten Erkrankungen, vor allem die Sklerodermie, die juvenile Dermatomyositis und das Pseudoxanthoma elasticum.

In der *sytemischen Sklerodermie,* und speziell im Syndrom von Thibierge und Weissenbach (oder CRST-Syndrom) kann man Verkalkungen in mehr als 40% der Fälle nachweisen. Der Krankheitsverlauf ist nicht mit dem Auftreten dieser Kalzinose korreliert. Vorzugsweise sind, besonders bei Frauen, die Fingerspitze betroffen wo die Verkalkungen einen entzündlichen Verlauf mit transepidermaler Abstoßung haben können. In den anderen Lokalisationen sind sie meistens symptomfrei und vermögen sogar in gesunder nicht sklerodermatischer Haut zu erscheinen: Ellenbogen, Knie, Fußrücken, entlang der Wirbelsäule. Histologisch entsprechen sie amorphen Kalkablagerungen zwischen den Kollagenfasern, zuerst im tiefen Corium.

Die Pathophysiologie der Kalkfreundlichkeit der Sklerodermie ist noch nicht geklärt. Isotopische Untersuchungen mit ^{47}Ca haben gezeigt daß die Darmabsorption erhöht und die Ausscheidung in Urin und Faeces verzögert ist [27] ohne daß die Blutspiegel des Kalziums, der Phosphaten und der alkalischen Phosphatasen dadurch verändert sind. Weitere Studien haben auch gezeigt daß in vitro die Fibroblasten von sklerodermatischer Haut mehr Kalzium aufnehmen als normale Fibroblasten und daß der Kalziumgehalt der Haut, der Muskeln, der Nieren und der Lungen bei Sklerodermie-Patienten 5 bis 20mal erhöht ist im Vergleich zur gesunden Haut und Viszera. Der allgemeine Stoffwechsel des Vitamins D scheint normal [38]; wenn man aber nur Patienten mit Kalzinose berücksichtigt, findet man erniedrigte $1,25(OH)_2$ Vitamin D Blutspiegel, vielleicht wegen einer defekten renalen Hydroxylisierung. In der selben Patientengruppe ist der Parathormonblutspiegel signifikant erhöht [37]. Auch den Mastzellen, die in der Sklerodermie zahlreicher sind [30], wurde eine Rolle in der Kalkablagerung zugeschrieben. Das gilt auch für die sulfatierten sauren Mucopolysacchariden deren geweblicher Gehalt in der Sklerodermie und in den Verkalkungen erhöht ist.

Es gibt noch keine zufriedenstellende Behandlung dieser sekundären Kalzinose. Serup und Hagdrup [38] haben vorgeschlagen prophylaktisch Vitamin D zu geben.

Umschriebene Verkalkungen in kranker Haut wurden auch in der Morphea und in sklerodermatischen Formen der Porphyria cutanea tarda beschrieben.

In der *Dermatomyositis* betrifft die Kalzinose vorzugsweise die Muskeln und Sehnen, seltener die Haut. Wegen ihrer Ausdehnung zieht sie mit sich starke funktionelle Störungen besonders bei Kindern (2/3 der juvenilen Dermatomyositiden betragen Kalzinosen), seltener bei Erwachsenen (20%). Außer Hals und Kopf können sämtliche Körperstellen betroffen sein, besonders die Muskeln der Oberschenkel, der Arme und des Rumpfes und die Umgebung der Gelenke [28]. Neben der schweren funktionellen Beeinträchtigung der Muskeln und Gelenke („Gang eines Ritters in seiner verpanzerten Rüstung"), betragen die Verkalkungen auch entzündliche Veränderungen mit Fistelbildungen, Superinfektion, Schmerzhaftigkeit. Um die Kalkfreundlichkeit dieser Erkrankung zu erklären, werden die selben Argumente wie in der Sklerodermie erwähnt, ohne überzeugende Beweise. Im Gegenteil zur Sklerodermie, wurde in der Dermatomyositis eine spontane Rückbildung der Kalkablagerungen öfters beobachtet durch Resorption oder transkutane Abstoßung [49]. Manche Kalkmassen sind einer operativen Entfernung zugänglich. Bei einem Mädchen von 13 J. erfolgte ein vollständiges Verschwinden der Kalzinose nach einer Behandlung mit Al-Hydroxyd 1,6–2,2 g pro Tag, wie sie in der Teutschländerschen Krankheit vorgeschlagen wurde [48]. Weil die γ-Carboxylglutaminsäure die Matrix der

Kristallisierung der Hydroxyapatiten darstellen kann und die Synthese dieser Säure unter der Kontrolle des Vitamins K steht, wurde eine Behandlung mit Antikoagulantien vorgeschlagen [5, 21], leider ohne sichtbaren Erfolg.

Im *Lupus erythematosus* sind einige Kalzinose-Fälle beschrieben worden: Kalkablagerungen der Weichteile wie in der Dermatomyositis [33], knotige und plaqueförmige Hautkalzinosen der Extremitäten [20], Verkalkung eines Lupus profundus oder eines chronischen diskoiden L.E. [45]. Sie gewähren der Lupuskrankheit keinen besonderen Verlauf.

Interessanter zu diskutieren sind die kalzifierenden Vorgänge des *Pseudoxanthoma elasticum* und einige andere Elastopathien wie Morbus Marfan. Die pathologisch veränderten Elasticafasern sind kalkfreundliche Matrizen wegen ihres hohen Gehaltes an sauren Mucopolysacchariden (Hyaluronsäure, Chondroitin-6-Sulfat) [47] und im P.X.E. sieht man frühzeitig Kalkgranula auf Elasticafasern die scheinbar noch nicht morphologisch verändert sind [13]. Ihr histologischer Nachweis ist für die diagnostische Sicherung des P.X.E. unerläßlich. Eine Calcinosis universalis wurde in einem fall von kongenitaler Poikilodermie Rothmund-Thomson beobachtet [3].

Primäre oder idiopathische Kalzinosen

Sie betragen weder eine Kalzium-Phosphatstoffwechselstörung noch eine vorangehende Erkrankung und sie können wie die sekundären Kalzinosen in zwei nosologische Gruppen eingeteilt werden: lokalisierte Hautkalzinosen, generalisierte Kalzinosen mit Beteiligung der Haut.

Der Prototyp der umschriebenen hautbeschränkten idiopathischen Kalzinosen ist die *Calcinosis scrotalis*. Sie beginnt meistens nach der Pubertät und ist durch das Auftreten von derben, zahlreichen – bis zu 20 – Kalkknötchen von 0,5 bis 2 cm Durchmesser in der Haut des Scrotums gekennzeichnet. Im histologischen Befund sieht man bröckelige Kalkablagerungen im Corium, im Von Kossa Verfahren schwarz angefärbt, manchmal von einem Fremdkörpergranulom umgeben. Die elektronenmikroskopische Untersuchung zeigt daß die ersten Kalkkristalle sich intrazellulär in den Fibroblasten und Histiozyten bilden [6]. Die Histogenese dieser seltsamen Lithiasis der skrotalen Haut ist immer noch umstritten. Einige Fälle sind offensichtlich sekundäre Verkalkungen von Epidermalzysten [1] oder von anderen epithelialen Läsionen der Anhangsgebilde (ekkrine Milia) [9]. Aber in den meisten Fällen findet man in sorgfältig durchgeführten Serialschnitten keine Beziehung der Verkalkungen zu den epithelialen Strukturen.

Ähnliche genitale Kalzinosen wurden auch in der Penishaut [17] und an den großen Schamlippen der Vulva beschrieben.

Das *solitäre noduläre Kalzinom* ist ein gelblicher harter Knoten, manchmal mit einer oberflächlichen Hyperkeratose oder Kruste, im Hals-, Ohren- oder Gesichtsbereich. Solche Kalzinome werden öfters bei Kindern beobachtet; manche sind sogar angeboren [51]. Multiple, sogar miliäre Kalzinomen der Haut sind auch beschrieben worden [11]. Die histologische Untersuchung zeigt subepidermale Anhäufungen von kleinen Verkalkungen die manchmal die Form und die Größenverhältnisse epithelialer Zellen haben. Solche zytoide Verkalkungen findet man sogar in der oberliegenden Epidermis, aber man kann nicht bestimmen ob sie durch die Epidermis wandern oder dort entstehen. Einige Autoren haben morphologische Beziehungen dieser subepidermalen Verkalkungen zu den Ausführungsgängen der ekkrinen Schweißdrüsen beobachtet [39, 53] und Schmunes und Mit. schreiben der Kalkausscheidung durch den Schweiß eine auslösende Wirkung zu. Wir haben ein solitäres Kalzinom in einem Naevuszellnaevus beobachtet. Schließlich scheint es heutzutage nicht möglich zu sagen ob das Winersche Kalzinom ein primäres Kalzinom ist oder die Verkalkung eines ekkrinen Hamartoms oder eines Pigmentnaevus.

Unter dem Namen „Calcinosis circumscripta" [46] wurden isolierte Hautverkalkungen der Fingerspitzen oder der Streckseiten der Finger beschrieben, ohne assozierte Krankheit.

Die „*calcinosis (interstitialis) universalis idiopathica*" ist sehr selten und diese Diagnose hält nur aufrecht wenn keine systemisierte Erkrankung sich anschließt. Diese Kalzinose ist generalisiert und betrifft zugleich die Haut, die Gelenke, die Muskeln, Sehnen und Nervenscheiden. Die funktionelle Impotenz nimmt allmählich zu und die Patienten werden bettlägerig und verderben an einer progressiven irreversiblen Kachexie. Die Krankheit beginnt im jugendlichen Alter, meistens vor dem 10. Lebensjahr. Differentialdiagnostisch ist die Myositis ossificans generalisata zu besprechen, aber eine klare Trennung beider Krankheitsbilder ist nicht immer möglich. Synthetische strukturähnliche Derivate der Pyrophosphaten, die eine hemmende Wirkung auf die Kalzifikation haben, können eingesetzt werden und vermögen den Krankheitsverlauf zu verlangsamen (Diphosphonaten wie Na-Etidronat 10 mg/kg/die) [40]. Aber meistens verläuft die Krankheit ad exitum.

Literatur

1. Akosa AB, Gilliland EA, Ali MH, Khoo CTK (1989) Idiopathic scrotal calcinosis: a possible aetiology reaffirmed. Br J Plastic Surg 42:324–327
2. Anderson HK (1983) Calcific diseases. Arch Pathol Lab Med 107:341–348
3. Aydemir EH, Onsun N, Ozan S, Hatemi HH (1988) Rothmund-Thomson syndrome with calcinosis universalis. Int J Dermatol 27:591–592
4. Beers BB, Flowers FP, Sheretz EF, Selden S (1986) Dystrophic calcinosis cutis secondary to intrauterine herpes simplex. Ped Dermatol 3:208–211
5. Berger RG, Featherstone GL, Raasch RH, Mc Cartney WH, Hadler NM (1987) Treatment of calcinosis universalis with low-dose warfarin. Am J Med 83:72–76
6. Bourlond A (1983) Calcinose idiopathique du scrotum: note sur l'ultrastructure. Ann Dermatol Venerol 110:503–506
7. Bourlond A, Eggers S, Willocx D, Loute G, Ghysen J (1989) Calciphylaxie? Nécroses cutanées étendues associées à une calcinose artériolaire et sous-cutanée importante dans le cadre d'une insuffisance rénale chronique. Dermatologica 179:165–170
8. Chadwick JM, Dowham II TF (1978) Auricular calcification. Int J Dermatol 17:799–801
9. Dare AJ, Axelsen RA (1988) Scrotal calcinosis: origin from dystrophic calcification of eccrine duct milia. J Cutan Pathol 15:142–149
10. De Graaf P, Rinter DJ, Scheffer E, Schicht IM, Van Vloten WA, De Graff J (1980) Metastatic skin calcification. A rare phenomenon in dialysis patients. Dermatologica 161:28–32
11. Eng AM, Mandrea E (1981) Perforating calcinosis cutis presenting as milia. J Cutan Pathol 8:247–250
12. Frances C, Emilie D, Wechsler B, Wechsler J, Boisnic J, Le Hoang P, Kieffer E, Godeau P (1987) Maladie diffuse du tissu élastique et hyperphosphorémie. Ann Dermatol Venerol 114:359–367
13. Frances C, Robert L (1984) Elastin and elastic fibers in normal and pathologic skin. Int J Dermatol 23:166–179

AMCIDERM®

präsentiert:

Unglaublich Schnelles aus dem Guinness Buch der Rekorde.

Folge 8

Schneidern: Die größte Geschwindigkeit, mit der ein dreiteiliger Anzug vom Schaf bis zum Kleidungsstück angefertigt wurde, beträgt 1 : 34 : 33 Std. Am 24. Juni 1982 starteten 65 Mitglieder des Melbourne College of Textiles in Pascoe Vale, Victoria (Australien), den Versuch. Das Einfangen und Schafscheren dauerte 2 : 21 Min., der Rest der Zeit wurde für das Streichen und Krempeln der Wolle, für das Weben, Zuschneiden und Nähen benötigt.

Bei Psoriasis vulgaris: Salbe und Fettsalbe

AMCIDERM®
Rasche Hilfe bei Ekzemen.

Amciderm®-Präparate zur Therapie kortikoidempfindlicher entzündlicher Hauterkrankungen und der Psoriasis. **Zusammensetzung:** 1 g Amciderm Fettsalbe enthält 1 mg Amcinonid. Hilfsstoff: 20 mg Benzylalkohol. 1 g Amciderm Salbe enthält 1 mg Amcinonid. Hilfsstoff: 10 mg Benzylalkohol. 1 g Amciderm Creme enthält 1 mg Amcinonid. Hilfsstoff: 20 mg Benzylalkohol. 1 g Amciderm Lotio enthält 1 mg Amcinonid. Hilfsstoff: 10 mg Benzylalkohol. **Anwendungsgebiete:** Für alle Amciderm-Zubereitungen: Steroidempfindliche Hauterkrankungen, wie z. B. toxische Ekzeme, allergische Kontaktekzeme, konstitutionelle Ekzeme (Neurodermitis-Formenkreis), Lichen ruber. Für Fettsalbe oder Salbe zusätzlich: Psoriasis vulgaris. Für Salbe, Creme und Lotio zusätzlich: seborrhoische Ekzeme. Die Fettsalben- bzw. Salbenzubereitungen eignen sich vor allem bei hyperkeratotischen Prozessen im chronischen oder subakuten Stadium und bei Patienten mit trockener bzw. extrem trockener Haut. Creme und Lotio eignen sich vor allem bei akuten, nässenden Dermatosen, bei Patienten mit sehr fetter oder fettempfindlicher Haut sowie bei Anwendung im behaarten Bereich. **Gegenanzeigen:** Amciderm darf nicht angewandt werden bei Viruserkrankungen der Haut (z. B. Windpocken, Reaktion auf Pockenschutzimpfung), bei bakteriellen Hauterkrankungen (z. B. Akne, superinfiziertes Ekzem), bei Dermatitis perioralis, spezifischen Hautprozessen (Lues, Tbc) und Mykosen. Die Anwendung von Amciderm ist nicht angezeigt bei bekannter Überempfindlichkeit gegen Amcinonid oder einen der sonstigen Bestandteile der Präparate. Amciderm eignet sich nicht für die Anwendung in der Augenheilkunde. Wegen der möglichen Wirkstoffaufnahme sollte Amciderm während der Schwangerschaft und Stillzeit nicht aufgetragen werden. **Nebenwirkungen:** Unter der Behandlung mit Amciderm kann es zu Sekundärinfektionen kommen. An sonstigen Nebenwirkungen sind zu beachten: Striae, Hautatrophien, Teleangiektasien, purpuraähnliche Blutungen, Steroidakne, periorale Dermatitis. Die Wahrscheinlichkeit des Auftretens steigt mit der Behandlungsdauer (vor allem bei mehrwöchiger Therapie) sowie mit Größe und Beschaffenheit der behandelten Körperstelle (z. B. Hautfalten). Bei Überempfindlichkeit gegen einen der Bestandteile von Amciderm kann es zu lokalen Reizerscheinungen (Rötung, Brennen, Juckreiz) sowie zu Kontaktsensibilisierungen (auch in Form einer Verschlechterung der Grundkrankheit) kommen. Unter der Behandlung mit Amciderm können systemische Nebenwirkungen (z. B. Magenschmerzen, Erhöhung des Thrombose- und Infektionsrisikos, verminderte Glukosetoleranz, Glaukome, Beeinflussung der körpereigenen Cortisolproduktion) auftreten. Dies ist von der Aufnahme größerer Wirkstoffmengen durch die Haut abhängig. Deshalb ist darauf zu achten, daß die angegebene Behandlungsdauer (siehe Dauer der Anwendung) nicht überschritten wird und die Größe der behandelten Fläche maximal 10 – 20 % der Körperoberfläche beträgt.

Wechselwirkungen: sind bisher nicht bekannt. **Hinweis:** Amciderm dient nicht zur Behandlung von zusätzlich bakteriell und/oder pilzbedingt infizierten Hautkrankheiten. **Dosierung und Anwendung:** Im allgemeinen wird Amciderm 1 – 2 mal täglich auf die befallenen Hautpartien aufgetragen. **Dauer der Anwendung:** Im Hinblick auf eine mögliche Kortikoidschädigung der Haut sollte Amciderm nicht länger als 4 Wochen angewandt werden. **Handelsformen:** Amciderm® Fettsalbe: Tube mit 20 g DM 17.65, Tube mit 50 g DM 38.10, Tube mit 100 g DM 67.80. Amciderm® Salbe: Tube mit 20 g DM 17.65, Tube mit 50 g DM 38.10, Tube mit 100 g DM 67.80. Amciderm® Creme: Tube mit 20 g DM 17.65, Tube mit 50 g DM 38.10, Tube mit 100 g DM 67.80. Amciderm® Lotio: Flasche mit 20 g DM 20.50, Flasche mit 50 g DM 42.50. Ferner Klinikpackungen. Apoth.-Abg'preise. Stand: 1. 2. 1990.

HERMAL Kurt Hermann, D-2057 Reinbek b. Hamburg   E. Merck, Postfach 4119, 6100 Darmstadt 1   **MERCK**

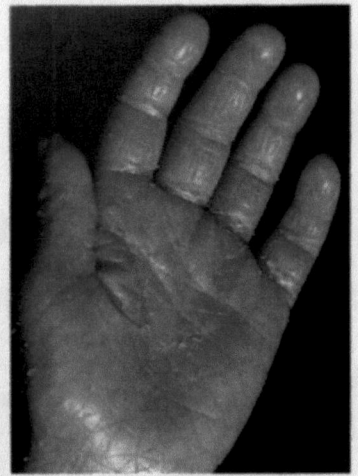

Lokale Behandlung von Ichthyosen und Hyperkeratosen

Die überwiegende Zahl der Hyperkeratosen beruht auf einer Retentionsstörung. Diese vulgären Ichthyosen sprechen am besten auf eine lokale Behandlung mit Vitamin A-Säure und Harnstoff an. Für leichtere Fälle und zur Nachbehandlung genügt oft Harnstoff allein.

Carbamid + VAS Salbe Widmer Zusammensetzung: 100 g Salbe enthalten 0,03 g Tretinoin, 12 g Harnstoff, 1 g Panthenol. Anwendungsgebiete: Schwere Fälle von Verhornungsstörungen, insbesondere Fischschuppenkrankheit (Ichthyosis), follikuläre Verhornungsstörungen, übermäßige Verhornung der Hände und Füße. Gegenanzeigen: Empfindlichkeit gegen Tretinoin und Propylenglycol. Nebenwirkungen: Sonnen- bzw. künstliche Ultraviolettbestrahlung vermeiden. Wechselwirkungen: Nicht gleichzeitig mit salicylsäurehaltigen Präparaten anwenden. Anwendung: 1–2mal täglich einmassieren. Bei schweren Formen von übermäßiger Verhornung, besonders an Händen und Füßen, über Nacht Okklusivverbände anlegen. Packungsgrößen und Preise: Tube zu 30 g DM 20,50, Tube zu 100 g DM 32,70.
Carbamid Salbe Widmer Zusammensetzung: 100 g Salbe enthalten 12 g Harnstoff, 165 mg Retinolpalmitat, 1 g Panthenol. Anwendungsgebiete: Übermäßige Verhornung, leichtere Formen der Fischschuppenkrankheit (Ichthyosis), Rückfallprophylaxe und Dauerbehandlung der Fischschuppenkrankheit, follikuläre Verhornungsstörungen, trockene, spröde, gerötete Haut. Gegenanzeigen: Empfindlichkeit gegen Propylenglycol. Nebenwirkungen: keine bekannt. Anwendung: 1–2mal täglich einmassieren. Bei Rückfallprophylaxe 2mal wöchentlich oder je nach Bedarf öfter anwenden. Packungsgröße und Preis: Tube zu 100 g DM 20,50.

Dermatologica Widmer

Laboratoires Louis Widmer + Co., CH-8952 Schlieren

Vertrieb BRD: Louis Widmer GmbH, D-7888 Rheinfelden
Vertrieb A: Louis Widmer Ges.mbH, A-5022 Salzburg, unter der Bezeichnung Keratosis Crème und Keratosis Crème FORTE

Do you want to reach differential diagnosis in dermatology more easily? **Then this outstanding reference book with more than 8000 remarkable, mostly color illustrations is a must in your daily work!**

O. Braun-Falco, G. Plewig, H. H. Wolff, R. K. Winkelmann

Dermatology

1991. XXVIII, 1235 pp. 847 figs., mostly in color. 131 tabs. Hardcover DM 340,–
ISBN 3-540-16672-6

This superb book deals not only with the classical diseases of dermatology but also with all related fields: venerology, phlebology, allergology, proctology, photobiology, and radiotherapy.

All diseases that can be manifested in the skin are covered in a balanced text that includes extensive information on clinical, pathophysiological, and differential diagnostic features.

Each section contains detailed suggestions for systemic and topical therapy, and final chapters provide a comprehensive summary and critical appraisal of all classical and modern treatments.

Springer-Verlag
Berlin Heidelberg New York London Paris Tokyo Hong Kong Barcelona

Heidelberger Platz 3, W-1000 Berlin 33, F.R. Germany

tm.6196/A/2h

14. Frère D, Kinnaert P, Van Geel P, Van Geertruyden J (1983) Calcinose tumorale et calcifications métastatiques. Pathogénie et essai de classification. Rev Rhum 50:545–541
15. Grosshans E, Maleville J, Jahn H (1972) Histopathologie and Pathogenese der Kalkablagerungen in der Haut bei Haemodialysis. Z Hautkr 47:467–473
16. Grosshans E, Maleville J, Jahn H, Frankhauser J (1970) Le prurit lors de l'hémodialyse répétée dans l'insuffisance rénale chronique. Données étiologiques et histopathologiques. Bull Soc Franç Derm Syph 77:828–834
17. Hutchinson IF, Abel BJ, Susskind W (1950) Idiopathic calcinosis cutis of the penis. Br J Dermatol 102:341–343
18. Johnson WC, Forbes PO, Graham JH, Gray HR (1964) Experimental cutaneous calcinosis: a histopathologic and histochemical study. J Invest Dermatol 43:453–466
19. Johnson WC, Graham JH, Helwig EB (1964) Histochemistry of the acid mucopolysaccharides in cutaneous calcification. J Invest Dermatol 42:215–224
20. Kabir DI, Malkinson FD (1969) Lupus erythematosus and calcinosis cutis. Arch Dermatol 100:17–22
21. Laroche L, Sedel D, Enjolras O, Robert D, Zelmar A, Zingraff J, Drueke T, Hewitt J (1983) Calcinose tumorale d'Inclan ou lipocalcinogranulomatose de Teutschlaender: rôle pathogénique éventuel de la vitamine K. Ann Dermatol Venerol 110:729–730
22. Laurent R, Thiery F, Saint-Hillier Y, Blanc D, Agache P (1987) Panniculite calcifiante associée à une insuffisance rénale: un syndrome de calciphylaxie tissulaire. Ann Dermatol Venerol 114:1073–1081
23. Lazorik FC, Friedman AK, Leyden JJ (1981) Xerographic observations in four patients with chronic renal disease and cutaneous gangrene. Arch Dermatol 117:325–328
24. Leicht E, Thocz HJ, Seeliger H, Lauffenburger T (1977) Tumoröse Calcinose (Teutschländersche Lipocalcinogranulomatosis). Langzeitbeobachtung und Therapie mit Diphosphonaten. Verh Dtsch Ges Inn Med 83:1349–1352
25. Leroy D, Barrellier MT, Zanello D, Mandard JC, Rousselot P, Deschamps P (1984). Purpura réticulé et nécrotique (à type d'angiodermite nécrotique) dû à des calcifications artérielles au cours d'une insuffisance rénale chronique. Ann Dermatol Venerol 111:461–466
26. Lyles KW, Burkes EJ, Ellis GJ, Lucas KJ, Dolan EA, Drezner MK (1985) Genetic transmission of tumoral calcinosis: autosomal dominant with variable clinical expressivity. J Clin Endocrinol Metab 60:1093–1096
27. Marks J (1970) Studies with ^{47}Ca in patients with calcinosis cutis. Br J Derm 82:1–9
28. Muller DA, Winkelmann RK, Brunsting LA (1959) Calcinosis in dermatomyositis. Arch Dermatol 79:669–673
29. Nielsen AO, Christensen OB, Hentzer B, Johnson E, Kobayasi T (1978) Salpeter-induced dermal changes electron microscopically indistinguishable from pseudo-xanthoma elasticum. Acta Dermatovener (Stockh) 58:323–357
30. Nishioka K, Kobayasi Y, Katayama I, Takijiri C (1987) Mast cell numbers in diffuse scleroderma. Arch Dermatol 123:205–208
31. Pitt AE, Ethington JE, Troy JL (1990) Self-healing dystrophic calcinosis following trauma with transepidermal elimination. Cutis 29:28–30
32. Prince MJ, Schaefer PC, Goldsmith RS, Chausmer AB (1982) Hyperphosphatemic tumoral calcinosis. Association with elevation of serum 1,25-dihydroxycholecalciferol concentrations. Ann Int Med 96:586–591
33. Quismorio FP, Dubois EL, Chandor SB (1975) Soft-tissue calcification in systemic lupus erythematosus. Arch Dermatol 111:352–356
34. Ramelet AA, Burri G (1979) Sidérosclérocalcinose. Ann Dermatol Venerol 106:909–912
35. Reginato AJ, Seoane JLF, Alvarez CB, Piferrer JM, Meijon LV, Turon RP, Vasconez F, Rivera ER, Clayburne G, Rothfuss S (1986) Arthropathy and cutaneous calcinosis in hemodialysis oxalosis. Arthr Rheum 29:1387–1396
36. Selye H, Marie A, Jean P (1961) Systemic and topical factors involved in the production of experimental calcinosis. J Invest Dermatol 37:7–12
37. Serup J, Hagdrup HK (1984) Parathyroid hormone and calcium metabolism in generalized scleroderma. Arch Dermatol Res 276:91–95
38. Serup J, Hagdrup HK (1985) Vitamin D metabolites in generalized scleroderma. Acta Derm Venerol (Stockh) 65:343–345
39. Shmunes E, Gray Wood M (1972) Subepidermal calcified nodules. Arch Dermatol 105:893–897
40. Simons M, Gerbaux B, Dachy A, Vainsel M (1986) La calcinose idiopathique. Sem Hôp Paris 62:1349–1351
41. Smith ML, Golitz LE, Morelli GE, Weston WL, Markewich G (1989) Milialike idiopathic calcinosis cutis in Down's syndrome. Arch Dermatol 125:1586–1587
42. Sneddon IB, Archibald RMcL (1958) Traumatic calcinosis of the skin. Br J Dermatol 70:211–214
43. Speer ME, Rudolph AJ (1983) Calcification of superficial scalp veins secondary to intravenous infusion of sodium, bicarbonate and calcium chloride. Cutis 32:65–66
44. Steinherz R, Chesney RW, Eisenstein B, Metzker A, De Luca HF, Phelps M (1985) Elevated serum calcitriol concentrations do not fall in response to hyperphosphatemia in familial tumoral calcinosis. AJDC 139:816–819
45. Ueki H, Takei Y, Nakagawa S (1980) Cutaneous calcinosis in localized discoid lupus erythematosus. Arch Dermatol 116:196–197
46. Van Brabandt S (1982) Calcinosis circumscripta. Dermatologica 165:514
47. Walker ER, Frederickson RG, Mayes MD (1989) The mineralization of elastic fibers and alterations of extracellular matrix in pseudoxanthoma elasticum. Ultrastructure, immunocytochemistry, and X-ray analysis. Arch Dermatol 125:70–76
48. Wang WJ, Lo WL, Wong CK (1988) Calcinosis cutis in juvenile dermatomyositis: remarkable response to aluminium hydroxide therapy. Arch Dermatol 124:1721–1722
49. Wilsher ML, Holdaway IM, North JDK (1984) Hypercalcemia during resolution of calcinosis in juvenile dermatomyositis. Br Med J 288:1345
50. Wilson WP, Lindsley CB, Werady BA, Johnson JA (1989) Hyperphosphatemia associated with cortical hyperostosis and tumoral calcinosis. J Pediatr 114:1010–1013
51. Winer LH (1952) Solitary congenital nodular calcification of the skin. Arch Dermatol 66:204–211
52. Winkelmann RK, Keating Jr FR (1970) Cutaneous vascular calcification, gangrene and hyperparathyroidism. Br J Dermatol 83:263–268
53. Woods B, Kellaway TD (1963) Cutaneous calculi. Subepidermal calcified nodules. Br J Dermatol 75:1–11
54. Zackheim HS, Pinkus H (1957) Calcium chloride necrosis of the skin. Report of 2 cases. Arch Dermatol 76:244–246
55. Zouboulis CC, Weihe J, Gollnick H, Mülleneisen NK, Harwig SK, Neumayer HH, Orfanos CE (1990) Calcinosis cutis: kutane Manifestationen generalisierter Kalzinose bei renalem Hyperparathyreodismus. Hautarzt 41:212–217

Prof. Dr. Edouard Grosshans
Dr. Bernard Cribier
Clinique Dermatologique
Faculté de Médecine
Université Louis Pasteur
1, place de l'Hôpital
F-67091 Strasbourg Cédex

Schleimablagerungen (M) in der Haut, ein Autoimmunphänomen?

G. K. Steigleder und H.-J. Schulze, Köln

Definition

Unter Schleimablagerungen (M) wird in diesem Vortrag das Auftreten metachromatischer und Alcianblau-positiver Substanzen (Gewebsschleim) in der Dermis verstanden und zwar unter Verdrängung anderer Komponenten der Matrix der Haut (Tabelle 1)

Tabelle 1

Gewebsschleim (Muzin)	Proteoglykane (Ausnahme: Hyaluronsäure), Glykosaminoglykane, d. h. Polysaccharide mit sich wiederholender Disaccharidsequenz, wechselndem Anteil von Sulfatgruppen und in Proteinbindung
Sekretschleim	Glykoproteine = verzweigkettige Oligosaccharide in Proteinbindung, Zuckeranteil > 60%

Einleitung

Das Sichtbarwerden metachromatischer und Alcianblau-positiver Substanzen in der Dermis ist auf das Auftreten von Proteoglykanen und Glykosaminoglykanen (PG) zurückzuführen (Tabelle 2). Früher nannte man diese Substanzen saure Mukopolysaccharide (Tabelle 2).

Die PG dürfen nicht gleichgesetzt werden mit Schleim, wie er etwa in Sekreten der Nase ausgeschieden wird (Sekretschleim). Hier handelt es sich meist um Glykoproteine (Tabelle 2).

Tabelle 2. Glykosaminoglykane

Hyaluronsäure
Chondroitin-4-Sulfat
Chondroitin-6-Sulfat
Dermatansulfat
Heparansulfat
Heparin
Keratansulfat

Unser Thema führt in zentrale Probleme der modernen Immunologie und der Molekularbiologie, die wir aber erst zu verstehen beginnen [5, 6, 13, 14, 26]. Da die Schleimbildung im genannten Sinne ein häufiges Phänomen ist, lohnt es sich, diesem entsprechend nachzugehen.

Eine umfassende Abhandlung aller mit dem Auftreten dieser Substanzen verbundenen Phänomene ist in diesem Rahmen nicht möglich und auch nicht beabsichtigt. Wir verweisen hier auf die zusammenfassenden Darstellungen [32] und auf die Beiträge von Steigleder et al. [28, 29], ferner die ausgezeichnete Übersicht über die Mittellinien-Muzinosen von Ingber und Sandbank [9]. Wir wollen auch nicht Tatsachen wiederholen, die in den einschlägigen Lehr- und Handbüchern nachgelesen werden können.

Fibrozyt-Fibroblast-Mukoblast

Wie bei den vorausgegangenen Vorträgen auch, steht der Fibroblast im Mittelpunkt der Phänomene, die wir im folgenden besprechen wollen. Obwohl sich unsere Kenntnisse bezüglich der Funktion des Fibroblasten erheblich erweitert und wir gelernt haben, daß die Fibroblasten durchaus speicherungsfähig sind und daß sie unmittelbar Beziehung zu den Gefäßen aufnehmen und die Fibroblasten durch Fortsätze untereinander zusammenhängen – gewissermaßen ein Netz zwischen den Gefäßen der Dermis bilden –, kennen wir doch erst einen Teil ihrer Funktionen [25]. Es ist der Fibroblast, der die M bildet und somit zum Mukoblasten wird. Wir müssen heute annehmen, daß gewissermaßen dem Fibrozyten diese Umwandlung befohlen und dieser Befehl von unterschiedlichen Stellen und durch unterschiedliche Substanzen erteilt wird. Wie leider aus den einschlägigen Lehrbüchern nicht oder nur andeutungsweise zu erkennen, sind dabei offenbar Autoantikörper und Ideotypautoantikörper beteiligt [10]. Dadurch wird das Auftreten von M in der Dermis zum außerordentlich wichtigen Phänomen und zum Hinweis, wie sich manche Krankheitsbilder erklären lassen könnten. Es handelt sich bei dem Auftreten von Gewebsschleim nicht um eine Ablagerung im passiven Sinne, sondern um einen aktiven Vorgang. Die Fibrozyten werden zur Produktion der M stimuliert. Andererseits nehmen die Substanzen der Matrix über Rezeptoren und dank ihrer besonderen biochemischen Eigenschaften an den Vorgängen im Gewebe aktiv teil [2].

Mukopolysaccharidosen (Heteroglykanosen)

Bei diesen Krankheiten handelt es sich um Stoffwechselstörungen, bedingt durch Enzymdefekte verschiedener Art, die fast alle rezessiv vererbt werden (Tabelle 3). Je nach Auffassung der Autoren werden bis zu 16 verschiedene Formen unterschieden, von denen sich die meisten verständlicherweise durch schwere Deformitäten des Skelettes auszeichnen; schließlich bilden die PG wesentliche Bestandteile von Knorpel und Knochen [20]. Im Urin werden entsprechend der Stoffwechselstörung PG ausgeschieden. Bemerkenswert ist auch, daß trotz sehr ähnlichem Eingreifen in den PG-Stoffwechsel unterschiedliche Krankheitsbilder entstehen.

Wir möchten nicht näher auf die einzelnen Mykopolysaccharidosen eingehen, vielmehr auf die Übersicht von Pindel und McKusick [20] verweisen. Angeblich bieten diese Patienten nur geringe Hautveränderungen, so Verdickung der Haut, und bei der Hunterschen Erkrankung pflastersteinartige Hautveränderungen über den unteren Schulterblättern. Fast alle diese Kranken zeigen einen Hirsutismus [20]. Man sollte jedoch diese Patienten sehr sorgfältig untersuchen und zwar Haut, Haare und Nägel.

Wegen des auffallenden Haarwachstums haben Meyer, Kaplan und Steigleder aus dem Gewebe isolierte Mukopolysaccharide in die Haut von Kaninchen injiziert und gefunden, daß vor allem Heparatansulfat (früher Heparitinsulfat) an der Injektionsstelle ein ganz ungewöhnliches Haarwachstum induziert, was Größe, Dicke und Farbe anbelangt [15]. Bekanntlich treten metachromatische und Alcianblau-positive Substanzen, also M, in

Tabelle 3. Mukopolysaccharidosen und Lipomukopolysaccharidosen (modifiziert nach Neufeld)

Gespeichertes Glykosaminoglykan				Fehlende Enzymwirkung	Syndrom	Typ	Klinische Symptome			Erbgang
Dermatansulfat	Heparansulfat	Keratansulfat	Chondroitinsulfat				Deformität Skelett	Hornhauttrübung	Demenz	
+	+			α-L-Iduronidase	Pfaundler-Hurler	IH	schwer	+	schwer	autos.-rez.
+	(+)			α-L-Iduronidase	Scheie	IS	leicht	+	nein	autos.-rez.
+	+			Iduronatsulfatase	Hunter (schwer/mild)	II	wechselnd	∅	wechselnd	x-rez.
+	+		+	β-Glucuronidase	Sly	VII	mäßig	∅	mäßig	?
+			+	Arylsulfatase	Maroteaux-Lamy (schwer/mild)	VI	wechselnd	+	nein	autos.-rez.
+				β-Gal N-Acetylase	Sandhoff					
	+			Heparan-N-Sulfatase	Sanfilippo A	III A	leicht	∅	schwer	autos.-rez.
	+			α-Glucosaminidase	Sanfilippo C	III C				autos.-rez.
	+			α-Glc NAc-ase	Sanfilippo B	III B	leicht	∅	schwer	autos.-rez.
	+			Heparan-N-Gal-6-Sulfatase	Sanfilippo D	III D	leicht	∅	schwer	autos.-rez.
	+	+		Glc Nac-6-Sulfatase		V				
		+		Gal-6-Sulfatase	Morquio A	IV A	schwer	+	nein	autos.-rez.
		(+)	+	β-Galaktosidase	Morquio B	IV B	mäßig	+	nein	autos.-rez.
+ u. Lipide				NAc-Phosphotransferase	I-Zellkrankheit		mäßig	−	schwer	autos.-rez.
MPS u. Lipide				?	Galaktosidase-β-pos. Erkr.		mäßig	+	schwer	?
Ganglioside u. Lipide				Neuraminidase	Gangliosidose		schwer	−	schwer	autos.-rez.

der bindegewebigen Haarpapille des wachsenden Haares auf und schwinden bei Übergang in das Ruhestadium.

Muzinosen im engeren Sinne

Unter Muzinosen im engeren Sinne verstehen wir Krankheitsbilder, bei denen das Auftreten von M das hervorstechende Phänomen und kein Begleitphänomen ist (Tabelle 4, Nr. 2 bis 4). Steigleder und Küchmeister

Tabelle 4. Muzinosen der Haut

1. Angeborene Enzymstörungen:
   - Mukopolysaccharidosen
2. Störungen durch Autoantikörper
   - generalisiertes Myxödem
   - prätibiales Myxödem
   - Scleroedema Buschke mit Diabetes?
3. Unklare Störungen der Muzinsynthese:
   - Mittellinien-Muzinosen
   - Akrale papulöse Muzinose
   - Fokale dermale Muzinose
   - Kutanes Myxom
   - Mucinosis follicularis
   - Granuloma anulare
4. Bei Allgemeinstörungen/path. Immunglobulinen:
   - Lichen myxoedematosus
   - Skeromyxödem Arndt-Gottron
5. Sekundäre Begleitreaktion bei Entzündung:
   - LE, Dermatomyositis, Lepra, Basaliom u. a.
   - Schweißdrüsenstromamyxom

haben unter dem Oberbegriff Muzinosen Krankheitsbilder in der Annahme in eine Untergruppe eingeordnet, daß es sich bei diesen um einen verminderten Abbau des M in der Haut handelt, und dabei auf frühere Untersuchungen anderer Autoren, etwa die Studie von Mazooka et al. hingewiesen [29]. Heute müssen wir davon ausgehen, daß in allen Fällen von Schleimbildung die Aktivität der Fibrozyten in dieser Hinsicht gesteigert ist.

In diese Gruppe gehören das generalisierte Myxödem bei Unterfunktion der Schilddrüse, wobei es bei schwerer Unterfunktion auch zu umschriebenen Myxödemen kommen kann. Ferner das meist prätibial lokalisierte tuberöse Myxödem bei Hyperthyreose. In der englischen Literatur wird dieses als Graves'sche Erkrankung bezeichnet aufgrund der Tatsache, daß Graves es schon 1830 vor von Basedow 1835 beschrieben hat.

Generalisiertes – diffuses Myxödem (GM) bei Hypothyreose

Die Hypothyreose wird in 5 Hauptformen eingeteilt, von denen einige wieder zahlreiche Unterformen haben. Im wesentlichen sind die angeborenen und erworbenen Hypothyreosen zu unterscheiden. Beim Erwachsenen ist das Krankheitsbild der Hypothyreose mit einer Reihe von Symptomen verbunden, die in den entsprechenden Examina auswendig gelernt, aber am Patienten oft nicht diagnostiziert werden. Bei psychischen Veränderungen ist die Untersuchung der Schilddrüsenfunktion eine Maßnahme, deren Unterlassung unverzeihlich ist; entsprechendes gilt bei muskulären Symptomen. Die Untersuchung der Schilddrüsenfunktion gehört auch zur Diagnostik des gestörten Haarwachstums.

Das GM führt zu einer Einlagerung von Proteoglykanen in die Haut. Die Haut erscheint gelblich infolge Lipid- und damit verbunden Carotineinlagerung. Proteoglykane können Wasser binden, so daß das Gewebe ödematös durchtränkt erscheint. Die Diagnose der Schleimablagerungen in der Haut ist manchmal schwierig, da besonders bei langem Bestehen die eingangs genannten Substanzen nicht mehr nachweisbar sind. Aufgedunsenes Gesicht, schlitzförmig verschmälerte Augen, trockene, rauhe, kühle Haut sind Kennzeichen der Hypothyreose, aber nur selten massiv ausgeprägt.

Hyperthyreose – Prätibiales Myxödem

Von derzeit besonderem klinischen und wissenschaftlichen Interesse ist die Ansammlung von M beim Morbus Graves-von Basedow, hier vor allem beim Exophthalmus [7, 10, 14]. Das prätibiale Myxödem dagegen ist ein seltenes Ereignis bei 2–5% dieser Patienten.

Beim Exophthalmus kommt es zu einer Einlagerung von M in die Gewebe der Orbita einschließlich der Muskulatur. Die bereits erwähnte starke Wasserbindungsfähigkeit der M führt zu einer Aufquellung dieser Strukturen, in der Folge wird der Augapfel nach außen gepreßt. Die Fehlfunktion der Schilddrüse erklärt sich dadurch, daß die TSH-Rezeptoren der Schilddrüsenzellen stimuliert werden, wahrscheinlich durch Autoantikörper, und zwar durch Idiotyp-Autoantikörper [10, 14, 22].

Man versteht diesen Vorgang, wenn man sich die These von Paul Ehrlich zueigen macht, daß der Antikörper zum Antigen wie der Schlüssel zum Schloß paßt. Stellt man sich nun vor, daß gegen das Antikörperschloß ein Ideotyp-Autoantigen produziert wird, so hat man einen Nachschlüssel, der auf die Rezeptoren der Schilddrüse paßt und dieses so zur Überfunktion stimuliert. Bekanntlich wird durch die Behandlung der Schilddrüse der Exophthalmus meist nicht gebessert; das prätibiale Myxödem tritt oft erst nach Beseitigung der Hyperthyreose durch Behandlung der Schilddrüse auf. Diese Tatsache erklärt sich dadurch, daß mittels Operation, Isotopen oder Medikamenten die Schilddrüsenfunktion unterdrückt wird, meist durch Vernichtung der hormonproduzierten Zellen; der Autoimmunvorgang aber besteht weiter fort [22].

Bei den Hautveränderungen ist zu unterscheiden zwischen Störungen, die auf Überfunktion der Schilddrüsenfunktion zurückzuführen sind, wie warm-feuchte Haut und Hyperhidrose mit regelrechten Schweißausbrüchen, und solchen, die sich immunologisch erklären. Beim prätibialen Myxödem, und das scheint ein wegweisender Befund zu sein, beeinflussen Faktoren im Blut, wahrscheinlich Autoantikörper, prätibiale Fibroblasten zur Schleimbildung, sehr viel weniger aber Fibroblasten anderer Herkunft [3]. Auch dieser Befund lehrt, daß die Fibroblasten der Haut offensichtlich mit unterschiedlichen Rezeptoren ausgestattet sind. Insgesamt dürfte dieses Phänomen auch für die anderen heute hier vorgetragenen Ablagerungskrankheiten relevant sein. Eine neue Vorstellung sei hier noch erwähnt, die für das Auftreten von M bedeutsam sein könnte, nämlich die Erkenntnis, daß Autoantikörper katalytische Funktionen haben können, also wie Enzyme wirken (sog. catalytic antibodies [13]).

Sklerödem Buschke

Wir unterscheiden bekanntlich 2 Formen, eine bei jüngeren Menschen und eine bei älteren, die letztere mit Diabetes [11]. Zumindest bei der letzten ist mit Autoimmunphänomenen zu rechnen, zumal auch Paraproteine beim Skleroedem beobachtet wurden [19]. Bemerkenswert ist das in der Literatur berichtete Ansprechen auf Retinoide [16].

Papulöse M-Ablagerungen

Die Papulosis mucinosa ist ein bis heute ungeklärtes Phänomen; inzwischen wurde sie durch eine akrale Form ergänzt. Im Rahmen des Lupus erythematodes kann es zu umschriebenen Schleimablagerungen kommen, die klinisch eine Papulosis mucinosa nachahmen können [17, 21, 33]. 1964 hatten Cabré und Korting [1] auf dieses Vorkommen hingewiesen, Steigleder hat darüber auf der Tagung der DDG in Zürich berichtet [27] und eine Patientin vorgestellt, bei der die Hautveränderungen klinisch an eine Papulosis mucinosa, histologisch aber an eine Mucinosis follicularis erinnerten. Andere Autoren haben solche Hautveränderungen beschrieben, aber ohne Zusammenhang mit den Haarfollikeln [21, 33]; möglicherweise hätte es Serienschnitte bedurft, um solche zu erkennen. Ob die Fälle von Mucinosis follicularis nach Sonnenexposition hier einzuordnen sind, ist noch offen [12].

Lichen myxoedematosus und Sklerödem Arndt-Gottron

Durch die Untersuchung von McCarthy ist das Vorkommen von pathologischen Immunglobulinen bei diesem Phänomen bekannt geworden. Bei genauem Studium der Literatur stellt man fest, daß McCarthy et al. auf Grund des klinischen Bildes an einen Lichen amyloidosus gedacht hatten und daher nach den Immunglobulinen suchten. Andere Autoren hatten das Auftreten abnormer Serumeiweißkörper schon vorher beobachtet, so Tappeiner [30]. Eigentümlicherweise gehen aber Tappeiner und Wodniansky bei ihrem Referat über Ablagerungsdermatosen beim DDG-Kongreß in Tübingen auf diesen Befund nicht ein [32]. In der Literatur finden sich Patientenbeschreibungen, bei denen abnorme Immunglobuline im Blutserum jedenfalls zum Zeitpunkt der Untersuchung nicht nachzuweisen waren.

Mittellinien-Muzinosen

Unter der Bezeichnung „Mittellinien-Muzinosen" fassen wir drei Krankheitsbilder zusammen, die unseres Erachtens nahe verwandt, aber nicht identisch sind (ausführliche Literaturübersicht [9], Tabellen 5 und 6).
1. Die plaqueförmige Form der kutanen Muzinose.
2. Die retikuläre erythematöse Muzinose (REM) und

Tabelle 5. Mittellinien-Muzinosen

Plaqueartige Form der kutanen Muzinose
Retikuläre erythematöse Muzinose
UV-strahlenempfindliche Form der Muzinose
- Übergang zu polymorpher Lichtdermatose?
- Übergang zu Lupus erythematodes?

Tabelle 6. Mittellinien-Muzinosen

	Plaqueartige kutane Muzinose	Retikuläre erythematöse Muzinose	UV-Strahlen-empfindliche Muzinose
Klinik	Papeln, Plaques	retikuläre Erytheme	retikuläre Erytheme und Plaques*
Erhöhte Lichtempfindlichkeit/ UV-Provozierbarkeit	–	+/–	+
Phototestung (UVA > 345 nm, 20 min)	–	–	+
Histologie			
Epidermis	normal bis abgeflacht, z. T. spongiotisch		normal bis atroph
Basalmembranzone	normal	normal	fokal verbreitert
Infiltrat perivasal	Ly + Plasmaz.	T-Ly	T-Ly
Muzinablagerungen	gesamte Dermis	mittl. + tiefe Dermis	gesamte Dermis
Alcian-blau	+	+	+
Muzicarmin	+	–	+
Metachromasie	+	–	
Muko-/Fibroblasten	sternförmig	mit paraplasmat. alcianophilen Granula	
Resochintherapie	–	+	+

* Übergang zu polymorpher Lichtdermatose möglich

3. Krankheitsbilder der vorgenannten Art, die durch Sonnenstrahlen provoziert werden. Bei der Mehrheit der Fälle der retikulären erythematösen Muzinosis war dies nicht der Fall (Tabelle 3).

Veränderungen im Sinne der 1. und 2. Veränderung kommen kombiniert vor, und auch Regionen außerhalb der Mittellinie sind mitbetroffen. Bei einer eigenen Patientin ging das klassische Bild der REM nach intensiver Sonnen- und UV-Bestrahlung in eine polymorphe Lichtdermatose mit Papulovesikeln über mit Lokalisation über dem Manubrium sterni (scharf begrenzt) und am oberen Rücken (diffus ausgebreitet). Vorher hatte die Patientin das klassische Bild einer REM geboten, aber mit rascher Rückbildung ohne systemische Therapie.

Eingehende Untersuchungen haben bis heute keine Beziehung der Mittellinien-Muzinosen zu Autoimmunkrankheiten einschließlich LE und Schilddrüsenstörungen erkennen lassen [9, 28, 29].

Mucinosis follicularis/Alopecia mucinosa H. Pinkus

Offenbar gibt es bei Jugendlichen eine Form ungeklärter Pathogenese mit benignem Verlauf; bei älteren Menschen steht dieses Phänomen in Zusammenhang mit Lymphoblastomen; die Mucinosis follicularis kann auch Auftakt einer zunächst rein follikulär verlaufenden Mycosis fungoides sein [18, 27], wobei in einem eigenen Fall über Jahre die Zellen des spärlichen Infiltrates der Mucinosis follicularis nicht als neoplastisch zu erkennen waren [27].

Ansammlung von Gewebsschleim als Begleitphänomen

In diese Gruppe gehört eine große Zahl von Hautveränderungen, von denen wir nur einige erwähnen können. Beim Lupus erythematodes und bei der Dermatomyositis können erhebliche Ansammlungen von M in der Dermis auftreten. Auch bei der Lepra soll die Ansammlung von Muzin ein charakteristisches Phänomen sein [23]. In Zusammenhang mit dem vorher Ausgeführten wird es notwendig sein, bei dem Phänomen der M-Ansammlung in der Haut nach Autoantikörpern zu suchen. Bei dem in der Literatur sehr kontrovers beurteiltem Auftreten fokaler Muzinansammlungen ist mit systemischen Veränderungen zu rechnen [24]. Der geübte histologische Untersucher erkennt bereits an den Hohlräumen zwischen den reduzierten Kollagenbündeln und am Verhalten der Fibrozyten, daß diese vermehrt M bilden. Wahrscheinlich ist das Fibrozytennetz der Dermis [25] auseinandergezogen, und so entsteht diese besondere Fibrozytenform. Kennzeichnend für die Umwandlung von Fibrozyten zum Mukoblasten ist die eigentümliche Konfiguration der Fibroblasten, die man als sternartig bezeichnet hat, ferner das Auftreten von kleinen Körnern in den Protoplasmafortsätzen dieser Zellen (sog. paraplasmatische Granula [28, 29]. Zu beachten ist, daß die M unterschiedlich wasserlöslich sind und dadurch bei der Einbettung und Weiterbearbeitung des Gewebes weitgehend verlorengehen können. Abhängig von der Fixierung und der Weiterbehandlung des Gewebes stellt sich M unterschiedlich dar, was zu Mißverständnissen, auch bezüglich der retikulären erythematösen Muzinose, geführt hat.

Auf zwei Krankheitsbilder möchten wir noch hinweisen: Bisher ungeklärt in seiner Natur ist das Granuloma anulare, bei dem es ebenso wie in rheumatischen Knoten zentral zu einer Ansammlung von M kommt. Das Granuloma anulare soll ebenfalls überdurchschnittlich häufig mit einem insulinpflichtigen Diabetes verbunden sein. Ferner möchten wir hier einen Befund anführen, der unseres Wissens bisher, abgesehen von einem eigenen früher vorgestellten Fall, in der Literatur nicht erwähnt wird, nämlich das Auftreten von Schleim beim Naevus lipomatosus superficialis (NLS). Es handelt sich bei dieser Fehlbildung offenbar nicht nur um eine einfache Verlagerung des Fettgewebes. Wir verfügen über 2 Patienten mit dieser Veränderung, die sich aber in Art und Lokalisation der Schleimablagerung unterscheiden. In einem Falle handelte es sich um eine Muzinose bei NLS, bei dem anderen dagegen waren die Fettläppchen in eine mukoide Matrix eingebettet, so daß man hier von einem N. myxolipomatosus sprechen kann. An anderer Stelle soll dieses Krankheitsbild näher erörtert werden.

Wir hoffen, gezeigt zu haben, daß man auf Gewebsschleim achten und diesem Befund weiter nachgehen soll.

Literatur

1. Cabré J, Korting GW (1964) Zum symptomatischen Charakter der „Mucinosis follicularis"; ihr Vorkommen beim Lupus erythematodes chronicus. Dermat Wchschr 149:513–518
2. Clark RAF (1990) Fibronectin matrix deposition and fibronection receptor expression in healing and normal skin. J Invest Dermat 94:128S–134S
3. Cheung NS, Nicoloff JT, Kamiel MB (1979) Stimulation of fibroblast biosynthetic activity by serum of patients with pretibial myxedema. J Invest Dermat 71:12–17
4. Crovato F, Nazzari G, Nunzi E, Rebora H (1985) Urtikaria-like follicular mucinosis. Dermatologica 170:133–135
5. Demaine AG, Banga JP, McGregor AM (eds) (1990) The molecular biology of autoimmune disease. Springer, Berlin Heidelberg New York
6. Feingold KR, Elias PM (1987) Endocrine-skin interactions. J Am Acad Derm 17:921–940
7. Fleck BW, Toft AD (1990) Graves ophthalmopathy. Brit Med J 300:1352–1353
8. Gibson LE, Muller SA, Leifermann KM, Peters MS (1989) Follicular mucinosis: clinical and histopathologic study. J Amer Acad Dermat 14:492–501
9. Ingber A, Sandbank M (1988) Retikuläre erythematöse Muzinosen. Z Hautkr 63:986–998
10. Kodama K, Sikorska H, Bandy-Dafoe P, Bayly R (1982) Demonstration of a circulating autoantibody against a soluble eye-muscle antigen in Graves ophthalmopathy. Lancet II/8312:153–1360
11. Krakowski A, Covo J, Berlin C (1973) Diabetic scleredema. Dermatologica 146:193–198
12. Lagerholm B, Wennersten G (1985) Mucinosis follicularis provoced by light exposure. Act Dermat Venorol (Stockholm) 59:133–135
13. Mayforth RD, Quintáns J (1990) Designer and catalytic antibodies. N Eng J Med 323:173–178
14. McGregor AM (1990) Immunoendocrine interactions and autoimmunity. N Engl J Med 322:1739–1741
15. Meyer K, Kaplan D, Steigleder GK (1961) Effect of acid mucopolysaccharides on hair growth in the rabbit. Proc Soc Exp Biol Med 108:271–275
16. Milam CP, Cohen LE, Fenske NA, Ling RNS (1988) Sleromyxedema: therapeutic response to isotretinoin in three patients. J Am Acad Derm 19:469–477
17. Moulin G, Bouchet B, Souteyrand P, Betrand JN, Belon P, Barrut D (1980) Mucinose papuleuse photodépandante et lupus erythemateux disseminé. Ann Dermatol Venerol 107:1193–1198
18. Nickoloff BJ (1986) Epidermal mucinosis in mycosis fungoides. J Am Acad Derm 15:83–86
19. Ohta A, Uitto J, Oikarinen AI et al. (1987) Paraproteinemia in patients with scleredema. J Am Acad Derm 16:96–107
20. Pindl SR, McKusick VA (1987) The genetic mucopolysaccharidoses. In: Fitzpatrick Th et al. (eds) Dermatology in general medicine, 3. Aufl. McGraw Hill, New York, pp 1786–1790
21. Rongioletti F, Parodi A, Rebora A (1990) Papular and nodular mucinosis as a sign of lupus erythematosus. Dermatologica 180:221–223
22. Rotella CM, Alovarez F, Kohn LD, Toccafondi R (1987) Graves' autoantibodies to extrathyroidal TSH receptor: their role in ophthalmopathy and pretibial myxedema. Acta Endocrinol Suppl (Copenh) 281:344–347
23. Sakuntala R, Pratap VK, Sharma NK, Dayal SS (1983) Acid mucopolysaccharides in leprosy lesions. Lepr India 55:252–260
24. Senff H, Kuhlwein A, Jänner M, Schäfer R (1988) Kutanes myxom (fokale dermale Muzinose). Hautarzt 39:606–610
25. Steigleder GK (1976) Benign and malignant proliferative response. Ac dermat Venerol (Stockholm) 56:33–41
26. Steigleder GK (1984) Neue Entwicklungen auf dem Gebiet der Nichtallergischen Dermatosen. Z Hautkr 59:233–242
27. Steigleder GK (1985) Mucinosis follicularis. Kongreßbericht Zürich 1983. Hautarzt 36 (Suppl. VII):119–120
28. Steigleder GK, Kanzow G (1980) Muzinablagerungen in der Dermis und REM-Syndrom. Hautarzt 31:575–583
29. Steigleder GK, Küchmeister B (1985) Cutaneous mucinous deposits. J Cut Path 12:334–347
30. Tappeiner J (1955) Zur Pathogenese des Lichen myxoedematosus. Arch Klin Exp Dermat 201:160–180
31. Tappeiner J, Wodniansky P (1970) Arch Clin Exp Dermat 237:82–90
32. Truhan AP, Roenigk HH (1986) The cutaneous mucinoses. J Am Acad Derm 14:1–18
33. Weigand DA, Burgdorf WHC, Lawrence JG (1981) Dermal mucinosis in discoid lupus erythematosus. Arch Dermatol 117:735–738

Prof. Dr. Gerd Klaus Steigleder
Dr. Hans-Joachim Schulze
Univ. Hautklinik
Joseph-Stelzmann-Straße 9
D-5000 Köln 41

Malignes Melanom

Epidemiologie des malignen Melanoms: Aktueller Stand in der Bundesrepublik Deutschland

C. GARBE und C. E. ORFANOS, Berlin

Einleitung

Inzidenz und Mortalität am malignen Melanom der Haut nehmen in der Bundesrepublik Deutschland im internationalen Vergleich eine Mittelstellung ein [8, 24]. Während die durchschnittliche Melanominzidenz in der Bundesrepulik Deutschland Mitte der 80er Jahre in einer Größenordnung von 6-8 Neuerkrankungen/100000 Einwohnern und Jahr lag [3], wurden für weiße Bevölkerungen aus Australien sowie aus den Südstaaten der USA Inzidenzen in einer Größenordnung von 30 Fällen/100000 Einwohner und Jahr berichtet [16, 26, 27]. In einer Vielzahl von Untersuchungen konnte gezeigt werden, daß in weißen Bevölkerungen die Inzidenz des MM mit der Nähe des Wohnortes zum Äquator zunahm [2, 34]. Dieser Zusammenhang war insbesondere in den Einwanderungsländern Australien und Nordamerika offensichtlich. In Europa fanden sich dagegen in jüngerer Zeit etwas höhere Inzidenzen in den skandinavischen Ländern als in Mitteleuropa, die mit dem lichtempfindlichen Hauttyp und der vermehrten Sonnenexposition während Urlauben in südlichen Ländern in Zusammenhang gebracht wurden [8, 22]. In Mitteleuropa fand sind in der DDR eine deutlich niedrigere Inzidenz und Mortalität als in der Bundesrepublik Deutschland, dagegen wiesen die Krebsregister der Schweiz eine höhere Inzidenz als in der Bundesrepublik Deutschland aus [19, 20].

Die zeitliche Entwicklung der Inzidenz an MM wurde weltweit am längsten vom dänischen Krebsregister sowie vom Krebsregister in Connecticut, USA, registriert. In diesen Registern wurden kontinuierlich seit den 40er Jahren zuverlässige Angaben erfaßt. In beiden Registern haben sich in diesem Zeitraum die altersstandardisierten Inzidenzraten des MM ca. alle 15 Jahre verdoppelt, und die Inzidenz stieg jeweils von weniger als 2 Fällen/100000 Einwohner und Jahr in den 40er Jahren bis auf 6-8 Fälle/100000 Einwohner und Jahr in den 80er Jahren an [18, 25]. Auch die Mortalität an MM zeigte bis Ende der 70er Jahre in den westlichen Industrieländern eine deutlich zunehmende Tendenz. Aus England und Wales, Kanada und den USA wurde eine jährliche Zunahme der Mortalität von 2-5% beschrieben [21], in Australien wurde sogar über einen jährlichen Anstieg der Mortalitätsraten von 9% für Männer und 6% für Frauen berichtet [17].

Um die Entwicklung des MM der Haut in der Bundesrepublik Deutschland näher zu untersuchen, wurde 1983 das „Zentralregister Malignes Melanom" der Deutschen Dermatologischen Gesellschaft in Verbindung mit dem Bundesgesundheitsamt etabliert [5, 6, 33]. An dieses Register werden die neu diagnostizierten Melanomfälle aus bisher 35 Hautkliniken gemeldet, und inzwischen haben nahezu alle Hautkliniken der DDR ihre Mitarbeit angekündigt*.

An die Erstdokumentation schließen sich Folgedokumentationen in jährlichen Abständen an. Darüber hinaus werden eine Reihe von kooperativen Studien in Absprache zwischen jeweils mehreren Kliniken zu Risikofaktoren, zu Prognosefaktoren und zur Inzidenz des MM durchgeführt, die zum Teil abgeschlossen sind und aus

---

* **Teilnehmende Kliniken am Zentralregister Malignes Menlanom der Deutschen Dermatologischen Gesellschaft:** Univ.-Hautklinik Rudolf-Virchow-Krhs. Berlin (Leiterin: Frau Prof. Czarnetzki), Univ.-Hautklinik Klinikum Steglitz Berlin (Leiter: Prof. Orfanos), Hautklinik Neukölln Berlin (Leiter: Prof. Ehlers), Hautklinik Spandau Berlin (Leiterin: Frau Dr. Albrecht), Univ.-Hautklinik Bochum (Leiter: Prof. Altmeyer), Univ.-Hautklinik Bonn (Leiter: Prof. Kreysel), Hautklinik Darmstadt (Leiter: Prof. Hagedorn), Hautklinik Dortmund (Leiter: Prof. Tronnier), Univ.-Hautklinik Erlangen (Leiter: Prof. Hornstein), Univ.-Hautklinik Frankfurt (Leiter: Prof. Holzmann), Univ.-Hautklinik Freiburg (Leiter: Prof. Schöpf), Univ.-Hautklinik Göttingen (Leiter: Prof. Ippen), Univ.-Hautklinik Graz (Leiter: Prof. Kresbach), Univ.-Hautklinik Hamburg (Leiter: Prof. Ring), Hautklinik St.-Geor-Krhs. Hamburg (Leiter: Prof. Meigel), Univ.-Hautklinik Hannover Linden (Leiter: Prof. Marghescu), Univ.-Hautklinik Heidelberg (Leiter: Prof. Petzoldt), Univ.-Hautklinik Homburg (Leiter: Prof. Zaun), Univ.-Hautklinik Kassel (Leiter: Prof. Petres), Univ.-Hautklinik Kiel (Leiter: Prof. Christophers), Hautklinik Krefeld (Leiter: Prof. Wassilew), Hautklinik Klinikum Ludwigshafen (Leiter: Prof. Voigthändler), Univ.-Hautklinik Lübeck (Leiter: Prof. Wolff), Univ.-Hautklinik Mainz (Leiter: Prof. Knop), Hautklinik Klinikum Mannheim (Leiter: Prof. Jung), Hautklinik Klinikum Minden (Leiter: Prof. Stadler), Univ.-Hautklinik LMU-München (Leiter: Prof. Braun-Falco), Univ.-Hautklinik TU-München (Leiter: Prof. Borelli), Univ.-Hautklinik Münster (Leiter: Prof. Macher), Hautklinik Nürnberg (Leiter: Prof. Paul), Hautklinik Recklinghausen (Leiterin: Frau Prof. Zabel), Univ.-Hautklinik Tübingen (Leiter: Prof. Rassner), Hautklinik Wiesbaden (Leiter: Prof. Metz), Univ.-Hautklinik Würzburg (Leiter: Prof. Burg), Univ.-Hautklinik Zürich (Leiter: Prof. Schnyder), **Teilnahme angekündigt (Kliniken aus der DDR):** Hautklinik Aue (Leiter: Dr. Hums), Univ.-Hautklinik der Charité Berlin (Leiter: Prof. Sönnichsen), Hautklinik des Klinikum Berlin-Buch (Leiter: Dr. Masius), Univ.-Hautklinik Dresden (Leiter: Prof. Barth), Hautklinik Dresden-Friedrichstadt (Leiter: Prof. Seebacher), Hautklinik Frankfurt/Oder (Leiter: Dr. Linß), Univ.-Hautklinik Halle (Saale) (Leiter: Prof. Wozniak), Univ.-Hautklinik Jena (Leiter: Prof. Günther), Univ.-Hautklinik Leipzig (Leiter: Prof. Haustein), Univ.-Hautklinik Magdeburg (Leiter: Prof. Schlenzka), Univ.-Hautklinik Rostock (Leiter: Prof. Diezel)

deren Daten im folgenden einige wesentliche Ergebnisse dargestellt werden.

Entwicklung von Inzidenz und Mortalität in der Bundesrepublik Deutschland

In der Bundesrepublik Deutschland wurde die Inzidenz an MM bisher nur vom Krebsregister des Saarlandes mit genügender Zuverlässigkeit registriert [28, 32, 36]. Aus den Daten des saarländischen Krebsregisters konnte seit dem Ende der 60er Jahre für die Bundesrepublik Deutschland eine Verdopplung der Inzidenz etwa in einem Zeitraum von 15 Jahren errechnet werden [3, 15]. Im Zeitraum von 1984–1986 ergab sich eine altersstandardisierte Inzidenz (Europa-Standard) von 6,5 für Männer und 6,6 für Frauen/100000 Einwohner und Jahr [15].

Die Mortalität an MM zeigte in der Bundesrepublik Deutschland ebenfalls einen starken Anstieg, und seit den 50er Jahren wurde eine Verdopplung der altersstandardisierten Mortalitätsraten in einem Zeitraum von 30 Jahren ermittelt [3]. In den 80er Jahren dagegen fand sich kein weiterer Anstieg der altersstandardisierten Mortalitätsraten in der Bundesrepublik Deutschland [15].

Bevölkerungsbezogene Studie zu Inzidenz und Mortalität des Melanoms in Berlin (West) 1980–1986

In Kooperation der vier Hautkliniken in Berlin (West) wurde eine bevölkerungsbezogene Inzidenz- und Mortalitätsstudie in Zusammenarbeit mit der Berliner Pathologischen Gesellschaft durchgeführt [14, 35]. 900 maligne Melanome wurden aus den histologischen Befunden der Universitäts-Hautkliniken im Rudolf-Virchow-Krankenhaus und im Klinikum Steglitz, der Hautklinik Neukölln sowie aus den histologischen Befunden des Pathologischen Instituts des Krankenhauses Spandau (für die Hautklinik Spandau) dokumentiert. Dafür wurden 173835 Befunde durchgesehen. Weiterhin wurden nach Rücksprache mit der Berliner Pathologischen Gesellschaft drei Pathologische Institute in die Untersuchung mit aufgenommen, die erwartungsgemäß die meisten von den Hautkliniken nicht erfaßten MM diagnostizierten und insgesamt mehr als 25% aller histologischen Untersuchungen in Berlin durchführten. Dabei fanden sich unter 299513 Befunden 60 MM. Zusätzlich wurden die Daten des Zentralregisters Malignes Melanom, die Berliner Todesursachenstatistik und die Berliner Bevölkerungsstatistik für die Untersuchungen herangezogen.

Im untersuchten Zeitraum war ein deutlicher Anstieg der Inzidenz an MM zu verzeichnen, der von 1980–81 bis 1985–86 für beide Geschlechter 49% betrug. Die altersstandardisierten Raten für MM betrugen 1985–86 9,8 für Männer und 7,8 für Frauen/100000 Einwohner und Jahr (Abb. 1). Damit wurden in der Bundesrepublik Deutschland erstmalig für Männer höhere altersstandardisierte Inzidenzraten dokumentiert als für Frauen.

Die altersstandardisierten Mortalitätsraten zeigten für beide Geschlechter zusammengenommen einen leichten Rückgang. Von 1980–81 bis 1985–86 fielen die altersstandardisierten Mortalitätsraten von 3,5 auf 2,6 für Männer und stiegen von 1,2 auf 1,6/100000 Einwohner und Jahr für Frauen an (Abb. 2). Ein besseres Verständnis dieser Entwicklungen ermöglichte die Untersuchung des Verhältnisses von Mortalität zu Inzidenz je Jahr. Bei Männern zeigte sich ein deutlicher Rückgang in dem untersuchten Zeitraum von 1980–81 mit einem Verhältnis von 0,62 bis 1985–86 zu einem Verhältnis von 0,27. Bei Frauen dagegen fand sich über den gesamten Zeitraum ein nahezu gleiches Verhältnis mit 0,21 im Zeitraum von 1980–81 und 0,21 im Zeitraum von 1985–86 (Abb. 3). Diese Ergebnisse können so interpretiert werden, daß bei Männern die Letalität an MM im untersuchten Zeitraum erheblich zurückgegangen ist, wohingegen die Letalität bei Frauen gleichbleibend war. Insofern ergab sich mit dem Inzidenzanstieg bei Frauen auch ein leichter Anstieg der Mortalität, dagegen war die starke Abnahme der Letalität bei Männern für die insgesamt leicht abnehmenden Mortalitätsraten entscheidend.

Geschlecht, Alter und Tumorlokalisation im Zentralregister Malignes Melanom

Seit der Pilotphase des Zentralregisters Malignes Melanom (07/83–06/84) bis Ende Juli 1990 gingen 8996 Meldungen über neu diagnostizierte maligne Melanome ein. Bis zum 31.03.1990 wurden davon 7789 Fälle EDV-mäßig erfaßt und ausgewertet. Davon waren 3299 Män-

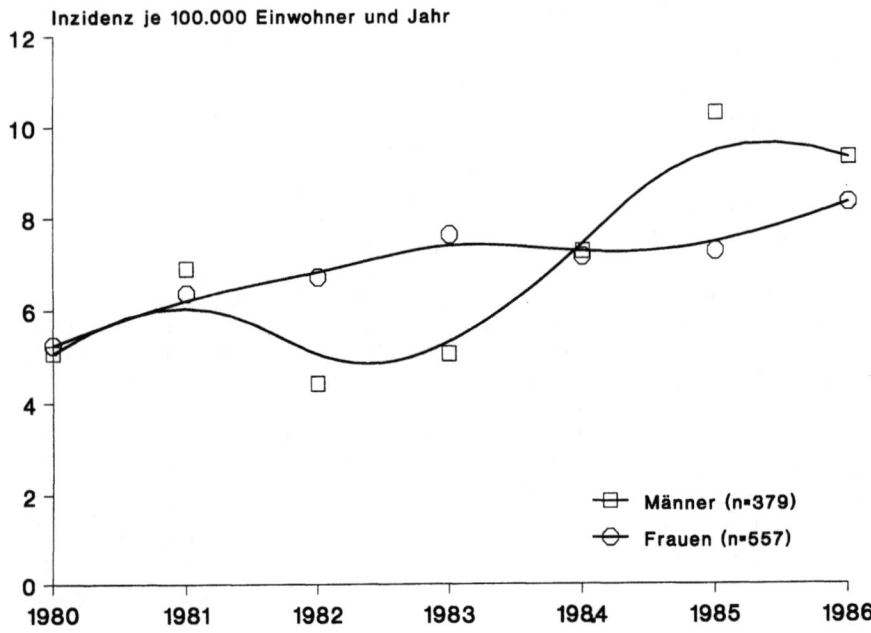

Abb. 1. Altersstandardisierte Inzidenz (Europäische Standardbevölkerung) des malignen Melanoms von 1980 bis 1986 in Berlin (West)

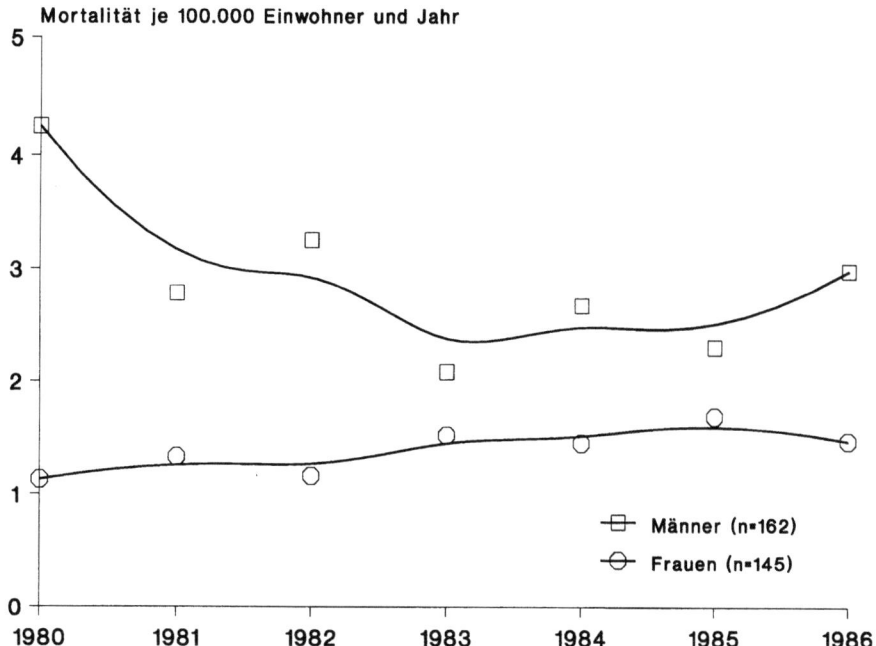

Abb. 2. Altersstandardisierte Mortalität (Europäische Standardbevölkerung) des malignen Melanoms von 1980 bis 1986 in Berlin (West)

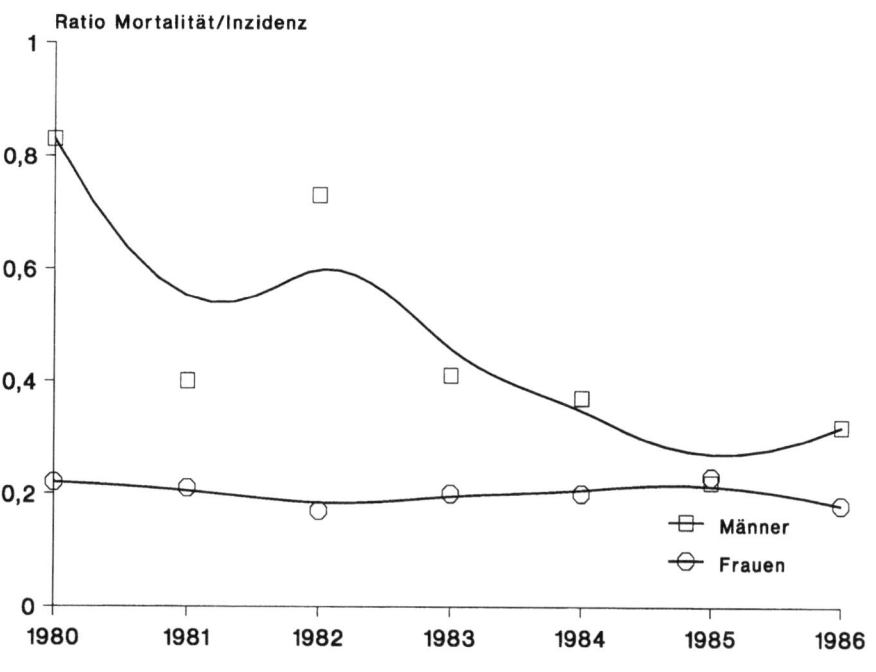

Abb. 3. Verhältnis Mortalität/Inzidenz des malignen Melanoms von 1980 bis 1986 in Berlin (West)

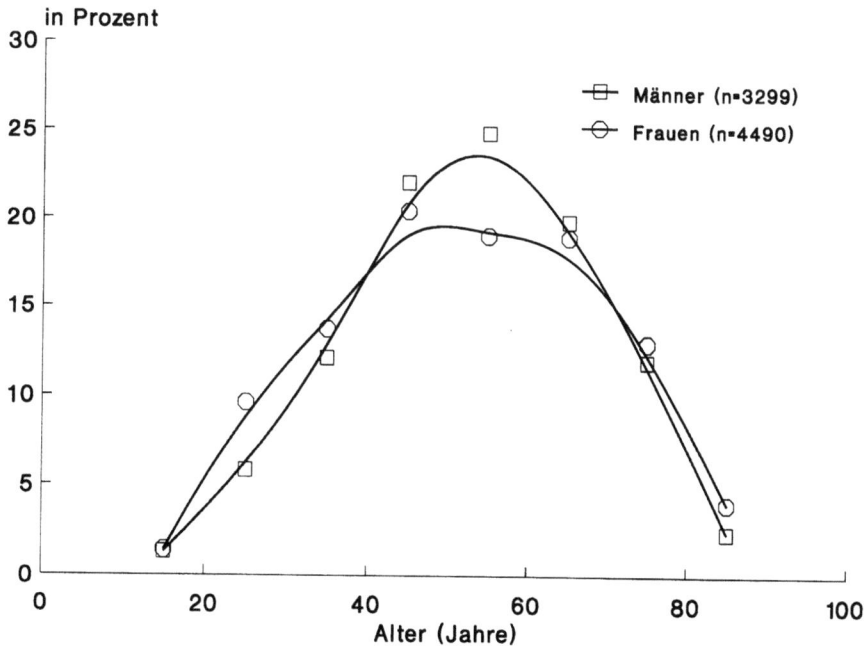

Abb. 4. Altersverteilung des malignen Melanoms im Zentralregister der DDG nach Geschlecht

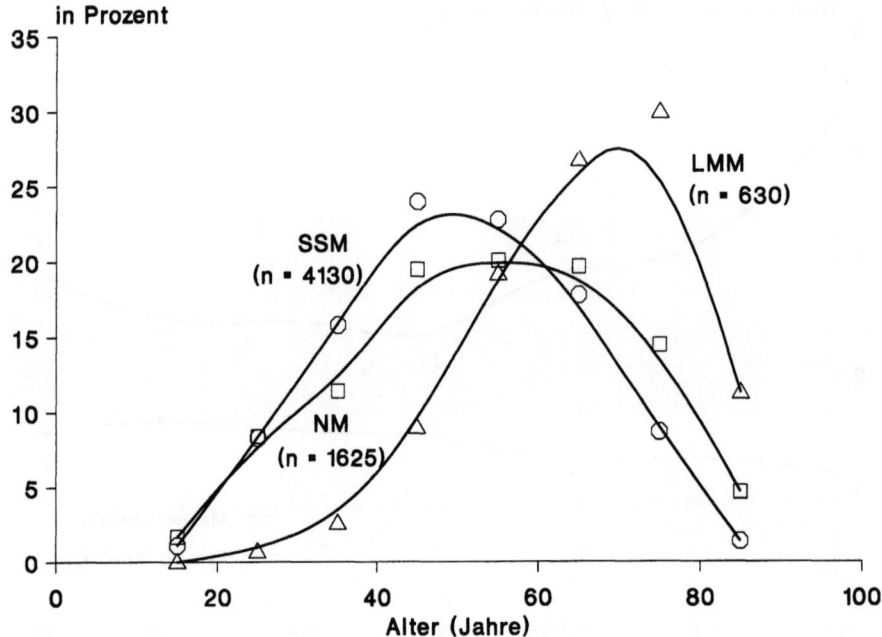

Abb. 5. Altersverteilung des malignen Melanoms im Zentralregister der DDG nach histologischen Tumortyp

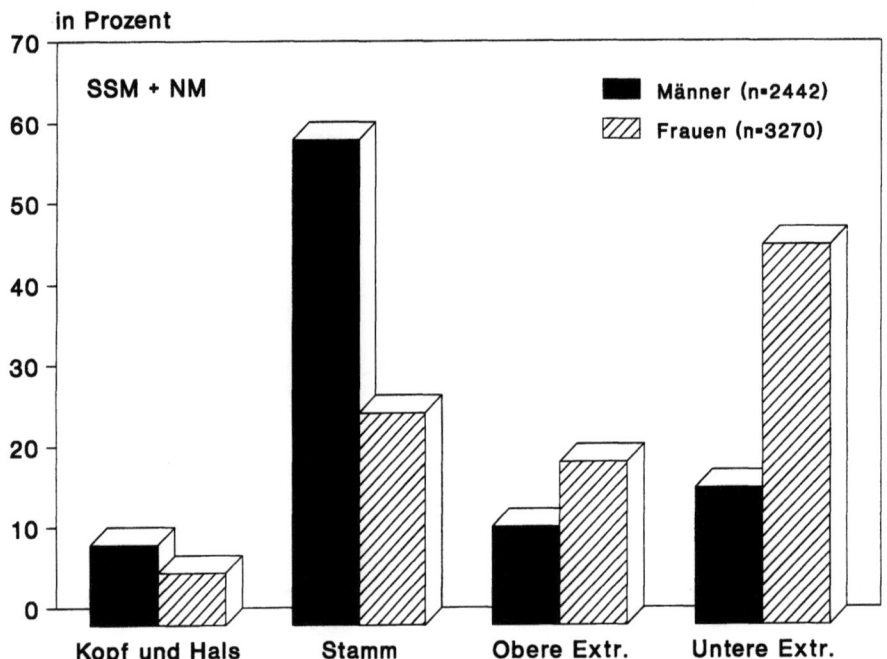

Abb. 6. Lokalisation nach Körperregionen von superfiziell spreitenden und nodulären Melanomen im Zentralregister der DDG

ner (42,3%) und 4490 Frauen (57,7%). Die Altersverteilungen beider Geschlechter unterschieden sich nicht signifikant (Abb. 4). Eine Aufschlüsselung der Altersverteilung nach den wesentlichen histologischen Melanom-Typen zeigte deutliche Unterschiede des Manifestationsalters (p < 0,0001). SSM traten am frühesten mit einem Durchschnittsalter von 50,0 Jahren auf, NM folgten zeitverschoben mit einem Durchschnittsalter von 53,3 Jahren und LMM wesentlich später mit einem Durchschnittsalter von 64,9 Jahren (Abb. 5).

Auch die Lokalisation der Melanome unterschied sich wesentlich nach Geschlecht und nach histologischen Subtypen. Eine weitgehend ähnliche Lokalisationsverteilung zeigten oberflächlich spreitende Melanome und noduläre Melanome, die bei Männern mit der größten Häufigkeit am Stamm und bei Frauen mit der größten Häufigkeit an der unteren Extremität vorkamen (Abb. 6). Lentigo-maligna-Melanome dagegen wurden bei beiden Geschlechtern zu mehr als 50% an Kopf und Hals gefunden. Für den Rest der Lentigo-maligna-Melanome zeigte sich eine ähnliche Verteilung wie für die zuvor beschriebenen oberflächlich spreitenden und nodulären Melanome, mit einem Schwergewicht bei Männern am Stamm und bei Frauen an der unteren Extremität (Abb. 7). Ein Vergleich der Tumorlokalisationen in den 80er Jahren mit Daten aus den 60er Jahren zeigte für alle histologischen Typen zusammengenommen eine deutliche Zunahme von Melanomen am Stamm, insbesondere am Rücken [9].

Abnahme der Tumordicke im Zeitraum von 1983–1990 in der Bundesrepublik Deutschland

Eine Trendanalyse zeigte sowohl für den Durchschnittswert als auch für den Median der Tumordicken über den gesamten Zeitraum eine deutliche Abnahme des vertikalen Tumordurchmessers. Der Mittelwert sank von 2,0 auf

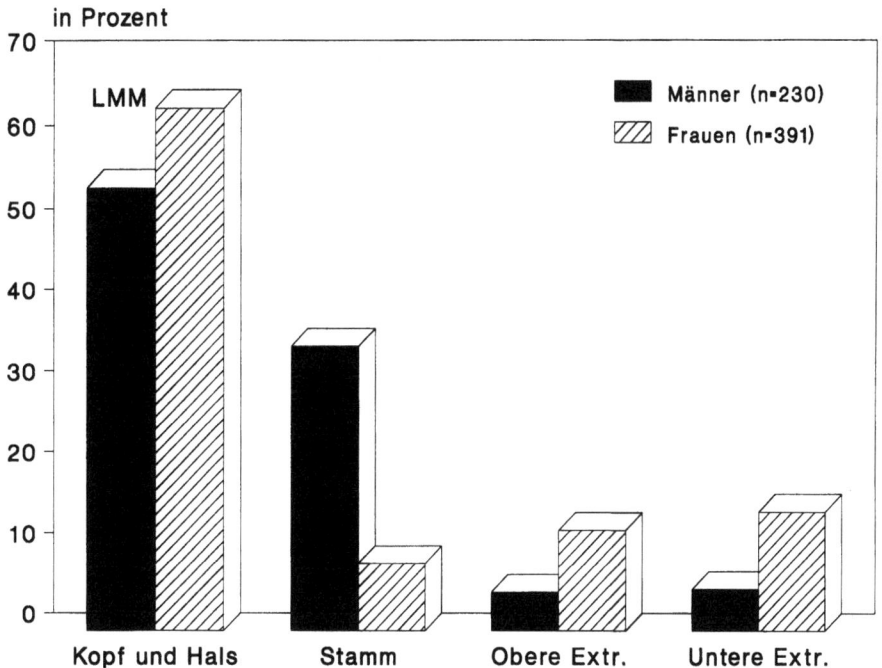

Abb. 7. Lokalisation nach Körperregionen von Lentigo-maligna-Melanomen im Zentralregister der DDG

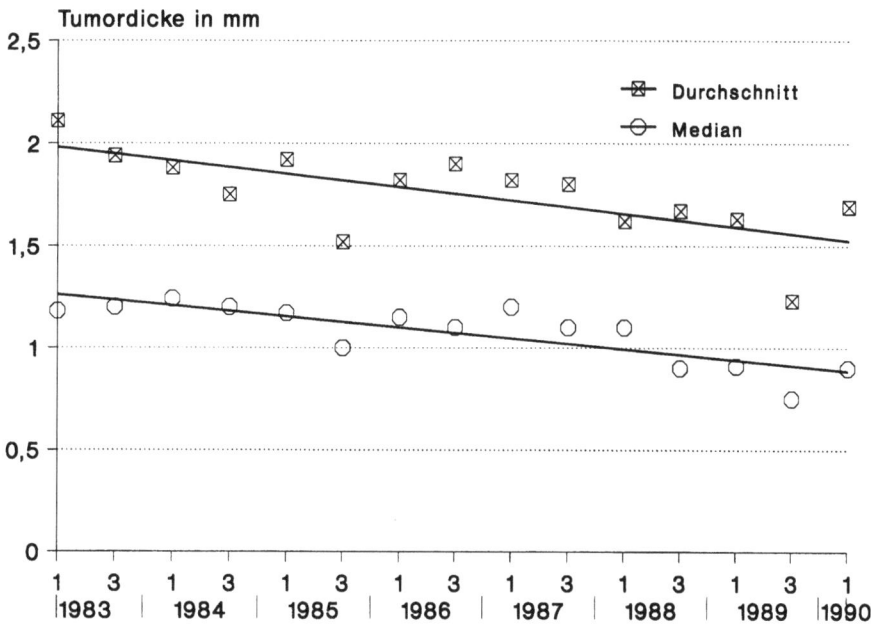

Abb. 8. Durchschnittswerte und Median der Tumordicke von malignen Melanomen im Zentralregister der DDG – Trendanalyse von 1983–1990

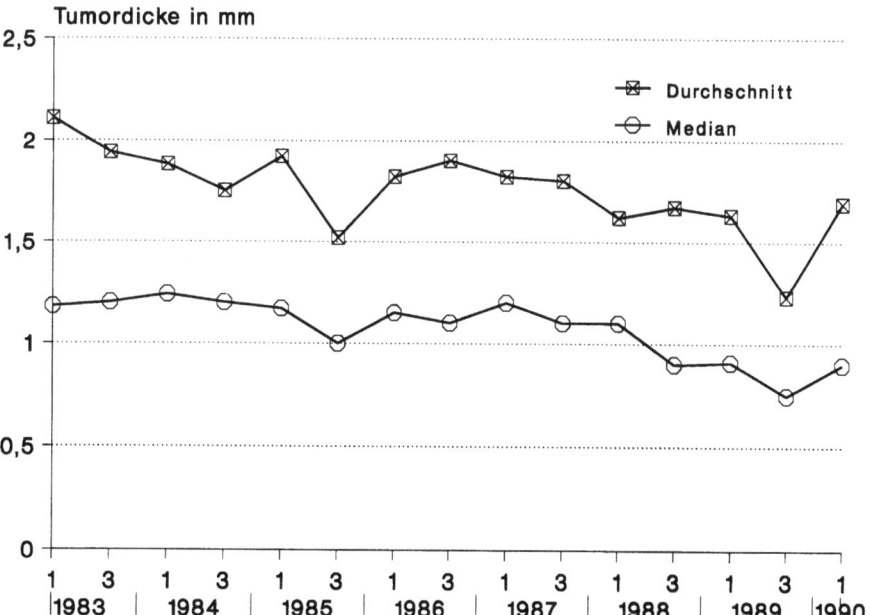

Abb. 9. Durchschnittswerte und Median der Tumordicke von malignen Melanomen im Zentralregister der DDG – Analyse nach Halbjahren von 1983–1990 (Zahlenangaben: Quartale)

1,5 mm und der Median von 1,25 auf 0,9 mm (Abb. 8). Eine erhebliche Abnahme der Tumordicken waren im 3. und 4. Quartal des Jahres 1989 zu verzeichnen. Gegenüber den drei vorangehenden Halbjahren sank in diesem Halbjahr die durchschnittliche Tumordicke von 1,7 auf 1,3 mm. Die mediane Tumordicke nahm von 0,9 auf 0,7 mm ab. Allerdings zeigte sich demgegenüber in den ersten beiden Quartalen des Jahres 1990 wiederum ein Anstieg auf 1,7 mm durchschnittliche Tumordicke und 0,9 mm mediane Tumordicke (Abb. 9). Der vorübergehende Abfall der Tumordicke ist am ehesten auf die Aktivitäten der Deutschen Dermatologischen Gesellschaft zur Früherkennung zurückzuführen; es zeigt sich aber, daß die Wirkung derartiger Aktionen offenbar zeitlich begrenzt ist.

Risikofaktoren

In einer multizentrischen Fallkontrollstudie im Rahmen des Zentralregisters Malignes Melanom wurden 1079 Melanompatienten und 778 Kontrollpatienten im Hinblick auf verschiedene Risikofaktoren untersucht [37]. Die Gesamtzahl der melanozytären Naevi wurde als der wichtigste Risikoindikator für die Entwicklung maligner Melanome bestimmt. Der zweitwichtigste Risikofaktor war die rote Haarfarbe, während mit blonder Haarfarbe keine wesentliche Risikoerhöhung verbunden war. Schließlich war mit dem Hauttyp I im Vergleich zum Hauttyp IV ein erhöhtes relatives Risiko verbunden, ein malignes Melanom zu entwickeln. Mehrere Parameter der Sonnenexposition in der Freizeit zeigten keine wesentlichen Unterschiede zwischen Melanompatienten und Kontrollen.

Eine eingehende Fallkontrollstudie an 200 Melanompatienten und 200 Kontrollpatienten, die nach Alter und Geschlecht vergleichbar ausgewählt wurden, wurde an der Universitäts-Hautklinik und Poliklinik im Klinikum Steglitz der Freien Universität Berlin durchgeführt [7, 10]. In der multivariaten Analyse fand sich eine hochsignifikante Risikoerhöhung mit zunehmender Zahl gewöhnlicher Naevuszellnaevi am gesamten Integument, bei Vorhandensein von atypischen Naevzuszellnaevi und bei Vorhandensein mäßig vieler bis vieler aktinischer Lentigines. Weiterhin fand sich eine Risikoerhöhung nach der anamnestischen Angabe beruflicher Sonnenexposition, jedoch fand sich mit längerer Dauer der beruflichen Sonnenpositin keine eindeutige Risikoerhöhung mehr. Schließlich zeigte sich eine Risikoerhöhung für den sonnenempfindlichen Hauttyp I im Vergleich zum Hauttyp IV. Die Dauer der Freizeitsonnenexposition sowie die Zahl der lebenslangen Sonnenbrände waren nicht mit einem erhöhten relativen Risiko verbunden, maligne Melanome zu entwickeln.

Die Größenordnung der relativen Risiken ist stark abhängig von der Gesamtzahl der Naevuszellnaevi am Integument und erreicht bei mehr als 60 Naevuszellnaevi mit einem Durchmesser von ≥ 2 mm etwa einen Faktor von 15 im Vergleich zu Personen mit ≤ 10 Naevzuszellnaevi. Annäherungsweise konnte das Risiko für mehr als 100 Naevuszellnaevi als mit etwa einer 50fachen Risikoerhöhung verbunden bestimmt werden, hier bleibt allerdings eine gewisse Unsicherheit wegen der kleinen Zahl von Kontrollen in dieser Gruppe und einer somit bedingten hohen Standardabweichung. Zusätzlich fand sich eine 7fache Risikoerhöhung bei Vorhandensein von atypischen NZN und eine 6fache Risikoerhöhung bei Vorhandensein von mäßig bis vielen Lentigines (vs. keine)

Tabelle 1. Relative Risiken für die Entwicklung maligner Melanome in der Bundesrepublik Deutschland [7, 10]

Parameter	relatives Risiko
> 40 NZN (vs. $\leq$ 10)	7×
> 60 NZN (vs. $\leq$ 10)	15×
> 100 NZN (vs. $\leq$ 10)	ca. 50×
$\geq$ 1 atypischer NZN (vs. 0)	7×
mäßig bis viele Lentigines (vs. keine)	6×
Hauttyp I (vs. IV)	2×

(Tabelle 1). Zur genaueren Ermittlung der Größenordnung relativer Risiken sowie ihres kombinierten Einflusses wird zur Zeit eine multizentrische Fallkontrollstudie an 8 Kliniken im Rahmen des Zentralregisters Malignes Melanom durchgeführt.

Während Vergleiche der bevölkerungsbezogenen Inzidenz des MM erheblich höhere Inzidenzen mit größerer Nähe des Wohnortes zum Äquator für weiße Bevölkerungen belegen und damit UV-Exposition als Risikofaktor nahelegen [2, 22, 34], ist dieser Zusammenhang offenbar durch Fall-Kontroll-Studien nur schwer zu belegen. Diejenigen Fall-Kontroll-Studien, die einen signifikanten Einfluß von Sonnenbränden auf das MM-Risiko fanden, ermittelten dafür auch nur eine Risikoerhöhung um einen Faktor 2–4 [10]. Insofern mag das negative Ergebnis der bisherigen Fall-Kontroll-Studien aus Deutschland zum einen durch die Schwierigkeit mitbedingt sein, Sonnenexposition durch retrospektive Befragung zu erfassen, und zum anderen den relativ niedrigen Risikoanstieg widerspiegeln, der möglicherweise durch UV-Exposition verursacht wird.

Prognosefaktoren

Die Einschätzung der Prognose von Patienten mit malignem Melanom der Haut stellt eine wesentliche Leitlinie für die Planung der Therapie und der Nachsorge dar [4]. Die Prognose des MM ist in erster Linie von der Tumorausbreitung abhängig, die durch Einteilung in Krankheitsstadien erfaßt wird. Im deutschsprachigen Raum hat sich eine Einteilung in vier Stadien in Anlehnung an die TNM-Klassifikation von 1979 weitgehend durchgesetzt [23] (Tabelle 2). Die neuere TNM-Klassifikation von 1987 verwendet eine andere Stadieneinteilung, die nach prognostischen Gesichtspunkten entwickelt wurde. Die neuere TNM-Klassifikation bleibt jedoch unbefriedigend, da sie weder eine eindeutige Information über die Tumorausbreitung enthält, noch alle zur Verfügung stehenden Informationen zur Einschätzung der Prognose adäquat erfaßt. Aus diesem Grunde wird diese Einteilung von uns nicht verwendet.

In der Bundesrepublik Deutschland kommen etwa 90% aller Patienten mit einem primären malignen Melanom (MM) ohne erkennbare Metastasierung (klinisches Stadium I) zur ersten Diagnose [5, 6]. Bei primärem MM ohne Metastasierung kann die Prognose des Tumors erheblich variieren, und die 10-Jahres-Überlebensraten schwanken für verschiedenen Gruppen zwischen >95% und <50% [4]. Als wesentliche Faktoren für die Einordnung der Prognose wurden insbesondere die Tumordicke (nach Breslow), der Invasionslevel (nach Clark), die histologische Klassifikation, die Mitoserate, histologisch

A comprehensive, encyclopedic review of the entire topic

C. E. Orfanos, Free University of Berlin; **R. Happle,** Nijmegen (Eds.)

Hair and Hair Diseases

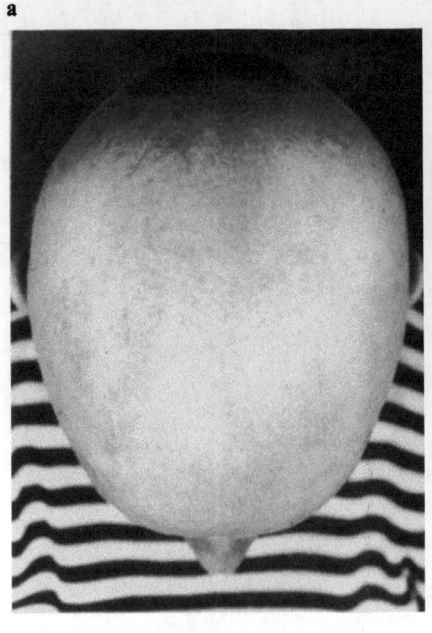
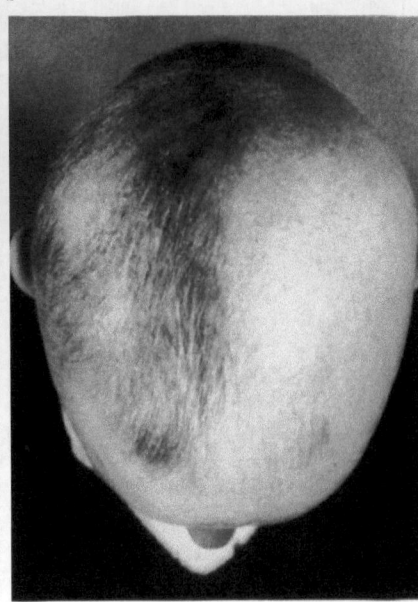
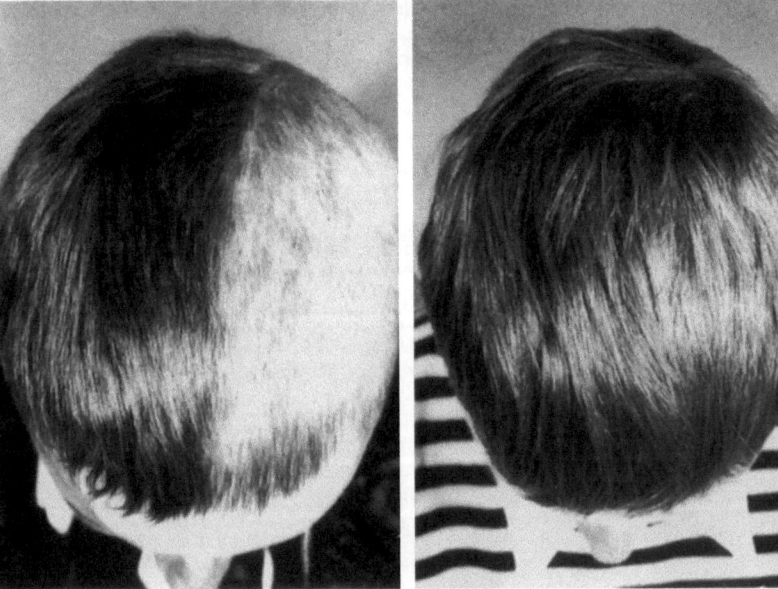

1990. XV, 1057 pp. 561 figs. 58 tabs. Hardcover DM 348,-
ISBN 3-540-50960-7

This book aims to be a standard text for everything that refers to hair under normal and pathological conditions.
It discusses all aspects of hair: anatomy of the hair follicle, developmental stages analyzed by light and electron microscopy, hair ultrastructure, nerve and blood supply, specialized hairs and hair organs, and cultivation of hair follicle cells in vitro.

In the clinical part several chapters discuss the most important diseases of the hair including possibilities for treatment. Extensive review chapters are dedicated to the antiandrogens and their clinical application in androgenetic alopecias, hirsutism, and so on. In conclusion, surgical techniques for hair transplantation are included.

Topical immunotherapy of alopecia areata totalis.
a Prior to Therapy. **b** Unilateral hair growth after 16-week unilateral treatment. **c** Regrowth after subsequent 8-week bilateral treatment. **d** Complete regrowth after 34 weeks.

☐ Heidelberger Platz 3, D-1000 Berlin 33 ☐ 175 Fifth Ave., New York, NY 10010, USA ☐ 8 Alexandra Rd., London SW19 7JZ, England
☐ 26, rue des Carmes, F-75005 Paris ☐ 37-3, Hongo 3-chome, Bunkyo-ku, Tokyo 113, Japan ☐ Citicorp Centre, Room 1603, 18 Whitfield Road, Causeway Bay, Hong Kong ☐ Avinguda Diagonal, 468-4°C, E-08006 Barcelona

Tabelle 2. Klinische Stadieneinteilung des malignen Melanoms in Anlehnung an die TNM-Klassifikation 1979 [23]

Stadium I	Primärtumor allein
Stadium II	Primärtumor + Metastasen im regionären Abflußgebiet
Stadium IIa	Satelliten- und/oder Intransitmetastasen
Stadium IIb	regionäre Lymphknotenmetastasen
Stadium III	Primärtumor + (regionäre Metastasen) - Metastasen im juxtaregionären* Lymphknotengebiet
Stadium IV	Primärtumor + (regionäre Metastasen) + Fernmetastasen
Stadium IVa	kutane Fernmetastasen
Stadium IVb	viszerale und/oder Lymphknoten-Fernmetastasen

* = Metastasierung in ein zweites regionäres Lymphknotengebiet; kann bei Primärtumoren am Stamm, aber in der Regel nicht an den Extremitäten auftreten.

gesicherte Ulzeration des Tumors sowie die Lokalisation und das Geschlecht herausgestellt. Seit ab Ende der 70er Jahre zunehmend multivariate Regressionsanalysen angewendet worden sind und der unabhängige Einfluß verschiedener Faktoren auf die Prognose untersucht wurde, sind in verschiedenen Arbeiten immer wieder unterschiedliche Faktoren als signifikante Einflußgrößen bewertet worden. In Untersuchungen an großen Patientenkollektiven wurde dabei die Tumordicke als der wesentliche Prognosefaktor ermittelt und der Invasionslevel hatte nur einen nachgeordneten Einfluß [1, 29–31].

In eine multizentrischen Studie des Zentralregisters Malignes Melanom haben die Universitäts-Hautklinik Berlin-Steglitz, die Fachklinik Münster-Hornheide und die Universitäts-Hautkliniken Tübingen und Würzburg insgesamt 5093 primäre maligne Melanome eingebracht, die in den Jahren 1970–1987 diagnostiziert und langfristig nachbeobachtet worden waren [11]. Eine multivariate Auswertung der Krankheitsverläufe ergab drei wesentliche prognostische Parameter, die für das Überleben der Patienten entscheidend waren: die Tumordicke, das Geschlecht und die Tumorlokalisation.

Das Sterberisiko nahm bei Patienten mit primären malignen Melanomen mit steigender Tumordicke bis zu einem vertikalen Durchmesser von etwa 6 mm stetig zu. Die beste Einteilung in verschiedene Risikogruppen nach der Tumordicke wurde mit der Klassifikation:
- ≤ 1 mm
- 1,01–2,0 mm
- 2,01–4,0 mm
- > 4 mm

erreicht. Hinsichtlich der Tumorlokalisation fand sich die beste Einteilung in bezug auf das Sterberisiko bei Zuordnung von unterem Stamm, Extremitäten ohne Oberarme und Gesicht zu Lokalisationen niedrigeren Risikos und von oberem Stamm, Hals und Kapillitium zu Lokalisationen höheren Risikos (Abb. 10). Mittels einer Regressionsanalyse wurde eine nach diesen Faktoren sowie nach histologischem Tumortyp differenzierende prognostische Einteilung für Melanome im Stadium I ermittelt [13] (Tabelle 3).

Sobald eine Metastasierung bei MM manifest geworden ist, verschlechtert sich die Prognose drastisch. Im

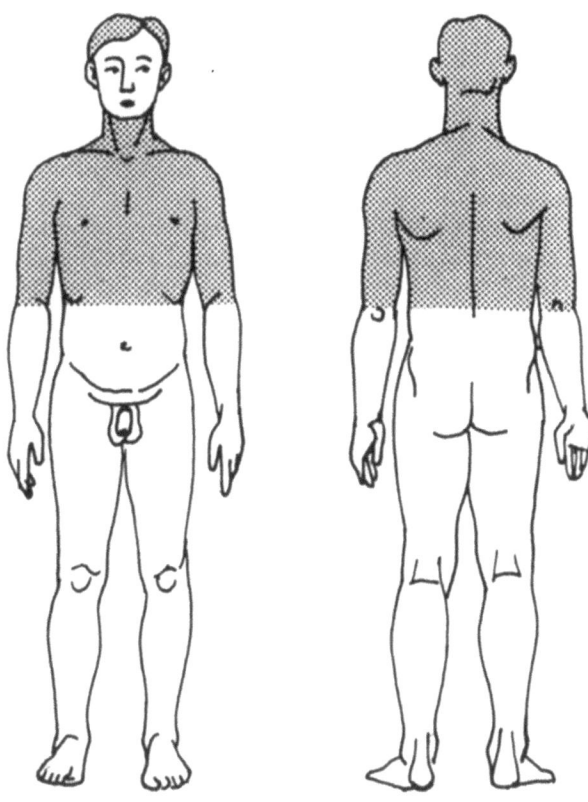

Abb. 10. Lokalisation primärer maligner Melanome mit höherem Sterberisiko: Oberer Stamm, Oberarme, Hals und Kapillitium

Tabelle 3. Prognostische Klassifikation primärer maligner Melanome [13]

Risiko	Männer	Frauen	5-Jahres-ÜR.*	10-Jahres-ÜR.
niedrig	≤ 1 mm	≤ 2 mm	> 90%	> 85%
mittel	1,01–2 mm außer NM	2,0–4 mm außer TANS**	80–90%	70–85%
hoch	1,01–2 mm + NM, > 2 mm	2,01–4 mm + TANS, > 4 mm	< 70%	< 60%

* ÜR = Überlebensrate
** TANS = upper Trunc, upper Arm, Neck and Scalp Lokalisation mit höherem Risiko

klinischen Stadium II beträgt die 5-Jahres-Überlebensrate ohne systemische Behandlung im Durchschnitt ca 20%. Bei Fernmetastasierung überleben weniger als 20% der Patienten ein Jahr und die durchschnittliche Überlebenszeit nach Diagnosestellung beträgt ohne chemotherapeutische Behandlung ca. 4–5 Monate [12].

Ausblick

Die dargestellten Ergebnisse aus dem Zentralregister belegen, daß der Kenntnisstand über das maligne Melanom in der Bundesrepublik Deutschland in eindrucksvoller Weise zugenommen hat. Diese Fortschritte waren möglich, da viele, insbesondere junge Kollegen sich an der

Dokumentation der MM und an der Durchführung der vielfältigen Sonderstudien aktiv und engagiert beteiligt haben. Damit wurde auch dokumentiert, daß sich die Dermatologen für das maligne Melanom der Haut in besonderer Weise verantwortlich fühlen und sich klinisch und wissenschaftlich auf diesem Feld außerordentlich einsetzen.

Mit nahezu 9000 dokumentierten Tumoren wurde eine Datenbank geschaffen, die bisher nur zu einem geringen Teil ausgewertet worden ist. Eine vordringliche Aufgabe der nächsten Jahre wird die weitere wissenschaftliche Aufarbeitung dieses Materials und seine Publikation sein. Zu diesem Zweck ist ebenfalls die engagierte Mitarbeit und Übernahme von Themenstellungen durch Kollegen aus den teilnehmenden Kliniken notwendig, da diese Aufgabe von der Registerstelle aus nicht bewältigt werden kann. Insofern ist die Entwicklung begrüßenswert, daß in jüngster Zeit Ausarbeitungen und Publikation von Datenmaterial des Registers bereits von Kollegen aus den mitarbeitenden Kliniken übernommen wurden [33, 37].

Aus der bisherigen Arbeit des Zentralregisters wird ersichtlich, wie wertvoll die multizentrische Kooperation gerade auf epidemiologischem Gebiet bei der Erforschung von MM ist. Die Ergebnisse einer multizentrischen Studie zu Risikofaktoren des MM mit ausführlicher Befragung und ärztlicher Dokumentation stehen noch aus und dürften unsere Kenntnisse über besonders gefährdete Kollektive in der Bundesrepublik Deutschland erweitern. Weitere Studien wie z. B. zum Einfluß von Schwangerschaften auf Krankheitsrisiko und Verlauf wurden bereits projektiert. Es bleibt zu wünschen, daß die Kooperationsmöglichkeiten im Rahmen des Registers in Zukunft vielleicht auch in vermehrtem Umfang für die Durchführung therapeutischer Studien genutzt werden.

Literatur

1. Balch CM, Soong S-J, Shaw HM, Milton GW (1985) An analysis of prognostic factors in 4000 patients with cutaneous melanoma. In: Balch CM, Milton GW (eds) Clinical management und treatment results worldwide. JB Lippincott Company, Philadelphia, pp 321–352
2. Crombie IK (1979) Variation of melanoma incidence with latitude in North America and Europe. Br J Cancer 40:774–781
3. Garbe C, Bertz J, Orfanos CE (1986) Malignes Melanom: Zunahme von Inzidenz und Mortalität in der Bundesrepublik Deutschland. Z Hautkr 61:1751–1764
4. Garbe C, Stadler R, Orfanos CE (1986) Prognose-orientierte Therapie des malignen Melanoms – Neuere Konzepte. Hautarzt 37:365–372
5. Garbe C, Bertz J, Orfanos CE et al. (1987) Das maligne Melanom im deutschsprachigen Raum in den 80er Jahren. Erste Ergebnisse des Zentralregisters Malignes Melanom der Deutschen Dermatologischen Gesellschaft in Verbindung mit dem Bundesgesundheitsamt Berlin. Hautarzt 38:639–644
6. Garbe C, Bertz J, Orfanos CE et al. (1987) Zentralregister Malignes Melanom: Arbeitsbericht an den Ausschuß der Deutschen Dermatologischen Gesellschaft. Stand: Mai 1987. Dtsch Dermatologe 35:1314–1323
7. Garbe C, Krüger S, Stadler R, Orfanos CE (1988) Risikofaktoren für das maligne Melanom in einem deutschen Kollektiv. Zbl Hautkr 154:624
8. Garbe C, Orfanos CE (1989) Epidemiologie des malignen Melanoms in der Bundesrepublik Deutschland im internationalen Vergleich. Onkologie 12:253–262
9. Garbe C, Wiebelt H, Orfanos CE (1989) Change of epidemiological characteristics of malignant melanoma during the years 1962–1972 and 1983–1986 in the Federal Republic of Germany. Dermatologica 178:131–135
10. Garbe C, Krüger S, Stadler R et al. (1989) Markers and relative risk for developing malignant melanoma in a German population. Int J Dermatol 28:517–523
11. Garbe C, Büttner P, Bertz J et al. (1990) Die Prognose des primären malignen Melanoms – eine multizentrische Studie an 5093 Patienten. In: Orfanos CE, Garbe C (Hrsg) Das maligne Melanom der Haut. Zuckschwerdt-Verlag, München, pp 41–59
12. Garbe C, Taud W, Karg Ch, Orfanos CE (1990) Nachsorge und Behandlung des metastasierenden malignen Melanoms. In: Orfanos CE, Garbe C (Hrsg) Das maligne Melanom der Haut. Zuckschwerdt-Verlag, München, pp 316–324
13. Garbe C, Orfanos CE (1990) Diagnostik, Therapie und Nachsorge von Patienten mit malignem Melanom der Haut. In: Orfanos CE, Garbe C (Hrs) Das maligne Melanom der Haut. Zuckschwerdt-Verlag, München, pp 347–353
14. Garbe C, Thiess S, Nürnberger F et al. (1990) Incidence and mortality of malignant melanoma 1980–1986 in Berlin (West). In Vorbereitung
15. Hoffmeister H, Bertz J, Garbe C (1990) Entwicklungen von Inzidenz und Mortalität des malignen Melanoms in der Bundesrepublik Deutschland. In: Orfanos CE, Garbe C (Hrsg) Das maligne Melanom der Haut. Zuckschwerdt-Verlag, München, pp 3–12
16. Holman CDJ, Mulroney CD, Armstrong BK (1980) Epidemiology of preinvasive and invasive malignant melanoma in Western Australia. Int J Cancer 25:317–323
17. Holman CDJ, James IR, Gattey PH et al. (1980) An analysis of trends in mortality from malignant melanoma of the skin in Australia. Int J Cancer 26:703–709
18. Houghton A, Flannery J, Viola MV (1980) Malignant melanoma in Connecticut and Denmark. Int J Cancer 25:95–104
19. Jung HD (1985) Aktuelle Probleme der Epidemiologie am Beispiel des malignen Melanoms der Haut – mit internationaler Übersicht. Akt Dermatol 11:154–156
20. Jung HD (1988) Mortalität und Inzidenz am malignen Melanom der Haut in der Bundesrepublik Deutschland, der Deutschen Demokratischen Republik und der Schweiz. Akt Dermatol 4:12–14
21. Lee JAH, Petersen GR, Stevens RG, Vesanen K (1979) The influence of age, year of birth, and date on mortality for malignant melanoma in the population of England and Wales, Canada and the white population of the United States. Am J Epidemiol 110:734–739
22. Lee JAH (1988) Trend with time of the incidence of malignant melanoma of the skin in white populations. Pigment Cell, vol 9. Karger, Basel, pp 1–7
23. Orfanos CE, Döring CH (1983) Malignes Melanom: Eine aktuelle Bestandsaufname. Klassifikation, prognostische Faktoren, Behandlungsrichtlinien. Z Hautkr 58:881–900
24. Orfanos CE, Garbe C, Bertz J (1985) Epidemiologie des malignen Melanoms der Haut im internationalen Vergleich. Hautarzt 36 (Suppl VII):81–84
25. Osterlind A, Moller-Jensen O (1986) Trends in incidence of malignant melanoma of the skin in Denmark. Recent Results Cancer Res 102:8–17
26. Robertson I, Cook MG, Dymock RB, Orell SR (1981) Cutaneous malignant melanoma in South Australia. The main feature. Med J Australia 2:92–94
27. Schreiber MM, Bozzo PD, Moon E (1981) Malignant melanoma in Southern Arizona. Incrasing incidence and sunlight as an etiologic factor. Arch Dermatol 117:6–11
28. Seebach HB, Tille MM, Bahmer F (1985) Das maligne Melanom der Haut im Krebsregister des Saarlandes 1968–1981. Pathologe 6:231–241
29. Sondergaard K, Schou G (1985) Survival with primary cutaneus malignant melanoma, evaluated from 2012 cases. A multivariate regression analysis. Virchows Arch 406:179–195
30. Sondergaard K, Schou G (1985) Therapeutic and clinicopathological factors in the survival of 1,469 patients with primary cutaneous malignant melanoma in clinical stage I. A multi-variate regression analysis. Virchows Arch (A) 408:249–558

31. Sondergaard K (1985) Depth of invasion and tumor thickness in primary cutaneous malignant melanoma. A study of 2012 cases. Acta Path Microbiol Immunol Scand Sect A 93:49–55
32. Statistisches Amt des Saarlandes (1987) Morbidität und Mortalität an bösartigen Neubildungen im Saarland 1984. Sonderhefte des Statistischen Amtes des Saarlandes Nr. 131
33. Stroebel W, Garbe C, D'Hoedt et al. (1990) Klinischepidemiologische Daten des Zentralregisters Malignes Melanom der Deutschen Dermatologischen Gesellschaft. In: Orfanos CE, Garbe C (Hrsg) Das maligne Melanom der Haut. Zuckschwerdt-Verlag, München, pp 13–18
34. Swerdlow AJ (1979) Incidence of malignant melanoma of the skin in England and Wales and its relationship to sunshine. Br Med J 2:1324–1327
35. Thiess S, Garbe C, Stadler R et al. (1989) Inzidenz des malignen Melanoms in Berlin. Hautarzt 40:393
36. Waterhouse J, Muir C, Shanmugaratnam K, Powel J (eds) (1982) Cancer incidence in five continents. IARC Scientific Publ 42, International Agency for Research on Cancer, Lyon
37. Weiss J, Garbe C, Bertz J et al. (1990) Risikofaktoren des malignen Melanoms in der Bundesrepublik Deutschland. Hautarzt 41:309–313

Privatdozent Dr. Claus Garbe
Prof. Dr. med. Prof. h.c. Constantin E. Orfanos
Universitäts-Hautklinik und Poliklinik
Klinikum Steglitz der Freien Universität Berlin
Hindenburgdamm 30
D-1000 Berlin 45

Lichtbiologie der Melanome

E. G. Jung, Mannheim

Die Lichtbiologie der Melanome beschreibt den maßgeblichen exogenen Einfluß auf die menschliche Haut, der, immer ausgehend von der genetischen Situation, Pigmenttumoren auslöst (Initiation), deren Entwicklung beeinflußt (Progression) oder beide Einflüsse verbindet. Dabei spielt die biologisch wirksame Einzeldosis wie auch die kumulative Belastung mit dem UV-Anteil des Sonnenlichtes eine entscheidende Rolle. Künstliche Lichtquellen vermögen dazu beizutragen.

Man vermag zwei klinisch und biologisch unterschiedliche Risikogruppen der kutanen Melanome zu beschreiben. Es kristallisiert sich immer klarer heraus, daß jeder der beiden Formen besonderer Lichtbelastung charakteristische biologische Vorgänge und klinische Manifestationen entsprechen [5, 9].

Kumulative lebenslange UV-Exposition

Die Lichtschäden treten durch wiederholte, kumulativ wirkende UV-Expositionen auf. Dabei erstrecken sich die Schäden flächenhaft auf die lichtexponierten Areale und werden mit multiplen Foci relativ spät im Leben manifest (Tabelle 1). Neben der aktinischen Elastose (Heliosis) treten die aktinischen Keratosen, die Basaliome und die Spinaliome als Präkanzerosen und Karzinome des Keratinozytensystems zutage. Hier sind auch die Lentigomaligna-Melanome (LMM) angesiedelt. Sie entsprechen nach Manifestationsalter, Morphodynamik, multilokulärer Anlage und der strengen Lichtlokalisierung den genannten Lichtschäden und machen 5–10% der kutanen Melanome aus.

Experimentelle Daten an Fibroblasten und an Keratinozyten zeigen, daß die Wirksamkeit der zellulären Reparatursysteme und deren Überforderung eine wesentliche Rolle spielen. Die Exzisionsreparatur, gemessen als „unscheduled DNA synthesis" (UDS), vermag lichtbedingte DNS-Schäden in den ersten Stunden der Bestrahlung fehlerfrei zu reparieren. Dieses enzymatische Reparatursystem der Zellkerne ist mit $2/3$–1 MED (minimale Erythemdosis) nach oben begrenzt und wird durch kurzfristig wiederholte Bestrahlungen erschöpft. Es kann dann nicht mehr alle UV-bedingten DNS-Schäden reparieren, so daß diese persistieren und andere, fehleranfällige Reparatursysteme aktiviert werden. Dadurch kann es zu onkogenen Punktmutationen und zur Bildung von malignen Kloni in den Melanozyten (oder in den Keratinozyten) kommen.

Das genetische Modell dieser Risikogruppen ist die autosomal-rezessive Erbkrankheit *Xeroderma pigmentosum*, die zwar selten, aber sehr charakteristisch ist. Bei erhöhter Lichtempfindlichkeit erleiden diese Patienten nach einmaliger oder nach wenigen UV-Bestrahlungen chronische Lichtschäden an der lichtexponierten Haut. Neben der Pigmentinkontinenz, der epidermalen Atrophie und der aktinischen Elastose treten multiple gut- und bösartige Tumoren der Haut auf. Bei der Hälfte der Xeroderma-pigmentosum-Patienten entwickeln sich eine oder mehrere melanotische Präkanzerosen und Melanome, ausschließlich vom Typ der Lentigo-maligna-Melanome. Das lichtabhängige Melanomrisiko ist beim Xeroderma pigmentosum 2000-fach erhöht und überragt die übrigen, durch die verschiedenen Pigmentierungstypen bedingten Risikounterschiede bei weitem [6].

Überstarke UV-Exposition in der Jugend

Eine oder mehrere, im allgemeinen aber nur wenige überstarke UV-Expositionen in der Kindheit und in der Jugend, die zu starken, erinnerlichen und meistens auch ärztlich behandelten Sonnenbränden führten, scheinen

Tabelle 1. Kumulative lebenslange UV-Exposition

- lichtlokalisiert
- multipel
- spätmanifestierend

  aktinische Keratosen
  Basaliome
  Spinaliome
  Lentigo-maligna-Melanome
  Aktivierung dysplastischer Naevi

Tabelle 2. Starke UV-Exposition in der Jugend

- nichttypische Lokalisation
- solitär
- frühmanifestierend
  Noduläre und superfiziell spreitende Melanome
  Aktivierung dysplastischer Naevi
  Aktivierung kongenitaler Naevi

aufgrund von epidemiologischen Beobachtungen, Fallkontrollen und Studien an Patienten mit durchgemachter „Migration" ein weiteres und fast ausschließliches Melanomrisiko (Tabelle 2) zu charakterisieren. An Lokalisationen, die für eine regelmäßige Lichtexposition nicht typisch sein müssen, treten zwischen dem 20. und 50. Lebensjahr, also früher als die LMM, solitär die nodulären (NM) oder oberflächlich spreitenden Melanome (SSM) auf [5, 9]. Überstarke Sonnenexposition kann aber auch Melanome in dysplastischen Naevi aktivieren oder provozieren. Das scheint zu einer Vorverlegung deren Manifestationsalter zu führen [7]. Ohne schon genaue Zahlenangaben über die Risiko der überstarken UV-Exposition in der Jugend zu kennen, gehen die Vermutungen dahin, daß die meisten nodulären und oberflächlich spreitenden Melanome der Haut diesem Risikotyp entspringen.

Das genetische Modell dieser Risikogruppe stellt das *Syndrom der dysplastischen Naevi* (DNS) dar, das autosomal und polygen vererbt wird. Das Hauptgen scheint auf dem kurzen Arm von Chromosom 1 zu liegen [1]. Gut 20% der Melanome entstehen auf dem Boden eines DNS, erscheinen vorwiegend lichtlokalisiert und manifestieren im frühen Erwachsenenalter [7].

Auf zellulärer Ebene läßt sich beim DNS kein Defekt in der Verarbeitung von Lichtschäden nachweisen. Die Exzisions-Reparatur (UDS) und die Koloniebildung (CFA) an kultivierten Fibroblasten läuft nach Belastung mit UVB und UVC regelrecht ab [11]. Auf zytogenetischer Ebene allerdings läßt sich eine lichtprovozierte zelluläre Hypermutabilität nachweisen [4], die anhand der in vivo lichtprovozierten Geschwister-chromatid-Austauschstellen (SCE) an Fibroblasten für UVB und UVC, nicht aber für UVA, nachweisbar ist [2]. Diese Befunde sprechen für das Vorliegen eines (oder mehrerer) „Melanom-Onkogens", das durch UVB- und UVC-Bestrahlung aktiviert oder amplifiziert wird.

An Mäusehaut konnte gezeigt werden, daß in UVB-induzierten Papillomen und Karzinomen das cHa-ras Proto-Onkogen amplifiziert und überexprimiert ist [3]. Auch in menschlichen Melanomen wird das Onkogenprodukt ras p 21 exprimiert gefunden [13, 14]. Es scheint kein UV-spezifischer, sondern eher ein progressionsabhängiger Marker in der Palette der Progressionsmarker [10] darzustellen. Dem gegenüber werden in ca. 20% der untersuchten menschlichen Melanom-Zellinien Punktmutationen in N-ras-Onkogen gefunden [8, 12], die vorwiegend bei denjenigen Melanomen gefunden werden, deren Primärtumor lichtlokalisiert war. Es wird angenommen, daß es sich dabei um UV-induzierte Mutationen handeln könnte [12].

Diese Befunde sind stimulierend und lassen hoffen, daß in absehbarer Zeit die Frage beantwortet werden kann, ob dem Melanom ein „Melanom-Onkogen" eigen ist oder ob es sich eher um ein Melanom-charakteristisches Aktivierungs- und Mutationsspektrum mehrerer Onkogene handelt.

Literatur

1. Bale SJ, Dracopoli NC, Tucker MA, Clark WA, Fraser MC, Stanger BZ, Green P, Donis-Keller H, Housman DE, Greene MH (1989) Mapping the gene for hereditary cutaneous malignant melanoma-dysplastic nevus to chromosome 1q. N Engl J Med 320:1367–1372
2. Bohnert E, Weiß J (1990) Zytogenetische Befunde beim Syndrom der dysplastischen Naevi (DNS). In: Orfanos CE, Garbe C (Hrsg) Das maligne Melanom der Haut. W. Zuckschwerdt-Verlag, München Bern Wien S 153–157
3. Elder JT (1990) c-Ha-ras and UV photocarcinogenesis. Arch Dermatol 126:379–382
4. Jung EG, Bohnert E, Boonen H (1986) Dysplastic nevus syndrome. Ultraviolet hypermutability confirmed in vitro by elevated sister chromatid exchanges. Dermatologica (Basel) 173:297
5. Jung EG (1989) Wie kann man Melanome verhindern? Dtsch med Wschr 114:393–397
6. Jung EG (1986) Xeroderma Pigmentosum. Intern J Dermatol 25:629–633
7. Kopf AW, Lindsay AC, Rogers GS, Friedman RJ, Rigel DS, Levenstein M (1985) Relationship of nevocytic nevi to sun exposure in dysplastic nevus syndrome. J Am Acad Derm 12:656
8. Schrier PI, Versteeg R, Peltenburg LTC, Plomp AC, van't Veer LJ, Krüse-Wolters KM (1990) Empfindlichkeit von Melanomzellinien gegenüber natürlichen Killerzellen und der mögliche Einfluß von Onkogenaktivierungen. In: Orfanos CE, Garbe C (Hrsg) Das maligne Melanom der Haut. W. Zuckschwerdt-Verlag, München Bern Wien, S 176–188
9. Sober AJ (1987) Solar exposure in the etiology of cutaneous melanoma. Photodermatol 4:23–27
10. Steijlen PM, Hamm H, van Erp PEJ, Johnson JP, Ruiter DJ, Bröcker EB (1989) Immunohistologic evidence for the malignant potential of congenital melanocytic nevi. J Invest Dermatol 92:366–370
11. Thielmann HW, Edler L, Brucker A, Jung EG (1990) Fibroblasts derived from patients with dysplastic nevus syndrome are not more sensitive towards 254-nm and 312-nm ultraviolet light than fibroblasts from normal donors (in press)
12. van't Veer LJ, Burgering BMT, Versteeg R, Boot AJM, Ruiter DJ, Osanto S, Schrier PI, Bos JL (1989) N-ras mutations in human cutaneous melanoma from sun-exposed body sites. Mol Cell Biol 9:3114–3116
13. Yamamura K, Mishima Y (1990) Antigen dynamics in melanocytic and nevocytic melanoma oncogenesis: antiganglioside and anti-ras p21 antibodies as markers of tumor progression. J Invest Dermatol 94:174–182
14. Yasuda H, Kobayashi H, Ohkawara A, Kuzumaki N (1989) Differential expression of ras oncogene products among the types of human melanomas and melanocytic nevi. J Invest Dermatol 93:54–59

Prof. Dr. E. G. Jung
Hautklinik am Klinikum der Stadt Mannheim
Postfach 100023
D-6800 Mannheim 1

Heutiger Stand der histologischen und immunhistochemischen Diagnostik des malignen Melanoms

H. Kerl, J. Smolle, L. Cerroni, H. P. Soyer und S. Hödl, Graz

Histologie

Die histologische Diagnose und Differentialdiagnose des malignen Melanoms der Haut gehört zu den schwierigsten Problemen in der Dermatopathologie. Die entscheidende Basis für eine exakte Melanom-Diagnose liegt in der systematischen Formulierung zuverlässiger und reproduzierbarer Kriterien [1, 9]. Ohne diese Kriterien drängt sich ein Vergleich mit den beiden Werken von L. Pirandello, „Man Weiß Nicht Wie" oder „So Ist Es Wie Es Ihnen Scheint" auf. Die wichtigsten Parameter für die Diagnose eines malignen Melanoms sind in Tabelle 1 zusammengefaßt.

Tabelle 1. Histologische Kriterien zur Melanomdiagnose [1]

Muster
- Asymmetrie des Tumors
- Unscharfe Begrenzung der lateralen intraepidermalen melanozytären Komponente
- Fehlende „Reifung" der Tumorzellen in der tieferen Dermis
- Einzelformationen von Melanozyten überwiegen fokal oft im Vergleich zu Melanozytennestern in der Epidermis
- Intraepidermale Melanozytennester zeigen ungleichmäßige Abstände voneinander
- Melanozytennester in der Epidermis und Dermis variieren in Form und Größe und zeigen Konfluenzneigung
- Melanozyten – einzeln und in Nestern – häufig in allen Epidermisschichten nachweisbar
- Melanozytenausbreitung entlang der epithelialen Adnexstrukturen

Zytomorphologie
- Atypische Melanozyten
- Mitosen
- Nekrotische Melanozyten

Die Diagnose Melanom war früher mit Unsicherheit und Hoffnungslosigkeit korreliert. Moderne Erkenntnisse der Melanom-Forschung haben jedoch zu einer wesentlich geänderten Einstellung insbesonders im Zusammenhang mit verschiedenen *prognostischen Problemen* geführt. Wir kennen eine ganze Reihe von Variablen, die die Prognose und Überlebenszeit von Melanom-Patienten beeinflussen [4]. Ein histologischer Befund mit der Diagnose „Melanom" sollte folgende Daten beinhalten:
- Histogenetischer Typ (z.B. „superficial spreading-Melanom")
- Tumordicke
- „Level of invasion"
- Mitoserate/mm^2
- Zelltyp, verschiedene Zellpopulationen?
- Regression, TIL (= Tumor-infiltrierende Lymphozyten), Plasmazellen? Neovaskularisation
- Ulzeration
- Gefäßinvasion, mikroskopische Satelliten
- Assoziierter Naevus?
- Patienten-Charakteristika: Lokalisation, Alter, Geschlecht

Differentialdiagnose

Die meisten Melanome der Haut können aufgrund der in Tabelle 1 angeführten Charakteristika einwandfrei diagnostiziert werden. Mitunter findet man jedoch besondere Fälle melanozytärer Tumoren, die Schwierigkeiten hinsichtlich der biologischen Beurteilung und histologischen Differentialdiagnose bereiten. Dies betrifft einerseits maligne Melanome, die histologisch zahlreiche Kriterien eines melanozytären Naevus, insbesondere eines Spitz-Naevus (sog. *„naevoide" Melanome*) aufweisen oder andererseits gutartige melanozytäre Proliferationen, die ein malignes Melanom imitieren (sog. *„Pseudomelanome"*). Die Kenntnis der in Tabelle 2 dargestellten interessanten Varianten melanozytärer Naevi ist von besonderer praktischer Bedeutung, um die therapeutische Konsequenzen der Fehldiagnose malignes Melanom zu vermeiden.

Tabelle 2. Pseudomelanome: Gutartige melanozytäre Proliferationen, die histologisch maligne Melanome imitieren

- Spitz-Nävi und Varianten (einschließlich pigmentierter Spindelzelltumor und „combined"-Spitz-Nävus)
- Rezidiv-Nävi nach unvollständiger Exzision
- Akrale Nävi mit palmar-plantarer Lokalisation
- Genitale Nävi
- Dysplastische Nävi
- Halo-Nävi
- Nävi mit zwei Zellpopulationen
- Nävi bei Neugeborenen
- „New nevi of midlife"
- „Ancient nevus"

Immunhistologie

Bei der immunhistologischen Diagnostik melanozytärer Tumoren der Haut geht es einerseits um die Abgrenzung undifferenzierter, pleomorpher und spindelzelliger Melanome von anderen malignen kutanen Neoplasien dieser Art. Andererseits versucht man auch gut- und bösartige Läsionen aufgrund des antigenen Phänotyps zu unterscheiden und Progressions- bzw. Proliferationsmarker zu finden (Tabelle 3).

Tabelle 3. Bedeutung der Immunhistologie für die Melanom-Diagnose

Diagnose undifferenzierter, pleomorpher und spindelzelliger Melanome (z. B. desmoplastisch-neurotropes Melanom, amelanotisches Melanom)
Nachweis von Mikrometastasen in Lymphknoten [5]
Bestimmung der Tumordicke bei fokaler Invasion (z. B. Lentigo maligna-Melanom) oder bei Regression [6]
Untersuchung von Differenzierungs-, Progressions- und Proliferationsmarkern

Zur Identifizierung maligner Melanome stehen eine Reihe von Antikörpern zur Verfügung. Praktisch wichtig (weil am Paraffinschnitt durchführbar) sind die Darstellung des S100-Proteins und die Anwendung des monoklonalen Antikörpers HMB-45 [16]. Interessanterweise können in Melanomen auch Keratine nachgewiesen werden. Dies zeigt, daß die Protein-Zusammensetzung des Melanom-Zytoskeletts viel komplexer ist, als bisher angenommen wurde [11].

Obwohl heute keine Antigene bekannt sind, die für das Melanom spezifisch sind und zur Differentialdiagnose „Melanom versus melanozytärer Naevus" herangezogen werden können, gibt es Marker, die bevorzugt auf Melanomen und kaum auf Naevi exprimiert werden. Als Beispiel sei hierfür der Transferrinrezeptor (PAL-M1) genannt [14, 15].

Eine neue, allerdings nicht immunhistologische Methode repräsentiert die Darstellung der „nucleolar organizer regions". Diese Versilberungs-Technik könnte sich als nützliches Hilfsmittel für die Unterscheidung von Melanomen und Grenzfällen von melanozytären Naevi erweisen [10].

Die *Progression* zu einem invasiven und metastasierenden Tumor ist mit stufenweisen Änderungen des antigenen Phänotyps der Tumorzellen assoziiert, „Progressionsassoziierte melanozytäre Antigene" von (wahrscheinlich) prognostischer Relevanz sind zum Beispiel [2, 3, 7, 8]:
- HLA-DR
- Zelluläre Adhäsionsrezeptoren (beta 1-Integrine, ICAM-1), (Abb. 1).
- Rezeptoren für Wachstumsfaktoren

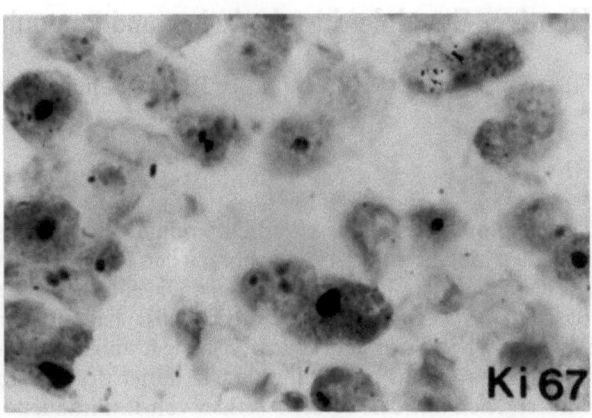

Abb. 2. Melanom-Metastase. Zahlreiche Ki-67-positive Kerne

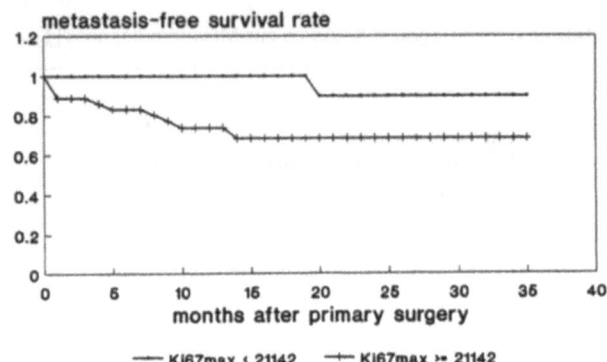

Abb. 3. Ki-67-Proliferationsrate und Prognose

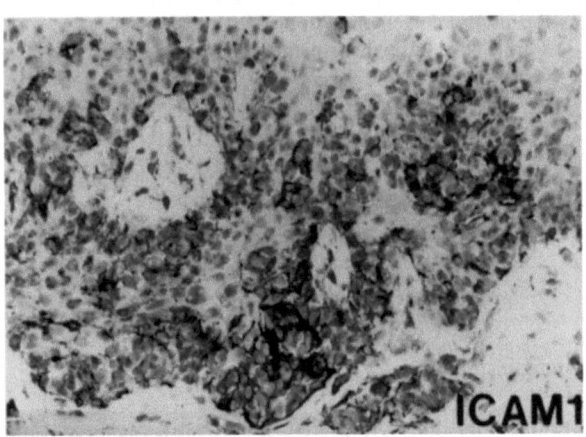

Abb. 1. Malignes Melanom. Expression von ICAM-1 – CD54. Die weitere Untersuchung der Adhäsionsmoleküle wird wichtige Einblicke für das Verständnis der Tumorprogression ergeben

Eine wesentliche Voraussetzung des Tumorwachstums stellt die *Proliferation* dar [12, 13]. Die Entwicklung eines monoklonalen Antikörpers Ki-67, der in allen aktiven Phasen des Zellzyklus exprimiert wird, gestattet die Darstellung proliferierender Zellkerne im histologischen Material (Abb. 2). Unsere Untersuchungen haben gezeigt, daß die Proliferationsrate primärer Melanome eng mit der Tumordicke nach Breslow korreliert. Vorläufige Ergebnisse deuten darauf hin, daß eine hohe Proliferationsrate auf das Risiko früher regionärer Metastasierung hinweist (Abb. 3).

Literatur

1. Ackerman AB (1980) Malignant melanoma: a unifying concept. Human Pathol 11:591–595
2. Bröcker EB, Suter L, Brüggen J, Ruiter DJ, Macher E, Sorg C (1985) Phenotypic dynamics of tumor progression in human malignant melanoma. Int J Cancer 36:29–35
3. Bröcker EB, Zwadlo G, Holzmann B, Macher E, Sorg C (1988) Inflammatory cell infiltrates in human melanoma at different stages of tumor progression. Int J Cancer 41:562–567
4. Clark WH Jr, Elder DE, Guerry IV DP, Braitman LE, Trock BJ, Schultz D, Synnestvedt M, Halpern AC (1989) Model predicting survival in stage I melanoma based on tumor progression. J Natl Cancer Inst 81:1893–1904
5. Cochran AJ, Wen D-R, Herschman HR (1984) Occult melanoma in lymph nodes detected by antiserum to S-100 protein. Int J Cancer 34:159–163
6. Flügge G, Rassner G (1989) Darstellung von S-100-Protein in malignen Melanomen der Haut. Hautarzt 40:290–295
7. Kath R, Rodeck U, Menssen HD, Mancianti M-L, Linnenbach AJ, Elder DE, Herlyn M (1989) Tumor progression in the human melanocytic system Anticancer Res 9:865–872
8. Kaufmann R, Weber L, Klein CE (1990) Integrine – neue Rezeptormoleküle: ihre Bedeutung für die Differenzierung, Regeneration und Immunantwort der Haut. Hautarzt 41:256–261
9. Kerl H, Hödl S, Kresbach H, Stettner H (1982) Diagnosis and prognosis of the early stages of cutaneous malignant melanoma. In: Burghardt E, Holzer E (eds) Clinics in oncology, vol 1. Saunders, London, pp 433–453

10. MacKie RM, White SI, Seywright MM, Young H (1989) An assessment of the value of Ag NOR staining in the identification of dysplastic and other borderline melanocytic naevi. Br J Dermatol 120:511–516
11. Miettinen M, Franssila K (1989) Immunohistochemical spectrum of malignant melanoma. Lab Invest 61:623–628
12. Moretti S, Massobrio R, Brogelli L, Novelli M, Giannotti B, Bernengo MG (1990) Ki67 antigen expression correlates with tumor progression and HLA-DR antigen expression in melanocytic lesions. J Invest Dermatol 95:320–324
13. Smolle J, Soyer HP, Kerl H (1989) Proliferative activity of cutaneous melanocytic tumors defined by Ki-67 monoclonal antibody. Am J Dermatopathol 11:301–307
14. Soyer HP, Smolle J, Torne R, Kerl H (1987) Transferrin receptor expression in normal skin and in various cutaneous tumors. J Cut Pathol 14:1–5
15. van Muijen GNP, Ruiter DJ, Hoefakker S, Johnson JP (1990) Monoclonal antibody PAL-M1 recognizes the transferrin receptor and is a progression marker in melanocytic lesions. J Invest Dermatol 95:65–69
16. Wick MR, Swanson PE, Rocamora A (1988) Recognition of malignant melanoma by monoclonal antibody HMB-45. An immunohistochemical study of 200 paraffinembedded cutaneous tumors. J Cut Pathol 15:201–207

Univ.-Prof. Dr. Helmut Kerl
Univ.-Klinik für Dermatologie
und Venerologie in Graz
Auenbruggerplatz 8
A-8036 Graz

Möglichkeiten und Grenzen neuerer Verfahren in der Diagnostik des malignen Melanoms

P. ALTMEYER, H. LUTHER, K. HOFFMANN, S. EL-GAMMAL und M. BACHARACH-BUHLES, Bochum

Die rasche Inzidenzsteigerung beim malignen Melanom ist eine der beunruhigendsten Entwicklungen in den letzten Jahrzehnten; dieser Anstieg an Neuerkrankungen einer Krebsart ist bislang ohne Beispiel in der Onkologie. Gleichzeitig sind die therapeutischen Interventionsmöglichkeiten in fortgeschrittenen Tumorstadien nach wie vor begrenzt – von einer Heilung kann nicht ausgegangen werden. Demzufolge konzentrieren sich unsere Bemühungen sowohl auf präventive Maßnahmen zur Früherkennung als auch auf eine verbesserte präoperative Diagnostik.

Die im folgenden vorgestellten Methoden sind geeignet, zusätzliche Informationen über den Primärtumor in vivo zu liefern und hierdurch die diagnostische Treffsicherheit zu erhöhen:
- Auflichtmikroskopie
- Hochauflösende Sonografie
- Fluoreszenzoptische Diagnostik-Methode

Auflichtmikroskopie

Die Diagnose „Malignes Melanom" ist eine klinische Diagnose bei der ein Untersucher seine in vielen Jahren geschulte visuelle Abstraktionsfähigkeit einbringt. Die Entscheidung – maligne oder benigne – basiert auf eine Reihe klinischer Kriterien; diesem Spektrum wird durch den Einsatz der Auflichtmikroskopie eine neue Dimension in der Betrachtungsweise hinzugefügt.

Die auf die Haut auftreffenden Lichtstrahlen werden zum großen Teil in den obersten Schichten des Str. corneum reflektiert oder gestreut. Dadurch ist eine Beurteilung tieferer Anteile der Haut allein mit der Lupentechnik nicht möglich. Erst das Auftragen öliger Flüssigkeiten auf die Hautoberfläche ermöglicht eine eingehende Betrachtung des tiefen Pigmentsystems – insbesondere der dermo-epidermalen Junktionszone.

Die auflichtmikroskopische Untersuchung ist geeignet melanozytäre und nicht-melanozytäre Pigmenttumoren zu differenzieren [10]. Alle melanozytären Pigmenttumoren zeigen ein Pigmentnetz; eine Ausnahme von dieser Regel stellen nur rein dermale und blaue Nävi dar.

Die folgenden Parameter gehen bei der Auflichtmikroskopie melanozytärer Hautveränderungen in eine Gesamtanalyse ein [6]:
- Oberflächenstruktur
- Pigmentmuster
- Gefäßarchitektur

Veränderungen des Hautfaltenmusters, Atrophie der Epidermis, Defekte in der Oberflächenstruktur, Verlust von Follikel und Akrosyringium, Schuppen- oder Krustenauflagerungen stellen Veränderungen dar, die auch das unbewaffnete Auge teils zu erkennen vermag, die jedoch bei reiner Vergrößerung einer leichteren Beurteilung zugänglich sind.

Hingegen ergeben sich vollkommen neuartige Beurteilungskriterien durch die Möglichkeit, Einblick in das Pigmentmuster einer Läsion zu erhalten; hierbei lassen sich unterschiedliche Pigmentmuster beobachten [6]:
- Eine *retikuläres* Pigmentmuster wird häufig angetroffen; das Netzwerk entspricht hierbei der Melaninverteilung in der Basalzellschicht. Nur eine gleichmäßige Pigmentierung führt zu einer regelmäßigen Netzstruktur. Pigmentierte Nävuszellnester oder eine starke transepidermale Pigmentausschleusung (Syndrom: „black dots") können auch bei gutartigen Pigmentläsionen Störungen in der Regelmäßigkeit dieses Pigmentnetzes bedingen.
- *Globuläre,* d. h. kleine bis 0,1 mm große, rundliche Pigmentstrukturen (Synonym: „brown globules") sind das auflichtmikroskopische Korrelat pigmentierter Nävuszellnester.
- Zusätzlich läßt sich noch eine *schollige* Pigmentverteilung abgrenzen mit einem großen, plaqueartigen Bild sowie
- eine *diffuse Pigmentverteilung,* die durch eine verstärkte Pigmentierung der Keratinozyten bedingt ist.

Zur Veranschaulichung der auflichtmikroskopischen Bilder haben wir versucht, die histomorphologischen Strukturen näher darzustellen, die an der Entstehung des auflichtmikroskopischen Pigmentmusters maßgeblich beteiligt sind.

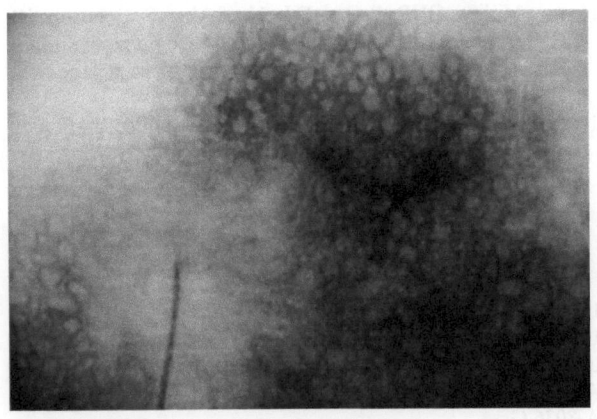

Abb. 1. Auflichtmikroskopie eines Nävuszellnävus. Regelmäßiges retikuläres Pigmentnetz

Abb. 1 zeigt einen Nävuszellnävus mit regelmäßigem Netzmuster. Nach der Exzision wurde dieser Pigmentumor in 6 µm großen Schnitten parallel zur Oberfläche aufgeschnitten, gefärbt und über ein Digitalisiertablett in einen Rechner eingegeben, der über ein Rekonstruktionsprogramm das folgende 3 dimensionale Volumenmodell errechnete. In Abb. 2a ist eine etwa 30 µm dicke, vom Computer rekonstruierte Scheibe wiedergegeben, bei der im wesentlichen die Reteleisten nachgezeichnet wurden. Damit wird deutlich, daß das retikuläre Muster tatsächlich der Anordnung der Reteleisten entspricht. Mit zunehmender Dicke der Scheibe wird auch die Basis der Reteleisten erfaßt und hier ihre Verbindungen untereinander (Abb. 2b, 60 µm). Die Darstellung von oben ergibt in diesem Fall keine Netzstruktur, sondern einen geschlossenen Fleck. Pigmentglobuli an diesen Lokalisationen könnten für das eher grobschollige Pigmentmuster verantwortlich sein.

Alle oben angeführten Pigmentmuster sind sowohl bei Nävuszellnävi als auch malignen Melanomen anzutreffen;

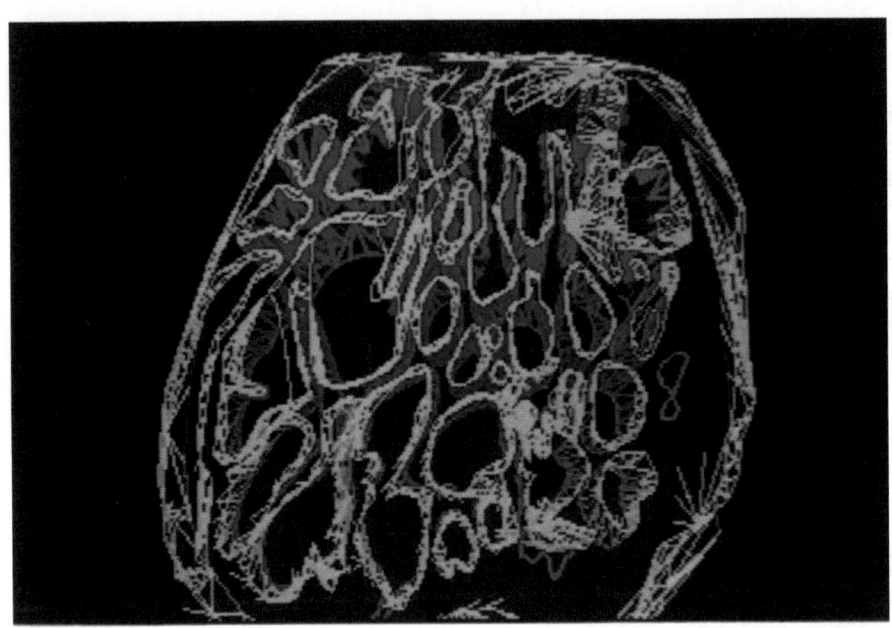

Abb. 2a. Dreidimensionale Rekonstruktion der Reteleisten des NZN von Abb. 1. Schichtdicke 30 µm

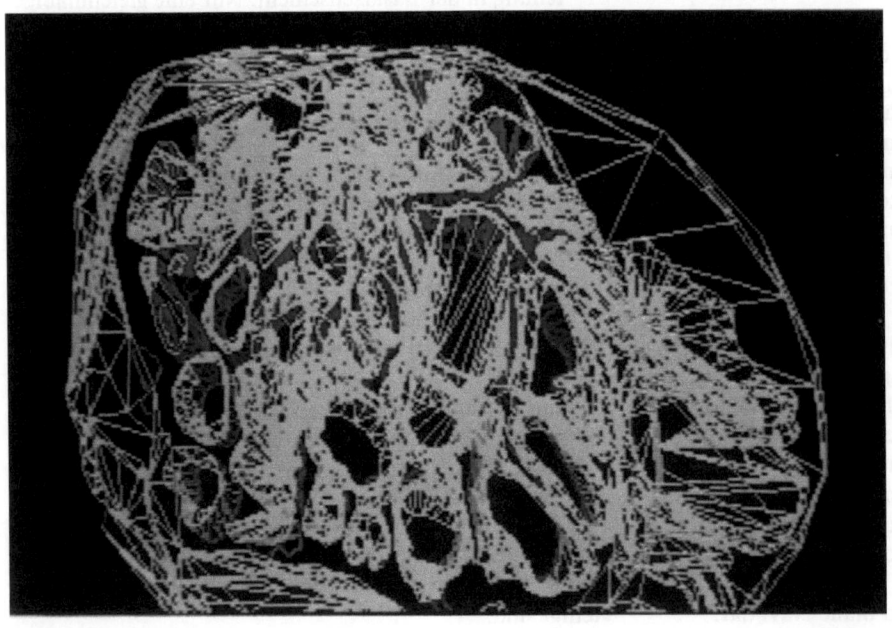

Abb. 2b. Schichtdicke 60 µm.

eine diffuse Pigmentverteilung ist jedoch häufiger bei dünnen superfiziellen Melanomen nachweisbar [6].

Daher ist immer eine Beurteilung der gesamten Pigmentstruktur einer Läsion erforderlich, da hierdurch Unregelmäßigkeiten offensichtlicher werden.

Weitere Merkmale, die sehr viel deutlicher auf die Malignität einer Pigmentläsion hinweisen, sind die sog. Pseudopodien (Synonym: „radial streaming"). Hierbei handelt es sich um radiär verlaufende Pigmentstränge im Randbereich des Tumors, die makroskopisch den lateralen Progressionszonen eines Melanoms entsprechen (Abb. 3).

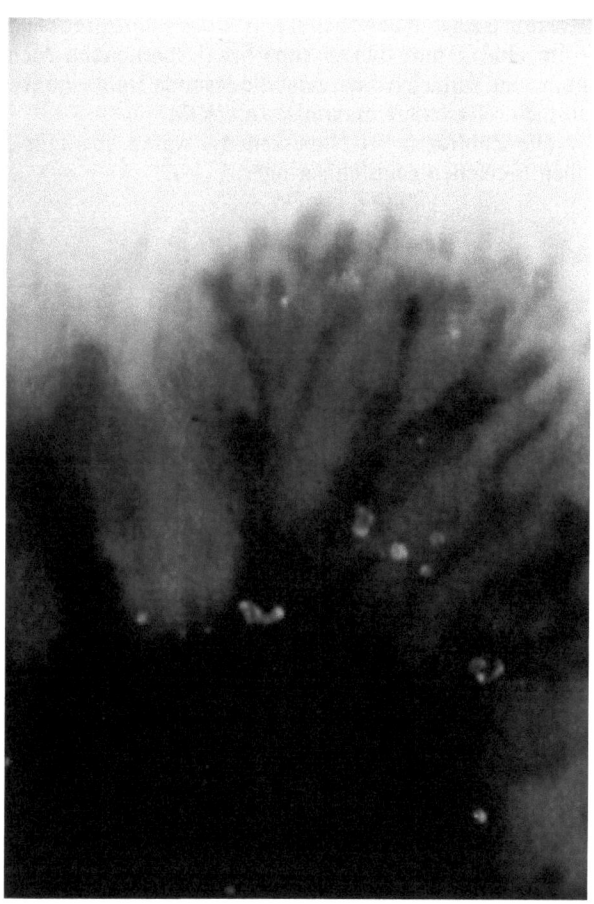

Abb. 3. Auflichtmikroskopie eines superfiziell spreitenden Melanoms. Pseudopodien im Randbereich

Schließlich wird mit einer Beurteilung des Kapillarsystems der Untersuchungsvorgang komplettiert. Hierbei müssen ein unregelmäßiges Kapillarmuster mit schwankenden Kaliberstärken als Malignitätskriterien gesehen werden.

Zusammenfassend können der Gesamteindruck wie auch fokal anzutreffende Merkmale bei der Auflichtmikroskopie den Verdacht auf ein malignes Melanom erhärten. In einer von Steiner et al. vorgestellten Studie [9] konnte so mit Hilfe der Auflichtmikroskopie die Treffsicherheit der klinischen Diagnose bei klinisch nicht eindeutig diagnostizierbaren pigmentierten Hautläsionen von 61% auf 85% verbessert werden.

Hochauflösende Sonographie

Einen weiteren nichtinvasiven Schritt in die Tiefe eines Tumors erlaubt die hochauflösende Sonographie mit Scannern, die im Frequenzbereich oberhalb von 20 MHz arbeiten. Das Sonogramm erkennt Impedanzunterschiede an Gewebegrenzen. Die modernen 20 MHz-Scanner arbeiten sowohl im A-Mode wie auch in B-Mode; allgemein werden die Bilder im B-Mode heutzutage farbcodiert. Das Auflösungsvermögen liegt axial bei 80 μm und lateral bei 200 μm. Das Signal der 20 MHz-Scanner dringt etwa 7 mm tief in das Gewebe ein; es erfaßt also Haut, subkutanes Fettgewebe und häufig noch die Muskelfaszie [4].

Das maligne Gewebe erscheint sonographisch inmitten des reflexreichen Bindegewebes als scharf abgegrenzter, weitgehend oder sogar komplett echofreier Bezirk (Abb. 4). Die scharfe allseitige Abgrenzung des Tumorparenchyms erlaubt eine Ausmessung des Tumors. Somit liegen *präoperativ* in jeder beliebigen Ebene Tumordicken vor, die nach unseren Erfahrungen sowie der anderer Arbeitsgruppen [1, 3, 5] sehr gut mit den später gewonnenen Tumordicken nach Breslow korrelieren.

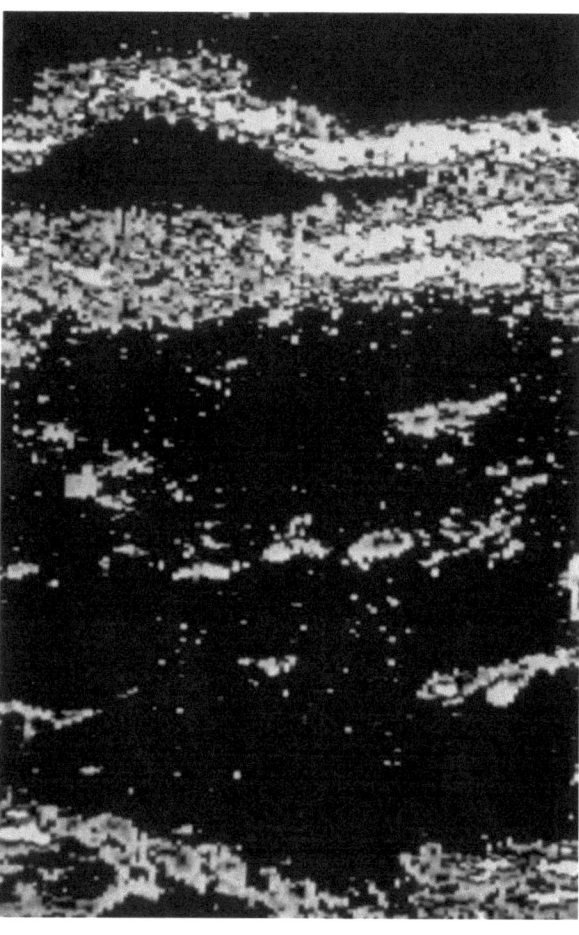

Abb. 4. 20-MHz-Sonographie eines malignen Melanoms. Der Tumor ist komplett echoarm

An dieser Stelle muß jedoch daraufhingewiesen werden, daß eine sichere Unterscheidung zwischen Tumorparenchym und entzündlichem Infiltrat nicht möglich ist. Beide – Parenchym und Infiltratzone – erscheinen echoarm. Somit werden Tumorparenchym und Entzündungszone als einheitlicher Bezirk gemessen [3]. Dies ist neben Schrumpfungsartefakten bei der Aufarbeitung eines histologischen Präparates sicherlich einer der Hauptgründe für Diskrepanzen zwischen Sono- und Histometrie. Insgesamt wird die Tumordicke sonografisch etwas höher gemessen. Dennoch findet sich in einem hohen Prozentsatz eine Übereinstimmung zwischen histometrisch ermittelter Tumordicke und der Sonografie. Die Erlanger Arbeitsgruppe ermittelte in ihrem Kollektiv einen Fehlerquotienten von 13% [3].

Die 20-MHz-Sonographie ist somit ein hervorragendes Verfahren in der präoperativen Diagnostik zur besseren chirurgischen Therapieplanung.

Für differentialdiagnostische Erwägungen – und dies sei hier ausdrücklich betont – ist die Sonographie jedoch nur beschränkt einsetzbar, da neben dem Melanom weitere Hauttumoren schwache bis fehlende Binnenreflexe zeigen. Insbesondere die Differenzierung zwischen Melanom und Nävuszellnävus gelingt allein auf sonografischer Basis nicht [3].

Einen Ausblick in zukünftige Möglichkeiten der Sonographie ergibt die dreidimensionale Darstellung eines malignen Melanoms auf der Basis sonographischer Serienschnitte (Abb. 5). Diese Methode ist derzeit außerordentlich aufwendig und zeitintensiv. Sie ermöglicht jedoch eine exakte Flächen- und Volumenbestimmung des Tumors; Begriffe wie „die invasive Tumormasse" könnten dann zunehmend an Bedeutung gewinnen.

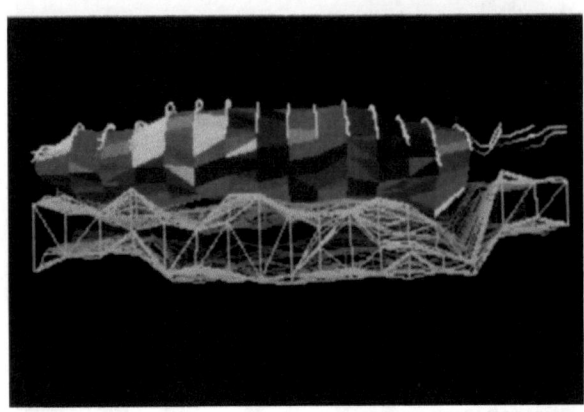

Abb. 5. Dreidimensionales Volumenmodell eines malignen Melanoms

An dieser Stelle ist ebenfalls die Ultraschallmikroskopie anzusprechen, die mit Wellenlängen im Giga-Hz-Bereich arbeitet. Mittels diese Technik findet sich sowohl bei malignen Melanomen wie auch bei Nävuszellnävi ein verstärktes Echo im Tumorparenchym im Vergleich zum umgebenden Gewebe [2]. Der Einsatz dieses Verfahrens auch in vivo ist derzeit leider noch nicht realisierbar.

Fluoreszenzoptische Diagnostik-Methode

Im folgenden wird auf ein noch wenig beachtetes Verfahren eingegangen, das bislang noch keinen Eingang in die Routinediagnostik gefunden hat. Die fluoreszenzoptische Methode in der Melanomdiagnostik ist – ebenso wie Auflichtmikroskopie und 20-MHz-Sonographie – ein nicht invasives, schnelles Verfahren, das auf dem Vorhandensein natürlicher Chromophoren in der Haut basiert.

Eine dieser chromophoren Verbindungen zeigte eine typische Fluoreszenzbande mit einem Maximum bei 475 nm nach Anregung mit monochromatischem Licht der Wellenlänge 366 nm. Diese Chromophoren sind empfindliche Marker für Veränderungen des Metabolismus.

Da Melanome Läsionen mit einem stark gesteigerten Metabolismus darstellen, wurde der Wert dieser Methode von der Arbeitsgruppe Lohmann und Paul sowohl an Melanomen wie auch Nävuszellnävi untersucht [7, 8].

Normale Haut, Nävuszellnävi und maligne Melanome wurden hier in vivo mit monochromatischem Licht der Wellenlänge 366 nm angeregt und anschließend die Fluoreszenz mit einem Spectrofluorimeter gemessen. Das Fluoreszenzspektrum der untersuchten Melanome war erstaunlich einheitlich: mit einem Maximum bei 475 nm unterschieden sie sich nur hinsichtlich ihrer Intensität. Entscheidend war dabei jeweils die Messung der Fluoreszenz im Randbereich der Läsion, da hier die Zählraten am höchsten lagen.

Abb. 6 zeigt in der oberen Kurve das Fluoreszenzspektrum eines 9 mm dicken superfiziell spreitenden Melanoms; im Vergleich dazu zeigt die gesunde Haut eine etwa 10-fach schwächere maximale Intensität.

Die Zählraten bei Nävuszellnävi waren ebenfalls in allen Bereichen deutlich geringer.

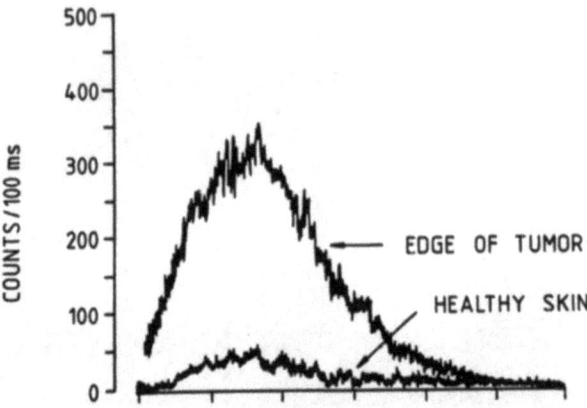

Abb. 6. Fluoreszenzoptische Methode. Die obere Kurve zeigt die Zählraten bei einem malignen Melanom am Tumorrand. Die untere Kurve zeigt zum Vergleich die Zählraten gesunder Haut

Die Fluoreszenztechnik verspricht somit eine gute Diskriminierung von benignen und malignen pigmentierten Läsionen. Eine vergleichbar starke Fluoreszenzintensität wie beim malignen Melanom wurde zudem bei der Untersuchung anderer Hautveränderungen, beispielsweise entzündliche Erkrankungen, nicht gefunden – die starke Fluoreszenz scheint also spezifisch für das Melanom zu sein.

Es bleibt jedoch die Frage nach der Identität dieser chromophoren Verbindung, die für diese Fluoreszenzbande verantwortlich ist. In erster Linie wird hierbei vermutet, daß es sich um das NADH (reduzierte Form des Nikotinamid-adenin-dinukleotids) handelt, das für die Fluoreszenzbande bei 475 nm verantwortlich ist (Abb. 7). Das legt nahe, daß während der oder durch die Tumorprogression große Mengen an NADH verbraucht bzw. oxidiert werden.

Weitere klinische Erfahrungen mit dieser Methode fehlen derzeit noch. Ebenso beschränkt ein erheblicher apparativer Aufwand eine größere Verbreitung dieser fluoreszenzoptischen Diagnostik.

Für die freundliche Überlassung der Abbildungen 6 und 7 danken wir Herrn Prof. Dr. E. Paul.

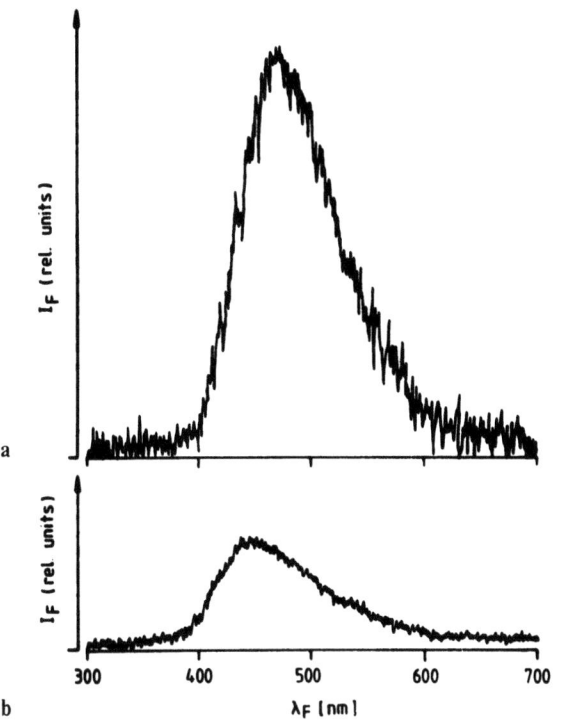

Abb. 7. Das Fluoreszenzspektrum von NADH liegt bei 475 nm.

Literatur

1. Breitbart EW, Hicks R, Rehpenning W (1986) Möglichkeiten der Ultraschalldiagnostik in der Dermatologie. Z Hautkr 8:522-526
2. Buhles N, Altmeyer P (1988) Ultraschallmikroskopie an Hautschnitten. Z Hautkr 63:926-934
3. Gassenmaier G, Kiesewetter F, Schell H, Zinner M (1990) Wertigkeit der hochauflösenden Sonographie für die präoperative Diagnostik des malignen Melanoms. In: Orfanos CE, Garbe C (Hrsg) Das maligne Melanom der Haut. Zuckschwerdt, München Bern Wien San Francisco, S 103-108
4. Hoffmann K, Stücker M, el-Gammal S, Altmeyer P (1990) Digitale 20-MHz-Sonographie des Basalioms im b-scan. Hautarzt 41:333-339
5. Kraus W, Nake-Elias A, Schramm P (1985) Diagnostische Fortschritte bei malignen Melanomen durch die hochauflösende Real-Time-Sonographie. Hautarzt 36:386-392
6. Kreusch J, Rassner G (1990) Strukturanalyse melanozytischer Pigmentmale durch Auflichtmikroskopie. Hautarzt 41:27-33
7. Lohmann W, Paul E (1988) In situ detection of melanomas by fluorescence measurements. Naturwissenschaften 75:201-202
8. Lohmann W, Paul E (1989) Native fluorescence of unstained cryo-sections of the skin with melanomas and nevi. Naturwissenschaften 76:424-426
9. Steiner A, Pehamberger H, Wolff K (1987) In vivo epiluminescence microscopy of pigmented skin lesions. II. Diagnosis of small pigmented skin lesions and early detection of malignant melanoma. J Am Acad Dermatol 17:584-591
10. Soyer HP, Smolle J, Kresbach H, Hödl S, Glavanovitz P, Pachernegg H, Kerl H (1988) Zur Auflichtmikroskopie von Pigmenttumoren der Haut. Hautarzt 39:223-227

Prof. Dr. Peter Altmeyer
Dr. Heike Luther
Dr. Klaus Hoffmann
Dr. Stefan el-Gammal
Dr. Martina Bacharach-Buhles
Dermatologische Klinik der
Ruhr-Universität Bochum
St Josef Hospital
Gudrunstraße 56
D-4630 Bochum

Neue Chemotherapien und kombinierte Immunochemotherapeutische Verfahren beim malignen Melanom

R. STADLER, Minden und C. E. ORFANOS, Berlin

Das maligne Melanom ist ein besonders bösartiger Tumor mit hohem Metastasierungsrisiko. Es steht aufgrund seiner kontinuierlich zunehmenden Inzidenz und Mortalität in den letzten 10 Jahren im Mittelpunkt des Interesses der Dermatoonkologie [22, 24, 26, 65].

Die Behandlung des malignen Melanoms basiert im wesentlichen auf seiner Früherkennung und der weiten Exzision im Gesunden als bisher einzige unstrittig kurative Therapie [27, 28].

Die erhobenen epidemiologischen Daten des Berliner MM-Zentralregisters der DDG für die Bundesrepublik Deutschland belegen deutlich, daß die 10-Jahres-Überlebensraten bei Tumordicken von 2,01-4 mm auf 50-60% und bei über 4 mm unter 30% sinken [23]. Beim metastasierenden MM liegt das Sterberisiko noch weitaus höher.

Es stellt sich somit die Frage nach einer effektiven systemischen Behandlung des malignen Melanoms bei allen Primärtumoren mit mittlerem bis sehr hohem Metastasierungsrisiko sowie bei allen metastasierenden MM.

Die hierzu verfolgten Therapieansätze beim disseminierten malignen Melanom oder des „high risk"-malignen Melanoms umfassen:
1. die zytostatische Therapie als Mono- bzw. Polychemotherapie;
2. die Zytokintherapie mit Interferonen und Interleukinen;
3. die Kombination von Zytokinen mit Zytostatika wie Dacarbazin und Vindesin;
4. die zelluläre Immuntherapie wie der Einsatz tumorinfiltrierender Lymphozyten;
5. die humorale Immuntherapie allein oder in Kombination mit anderen Antitumormedikamenten (Cyclophosphamid);
6. die spezifische Immunisierung mit Melanomlysaten.

Die unterschiedlichen Therapiekonzepte und die bisherigen Behandlungsergebnisse werden nachfolgend besprochen.

Chemotherapie des metastasierenden malignen Melanoms

a) Monotherapie

Die Chemotherapie des malignen Melanoms basiert nur auf wenigen geeigneten Substanzen (Tabelle 1a), unter denen das Dacarbazin mit mehr als 20% Remissionen bis heute die beste Wirksamkeit zeigte [54, 66]. Neben dem Dacarbazin stehen Nitroso-Harnstoff-Verbindungen (BCNU, CCNU), die Platin-Verbindungen (Cisplatin, Carboplatin) und die Vinca-Alkaloide (Vindesin, Vinblastin, Vincristin) als wirksame Einzelsubstanzen mit nachgewiesenen Ansprechraten von 10–20% zur Verfügung [1, 56, 58, 68, 79]). Unter den neueren in klinischer Prüfung befindlichen Chemotherapeutika zeigte das liquorgängige Nitroso-Harnstoff-Derivat Fotemustin die beste Wirksamkeit (Tabelle 1b). Diese Verbindung scheint nach den zur Zeit vorliegenden Daten am besten geeignet zur Therapie zerebraler Metastasen oder in Kombination mit anderen Zytostatika [3].

Tabelle 1a. Etablierte Chemotherapeutika beim metastasierenden Melanom

Substanz	Ansprechrate
Dacarbazin	23,4%
BCNU	17,1%
Cisplatin	15,8%
Vindesin	14,9%
Vinblastin	12,1%
CCNU	11,1%
Vincristin	11,0%

Tabelle 1b. Neuere Chemotherapeutika beim metastasierenden Melanom

Substanz	Ansprechrate
Fotemustin	24,2%
Dibomodulcitol	22,0%
Detrorubicin	19,0%
Taxol	15,0%
Carboplatin	14,0%

b) Polychemotherapie

Polychemotherapieschemata werden schon seit Jahren in der Behandlung des malignen Melanoms eingesetzt. Dahinter steht das Konzept, verschiedene Antitumormedikamente mit unterschiedlichem Wirkmechanismus auf zellulärer Ebene zu kombinieren mit dem Ziel einer gesteigerten Wirksamkeit, aber auch Kombinationen mit unterschiedlichen pharmakologischen Eigenschaften einzusetzen, da nur Nitroso-Harnstoff-Derivate die Blut-Liquor-Schranke überschreiten können. Unter der Vorstellung, eine verbesserte Synchronisation des Zellzyklus zu erreichen, werden auch Medikamente mit geringerer zytostatischer Wirkung beim MM wie Bleomycin oder Hydroxyurea eingesetzt [4, 5]. So wurden in den 80er Jahren zahlreiche Versuche unternommen, einen Durchbruch in der Therapie des metastasierenden malignen

Tabelle 2a. Polychemotherapie-Schemata beim metastasierenden malignen Melanom

	Pat.	Remiss.-raten
VD (Vincristin, Dacarbazin)	132	22,0%
FD (Fotemustin, Dacarbazin)	63	33,3%
DVP (Dacarbazin, Vindesin, Cisplatin)	166	34,4%
CVD (CCNU, Vincristin, Dacarbazin)	153	17,7%
POC (Procarbazin, Vincristin, CCNU)	44	47,7%

Tabelle 2b. Polychemotherapie-Schemata beim metastasierenden malignen Melanom

	Pat.	Remiss.-raten
BHD (BCNU, Hydroxyurea, Dacarbazin)	585	25,5%
BVD (BCNU, Vincristin, Dacarbazin)	525	25,0%
BVP (Bleomycin, Vinblastin, Platinex)	264	25,0%
BOLD (Bleomycin, Vincristin, CCNU, Dacarbazin)	290	32,8%
BHDV (BCNU, Hydroxyurea, Dacarbazin, Vincristin)	89	30,3%
BELD (Bleomycin, Vindesin, CCNU, Dacarbazin)	20	45,0%

Melanoms zu erzielen. Die Therapieergebnisse waren z. T. sehr divergierend und insgesamt wenig überzeugend. Von einigen 3er- und 4er-Kombinationen (BHD, BVD, BVP, DVP, POC, BOLD, BELD, BHDV) (Tabellen 2a und 2b) wurden verbesserte Ansprechraten im Vergleich zur Referenzsubstanz Dacarbazin berichtet [5, 34, 39, 40, 57, 61, 63, 64, 77, 94, 96, 97, 102]. Diese hoffnungsvolle Mitteilung wurde jedoch in neueren multizentrischen Studien für das BOLD-Schema deutlich korrigiert. Die Remissionsraten liegen nach den Ergebnissen der Prudente Foundation Melanoma Study Group nur bei 4% [90]. Demgegenüber wird für das DVP-Schema immerhin eine Remissionsrate von 24% durch die EORTC an 92 auswertbaren Patienten berichtet [93]. Die Frage nach einer möglichen Überlegenheit der Polychemotherapie gegenüber einer Monotherapie kann zum jetzigen Zeitpunkt noch nicht abschließend beantwortet werden, da hierzu kontrollierte Studien fehlen. Wie unverzichtbar solche Studien sind, belegen die Ergebnisse von Banzet et al. [3], aus denen hervorgeht, daß die Kombination von DTIC und Fotemustin nur bei nicht viszeraler Metastasierung einer Monotherapie mit Dacarbazin überlegen war.

Hochdosis-Chemotherapie

Das Therapieprinzip der Hochdosis-Chemotherapie beruht vor allem auf der Kompensierung der auftretenden Knochenmarktoxizität durch autologe Knochenmarkstransfusionen. Die berichteten Ansprechraten liegen höher, allerdings führte die hohe Toxizität zu letalen Ausgängen. Eine Verlängerung der Remissionsraten gegenüber Polychemotherapie wurde nicht beobachtet [62, 78].

Adjuvante Chemotherapie

Mit der adjuvanten Therapie wird das Ziel verfolgt, nach operativ erreichter klinischer Tumorfreiheit eventuell bereits abgesiedelte Mikrometastasen bereits frühzeitig zu treffen, um so eine Tumorprogression zu verhindern. Die bisher durchgeführten Studien zeigten, daß es keine systemische, adjuvante Therapie für High-risk-Melanom-Patienten gibt, die eine signifikante Verbesserung der Überlebenszeit und der Rezidivfrequenz im Vergleich zu ausschließlich chirurgisch behandelten Kontrollgruppen bringt [2, 42, 46, 47, 89, 92]. Andererseits scheinen Patienten im Stadium II der Erkrankung von der adjuvanten Therapie zu profitieren (Tabelle 3). In einer Studie von Garbe et al. wurde im Stadium IIb beim Vergleich der Überlebensraten von 26 mit DTIC behandelten Patienten mit denen von 64 unbehandelten Kontrollfällen ein statistischer Vorteil für die mit adjuvanter Monochemotherapie behandelte Gruppe gefunden. Ihre Fünfjahresüberlebensrate betrug 40% gegenüber 18% für die unbehandelten Kontrollfälle (P = 0,018) [25]. Ähnlich konnten Fiedler et al. im Stadium II für die Polychemotherapie (DTIC, Vincristin, Ftorafur, Hydroxycarbamid) einen höheren Therapieeffekt gegenüber der Kontrollgruppe bei 5 Jahren Nachbeobachtung sichern (P = 0,01) [21]. Die adjuvante Chemotherapie erscheint somit vor allem im Stadium IIb nach totaler Tumorausräumung als sinnvoller Therapieansatz, der weiterverfolgt werden sollte [14].

Tabelle 3. Adjuvante Chemotherapie des Melanoms im Stadium IIb

Autoren	behandelte Patienten	Kontrollen	therap. Vorteile
Czarnetzi et al. 1986	33	29	ja
Garbe et al. 1988	98	207	ja
Fiedler et al.	26	22	ja

Die Zytokintherapie mit Interferonen und Interleukinen

Die Interferone gelten als Prototyp der Zytokine und wurden schon frühzeitig aufgrund ihrer breiten biologischen Wirkung in der Therapie des MM eingesetzt [7, 15, 29, 36, 76, 87, 88, 103]. Von den drei Interferon-Typen alpha, beta und gamma wurden überwiegend rekombinante alpha-Interferone alpha-2a, -2b und zu einem geringeren Teil alpha-2c eingesetzt (Tabelle 4) [8, 9, 10, 12, 13, 16, 17, 19, 30, 35, 37, 38, 44, 45, 50, 51, 52, 53, 69, 82 83, 91]. Die Ansprechraten variierten in den verschiedenen Studien zwischen 0 und 27%. Bei isolierter Auswertung des Datenmaterials für Interferon alpha 2a und -2b liegt die Ansprechrate bei 14% und erreicht hiermit Remissionsraten, die denen der Referenzsubstanz für das MM (Dacarbazin) nahekommen [84]. Diese Ergebnisse wurden offenbar bereits mit mittleren Dosierungen (ca. 10 Mio IE/m^2) erreicht, höhere Dosierungen führten nicht zu deutlich besseren Ergebnissen [9, 13, 86]. Über den Einsatz von rekombinantem Interferon-gamma bzw. natürlichem Interferon-beta beim fortgeschrittenen MM

Tabelle 4. Ergebnise der Behandlung disseminierter MM mit verschiedenen IFNen alpha

	alpha-N1	alpha-2a	alpha-2b	alpha-2c	Alle IFNe-alpha
Patienten, n	110	203	163	28	504
CR	2	5	7	1	15
PR	4	24	14	0	42
OR, %	5	14	13	4	11

wurden bisher nur wenige objektive Remissionen berichtet [49]. Für Interferon-beta liegen allerdings nur kasuistische Mitteilungen vor, so daß eine genauere Beurteilung der antitumoralen Wirksamkeit nicht möglich ist.

Insgesamt ist zum jetzigen Zeitpunkt festzuhalten, daß systemisch applizierte Interferone beim fortgeschrittenen MM nur in einer kleinen Gruppe von Patienten, insbesondere mit Weichteil- und Lungenmetastasen, zu langfristig bestehenden, objektiven Regressionen führten [84, 86]. Demgegenüber stellt der intraläsionale Einsatz von Interferonen eine interessante palliative Anwendungsmöglichkeit bei solitären, mechanisch störenden Haut- und Lymphknotenmetastasen dar [95].

Vielversprechender erschienen unterschiedliche Kombinationsbehandlungen unter Einschluß von Interferonen mit dem Ziel, die antitumorale Potenz der Interferone zu steigern. Flodgren et al. berichtete über eine Verbesserung der Ansprechraten durch Kombination von IFN-alpha mit Cimetidin. Die Ergebnisse ließen sich jedoch in Folgestudien nicht bestätigen [11, 101]. Auch Kombinationsbehandlungen mit mehreren Interferonen sowie mit Etretinat erbrachten bisher keine besseren Ergebnisse [75]. Unter der Kombination von rIFN-alpha-2a und rIFN-gamma wurde bei 20 Patienten 1 Vollremission gesehen [12]. Bei Anwendung von IFN-beta + IFN-gamma fanden sich keine Remissionen [85].

Daneben erscheint zumindest theoretisch der adjuvante Einsatz von Interferonen und Interferonkombinationen bei Patienten mit minimaler Tumorlast und hohem Metastasierungsrisiko von größtem Wert. In frühen Phase-II-Studien führte der Einsatz von rIFN-alpha-2a allein oder in Kombination mit rIFN-gamma zu keiner signifikant verbesserten Prognose [18, 85]. Demgegenüber konnte von Kokoschka et al. nach einem Bestrahlungszeitraum von 2 Jahren ein therapeutischer Nutzen einer niedrig dosierten rIFN-alpha-Behandlung registriert werden. In der weiteren Nachbeobachtung konnte der anfänglich positive Effekt nicht mehr statistisch abgesichert werden [48]. Eine kontinuierliche, niedrig dosierte Interferon-Therapie erscheint jedoch von Nutzen bei „highrisk"-Patienten. Dies wird auch von einer adjuvanten Studie mit rIFN-beta berichtet. 76 Patienten mit malignen Melanom im Stadium I („high risk"), die einer 6monatigen ambulanten Infusionstherapie mit rIFN-beta zugeführt wurden, sind nach fast 50monatiger Nachbeobachtung rezidivfrei [74].

Eine weitere Alternative auf der Suche nach potenten Antitumormolekülen für das maligne Melanom stellt Interleukin-2 dar. Seine Wirkung beruht im wesentlichen auf der Stimulation körpereigener T-Lymphozyten sowie auf der Aktivierung natürlicher Killerzellen und der Stimulation von 0-Vorläufer-Zellen zu LAK-Zellen

(Lymphokin-aktivierten Killerzellen) mit „killing"-Aktivität, die gegen ein breites Spektrum von Tumoren mit Resistenz gegen natürliche Killerzellen gerichtet sind. Zudem wird über die Stimulierung von Makrophagen die Sekretion von Interleukin-I und Tumornekrosefaktor induziert [80].

In zahlreichen Phase-I/II-Studien mit Interleukin-2 wurden für das disseminierte maligne Melanom Remissionsraten von ca. 20% berichtet. Hier scheint die kontinuierliche intravenöse Gabe nach West et al. der Bolusinjektion nach Rosenberg in der Verträglichkeit deutlich überlegen zu sein [72, 73, 99]. Die maximal tolerierbare Dosis liegt bei 18×10^6 IE/m²/Tag. Der klinische Einsatz dieses Zytokins erscheint jedoch nach diesen Berichten aufgrund zum Teil gravierender Nebenwirkungen nicht unproblematisch. Im Vordergrund der Nebenwirkungen steht eine erhöhte Kapillarpermeabilität, gefolgt von Ödembildung (Lungenödem!), diffuser Flüssigkeitseinlagerung sowie Hypotonie, die in einigen Fällen eine intensivmedizinische Überwachung erfordert [73].

Eine weitere interessante Option ist die Kombination von Interleukin-2 mit Interferon-alpha mit dem Ziel, Wirkung und Nebenwirkungen zu verbessern. In dieser Kombination erhielten 14 Patienten r-Interleukin-2 in einer Dosierung von 2×10^6 IE/m²/Tag i.v. und 6×10^6 IE r-Interferon-alpha/m² i.m. über 4 Tage in wöchentlichen Zyklen. Nach diesem Schema wurden jedoch bei guter Verträglichkeit keine objektiven Remissionen beobachtet [100]. Ergebnisse aus größeren Studien bleiben jedoch abzuwarten, um den Wert dieser Kombination abschätzen zu können.

Kombination von Zytokinen mit Zytostatika

Die Kombination von Zytokinen und konventionellen chemotherapeutischen Substanzen eröffnet einen weiteren vielversprechenden Therapieansatz für das fortgeschrittene maligne Melanom [6, 85]. Hierbei ist das angestrebte Ziel, die Ansprechraten zu verbessern, bei verminderter Dosis von Zytostatika auch die Nebenwirkungen zu reduzieren.

Eine Vielzahl von in-vitro- und in-vivo-Studien hat gezeigt, daß Interferone in der Lage sind, die antitumorale Wirkung von verschiedenen Zytostatika zu potenzieren [30, 98]. Die Kombinationen von Interferon und Vindesin sowie Interferon und BCNU erwiesen sich in vitro als außerordentlich stark synergistisch. Diese Untersuchungen zur antiproliferativen Wirkung kombinierter Behandlungen mit Interferonen und Zytostatika können Aufschlüsse über synergistische, additive oder antagonistische Kombinationswirkungen erbringen und geben damit wesentliche Hinweise für die Planung von klinischen Studien.

Allerdings sind die Interaktionen von Interferon und Zytostatika in vivo weitaus komplexerer Natur als in vitro und bisher kaum untersucht. Es ist daher noch völlig unklar, in welcher Phase der Tumorregression und in welcher zeitlichen Abfolge bzw. Dosisbeziehung zueinander Zytostatika und Immunmodulatoren verabreicht werden sollen, um optimale Wirkungen zu erreichen [66, 99].

Die bisher publizierten Ergebnisse zur Kombination von Zytokinen mit Zytostatika sind durchaus ermutigend [32, 57, 59, 67]. Die Ansprechraten liegen für die einzelnen Kombinationen zwischen 25 und 30% (Tabelle 5). Dabei erscheinen mittlere Interferon-Dosen (9 Mio IE) höheren in Wirkung und Nebenwirkungen überlegen. Basierend auf vielversprechenden in-vitro-Befunden haben wir in Berlin und Minden eine Kombinationsstudie mit Interferon-alpha-2a und Vindesin bei malignem Melanom Stadium IV initiiert. Es wurden bisher 15 Patienten mit einem Durchschnittsalter von 64,4 Jahren in die Studie aufgenommen. Sie erhielten 9×10^6 IE rIFN-alpha s.c. jeden 2. Tag und Vindesin 3 mg/m² i.v. jede 2. Woche über 6 Monate. Bei zur Zeit 9 auswertbaren Patienten wurden 2 komplette und 2 partielle Remissionen mit nur 2 Pogressionen beobachtet. Die Remissionsdauer liegt im Mittel bei 6 Monaten (Tabelle 6). Nach dem vorläufigen Eindruck handelt es sich insgesamt um ein mildes, sehr gut verträgliches, den Patienten nicht stark belastendes Kombinationsschema mit überzeugender Wirkung auf das fortgeschrittene MM.

Tabelle 5. Kombination von Zytokinen mit Zytostatika

Kombination	Pat.	Ansprechrate	Autor
rIFn-alpha + DTIC	76	26%	McLeod et al. 1987/90
rIFN-alpha + Vindesin	12	25%	Green et al. 1989
Interleukin-2 + Cyclophosphamid	27	29%	Mitchell et al. 1988
Interleukin-2 + DTIC	24	25%	Stoter et al. 1989

Tabelle 6. Kombinationstherapie des metastasierenden Malignen Melanoms mit Interferon alpha 2a und Vindesin

9 Patienten auswertbar	Metastasen	Ansprechdauer (Monate)
2 komplette Remissionen	Haut, Lymphknoten Lunge, Nebenniere	(7 M, 8 M⁺)
2 partielle Remissionen	Haut, Lunge	(5 M, 2 M⁺)
3 stabil	Haut, Lunge	(5 M⁺, 9 M⁺)
2 progressiv	Haut, Lymphknoten Leber	–

Adoptive Immuntherapie des malignen Melanoms

Die adoptive Immuntherapie ist ein weiterer interessanter Ansatz in der Therapie des disseminierten malignen Melanoms. Die Inkubation von human autologen Lymphozyten mit Interleukin-2 induziert eine lymphoide Zellpopulation, sog. Lymphokin-aktivierte Killerzellen (LAK), die Tumorzellen mit Resistenz gegen natürliche Killerzellen lysieren [33]. Mit dieser experimentellen Therapieform wurden in ca. 25% der Fälle objektive Remissionen erzielt [41, 43, 73, 99]. Eine Weiterentwicklung der adoptiven Immuntherapie stellt die Isolation und in-vitro-Expansion von Lymphozyten aus frisch resezierten Melanomen dar. Diese tumorinfiltrierenden Lymphozyten sind 10– bis 100fach potenter als Lymphokinaktivierte Killerzellen in der Tumorlyse. Mit ihrem Einsatz wurden Remissionsraten bis zu 50% beschrieben. Allerdings ist diese Methode sehr aufwendig, und es gelingt nur in 1/3 der initialen Kulturen, ausreichende Mengen von tumorinfiltrierenden Lymphozyten anzuzüchten. Ob diese aufwendigen Verfahren in der Therapie des malignen Melanoms mehr als nur experimentellen Charakter entwickeln, hängt sehr von ihrer Vereinfachung ab. Mit dem Einsatz von Zytokinen, insbesondere den Interferonen, eröffneten sich neue Therapiemöglichkeiten.

Humorale Immunotherapie und spezifische Immunisierung

Die unspezifische Immuntherapie mit BCG und anderen Substanzen zeigten in der Vergangenheit nicht den gewünschten Erfolg. Die spezifische Immunotherapie mit allogenen Tumorlysaten erscheint vielversprechend. Mitchell et al. berichtete bei 22 Patienten über 30% objektive Remissionen [60]. Zukünftige Studien werden zeigen müssen, ob dieser Therapieansatz erfolgversprechend ist.

Mit dem Einsatz von monoklonalen Antikörpern beim metastasierten malignen Melanom sind bisher noch zahlreiche Probleme verbunden, die darin bestehen, daß nur geringste Mengen (0,005%) des monoklonalen Antikörpers den Tumor erreichen, zudem die Gefahr einer sich schnell entwickelnden Sensibilisierung gegen xenogene Antikörper besteht [20]. Entsprechend wurden bisher nur bescheidene Ansprechraten publiziert [31, 55].

Schlußfolgerungen

Die vorgestellten Therapieansätze belegen die Wirksamkeit von Zytokinen wie Interferonen und Interleukin-2 beim fortgeschrittenen Melanom und lassen den Einsatz von älteren und neueren Zytostatika in anderem Licht erscheinen. Es ergeben sich aus ihrer Kombinationsmöglichkeit neue Perspektiven in der Therapie des fortgeschrittenen malignen Melanoms. Immerhin bleibt festzuhalten, daß heute gleich gute Erfolge wie früher mit der Chemotherapie erreicht werden können. Der Chemotherapie hingegen blieb ein grundlegender Durchbruch in der Behandlung des malignen Melanoms versagt.

Die zukünftige Aufgabe der Dermatoonkologie liegt daher darin, Zytokine und Immuntherapeutika allein oder in Kombination mit anderen Antitumormolekülen in fortgeschrittenen und früheren Tumorstadien zu prüfen.

Literatur

1. Al Sarraf M, Fletchr W, Ioshi N et al. (1982) Cisplatin hydration with and without mannitol diuresis in refractory disseminated malignant melanoma: A Southwest Oncology Group study. Cancer Treat Rep 66:31–35
2. Balch CM, Hersey P (1985) Current status of adjuvant therapy. In: Balch CM, Milton GW (eds) Cutaneous melanoma. Clinical management and treatment results worldwide. JB Lippincott Co., Philadelphia, pp 197–218
3. Banzet P, Jacquillat U, Klayat D et al. (1990) Chemotherapy for disseminated malignant melanoma: Monochemotherapy for fotemustine or combination with dacarbazine. Proceedings of ASCO Vol 9:283(A)
4. Barranco SC, Luke JK, Romsdahl MM, Humphrey RM (1973) Bleomycin as a possible synchronizing agent for human tumor cells in vivo. Cancer Res 33:882–887
5. Bellet RE, Mastrangelo MJ, Berd D et al. (1979) Chemotherapy of metastatic malignant melanoma. In: Clark WH jur, Goldmann LI, Mastrangelo MJ (eds) Human malignant melanoma. Grune and Stratton, New York San Francisco London, pp 325–354
6. Bergmann L (1989) Malignant melanoma-prognosis and actual treatment strategies with chemotherapy and biological response modifiers. Eur J Cancer Oncol 256 (Suppl 3):31–36
7. Clemens MJ, McNurlan MA (1985) Regulation of cell proliferation and differentiation by interferon. Biochem J 226:345–360
8. Coates A, Ralbins W, Bersey P, Swanson C (1985) Phase II trial of recombinant alpha-2 interferon in malignant melanoma. Proc 3rd Eur Conf Clin Oncol Cancer Nursing Stockholm, p 18
9. Creagan ET, Ahmann C, Green SJ et al. (1984a) Phase II study of „low dose" recombinant leukocyte A interferon (rIFN-alpha-A) in disseminated malignant melanoma. Am J Clin Oncol 2:1002–1004
10. Creagan ET, Ahmann DL, Green SJ et al. (1984b) Phase II study of recombinant leukocyte A interferon (rIFN-alpha-A) in disseminated malignant melanoma. Cancer 54:2844–2849
11. Creagan ET, Ahmann DL, Green SJ et al. (1985) Phase II study of recombinant leukocyte A interferon (r/FN-alpha-A) plus cimetidine in disseminated malignant melanoma. Am J Clin Oncol 3:977–981
12. Creagan ET, Loprinzi CL, Ahmann DL, Schaid DJ (1988) A phase I-II trial of the combination of recombinant leukocyte A interferon and recombinant human interferon gamma in patients with metastatic malignant melanoma. Cancer 62:2472–2474
13. Creagan ET, Ahmann DL, Frytak S, Long HJ, Chang MN, Itri LM (1986) Phase II trials of recombinant leukocyte A interferon in disseminated malignant melanoma: results in 96 patients. Cancer Treat Rep 70:619–624
14. Czarnetzki BM, Aragon V, Bröcker EB et al. (1986) Adjuvante Polychemotherapie zusätzlich zur radikalen operativen Behandlung regionaler Lymphknotenmetastasen beim malignen Melanom. Dt Med Wschr 11:732–736
15. Czarniecki CW, Fennie CW, Powers DB, Estell DA (1984) Synergistic antiviral and antiproliferative activities of Escherichia coli derived human alpha, beta and gamma interferons. J Virol 49:490–496
16. Dorval T, Palangie T, Joure M et al. (1986) Clinical phase II trial of recombinant DNA interferon in patients with metastatic malignant melanoma. Cancer 58:215–218
17. Elsässer-Beile U, Dress N, Neumann HA, Schöpf E (1987) Phase II trial of recombinant leukocyte A interferon in advanced malignant melanoma. J Cancer Res Clin Oncol 113:273–278
18. Elsässer-Beile U, Garbe C, Stadler R et al. (1989) Adjuvante Therapie mit rekombiniertem Interferon alpha-2 beim metastasierten malignen Melanom. Hautarzt 40:266–270
19. Elsässer-Beile U, Schöpf E, Neumann HA, Drews H, Hundhammer K, Balsa BR (1987) Rekombiniertes Lymphozyten-A-Interferon beim metastasierenden malignen Melanom. Dt Med Wschr 112:373–377
20. Epenetos AA, Kosma C (1989) Monoclonal antibodies for imaging and therapy. Br J Cancer 59:152–155
21. Fiedler H, Hetschko I, Wohlrab W et al. (1990) Ergebnisse einer randomisierten Polychemotherapiestudie beim malignen Melanom. Hautarzt 41:369–374
22. Garbe C, Bertz J, Orfanos CE (1986a) Malignes Melanom: Zunahme von Inzidenz und Mortalität in der Bundesrepublik Deutschland. Z Hautkr 61:1751–1764
23. Garbe C, Büttner P, Bertz J et al. (1990) Die Prognose des primären malignen Melanoms. In: Orfanos CE, Garbe C (Hrsg) Das maligne Melanom der Haut. W Zuckschwerdt Verlag, München, S 41:69
24. Garbe C, Bertz J, Orfanos CE (1987) Das maligne Melanom im deutschsprachigen Raum in den 80er Jahren. Hautarzt 38:639–644
25. Garbe C, Günther-Eymann K, Stadler R, Orfanos CE (1988) Adjuvante Chemotherapie des malignen Melanoms mit DTIC. Hautarzt 39:205–212

26. Garbe C, Wiebelt H, Orfanos CE (1989) Change of epidemiological characteristica of malignant melanoma during the years 1962–1972 and 1983–1986 in the Federal Republic of Germany. Dermatologica 1978:131–135
27. Garbe C, Stadler R, Orfanos CE (1989) Lokalrezidive und Metastasierung bei dünnen malignen Melanomen (1 mm). Hautarzt 40:337–343
28. Garbe C, Stadler R, Orfanos CE (1986) Prognose-orientierte Therapie bei malignem Melanom. Neuere Konzepte. Hautarzt 37:365–372
29. Garbe C, Stadler R, Zouboulis Ch, Orfanos CE (1988) Wachstumshemmung von Melanomzellen in vitro. Hautarzt (Suppl VIII) 39:269–270
30. Goldberg RM, Ayoob A, Silgals R et al. (1985) Phase II trial of lymphoblastoid interferon in metastatic malignant melanoma. Cancer Treat Rep 69:813–816
31. Goodman GE, Beaumier P, Hellstroem I, Fernyhough B, Hellstroem KE (1985) Pilot trial of murine monoclonal antibodies in patients with advanced melanoma. J Clin Oncol 3:340–352
32. Green JA, Smith K, Eccles JM, Dufton PA (1989) Alpha-2a interferon and vindesine in the treatment of advanced malignant melanoma. Cancer Immunol Immunother (Suppl) 28:Abstract 332
33. Grimm EA, Mazumder A, Zhang HZ et al. (1982) The lymphokine activated killer cell phenomenon: lysis of NK-resistant fresh solid tumor cells by IL-2 activated autologous human peripheral blood lymphocytes. J Exp Med 155:1823–1841
34. Gundersen S (1987) Dacarbazine, vindesine and cisplatin combination chemotherapy in advanced malignant melanoma: a phase II study. Cancer Treat Rep 71:997–999
35. Hawkins MJ, Cune CS, Speyer JL, Sorell M (1984) Recombinant alpha-2 interferon (r/FN-alpha-2) (SCH 30500) in patients with metastatic malignant melanoma (MMM). An ECOG pilot study. Proc ASCO 3:51
36. Hersey P, MacDonald M, Hall C et al. (1986) Immunological effects of recombinant interferon alpha-2a in patients with disseminated melanoma. Cancer 57:1666–1674
37. Horning SJ, Levine JF, Miller RA et al. (1982) Clinical and immunological effects of recombinant leukocyte interferon in eight patients with advanced cancer. J Am Med Ass 247:1718
38. Jacquillat C, Maral J, Chleq C, Banzet P (1985) Treatment of metastatic malignant melanoma (MMM) mit Roferon A "R" (Interferon Alpha Recombinant Roche). 3rd Eur Conf Clin Oncol Stockholm, June 16–20, p 183
39. Johnson DH, Presant C, Einhorn et al. (1985) Cisplatin, vinblastine and bleomycin in the treatment of metastatic melanoma: a phase II study of the South-eastern Study Group. Cancer Treat Rep 69:821–824
40. José DG, Minty CCJ, Hillcoat BL (1985) Treatment of patients with disseminated malignant melanoma with bleomycin, oncovin, lomustine and DTIC (BOLD). 1st Int Conf Skin Melanoma, may 6–9, Venice (abstr 151)
41. Jost LM, Gmur J, Oelz O, Sauter C, Stahel RA (1989) Immuntherapie von Tumoren mit Interleukin-2 und Lymphokin-aktivierten Killerzellen. Schweiz Med Wschr 119:137–143
42. Karakousis CP, Didolkar MS, Lopez R et al. (1979) Chemoimmunotherapy (DTIC and Corynebacterium parvum) as adjuvant treatment in malignant melanoma. Cancer Treat Rep 63:1739–1943
43. Keilholz U, Welters H, Dummer R, Tilgen W, Hunstein W (1988) Ein neuer Weg in der Behandlung metastasierender Melanome: adoptive Immuntherapie mit Lymphokin-aktivierten Killerzellen und Interleukin 2. Hautarzt 39:378–381
44. Kirkwood JM, Ernstoff M (1985) Melanoma therapeutic options with recombinant interferon. Semin Oncol (suppl 5) 12:7–12
45. Kirkwood JM, Ernstoff M, Davis CA et al. (1985) Comparison of intramuscular and intravenous recombinant alpha-2 interferon in melanoma and other cancers. Ann Intern Med 103:32–36
46. Knost JA, Reynolds V, Grevo Fa et al. (1982) Adjuvant chemoimmunotherapy stage I/II malignant melanoma. J Surg Oncol 19:1965–1970
47. Koh HK, Sober AJ, Harmon DC et al. (1985) Adjuvant therapy of cutaneous malignant melanoma a critical review. Med Pediatr Oncol 13:244–260
48. Kokoschka EM, Trautinger F, Micksche M, Kokoschka R (1989) Long-term adjuvant therapy of high risk malignant melanoma with recombinant interferon alpha-2b. J Invest Dermatol 93:560
49. Koyama Y (1984) Pharmacokinetics and clinical trials of HuIFN-β in malignant tumors. In: Kishida T (ed) Interferons, pp 189–195
50. Krown SE, Burke M, Kirkwood JM et al. (1984) Human leukocyte (alpha) interferon in metastatic malignant melanoma. Am Cancer Soc Phase II Trial. Cancer Treat Rep 68:723–726
51. Kuzmits R, Kokoschka EM, Micksche M et al. (1985) Phase II results with recombinant interferons: renal cell carcinoma and malignant melanoma. Oncology 42:46–32
52. Landthaler M, Geyer C, Papendick U, Braun-Falco O (1987) Alpha-2-Interferon-Therapie des metastasierenden malignen Melanoms. Dt Med Wschr 112:919–921
53. Legha SS, Papadopoulos NEJ, Plager C et al. (1987) Clinical evaluation of recombinant interferon alpha-2A (Roferon-A) in metastatic melanoma using two different schedules. J Clin Oncol 5:1240–1246
54. Lejeune GJ, Macher E, Kleeberg U et al. (1988) An assessment of DTIC versus levamisole or placebo in the treatment of high risk stage I patients after surgical removal of a primary melanoma of the skin. A phase III adjuvant study. EORTC protocol 18761. Eur J Cancer Clin Oncol (Suppl 2) 24:81–90
55. Lichtin A, Illopoulos D, Guerry D, Elder D, Herlyn D, Steplewski Z (1988) Therapy of melanoma with a antimelanoma ganglioside monoclonal antibody: a possible mechanism of a complete response. Proc Am Soc Clin Oncol 7:958A
56. Luikart SD, Kennealy GT, Kirkwood JM (1984) Randomized phase III trial of vinblastine and cis-chlorodiamineplatinum versus dacarbazine in malignant melanoma. J Clin Oncol 2:164–168
57. McLeod GRC, Thomson DB, Hersey P (1987) Recombinant interferon alpha-2a in advanced malignant melanoma: a phase I–II study in combination with DTIC. Int J Cancer (Suppl 1):31–35
58. Melch Z, Krejci P (1983) Cis-diamine dichloroplatinum in the treatment of disseminated malignant melanoma. Neoplasma 30:371–377
59. Mitchell MS, Kempf RA, Harel W et al. (1988) Effectiveness and tolerability of low-dose cyclophosphamide and low dose intravenous interleukin 2 in disseminated melanoma. J Clin Oncol 6:409–424
60. Mitchel MS, Kan-Mitchel J, Kempf RA, Harel W, Shau H, Lind S (1988) Active specific immunotherapy for melanoma: Phase I trial of allogenic lysates and a novel adjuvant. Cancer Res 48:5883–5893
61. Mulder NH, Sleijfer DT, Smith JM et al. (1986) Phase II study of bleomycin, actinomycin D, DTIC and vindesin in disseminated malignant melanoma. Eur J Cancer Clin Oncol 22:879–881
62. Nagel K, Junginger Th (1987) Extremitätenperfusion beim malignen Melanom. Dt Med Wschr 112:1626–1629
63. Nathanson L, Kaufmann SD, Carey RE (1981) Vinblastine, bleomycin and cis-dichlorodiamine-platinum chromotherapy in metastatic melanoma. Cancer 48:1290–1294
64. National Cancer Institute of Canada Melanoma Group (1984) Vinblastine, bleomycin and cisplatinum for the treatment of metastatic malignant melanoma. J Clin Oncol 2:131–134
65. Orfanos CE, Garbe C, Bertz J (1985) Epidemiologie des malignen Melanoms der Haut im internationalen Vergleich. Hautarzt (Suppl VII):81–84
66. Orfanos CE, Garbe C, Karg CH (1990) Chemotherapie des malignen Melanoms. In: Orfanos CE, Garbe C (Hrsg) Das

maligne Melanom der Haut. W. Zuckschwerdt Verlag, München, S 222-231
67. Papadopoulos NEJ, Howard JB, Murray JL, Cunningham J, Plager G, Legha S, Reußen J, Guttermann JU, Benjamin RS (1990) Phase 2 DTIC and interleukin 2 (Il-2) trial for metastatic malignant melanoma. Proceedings of ASCO Vol 9:277(A)
68. Retsas R, Newton RA, Westbury G (1979) Vindesine as a single agent in the treatment of advanced malignant melanoma. Cancer Chemother Pharmacol 2:257-260
69. Robinson WA, Kirkwood J, Harvay H et al. (1984) Effective use of recombinant human alpha-2 interferon (rIFN-alpha-2) in metastatic malignant melanoma (MMM). Proc ASCO 3:abstract C234
70. Rosenberg SA, Packard BS, Aebersold PM et al. (1988) Use of tumor-infiltrating lymphocytes and interleukin-2 in the immunotherapy of patients with metastatic melanoma. New Engl J Med 319:1676-1680
71. Rosenberg SA, Spiess P, Lafrenieree R (1986) A new approach to the adoptive immunotherapy of cancer with tumor-infiltrating lymphocytes. Science 233:1318-1321
72. Rosenberg SA, Lotze MT, Mull LM et al. (1985) Observations on the systemic administration of autologous lymphokine-activated killer cells and recombinant interleukin-2 to patients with metastatic cancer. N Engl J Med 313:1485-1492
73. Rosenberg SA, Lotze MT, Mull LM et al. (1987) A progress report on the treatment of 157 patients with advanced cancer using lymphokines activated killer cells and interleukin-2 or high-dose interleukin-2 alone. N Engl J Med 316:889-897
74. Ruppert P, Trommer H, Prott E-J, Budde J (1990) Adjuvante Therapie des malignen Melanoms mit IFN-beta im Stadium I. In: Orfanos CE, Garbe C (Hrsg) Das maligne Melanom der Haut. W. Zuckschwerdt Verlag, München, S 276-284
75. Rustin GJS, Dische S, deGaris ST, Nelstop A (1988) Treatment of advanced malignant melanoma with interferon alpha and etretinate. Eur J Cancer Clin Oncol 24:783-784
76. Schiller JH, Willson JKV, Bittner G, Wolbert WH, Hawkins MJ, Borden ED (1986) Antiproliferative effects of interferons on human melanoma cells in the human tumor colony forming assay. J IFN Res 6:615-625
77. Seigler HF, Lucas VS, Pickett NJ, Huang AT (1989) DTIC, CCNU, bleomycin and vincristine (BOLD) in metastatic melanoma. Cancer 46:2346-2348
78. Shea TC, Antman KH, Eder JP et al. (1988) Malignant melanoma. Treatment with high-dose combination alkylating agent chemotherapy and antalogous bone marrow support. Arch Dermatol 124:878-884
79. Smith IE, Hedley DW, Powles TJ, McElwain TJ (1978) Vindesine: a phase II study in the treatment of breast carcinoma, malignant melanoma and other tumors. Cancer Treat Rep 62:1427-1433
80. Sondel PM, Kohler PC, Hank JA, Moore KH, Rosenthal NS, Sosman JA, Bechhofer R, Storer B (1988) Clinical and immunological effects of recombinant interleukin given by repetitive weekly cycles to patients with cancer. Cancer Res 48:615-625
81. Spiess P, Yang JC, Rosenberg SA (1987) In vivo antitumor activity of tumor-infiltrating lymphocytes expanded in recombinant IL-2. JNCI 79:1067-1075
82. Stadler R, Bratzke B, Mayer da Silva A, Orfanos CE (1988) Therapie des AIDS-induzierten Kaposi-Sarkoms und des malignen Melanoms mit Interferonen. Onkologie 11:166-176
83. Stadler R, Bratzke B, Orfanos CE (1987) Therapeutischer Einsatz von Interferon bei metastasierendem malignen Melanom, disseminiertem Kaposi-Sarkom und schwerem Morbus Behcet. Hautarzt 38:453-460
84. Stadler R, Garbe C (1990) Therapie des malignen Melanoms mit rekombinantem Interferon alpha. In: Orfanos CE, Garbe C (Hrsg) Das maligne Melanom der Haut. W. Zuckschwerdt Verlag, München, S 245-252
85. Stadler R, Garbe C (1990) Neuere Therapieansätze beim disseminierten malignen Melanom. In: Orfanos CE, Garbe C (Hrsg) Das maligne Melanom der Haut. W. Zuckschwerdt Verlag, München, S 236-242
86. Stadler R, Garbe C, Bratzke B, Orfanos CE (1988) Klinische Erfahrungen bei der Therapie des malignen Melanoms mit Interferon. In: Schmoll HJ, Schröpf E (Hrsg) Lokale und systemische Chemotherapie mit Interferonen. Akt Immunol IV. Zuckschwerdt, München Bern Wien San Francisco, pp 62-71
87. Stadler R, Müller R, Orfanos CE (1986) Effect of recombinant alpha-a interferon on DNA-synthesis and differentiation of human keratinocytes in vitro. Br J Dermatol 114:273-277
88. Stadler R, Mayer-da-Silva A, Bratzke G, Garbe C, Orfanos CE (1989) Interferons in Dermatology. J Am Acad Dermatol 20(4):650-656
89. Sterchi JM, Wells HB, Case LD et al. (1985) A randomized trial of adjuvant chemotherapy and immunotherapy in stage I and stage II cutaneous melanoma. An interim report. Cancer 55:707:712
90. The Prudente Foundation Melanoma Study Group (1989) Chemotherapy of disseminated melanoma with bleomycin, vincristine, CCNU and DTIC (BOLD regimen). Cancer 63:1676-1680
91. Thomson DB, McLeod GR (1984) Pilot efficacy study of recombinant leukocyte A interferon (Ro 22-8181, IFN-alpha-A) in patients with metastatic melanoma. Proc ASCO 3:47
92. Veronesi U, Adamus J, Aubert C et al. (1982) A randomized trial of adjuvant chemotherapy and immunotherapy in cutaneous melanoma. N Engl J Med 307:913-916
93. Verschraegen CF, Kleeberg UR, Ulder J et al. (1988) Combination of cisplatin, vindesine and dacarbazine in advanced malignant melanoma. Cancer 62:1061-1065
94. Voigt H, Kleeberg UR (1986) Regionale und systemische Chemotherapie des Melanoms. Tumor Diagnostik & Therapie 7:129-133
95. von Wussow P, Block B, Hartmann F, Deicher H (1988) Intralesional interferon-alpha therapy in advanced malignant melanoma Cancer 61:1071-1074
96. von Wussow P, Hartmann F, Block B et al. (1987) Treatment of advanced malignant melanoma with dacarbazine, vindesine and cisplatin (DVP). Presented at the 4th Eur Conf Clin Oncol and Cancer Nursing, Madrid, 1-4 November, p 907
97. Vorobiof DA, Sarli R, Falkson G (1986) Combination chemotherapy with dacarbazine and vindesine in the treatment of metastatic malignant melanoma. Cancer Treat Rep 70:927-928
98. Wadler S, Schwartz EL (1990) Antineoplastic activity of the combination of interferon and cytotoxic agents agonist experimental and human malignancies: a review. Cancer Research 50:3473-3486
99. West WH, Tauer KW, Yannelli JR et al. (1987) Constant infusion interleukin-2 in adoptive immunotherapy of advanced cancer. N Engl J Med 316:898-905
100. Whitehead RP, Friglin R, Citron ML, Pfile J, Moton D, Patel D, Jones G, Levitt D (1990) A phase 2 study of concomitant recombinant human interleukin 2 (Il-2) and recombinant interferon alpha-2a (Alpha-IFN) in patients with disseminated malignant melanoma. Proceedings of ASCO vol 9:276(A)
101. Wolf CH, Steiner A, Pehamberger H, Wolff K (1986) Interferon treatment (rIFN-alpha, rIFN-gamma and rIFN-alpha + cimetidine) in metastatic melanoma. Abstracts AIO + EORTC Int Symposium on Malignant Melanoma, Hamburg, Sept 1986, abstract V-8
102. Young DW, Lever RS, English JSC, Mackie RM (1985) The use of BELD combination therapy (bleomycin, vindesine, CCNU and DTIC) in advanced malignant melanoma. Cancer 55:1879-1881
103. Zouboulis CH, Garbe C, Orfanos CE (1989) Wachstumshemmung von Melanomzellen durch Interferone in vitro.

Gleiche antiproliferative Effekte von 100- bis 1000fach niedrigeren Konzentrationen nIFN-beta im Vergleich zu rIFN-alpha-2a. Hautarzt 40:65–69

Prof. Dr. Rudolf Stadler
Hautklinik
im Klinikum Minden
Portastraße 7–9
D-4950 Minden

Prof. Dr. Constantin E. Orfanos
Hautklinik und Poliklinik
Klinikum Steglitz
der Freien Universität Berlin
Hindenburgdamm 30
D-1000 Berlin 45

Melanomnachsorge: Integriertes Nachsorgekonzept der Tübinger Hautklinik sowie Ergebnisse einer Umfrage zur Melanomnachsorge an deutschen Hautkliniken

G. Rassner, B. d'Hoedt, W. Stroebel und H. Stutte, Tübingen

Bei ständig steigender Melanomhäufigkeit gewinnt auch die Melanomnachsorge eine zunehmende Bedeutung. In diesem Beitrag wird zunächst über ein integriertes Nachsorgekonzept berichtet, welches kooperativ von Klinik und niedergelassenen Ärzten getragen wird. Weiterhin werden die Ergebnisse einer aktuellen Umfrage an deutschen Hautkliniken über die durchgeführte Melanomnachsorge berichtet.

Allgemeine Nachsorge-Aspekte

Die Melanomnachsorge (Übersichten: [1–8, 10–12, 14]) beginnt in der Regel nach der stationären Primärtherapie, d. h. der Entfernung des Melanoms. Globale Ziele der Melanomnachsorge sind einerseits eine weitere Prognoseverbesserung, andererseits die Wiederherstellung oder Verbesserung der Lebensqualität des Patienten.

Melanomnachsorge wird für Patienten und behandelnden Arzt geprägt sowohl von der Hoffnung auf Heilung wie auch der Furcht vor eintretender Metastasierung und tödlichem Ausgang. Einzelziele der Melanomnachsorge zeigt Tabelle 1.

In diesem Beitrag soll besonders auf die Nachkontrollen eingegangen werden, die die frühestmögliche Erfassung eines Rezidivs zum Ziel haben, um den dann noch bestehenden therapeutischen Spielraum auszunutzen. Sie bedeuten bei nichtmetastasierenden Patienten aber auch die Bestätigung des anhaltenden Therapieerfolgs. Global

Tabelle 1. Aufgaben und Ziele der Melanom-Nachsorge

1. Nachbehandlungen
   Therapiebedingte Morbidität
   Krankheitsbedingte Morbidität
   Adjuvante Therapie

2. Nachkontrollen
   Sicherstellung des Therapieerfolges
   Rezidiv-/Progressionserfassung
   Früherkennung (Vorläufer, Zweit-Melanome)

3. Rehabilitation
   Psychische Beratung/Betreuung
   Soziale (Gesellschaft./Berufl.) Rehabilitation

4. Zentrale
   Zentrale Kontakt-/Steuerungsstelle
   Zentrale Datensammlung

ist derzeit bei etwa jedem 3. Patienten mit dem Auftreten einer Remanifestation zu rechnen.

Integriertes bzw. kooperatives Tübinger Nachsorgemodell

Die Tübinger Hautklinik betreibt seit über 10 Jahren eine organisierte, spezielle Melanomnachsorge [1]. Bei von Jahr zu Jahr steigender Zahl neuer Patienten (z. Zt. über 200/Jahr) ist die Zahl unserer Nachsorgepatienten inzwischen auf über 1500 angestiegen. Die Nachsorge wurde zunächst allein von der Hautklinik durchgeführt, zumal das Interesse der niedergelassenen Kollegen anfänglich relativ gering war. In Anbetracht der steigenden Zahlen und der inzwischen auch deutlich gestiegenen Bereitschaft der niedergelassenen Kollegen zur Beteiligung an der Melanomnachsorge wurde dann ein kooperatives Nachsorgemodell konzipiert, welches jetzt seit etwa $1^{1}/_{2}$ Jahren durchgeführt wird. Grundzüge dieses Nachsorgemodells [2] sollen im folgenden kurz skizziert werden.

1. Nachsorgebeginn

Die Nachsorge beginnt in der Regel nach der stationär durchgeführten Primärtherapie (meist Stadium-I-Patienten) mit einem Informationsgespräch zwischen Nachsorgeärztin und Patient. In dem Gespräch hat der Patient die Möglichkeit, alle ihn bewegenden Fragen zu stellen, ärztlicherseits werden u. a. folgende Fragen und Probleme angesprochen: Umfang und Ablauf der kommenden Nachsorge, psychische und soziale Rehabilitation (im Rahmen des Notwendigen), eventuelle adjuvante Therapiemaßnahmen, Festlegung des ersten Nachsorgetermins und des niedergelassenen Kollegen, den der Patient als kooperierenden Nachsorgearzt wünscht. Ein weiterer wichtiger Punkt des Gesprächs ist die Anleitung des Patienten zur Eigenuntersuchung (s. u.). Da der Patient bei dem Gespräch nicht selten etwas aufgeregt ist und nicht alles versteht bzw. behält, bekommt er abschließend ein Nachsorgemerkblatt ausgehändigt, in dem alles Wesentliche nochmals dargestellt ist.

2. Zeitlicher Ablauf der Nachsorge

Die Nachsorgedauer beträgt insgesamt 10 Jahre, danach treten nur noch in seltenen Fällen Remanifestationen auf (ca. 2–3%). Die Nachsorgeintervalle betragen im 1. bis 5. Jahr 3 Monate, im 6. bis 10. Jahr 6 Monate. Grundlage der engermaschigen Überwachung in den ersten 5 Jahren ist, daß nach unserem Krankengut ca. 92% aller Metastasen und ca. 88% aller Fernmetastasen in diesem Zeitraum auftreten. Die Nachsorgeuntersuchungen werden alternierend von Praxis und Klinik durchgeführt (Tabelle 2).

Tabelle 2. Zeitlicher Ablauf der Nachsorge mit alternierenden Untersuchungen in Praxis (P) und Klinik (K)

	Monate			
	3.	6.	9.	12.
1.– 5. Jahr	P	K	P	K
6.–10. Jahr	–	P	–	K

3. Nachsorgeprogramm

Unser Nachsorgeprogramm zeigt Tabelle 3. Von besonderer Wichtigkeit ist die Zwischenanamnese, da nach unseren Erfahrungen ca. 50% aller lokoregionären Metastasen für den Patienten selbst auffällig werden (Eigenuntersuchung), 50% der Fernmetastasen Symptome verursachen und der Patient auch häufig sorgfältig auf Veränderungen weiterer Pigmentmale achtet. Zwischenanamnese, klinische Hautuntersuchung und Laboruntersuchungen werden bei jeder Nachsorge durchgeführt, die bildgebende Diagnostik nur bei den Klinikterminen. Die Klinik informiert den kooperierenden niedergelassenen Kollegen durch einen Brief, der niedergelassene Kollege die Klinik durch Ausfüllung eines Vordrucks. Datensammlung und Überwachung der Nachsorge erfolgen durch die Klinik.

Tabelle 3. Onkologische Überwachung (Nachsorge-Programm)

Nachsorge Programm:	– Zwischenanamnese – Untersuchung: Tumorregion, Lymphknoten, allg. Hautuntersuchung – Labor: BSG, Leberenzyme (mit LDH) – Bildgebende Verfahren: z. B. Haut-Lymphknotensonographie, Abdomen-Sonographie, Röntgen-Thorax

4. Spezielle diagnostische Verfahren

Im Rahmen der klinischen Nachsorgeuntersuchungen werden bzw. wurden noch weitere Untersuchungsverfahren herangezogen, auf die speziell hingewiesen werden soll.

Haut- und Lymphknotensonographie (u. a. [9, 13]): Sie dient der Überwachung der lokoregionären Hautregion mit Weichteilen und zugehörigen Lymphknoten. Nach unserem Krankengut erfolgt die Erstremanifestation in 70 bis 80% in Form einer lokoregionären Metastasierung. Nur bei 20 bis 30% treten primär Fernmetastasen auf. Die Überwachung dieser Region ist deshalb von besonderer Wichtigkeit. Die frühzeitige Erfassung eines entsprechenden Rezidivs in diesem Bereich bedeutet immer noch eine gewisse kurative Chance. Lokoregionäre Metastasen sind zwar überwiegend tastbar (Patient, Arzt), in ca. 1/3 aber nach unseren Erfahrungen nicht palpabel. Dies gilt insbesondere für den Kopf- Hals- und Axillar-Bereich.

Auflichtmikroskopie: In zunehmenden Maße hat sich uns zur Überwachung weiterer bestehender Pigmentherde die Auflichtmikroskopie bewährt, auf die hier aber nicht näher eingegangen werden soll [7].

Tumor-Marker: Etwa 2 Jahre haben wir 5-S-Cysteinyldopa nach der Methode von Rorsman im Sammelurin bestimmt. Nach unserer vorläufigen Auswertung (Dissertation Lux, Tübingen) treten aber erst im Stadium der Fernmetastasierung gehäuft sicher pathologische Werte auf.

5. Eigene Erfahrungen

Das skizzierte kooperative Nachsorgemodell läuft zur Zeit seit etwa 1 1/2 Jahren. Die Resonanz und Akzeptanz seitens der Patienten ist ausgezeichnet, die Zusammenarbeit mit den niedergelassenen Kollegen gut. Einige Patienten werden ausschließlich von niedergelassenen Kollegen betreut (hohes Alter, Gebrechlichkeit, weite Entfernungen). Nach diesen positiven Ergebnissen ist die Modellphase für uns abgeschlossen und das Konzept fest etabliert.

Umfrage zur Melanomnachsorge an dermatologischen Kliniken

Im Auftrage der Melanomkommission der DDG hat die Tübinger Hautklinik eine Umfrage zur Melanomnachsorge bei 50 deutschen Hautkliniken (Universitätskliniken, kommunale Kliniken) durchgeführt, um eine gewisse Bestandsaufnahme zu machen. Hinzu kam der vom Berufsverband geäußerte Wunsch nach möglichst einheitlichen Nachsorgeempfehlungen.

Ich möchte über die Ergebnisse an dieser Stelle kurz berichten und danke allen Kliniken, welche die Anfrage beantwortet haben. Sie werden noch eine ausführliche und detaillierte Rückantwort erhalten.

Ergebnisse

Von 50 angeschriebenen dermatologischen Kliniken haben 42 auf die Umfrage geantwortet. Alle 42 Kliniken führen eine Melanomnachsorge durch. 6 Kliniken müssen diese stationär durchführen, weil die jeweils zuständige KV eine ambulante Nachsorge verwehrt. 12 der 42 Kliniken (12/42) führen die Nachsorge ebenfalls kooperativ zusammen mit niedergelassenen Ärzten durch.

Zeitlicher Ablauf

Die Dauer der Nachsorge beträgt meist 10 Jahre (32/42), aber auch 8 Jahre (3/42) oder wird differenziert nach Metastasierungsrisiko (3/42).

Die Nachsorgeintervalle (Stadium I, invasives Melanom) werden für alle Risikogruppen (gemessen an pT, Dicke, level) zum Teil einheitlich (20/42), zum Teil aber auch differenziert festgelegt (20/42), d. h. engmaschiger bei high-risk-Melanomen als bei low-risk-Melanomen.

Nachsorgeprogramm

Das Nachsorgeprogramm umfaßt im klinischen Stadium I grundsätzlich Anamnese, klinische Untersuchung, Laboruntersuchungen und bildgebende Diagnostik.

Anamnese und klinische Hautuntersuchung einschließlich Lymphknotenstatus werden generell durchgeführt, selten die klinische Untersuchung anderer Organe. Die Laboruntersuchungen umfassen häufig BSG, Blutbild, Enzyme (mit LDH), Kreatinin, Elektrophorese und Urin, selten u. a. Serumeisen, Elektrolyte, Tumormarker, Immunelektrophorese, Multitest Merieux.

Bei bildgebender Diagnostik werden häufig durchgeführt: Röntgen-Thorax (38/42), Abdomensonographie (34/42) und auch Lymphknotensonographie (20/42), selten u. a. Knochenszintigramm, Computertomographie, Lymphszintigramm.

Bei metastasierten Melanomen (Stadium II bis IV) wird das Nachsorgeprogramm in der Regel individuell entsprechend dem Metastasierungsmuster gestaltet.

Schlußfolgerungen

Aus dem Umfrageergebnis lassen sich folgende allgemeinen Schlußfolgerungen ziehen:
1. Die Umfrageergebnisse dürften ein repräsentatives Bild über die Melanomnachsorge vermitteln, da nahezu alle deutschen Kliniken (BRD) sich beteiligt haben.
2. Es besteht nicht, wie gelegentlich geäußert wird, ein Nachsorgechaos. Trotz mancher Abweichungen im Detail besteht ein gewisses Kernprogramm, welches nach den vorliegenden Angaben von allen entsprechenden Kliniken durchgeführt wird. Die Hauptunterschiede scheinen darin zu liegen, daß ein Teil der Kliniken die Patienten in verschiedenen Risikogruppen einteilt und die Nachsorge entsprechend differenziert, während andere Kliniken mehr einheitliche Nachsorgeschemata haben.
3. Bemerkenswert erscheint, daß bereits 20 von 42 Kliniken Haut- bzw. Lymphknotensonographie in die Nachsorge einbauen und 12 von 42 Kliniken eine kooperative Nachsorge durchführen.
4. Wünschenswert für die Zukunft ist m.E., daß Melanomnachsorge von allen Hautkliniken durchgeführt wird (sofern dies noch nicht der Fall ist) und zwar sowohl ambulant wie auch kooperativ.

Eine gewisse Vereinheitlichung, z. B. in Form von Rahmenrichtlinien erscheint sinnvoll zu sein. Die meisten Kliniken haben ihr Einverständnis mit einer Konsensuskonferenz erklärt, um dort entsprechende Fragen zu behandeln.

Melanomnachsorge: Ausblick

An der Notwendigkeit und dem Sinn einer Melanomnachsorge dürfte grundsätzlich kein Zweifel bestehen.

Trotzdem sind viele Aspekte der Melanomnachsorge wissenschaftlich noch nicht genügend abgeklärt und erfordern entsprechende Nachsorgestudien. Gegenstand solcher Studien könnten u. a. sein: Effektivität der einzelnen diagnostischen Maßnahmen, Effektivität hinsichtlich einer Prognoseverbesserung durch Nachsorge, eine Nutzen-Kosten-Analyse unter Berücksichtigung aller Aspekte der Nachsorge (also nicht nur der finanziellen Aspekte, sondern auch der psychosozialen Rehabilitation, der Datensammlung für weitere Analysen, der Qualitätsüberprüfung vorangegangener Therapien usw.). Das Datenmaterial muß deshalb für entsprechende Nachsorgestudien gesichert werden, auch bei kooperativen Nachsorgemodellen.

Eine Konsensuskonferenz kann meines Erachtens zur Zeit sinnvollerweise nur Rahmenrichtlinien und gewisse Vereinheitlichungen bringen. Gewisse individuelle Komponenten in den Nachsorgeschemata der einzelnen Kliniken mit kooperierenden Ärzten sollten aber erhalten bleiben und sind meines Erachtens auch wünschenswert.

Schließlich sollte an weiteren Verfahren gearbeitet werden, welche die Nachsorge weiter verbessern können. Hierzu gehört vor allem die Haut-Lymphknoten-Sonographie, die Feinnadelbiopsie und die Entwicklung serologischer Tumormarker, die bisher in bewährter Form nicht vorhanden sind.

Literatur

1. D'Hoedt B, Stroebel W, Rassner G (1988) Melanomnachsorge an der Univ.-Hautklinik Tübingen. Dt Derm 36(9):957–959
2. D'Hoedt B, Stroebel W, Stutte H, Rassner G (1990) Nachsorge des malignen Melanoms an der Tübinger Hautklinik. In: Orfanos CE, Garbe C (Hrsg) Das maligne Melanom der Haut. Zuckschwerdt Verlag, München Bern Wien San Francisco, S 304–311
3. Garbe C, Taud W, Karg C, Orfanos CE (1990) Nachsorge und Behandlung des metastasierenden malignen Melanoms. In: Orfanos CE, Garbe C (Hrsg) Das maligne Melanom der Haut. Zuckschwerdt Verlag, München Bern Wien San Francisco, S 316–324
4. Hundeiker M, Ernst K, Grootens A, Suter L (1988) Prinzipien der Nachsorgeplanung bei Hauttumoren. Zbl Haut 155:398–403
5. Kelly JW, Blois MS, Sagebiel RW (1985) Frequency and duration of patient follow-up after treatment of a primary malignant melanoma. Journal of the American Academy of Dermatology 13(5):756–760
6. Kersey PA, Iscoe NA, Gapski JAP, Osoba D, From L, DeCoer G, Quirt IC (1985) The value of staging and serial follow-up investigations in patients with completely resected, primary, cuntaneous malignant melanoma. Br J Surg 72:614–617
7. Kreusch J, Rassner G (1990) Strukturanalyse melanozytischer Pigmentmale durch Auflichtmikroskopie. Hautarzt 41:27–33
8. Landthaler M, Hölzel D (1987) Ambulante Melanomnachsorge. In: Braun-Falco O, Schill W-B (Hrsg) Fortschritte praktischer Dermatologie und Venerologie. Springer, Berlin Heidelberg New York, S 361–367
9. Loose R, Weiss J, Wentz KU, Teubner J, Georgi M (1990) Wertigkeit der Sonographie peripherer Lymphknoten im Vergleich zum klinischen Befund in der Nachsorge von Melanompatienten. In: Orfanos CE, Garbe C (Hrsg) Das maligne Melanom der Haut. Zuckschwerdt Verlag, München Bern Wien San Francisco, S 325–330
10. Peters A, Schult F, Suter L (1984) Nachsorge. In: Peters J, Kunze J, Müller RPA (Hrsg) Onkologie der Haut. Grosse Verlag, Berlin, S 160–167
11. Schramm P (1988) Melanomnachsorge 8 Jahre Erfahrung mit dem Mainzer Modell. Zeitschrift für Hautkrankheiten 63(10):816–821
12. Sigg C (1990) Allgemeine Nachsorge des malignen Melanoms der Haut. In: Orfanos CE, Garbe C (Hrsg) Das maligne Melanom der Haut. Zuckschwerdt Verlag, München Bern Wien San Francisco, S 299–303

13. Stutte H, Erbe S, Rassner G (1989) Lymphknotensonographie in der Nachsorge des malignen Melanoms. Hautarzt 44:344–349
14. Voigt H (1985) Klinisch-onkologische Erfordernisse einer Melanomnachsorge. In: Wolff HH, Schmeller W, (Hrsg) Fehlbildungen Nävi Melanome. Springer, Berlin Heidelberg New York Tokyo, S 290–297

Prof. Dr. Gernot Rassner
Dr. Barbara d'Hoedt
Dr. rer. nat. Waltraud Stroebel
Dr. Hilde Stutte
Universitäts-Hautklinik
Calwer Straße 7
D-7400 Tübingen

Das hautkranke Kind

Psychologische Aspekte beim Umgang mit hautkranken Kindern und ihren Eltern

U. KNÖLKER, Lübeck

Die enge Beziehung des Hautorgans zum gefühlsmäßigen Erleben des Menschen ist bei Laien seit langem bekannt. An Zuständen der Haut wie Erröten, Erbleichen, Schwitzen oder der Bildung einer sog. Gänsehaut werden Gefühls- und Befindlichkeitszustände unmittelbar sichtbar. Auch in der Umgangssprache finden sich viele Ausdrucksweisen, die das Wissen von den engen Zusammenhängen zwischen dem Hautorgan und der emotionalen Befindlichkeit des Menschen belegen wie z. B. „unter die Haut gehen", „ein dickes Fell oder eine dünne Haut haben", „das juckt mich nicht", „sich hinter dem Ohr kratzen", „sich wohl bzw. unwohl in seiner Haut fühlen" u. a.

Zusammenhänge zwischen seelischen Faktoren und Hautkrankheiten gewannen erst unter dem Einfluß der Psychoanalyse, der Psychologie und der Psychosomatik im Verlaufe der letzten 100 Jahre an Bedeutung. In der Folgezeit wurden besonders für Krankheiten aus dem atopischen Formenkreis, also das endogene Ekzem (Neurodermitis), und das Asthma bronchiale rein psychogenetische Faktoren in den Vordergrund gestellt, wobei sich die meisten Autoren in der negativen Beurteilung der Mütter dieser Patienten weitgehend einig waren. So ist noch im Handbuch der Dermatologie und Venerologie von Gottron/Schönfeld (1970) zu lesen, daß die „schuldhafte Rolle der Mutter bei der Neurodermitis bestätigt" sei [8]. Psychosomatische Sichtweisen der letzten Jahre haben sich zunehmend von mehr oder weniger einseitigen Kategorien (Ursache - Wirkung) gelöst zugunsten eines kreisförmigen systemischen Denkens, in dem multifaktorielle, sich wechselseitig bedingende und regelnde Einflüsse im Vordergrund stehen.

Es liegt auf der Hand, daß im Umgang mit Kindern, die sich, je nach Lebensalter, in starker Abhängigkeit von ihren Eltern und ihrem Umfeld befinden, systemische Sichtweisen und Regelkreise besonders berücksichtigt werden müssen. Im folgenden wollen wir uns einigen psychologischen Aspekten beim Umgang mit hautkranken und hier besonders chronisch kranken Kindern und ihren Eltern befassen. Anhand eines exemplarischen Fallbeispiels sollen einige häufig anzutreffende Interaktionsmuster zwischen Patient, Eltern, Arzt und Umwelt dargestellt werden, einige zugrunde liegende Abwehrmechanismen, Übertragungsphänomene sowie Aspekte der Krankheitsbewältigung erörtert werden. Daraus sollen praktische Folgerungen für den ärztlichen Umgang mit dem hautkranken Kind und seinen Eltern abgeleitet werden.

Kasuistik

Die 17jährige Beate kam notfallmäßig unter dem Bild einer akuten paranoiden Psychose zur stationären Aufnahme. Die begleitenden Eltern schilderten sehr eindrücklich, daß sie seit Tagen von einem „Liebeswahn" befallen sei. Sie behaupte, ein Junge aus ihrer Schule, mit dem sie nie ein Wort gewechselt hatte, sei ihr Liebhaber, und sie bereite sich auf eine Hochzeit mit ihm vor. Sie gab an, deswegen nicht mehr die Schule besuchen zu können, um sich für dieses Ereignis schön zu machen. Im Gegensatz dazu vernachlässigte sie ihr Äußeres in eklatanter Weise, wechselte ihre Kleider nicht mehr, weigerte sich, sich zu waschen und zu kämmen. Sie saß tagelang zusammengekauert in ihrem Zimmer, verweigerte die Nahrung, sprach mit sich selbst und wehrte jede Annäherung der Eltern oder Gesprächsangebote in heftigster Weise verbal oder sogar tätlich ab. Bei der Aufnahme befand sie sich in einem völlig verwahrlosten Zustand. Sie hatte ihre Hände und Arme mit Mullbinden bedeckt und verbarg ihr Gesicht hinter ihren langen fettigen Haaren. Als es später gelang, sie zu einem Bad zu überreden, sahen wir, daß ihr ganzer Körper mit einem ausgedehnten, im Gesicht zum Teil entstellenden Ekzem bedeckt war.

Bei der Erhebung der biographischen Anamnese erfuhren wir, daß Beate als langersehntes einziges Kind einer Ärztin und eines Buchhalters geboren wurde. Die Mutter - bei der Geburt schon über 40 Jahre alt -, ungemein vital, extrovertiert und redegewandt, dabei gut aussehend und - wie sie stolz anmerkte - selbst nie krank, bezeichnete die Geburt ihrer Tochter als das Glück ihres Lebens schlechthin.

Dieses Glück wurde jedoch bald getrübt, nachdem im Alter von wenigen Monaten zunehmend ein hartnäckiger Milchschorf auftrat, der nach vielen erfolglosen Eigenbehandlungen ständige Arztbesuche erforderlich machte. Des weiteren war das Mädchen zart und infektanfällig, folglich häufig krank. Die Mutter mußte sich bald von dem ursprünglich gehegten Wunsch, nach dem Kindergartenalter der Tochter ihren Beruf wieder aufzunehmen, verabschieden.

Nachdem die Diagnose einer ausgeprägten Neurodermitis gestellt war, habe das ganze Familienleben sich praktisch nur um diese Krankheit gedreht. Therapievorschläge von ungezählten Kinder- und Hautärzten wurden von der Mutter und später auch von der Tochter immer durch Eigenbehandlungen unterlaufen. Waren kortisonhaltige Salben vom Arzt verboten, beschaffte sie sich die Tochter heimlich und wandte sie an, weil sie ihr angeblich so gut getan hätten. Hatte die Mutter eine

Behandlung ihrer Wahl begonnen, wusch die Tochter diese Salbe wieder ab. Zum Teil kam es so weit, daß die Mutter Beate nachts, während sie schlief, mit einer Salbe einzucremen versuchte. Mutter und Tochter lieferten sich zum Teil erbitterte Kämpfe bis hin zu tätlichen Auseinandersetzungen; die Mutter versuchte sogar, die Tochter mit Hilfe des Vaters festzubinden, damit sie sich behandeln ließ.

Der Vater, ein eher ruhiger, pedantischer Mann, hielt sich aus diesen Auseinandersetzungen meist heraus. Da er von seiner Frau kaum noch beachtet wurde, zog er sich immer mehr zurück, was wiederum zu ehelichen Auseinandersetzungen führte, da sich die Mutter alleingelassen sah.

Die Mutter ging häufig zu anderen Ärzten, da ihr immer wieder vorgeworfen wurde, sie sei zu überfürsorglich, nervös, ständig reglementierend, zu unflexibel und ungeduldig. Anregungen, sie solle psychologische Hilfe in Anspruch nehmen, wies sie heftig und aggressiv ab.

Bei unseren Elterngesprächen nahmen die Schilderungen der Mutter über ihren aufopferungsvollen Weg für die Tochter einen breiten Raum ein. Sie war kaum darin zu unterbrechen, wenn sie ausführlich darstellte, was sie alles für ihre Tochter getan, wieviel schlaflose Nächte sie durchlitten und damit ihre eigenen Bedürfnisse völlig vernachlässigt hatte. Dabei wirkte sie in ihren Schilderungen eher gefühlskalt und emotional fast unbeteiligt. Wenn die Tochter bei den Gesprächen dabei war, unterbrach die Mutter immer wieder ihre Rede mit kurzen Kommandos „Kratz nicht!" oder riß der Tochter heftig die Hand von der Kratzstelle weg. Der Vater war in den Elterngesprächen der Passive, still vor sich Hinleidende. Die Mutter hatte ihn auch offen zum Schuldigen deklariert, weil in seiner Familie mehrere Fälle von Neurodermitis aufgetreten waren und er diese Krankheit somit seiner Tochter vererbt habe. Die Mutter konnte später aussprechen, daß durch die Krankheit ihrer Tochter ihr ganzer Lebensentwurf durcheinandergekommen war. Beate, als „die Schöne" erhofft, war ein unansehnliches, kränkliches Mädchen geworden. Unausgesprochen in der ganzen Familie war ein Gefühl des Ekels, der Minderwertigkeit und der Ablehnung. Jeder Körperkontakt zur Tochter kostete Überwindung, was aber nie eingestanden wurde, sondern durch übermäßiges Umarmen und Abküssen zu kompensieren versucht wurde.

Psychodynamische Aspekte

Ohne auf alle psychodynamischen Aspekte, die dieses Fallbeispiel beinhalten würde, eingehen zu können, möchte ich ein paar wenige, aber typische Gesichtspunkte erörtern, wie sie häufig bei hautkranken Kindern und ihren Eltern beobachtet werden können.

Wenden wir uns zunächst dem Kind selber, also unserer Patientin, zu. Wir wissen, daß in jeder frühen Mutter-Kind-Beziehung der Hautkontakt eine entscheidende Rolle spielt. Während ein gesunder Säugling Berührungen seines Körpers überwiegend als lustvoll erlebt, ist die Haut des Ekzemkindes ein ständiger Quell von Mißempfindungen, die der Mutter schuldhaft zugeschrieben werden, da sie meistens die Lokalbehandlung mit Salben und Tinkturen vornimmt. Die Mutter, die vom Säugling als allmächtig erlebt wird, wird so zur „bösen Mutter", da sie ihm beim Körperkontakt Schmerzen oder Mißempfindungen bereitet und dies nicht zu beseitigen vermag. Erikson spricht von einem gestörten Urvertrauen, das im weiteren Leben die notwendigen Entwicklungsschritte, nämlich Trennung und Abgrenzung von der Mutter, erschwere [8].

Als „typisch" für neurodermitische Kinder werden in der Literatur häufige Unruhezustände, eine erhöhte Angstbereitschaft, eine allgemeine Irritierbarkeit und Schlafstörungen beschrieben [1, 3, 4, 7, 8, 10, 11, 12]. Mit steigendem Lebensalter wird die Interaktion zwischen Eltern und Kind immer problematischer. Es wird ständig gemahnt, sich nicht zu kratzen. Angesichts wechselnder Therapieerfolge wird dem Kind von den Eltern Enttäuschung und Hilflosigkeit signalisiert, was dieses wiederum schuldhaft verarbeitet. Es kann zu tiefen Störungen des Selbstwertgefühles kommen, die durch Hänseleien im Kindergarten und in der Schule beim Schwimm- und Sportunterricht verstärkt werden können. In der Pubertät und Adoleszenz kann es im Rahmen der Identitätsfindung zu schweren Krisen kommen, bis hin zu einer psychotischen Dekompensation wie in dem beschriebenen Fallbeispiel. Es ist lebensgeschichtlich sicherlich nachvollziehbar, daß sich unsere Patientin, die sich selbst als abstoßend und nicht liebenswürdig empfand und aufgrund ihres äußeren Makels von keinem Jungen angesehen wurde, sich in der Psychose in einen Liebeswahn flüchtet.

Erst in den letzten 2 Jahrzehnten finden sich Studien, die sich mit dem Krankheitserleben und der Krankheitsverarbeitung von Hautkranken befassen. So fanden Bosse und Mitarbeiter [5] heraus, daß Hautkranke an einer paranoiden Überschätzung des Störungswertes, den ihrer Befürchtung nach das Hautstigma für ihre Partner darstellt, leiden, und sprechen von einer sog. „Paranoiatendenz" der Hautkranken. Des weiteren wurde bei Hautgesunden eine Einstellung gefunden, die dem Hautkranken eine verringerte Leistungsfähigkeit und damit eine geringere sozial gebilligte Berechtigung, Ansprüche zu stellen, zuweist (sog. „Genügsamkeitsthese des Hautgesunden").

Es liegt auf der Hand, daß besonders im Pubertäts- und jungen Adoleszentenalter durch die stetige Sichtbarkeit des Hautleidens sich bei den Betroffenen ein Stigmatisierungserleben, Minderwertigkeitsgefühle, Kontaktstörungen bis zur Isolation entwickeln können. Dabei wird allzu leicht übersehen, daß die psychischen Folgen des Krankheitserlebens, z. B. beim endogenen Ekzem, leicht selbst zum Auslöser für somatische Verschlechterungen im Sinne eines Circulus vitiosus werden können [3].

Wenden wir uns nun der mütterlichen Seite in diesem Beziehungsgefüge zu. Ein chronisch hautkrankes Kind zu haben, bedeutet für die Mutter eine narzißtische Kränkung, die sie sich aber nicht eingestehen kann. Gefühle der Ablehnung und des Ekels werden ebenso wie aggressive Impulse schuldhaft erlebt und mit Überfürsorglichkeit zu kompensieren versucht. Von Außenstehenden wird leicht übersehen, daß ein ekzemkrankes Kind, das häufig schreit, sich ständig kratzt, unruhig ist, ständig mit Bädern, Salben etc. gepflegt werden muß, für die Mutter eine enorme emotionale Belastung darstellt. Zudem wird sie immer wieder mit Gefühlen der Hilflosigkeit konfrontiert, statt Anerkennung ihrer vielen Bemühungen erntet sie nicht selten Vorwürfe oder besserwisserische Ratschläge von der Familie, von Verwandten und Freunden. Wie in unserem Fallbeispiel ist es häufig bei Müttern zu erleben, daß sie weitschweifig von ihrer selbstlosen Aufopferung für das Kind berichten, daß sie die behandelnden Ärzte disqualifizieren und an sie Schuldzuweisungen vornehmen, daß ihre Schilderungen oftmals merkwürdig vernunftgesteuert und emotional scheinbar unbeteiligt erfolgen. Wir werden später auf diese Verhaltensweisen zurückkommen, wenn es um den ärztlichen Umgang mit diesen Patienten und ihren Familien geht.

Daß der Vater in unserem Fallbeispiel relativ im Hintergrund bleibt, ist nicht ganz zufällig. Durch die verstärkte Zuwendung der Mutter dem hautkranken Kind gegenüber werden die Väter nicht selten in der Familie ins Abseits gedrängt. Sie fühlen sich zurückgesetzt, reagieren eifersüchtig, so daß daraus ausgeprägte Ehekonflikte resultieren können. „Ich spiele in dieser Familie gar keine Rolle mehr, seitdem wir diese hautkranke Tochter haben", stellte der Vater in unserem Fallbeispiel fest. Ähnliches gilt auch für die gesunden Geschwister in der Familie, die sich dann in der Rolle des ungeliebten Kindes empfinden. Da die Tochter fast jeden Abend zu den Eltern ins Bett kam, weil sie behauptete, sich dann nicht so viel kratzen zu müssen, bestand eine eheliche Beziehung der Eltern bereits seit Jahren nicht mehr. Glücklicherweise gibt es auch andere Beispiele, bei denen sich Vater und Mutter bei der Pflege ihres hautkranken Kindes gegenseitig unterstützen. Dennoch ist nicht zu übersehen, daß sich in Familien mit chronisch hautkranken Kindern latente oder offene Spannungen sehr häufig beobachten lassen.

Minuchin und Mitarbeiter [9] arbeiteten als typische Merkmale sog. psychosomatogener Familien heraus: Verstrickung, Überfürsorglichkeit, Starrheit und mangelnde Konfliktverarbeitung. Diese Merkmale fanden wir auch uneingeschränkt in der geschilderten Familie unseres Fallbeispiels wieder.

Welche Rolle spielt nun der Hautarzt, der unweigerlich ein Teil dieses Beziehungsgefüges wird? An ihn treten Patient und Eltern mit großen Erwartungen und Hoffnungen auf eine Besserung oder Heilung des Leidens heran. Da er diese nur unvollständig erfüllen kann, sind Spannungen, die durch Enttäuschung über mangelnden Therapieerfolg, Schuldzuweisungen und unterdrückte Aggressionen entstehen, im Arzt-Patienten-Verhältnis vorprogrammiert.

Wenn wir ihre Ursachen verstehen wollen, müssen wir uns mit einigen Grundzügen der ihnen zugrunde liegenden seelischen Abwehrmechanismen vertraut machen.

Abwehrmechanismen

Ein häufig zu beobachtender Abwehrmechanismus ist der der sog. Projektion. Hierbei wird eine eigene Triebregung so gedeutet, als ob sie von außen, z. B. von einer anderen Person, käme. Die Haltung „Nicht ich bin schuld, sondern die anderen" entsteht durch eine Abwehr von Schuldgefühlen, die auf vielfältige Weise entstanden sein können und die oben bereits angedeutet wurden. Wie in unserem Fallbeispiel können wir in der Praxis dann Eltern begegnen, die an vorbehandelnden Kollegen „kein gutes Haar lassen", die sie mit Vorwürfen überhäufen, nicht die richtige Diagnose gestellt, eine falsche Behandlung eingeleitet oder gar einen Kunstfehler begangen zu haben.

Wenn unangenehme oder beängstigende psychische Inhalte, etwa Erlebnisse, Impulse oder Konflikte, vom Bewußtsein ferngehalten werden, spricht man von Verdrängung. Verdrängte Erlebnisse, Impulse oder Konflikte sind damit jedoch nicht erledigt, sondern sie verursachen weiterhin Spannungen, die an verschiedenen indirekten Symptomen zum Ausdruck kommen können oder weitere Abwehrmechanismen notwendig werden lassen.

Als Beispiel für Verdrängungsmechanismen sei hier angeführt: das Nicht-wahrhaben-wollen bzw. -können von Gefühlen des Ekels und der Abneigung in bezug auf die Hautkrankheit, der eigenen emotionalen Belastung durch den Umgang mit der Krankheit u. a.

Unter Sublimierung versteht man die Umwandlung eines sozial unzulässigen Triebziels in ein sozial anerkanntes. Bezogen auf unsere Thematik handelt es sich hierbei meist um aggressive Triebimpulse, die, würden sie von den Eltern ausgelebt, sozial nicht toleriert würden, daher unterdrückt werden. Die Triebenergie kann also umgewandelt werden in beispielsweise eine übertriebene wissenschaftliche Beschäftigung mit der Hautkrankheit. Wir sehen dann Eltern, die sich in der speziellen Fachliteratur bestens auskennen, manche gründen Elterninitiativen, halten Vorträge, gelten allgemein als sehr engagiert. Wie in unserem Falle kann dann die Krankheit des Kindes zum Lebensinhalt der Mütter oder Väter gemacht werden.

Einen weiteren Abwehrmechanismus haben wir in unserem Fallbeispiel in Form von Rationalisierung bzw. Intellektualisierung kennengelernt. Die gefühlsmäßige Beteiligung an der realen Krankheit des Kindes wird quasi ausgeblendet, isoliert. Diese Eltern erscheinen uns als kühl und unbeteiligt oder gar herzlos. Diese Haltung kann wiederum beim behandelnden Arzt aggressive Gefühle auslösen, die dann wechselseitig eskalieren und zum Behandlungsabbruch führen können.

Nicht selten begegnen wir auch dem Phänomen der Ritualisierung. Hierbei wird die ursprüngliche Bedeutung von Handlungen durch ständige Wiederholung verdrängt, wobei das Ritual ein symbolischer Ausdruck eines Konfliktes darstellt. Dieses kann sich äußern in einem übermäßig strengen, zwanghaft anmutenden Befolgen von Medikamenten- oder Diätverordnungen, peinlich genau befolgten ärztlichen Anweisungen, ständigen Konsultationen von Ärzten, Therapeuten und Beratern, also in einem übermäßigen Wahrnehmen und Befolgen von Therapieangeboten. Märtyrerhafte Haltungen und überbehütendes Verhalten basieren meist auf unbewußten negativen oder feindseligen Gefühlen dem Kind gegenüber und den daraus resultierenden Schuldgefühlen.

Als Arzt läuft man nicht selten Gefahr, den Eltern Unrecht zu tun, wenn man nur vordergründig deren Überfürsorglichkeit bis zum Märtyrertum oder ihr aggressiv getöntes Agieren betrachtet. Viele dieser Abwehrmechanismen sind im Rahmen eines notwendigen Trauerprozesses zu sehen. Patient und Eltern müssen bei chronischen Hautkrankheiten lernen, Abschied zu nehmen von der Idealvorstellung, gesund zu sein bzw. ein gesundes Kind zu haben. Die Art, wie der Trauerprozeß erlebt und bewältigt wird, ist individuell sehr verschieden und facettenreich. Sie hängt davon ab, wie die eigene Biographie der Eltern, ihre Beziehung zueinander und zu dem Kind ist, von ihren Persönlichkeitsstrukturen und auch von der besonderen Bedeutung, die das kranke Kind im Leben der Eltern bekommt. Hinzu kommen Auswirkungen und Reaktionen von seiten der Familie und der Umwelt [10].

Konsequenzen für die Praxis

Nun wird mancher einwenden, daß derart komplexe psychologische Zusammenhänge in der Routine und Hektik der dermatologischen Praxis nicht berücksichtigt werden können. Noch ist die Ansicht sehr verbreitet, daß eine psychosomatische Sichtweise automatisch mit einem größeren Zeitaufwand verbunden sei, die man sich im Praxisalltag nicht leisten könne. Auch Eltern mit hautkranken Kindern kommen in der Regel somatisch orientiert in die Sprechstunde, und das konventionelle ärztliche Verhalten kommt dieser Einstellung entgegen [3].

Der ungarische Psychoanalytiker Michael Balint hat in seinem Buch „5 Minuten pro Patient" eindrucksvoll beschrieben, daß eine psychosomatische Sichtweise eines jeden Arztes letztlich eine Zeitersparnis beinhaltet. Es kommt im wesentlichen darauf an, auch den somatisch tätigen Arzt für psychodynamische Zusammenhänge zu sensibilisieren. Bedauerlicherweise findet in der ärztlichen Ausbildung die Bedeutung seelischer Faktoren bei körperlichen Krankheiten immer noch zu wenig Beachtung. Sie bleiben weitgehend auf sog. kleine Fächer wie Medizinische Psychologie, Psychiatrie und Psychosomatik beschränkt, so daß die Spaltung zwischen Psychikern und Somatikern vielfach noch sehr verbreitet ist. Andererseits ist heute vielen Laien bekannt, daß seelische Faktoren bei Krankheiten wie Neurodermitis, Asthma bronchiale und Allergien eine nicht unbedeutende Rolle spielen.

Da besonders Mütter diese Aspekte als vorweggenommene Schuldzuweisungen etwa im Sinne einer erzieherischen Inkompetenz oder disharmonischer Familienverhältnisse empfinden, wird ein vorschneller Vorschlag des Hautarztes, einen Psychologen oder Psychiater zu Rate zu ziehen, auf Widerstand treffen. Der Hautarzt tut daher gut daran, sich vorerst solange auf einer somatischen Basis zu bewegen, bis das Vertrauensverhältnis soweit gefestigt ist, daß Fragen zu möglichen Auslösern, biographischen Zusammenhängen, seelischen Befindlichkeiten, Familienkonstellationen etc. zugelassen werden können. Eine tolerante und nicht sofort verurteilende Haltung des Arztes ist eine Voraussetzung dafür, daß sich die Eltern und das Kind in ihrem Leiden an und mit der Krankheit angenommen fühlen. Die Kenntnis der hier kurz beschriebenen Abwehrmechanismen, Trauerreaktionen und typischen Interaktionsmuster ist für den Arzt unerläßlich, wenn er die seelischen Reaktionen und das Verhalten von Patienten und Eltern verstehen will.

Die psychosomatische Medizin war von ihren Gründern nicht als weitere Fachdisziplin geplant, sondern verstand sich als eine ganzheitliche Sichtweise, die den Menschen in seiner leibseelischen Gesamtheit erfassen sollte [8]. Es wäre zu wünschen, daß sich eine psychosomatische Sichtweise in Zukunft intensiver in die sog. somatischen Fachdisziplinen integrieren ließe. Ich bin sicher, daß sich dadurch nicht nur die Patienten, sondern auch die Dermatologen „wohler in ihrer Haut fühlen" würden.

Literatur

1. Apley J, Mackeith R, Meadow R (1983) Das Kind und seine Symptome. Hippokrates, Stuttgart
2. Balint M (1975) Fünf Minuten pro Patient. Suhrkamp, Frankfurt
3. Bosse KA (1986) Psychosomatische Gesichtspunkte in der Dermatologie. In: Uexküll Th v (Hrsg) Psychosomatische Medizin, 3. Aufl. Urban & Schwarzenberg, München Wien Baltimore
4. Bosse KA, Gieler U (Hrsg) (1987) Seelische Faktoren bei Hautkrankheiten. Huber, Bern Stuttgart Toronto
5. Bosse KA, Fassheber P, Hünecke P, Teichmann AT, Zauner J (1976) Zur sozialen Situation des Hautkranken als Phänomen interpersoneller Wahrnehmung. Ztschr Psychosom Med und Psychoanalyse 21:3–61
6. Erikson EH (1968) Identität und Lebenskrise. Suhrkamp, Frankfurt
7. Jochmus I, Schmitt GM (1986) Psychosomatik in der Pädiatrie. In: Uexküll Th v (Hrsg) Psychosomatische Medizin, 3. Aufl. Urban & Schwarzenberg, München Wien Baltimore
8. Loch H (1985) Das Ekzemkind in seiner Familie. In: Klug HP, Specht F (Hrsg) Psychosomatische Störungen bei Kindern und Jugendlichen. Verlag f. Med. Psychologie i. Verlag Vandenhoeck & Ruprecht, Göttingen
9. Minuchin S, Rosman BL, Baker L (1981a) Psychosomatische Krankheiten in der Familie. Klett-Cotta, Stuttgart
10. Ross AO (1977) Das Sonderkind. Hippokrates, Stuttgart
11. Zimprich H (Hrsg) (1980) Kind und Umwelt – psychohygienische und psychosomatische Aspekte. Springer, Wien New York
12. Zimprich H (1984) Kinderpsychosomatik. Thieme, Stuttgart

Prof. Dr. med. Ulrich Knölker
Direktor der Klinik für Kinder- und Jugendpsychiatrie
der Medizinischen Universität Lübeck
Triftstraße 139
D-2400 Lübeck

Signalfunktion der Haut bei Stoffwechselerkrankungen im Kindesalter

W. GEBHART, Wien

Wie bei vielen anderen Erkrankungen kommt der Haut auch bei angeborenen oder erworbenen Stoffwechselerkrankungen eine ganz besondere Signalfunktion zu. Speziell im Kindesalter muß es deshalb im Sinne des diesjährigen Generalthemas „Vorsorge und Früherkennung" auch ein ganz besonderes dermatologisches Anliegen sein, diese Signale zu erkennen, zu deuten und eventuell auch therapeutische Maßnahmen einzuleiten, noch bevor irreparable Schäden entstehen können. Die diätetische Behandlung des mit Ichthyose einhergehenden Refsum-Syndroms sei hier nur als ein Beispiel für derartige erfolgreiche ärztliche Interventionen angeführt.

Unvollständig und nur durch Beispiele illustriert muß allerdings das vorliegende Referat deshalb bleiben, weil unter der Bezeichnung „Stoffwechselerkrankungen" eine Unzahl von Störungen subsummiert werden kann. Einer Schätzung von Stanbury u. Mitarb. [18] zufolge übersteigt allein die Anzahl der hereditären Enzymdefekte die Ziffer 3000 bei weitem. Dazu kommt, daß viele Entgleisungen im Hormon-, Vitamin- und Säure-Basen- bzw. Elektrolythaushalt ebenfalls Auswirkungen auf den „Stoffwechsel" haben. Ich muß deshalb um Verständnis bitten, wenn diese als Übersichtsreferat angekündigte Arbeit nicht einen kompletten Überblick geben kann, sondern lediglich exemplarisch bleiben muß. Aus didaktischen Gründen werden dabei oft trivial erscheinende dermatologische Symptome in den Vordergrund gestellt, die als frühzeitige Indikatoren von Stoffwechselerkrankungen während der letzten Jahre auch in der Allgemeinmedizin Bedeutung erlangt haben.

Tabelle 1

Syndrom	Dermatologische Symptome	Biochemischer Defekt	Literatur
Refsum	generalisierte, feinlamellöse Schuppung, trockene Haut, multiple Organsymptome	Phytansäure-esterase	Cappa et al. 1987
X-chromosomale rezessive Ichthyose	groblamellöse Schuppen besonders an Stamm, großen Beugen und Unterschenkel	Steroidsulfatase	Anton-Lamprecht 1983 Meyer 1990
Sjögren-Larsson	verdickte, lamellös schuppende Haut am Stamm und Unterschenkel	Delta-6-desaturase	Harper 1987
Pompe	generalisierte, groblamellöse Ichthyose, Myopathie	α-1-4-Glucosidase	Gebhart et al., Wi. kli. Wo

Ichthyosen

Ichthyosiform schuppende Hautveränderungen wurden während der letzten Jahre zunehmend häufiger als Symptom und Folge von hereditären Enzymdefekten identifiziert. Umgekehrt konnte damit auch die Ursache für den gestört bzw. unharmonisch verlaufenden Keratinisierungsprozeß des Epidermalzellverbandes aufgeklärt werden. Nicht nur das Refsum-Syndrom mit seiner nunmehr auch diätetisch behandelbaren Phytansäurestoffwechselstörung, sondern auch andere den Ichthyosen zugeordnete Krankheitsbilder reflektieren den zugrundeliegenden Enzymdefekt in Form von trockener, schuppiger oder hyperkeratotischer Haut an die Oberfläche. Tabelle 1 gibt einen Überblick über die dem jeweiligen Defekt entsprechende klinische Syndromatik.

Trockene, schuppende Haut

Extreme Trockenheit der Haut mit mehr oder weniger starker Schuppung und begleitenden entzündlichen Veränderungen wird bei zahlreichen Stoffwechselerkrankungen als ein häufig zu beobachtendes Symptom angegeben. Die Übergänge zwischen Ichthyosen, erythemato-squamösen Dermatosen und trocken schuppenden Läsionen sind dabei fließend und spiegeln auch hier die Vielfalt der möglichen Störungen im komplexen Verlauf der ordnungsgemäß koordinierten Verhornung wider. In Tabelle 2 sind einige der in jüngster Zeit aufgeklärten, mit trockener und schuppiger Haut einhergehenden Enzymdefekterkrankungen zusammengestellt.

Diese streiflichtartige Auflistung von ichthyosiformen bzw. erythro-squamösen Hautveränderungen als Ausdruck einer hereditären Stoffwechselstörung soll verdeutlichen, daß viele pathogenetisch völlig unterschiedliche Ursachen in einer epidermalen Verhornungsstörung resultieren können. Es ist somit zu erwarten, daß in Hinkunft zunehmend häufiger auch die biochemischen Ursachen bei derartigen Genodermatosen definiert werden. Erste Ansätze dazu finden sich in rezenten Publikationen über das KID (= Keratitis-Ichthyosis-Deafness)-Syndrom [12] mit wahrscheinlicher Störung des Kohlenhydratstoffwechsels sowie bei der Neutralfett-Speicherkrankheit, einem mit Myopathie und Steatorrhoe einhergehendes Ichthyosesyndrom, bei dem eine Lipidstoffwechselstörung gegeben sein dürfte [13, 14].

Schwabbelige bzw. pastöse Haut

Im Rahmen dieses Beitrages kann nicht auf die zahlreichen, mit Bindegewebserkrankungen aus der Gruppe der Ehlers-Danlos-Syndrom assoziierten hyperelastischen

Tabelle 2

Erkrankung	Dermatologische Symptome	Defekt	Literatur
Holocarboxylase-Defizienz	congenitale ichthyosiforme Erythrodermie, Alopezie, frühzeitiger Exitus letalis	Holocarboxylase-synthetase	Burri et al. 1985 Nyhan 1987
Biotinidase-Defizienz	periorifizielle Hyperkeratosen und Rhagaden, Erosionen, Kornealulcera, Alopezie ab 3. Lebensmonat	Biotinidase	Wolf et al. 1983 Nyhan 1987
Metachromatische Leukodystrophie	je nach Typ bereits postnatal oder während der ersten 3 Lebensjahre, allgemeine Hauttrockenheit mit feinlamellöser Schuppung	Arylsulfatasen	Gebhart et al. 1978
Prolidase-Defizienz	Bei 25% trockene, brüchige und erythrosquamöse Haut (besonders Gesicht, palmae und plantae) Ulcera cruris, Atrophien, Teleangiektasien	Prolidase	Arata et al. 1979 Fideli et al. 1987 Oono et al. 1988

oder dermatosparaktischen Zustände eingegangen werden. Es sei jedoch darauf hingewiesen, daß mehrere Typen von Mucopolysaccharidosen mit besonders schwabbeliger, teigig-pastöser oder ödematöser Hautqualität einhergehen. Bei Hurler'scher, Hunter'scher und Morquio'scher Erkrankung sowie bei Sanfillipo-Syndrom können diese Hautqualitäten frühzeitig vorhanden sein und die ärztliche Aufmerksamkeit auf eine eventuell zugrundeliegende Stoffwechselstörung lenken. Eine exakte Diagnose erfolgt zwar meist über die entsprechende biochemische Charakterisierung des Enzymdefektes, erste diagnostische Hinweise und Erklärungen für die Symptomatik können aber bereits durch einfache Nachweise von Mucopolysacchariden in Hautfibroblasten und anderen Strukturen wie z. B. Schweißdrüsen gewonnen werden [8].

Schließlich sei auch darauf hingewiesen, daß eine Reihe von Progerie-Syndromen, Typ-I-Fucidose und GM_1-Gangliosidosen bzw. Mucolipidosen ebenfalls mit besonders schlaffer pastöser Hautqualität verbunden sind [4].

Angiokeratomatosen und Teleangiektasien

Neben den bereits bei Prolidasedefizienz angeführten auffallenden Teleangiektasien sind es vor allem systemisiert auftretende Angiokeratomatosen, die schon frühzeitig mit angeborenen Stoffwechselerkrankungen in Verbindung gebracht wurden. Das klassische Beispiel „Angiokeratoma corporis diffusum FABRY" ist heute mit der biochemischen Nachweismöglichkeit der Alpha-Galaktosidase-A-Defizienz auch klar diagnostizierbar, und in Bezug auf seine Pathomorphologie auch licht- und elektronenmikroskopisch eindeutig definiert [8].

Klinisch bereitet die Abgrenzung von anderen Speicherkrankheiten oft deshalb Schwierigkeiten, weil sowohl bei Neuraminidose als auch bei Fucosidose (Typ II) morphologisch idente Angiokeratomatosen am Stamm auftreten können. Durch die morphologisch deutlich unterschiedlichen Speicherprodukte bei Fucosidose [5], sowie den Nachweis des Neuraminidase- bzw. Beta-Galaktosidase-Mangels bei Neuraminidose [11] ist jedoch eine sichere Differenzierung möglich.

Pigmentverschiebungen

Auf die mit hereditärem Tyrosinase-Mangel einhergehenden Albinismusformen, mit Hypopigmentierung assoziierten anderen Stoffwechselerkrankungen wie Phenylketonurie, Hartnup-Syndrom oder Cystinosen sei hier nur kurz hingewiesen. Hyperpigmentierungen, speziell in Form von gelblich-bräunlichen Flecken können auch Frühsymptom generalisierter Lipidosen wie z. B. bei Sphingomyelinidase-Defizienz (Nieman-Pick) oder Glucocerebrosidase-Mangel (Gaucher) sein [4].

Unkämmbare Haare

Obwohl das Symptom der „unkämmbaren Haare" durch starke Kräuselung ebenso wie durch besonders steife oder starre Haarschäfte verursacht sein kann, ist dies doch bei verschiedenen Stoffwechselerkrankungen oft erster Anlaß für die Mütter der betroffenen Kinder, ärztlichen Rat zu erfragen. Ähnlich wie bei den oben angeführten scheinbaren Trivialsymptomen sollten im Rahmen einer derartigen Konsultation sehr wohl differentialdiagnostische Überlegungen auch im Hinblick auf eventuelle metabolische Störungen angestellt werden.

Nicht nur bei der paradigmatisch für schwer kämmbare Haare bekannten MENKES kinky hair disease, sondern auch bei mehreren Mucopolysaccharidose-Formen und bei Ichthyosen sind besonders widerspenstige, steife Haupthaarvarianten sowie buschige, zusammenwachsende Augenbrauen oder starke Körperbehaarung mehrfach beschrieben [4, 8].

„Unkämmbares", stark gekräuseltes Haar ist auch ein Frühsymptom bei Giant Axonal Neuropathy (ASBURY), einer durch Riesenaxone und Speicherung von Intermediärfilamenten in Nervenzellen, Fibroblasten, Endothelzellen und Melanozyten gekennzeichneten, oft schon während der Kindheit zum Tode führenden Erkrankung [8]. Die Ursache dieser Allgemeinerkrankung ist aber ebenso wie Morphogenese der Strukturveränderungen des Haarschaftes heute noch unbekannt.

Mikroskopische Signale in klinisch normaler Haut

Signalfunktion kommt der Haut bei zahlreichen Speicherkrankheiten auch auf mikroskopischer Ebene zu. Bereits lichtmikroskopisch können Vakuolisierungen von dermalen Fibroblasten oder Schweißdrüsen, Anhäufungen von Fetten in Histiozyten oder Glykogenagglomerate in glatten Muskelzellen den Verdacht auf die entsprechend gestörte Stoffwechselfunktion lenken. Schließlich gelingt es mit Hilfe eines einfachen Nachweises von Ceroidlipofuscin in Zellen des Coriums, den von Ceroidlipofuscinosen betroffenen Patienten die diagnostische Hirnbiopsie oft zu ersparen. Elektronenmikroskopisch sind bei einer Reihe von lysosomalen Speicherkrankheiten auch noch exakte Differenzierungen und bessere Zuordnung zu den vorwiegend betroffenen Elementen (Drüsen, Gefäße, Bindegewebszellen, Nerven etc.) und somit eine rational wesentlich verbesserte Erklärbarkeit der meisten Symptome möglich.

Die massive Anhäufung von Gangliosid-Granula in einer subepidermalen Schwannzelle bei einem Patienten mit Hexosaminidase-B-Defizienz (Morbus Sandhoff) (Abb. 1) sei als Beispiel dafür gebracht, daß es mit dieser Technik auch möglich ist, spezifische Speichermaterialien in klinisch unveränderter Haut nachzuweisen.

Die weitere Erforschung und zunehmend aufmerksamere Beobachtung der von der Haut bei Stoffwechselerkrankungen ausgehenden Signale sollte deshalb in Zukunft auch zunehmende Bedeutung erlangen.

Literatur

1. Anton-Lamprecht I (1983) Keratinisierung und Lipide. Zbl Hautkr 148:911–920
2. Arata J, Umemura S, Yamamoto Y, Hagiyama M, Nohara N (1979) Prolidase deficiency: Its dermatological manifestations and some additional biochemical studies. Arch Dermatol 115:62–68
3. Burri BJ, Sweetman L, Nyhan WL (1985) Heterogeneity of holocarboxylase synthetase in patients with biotin-responsive multiple carboxylase deficiency. Am J Hum Genet 37:32–337
4. Coppa GV, Gabrielle O, Giorgi PL (1987) Cutaneous manifestations of lysosomal diseases. Pediatr Dermatol News 6:15–20
5. Dvoretzk I, Fischer BK (1979) Fucosidosis. Internat J Dermatol 18:213–216

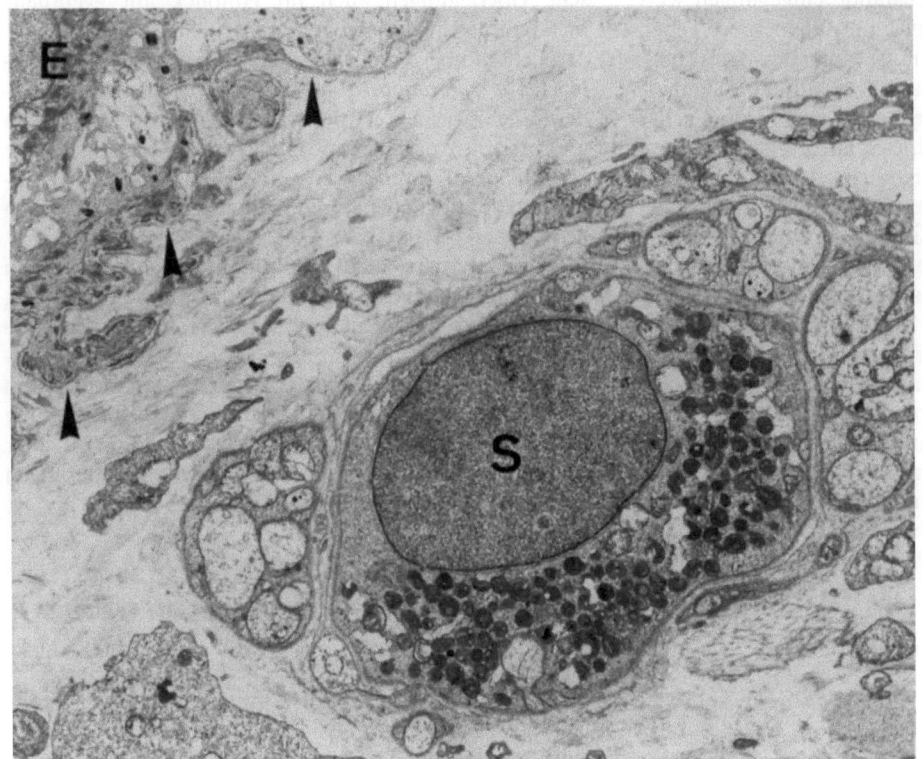

Abb. 1. Massive Speicherung von lysosomalen GM-2-Gangliosiden im Zytoplasma einer Schwannzelle (*S*) als diagnostisches Signal für Morbus Sandhoff. Elektronenmikroskopische Aufnahme aus klinisch normaler Haut. *E* = Epidermis. Pfeilspitzen markieren die Basalmembran

6. Fideli D, Beradesca E, Monafo V, Terraciano L, Cetta G, Rabbiosi G (1987) Chronic leg ulcers und prolidase deficiency. Pediatr Dermatol News 6:27–30
7. Gebhart W, Lassmann H, Niebauer G (1978) Demonstration of specific material within cutaneous nerves in metachromatic leukodystrophy. J Cut Pathol 5:5–14
8. Gebhart W (1987) Gross and microscopic changes of the skin in metabolic storage disorders. Pediatr Dermatol News 6:3–6
9. Gebhart W, Mainitz M, Jurecka W, Niebauer G, Paschke E, Stöckler S, Sluga E (1988) Ichthyosis bei Alpha-1-4-Glucosidase-Mangel. Hautarzt 39:228–232
10. Harper JI (1987) Analysis of essential fatty acid metabolism in Sjögren-Larsson syndrome. Pediatr Dermatol News 6:7–9
11. Ishibasi A, Tsubori R, Shimmei M (1984) Beta-galactosidase and neuraminidase deficiency associated with angiokeratoma corporis diffusum. Arch Dermatol 120:1344–1346
12. Jurecka W, Aberer E, Mainitz M, Jürgensen O (1985) Keratitis, ichthyosis and deafness-syndrome with glycogen storage. Arch Dermatol 121:799–801
13. Miranda A, Dimauro S, Eastwood A, Hays A, Johnson WG, Olarte M, Whitlock R, Mayeux R, Rowland LP (1979) Lipid storage, myopathy, ichthyosis and steatorrhea. Muscle and Nerve 2:1–13
14. Musumeci S, Romano C, Panizza E, Martinez G, Fischer A, Licastro R, Tricomi A (1987) Clinical and genetic aspects of ichthoysis and neutral lipid storage disease. Pediatr Dermatol News 6:10–14
15. Nyhan WLK (1987) Inborn errors of biotin metabolism. Arch Dermatol 123:1696–1698a
16. Oono T, Arata J (1988) Characteristics of prolidase and prolinase in prolidase-deficient patients with some preliminary studies of their role in skin. J Dermatol (Tokyo) 15:212–219
17. Refsum S (1964) Heredopathia atactica polyneuritiformis. A familial syndrome not hitherto described. Acta Psychiatr Scand [Suppl] 38:9–18
18. Stanbury JB, Wyngaarden JB, Frederickson DS, Goldstein JL, Brown MS (1983) The metabolic basis of inherited disease, 5 ed. McGraw-Hill, New York St Louis San Francisco Auckland
19. Wolf B, Grier RE, Allen RJ et al. (1983) Phenotypic variation in biotinidase deficiency. J Pediatr 103:233–237

Prof. Dr. Walter Gebhart
II. Universitäts-Hautklinik
Alser Straße 4
A-1090 Wien

Nichterbliche Genodermatosen

R. HAPPLE, Nijmegen

Manch einem mag die Formulierung des Themas paradox erscheinen. Schließt der Begriff der Genodermatosen nicht die Erblichkeit mit ein? Im folgenden soll dargelegt werden, daß dem tatsächlich nicht so ist. Nehmen wir als Beispiel das Klippel-Trenaunay-Syndrom: wir haben bei dieser Krankheit durchaus den Eindruck, daß es sich um eine Genodermatose handelt; dennoch ist der Phänotyp offenbar nicht erblich. Dieser Widerspruch läßt sich plausibel erklären mit der Theorie der Letalmutationen, die im Mosaik überleben [7].

Autosomale Letalmutationen, die im Mosaik überleben

Verschiedene kongenitale Defekte werden verursacht durch autosomale Mutationen, die den Embryo in utero absterben lassen, wenn alle Zellen einer Zygote betroffen sind. Der mutierte Zellklon kann nur überleben im Verband mit einer normalen Zellpopulation, d.h. in einem Mosaik. Dieses Mosaik kann entweder aus einer frühen somatischen Mutation oder aus einer Einzelstrangmutation in einer Gamete entstehen [9]. Die zugrundeliegende Mutation kann auch in den Gonaden in Form eines Mosaiks vorhanden sein und deshalb in eine Zygote gelangen. Der entstehende Embryo ist aber nicht lebensfähig. Die praktische Bedeutung dieser Theorie liegt darin, daß hiermit plausibel erklärt werden kann, warum verschiedene Genodermatosen mit keinerlei Erbrisiko für die Nachkommen verbunden sind.

Drei verschiedene Mosaikmuster

Tabelle 1 gibt eine Übersicht über nichterbliche Genodermatosen, denen wahrscheinlich eine autosomale Letalmutation zugrundeliegt, und über die dabei auftretenden unterschiedlichen Hautmuster. Es fällt auf, daß beim Sturge-Weber-Syndrom und beim Klippel-Trenaunay-Syndrom offenbar niemals das Muster der Blaschko-Linien zutage tritt. Vielmehr handelt es sich um ein nichtlineares Muster mit medianer Begrenzung, was nicht ausschließt, daß die vaskulären Anomalien doppelseitig auftreten können. Daß die drei Grundmuster nicht unbedingt spezifisch für ein Gewebe oder für eine bestimmte Zelle sind, zeigt sich bei den melanozytären Anomalien. Bei jenen pigmentären Mosaikphänotypen, die man bisher irrtümlich als „Hypomelanosis Ito" zusammengefaßt hat, treten die Blaschko-Linien zutage, während bei der neurokutanen Melanose weder eine streifenförmige Anordnung noch eine mediane Begrenzung zu beobachten ist. Das Mosaikmuster des Delleman-Oorthuys-Syndroms ist aufgrund der bisher vorliegenden Beobachtungen noch nicht klassifizierbar, und beim Van-Lohuizen-Syndrom manifestieren sich offenbar verschiedene Muster mit und ohne mediane Begrenzung.

Streifenförmiges Verteilungsmuster

Bei den folgenden vier sporadischen Genodermatosen tritt das Muster der Blaschko-Linien zutage.

Tabelle 1. Nichterbliche Mosaikphänotypen, denen wahrscheinlich eine Letalmutation zugrundeliegt

Streifenförmiges Hautmuster	Schimmelpenning-Syndrom
	Proteus-Syndrom
	McCune-Albright-Syndrom
	Mosaike vom Typ „Hypomelanosis Ito"
Nichtlineares Hautmuster mit medianer Begrenzung	Sturge-Weber-Syndrom
	Klippel-Trenaunay-Syndrom
Nichtlineares Hautmuster ohne mediane Begrenzung	Neurokutane Melanose
Komplexe oder nicht klassifizierbare Hautmuster	Delleman-Oorthuys-Syndrom
	Van-Lohuizen-Syndrom (?)

Schimmelpenning-Syndrom

Das Schimmelpenning-Syndrom umfaßt Augenanomalien (Kolobome), zerebrale Defekte (geistige Retardierung, Epilepsie) und als kutanes Leitsymptom einen Naevus sebaceus, der immer eine streifenförmige Verteilung zeigt (Abb. 1). Noch niemals hat man beobachtet, daß diese Hautveränderung in diffuser Weise das gesamte Integument betrifft. Dies ist offenbar unmöglich, da in diesem Falle auch das Gehirn in diffuser Weise betroffen ist und den Embryo absterben läßt [8].

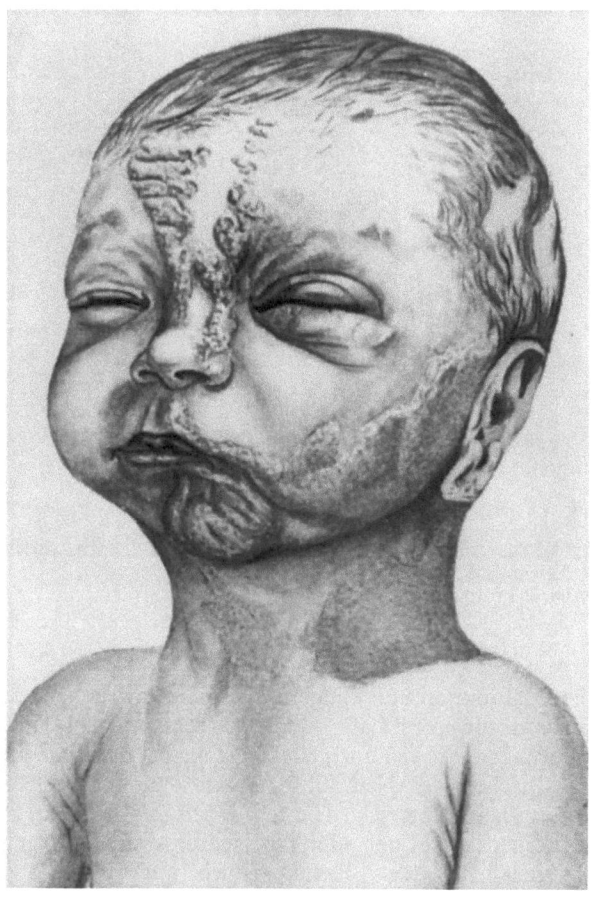

Abb. 1. Schimmelpenning-Syndrom. Frühe Beobachtung von Schumacher und Engelhardt aus dem Jahre 1926: Naevus sebaceus, Lipodermoid der Bindehaut beidseits, Kolobom des linken Oberlides [16]

Proteus-Syndrom

Dieses vielgestaltige Syndrom ist gekennzeichnet durch asymmetrische Makrodaktylien (Abb. 2) und andere Formen der Hemihypertrophie sowie durch subkutane mesodermale Hamartome, wobei ausgedehnte kavernöse Lymphangiome besonders typisch sind [19]. Die Mehrzahl der Patienten weist einen streifenförmigen Epidermalnävus vom weichen, papillomatösen Typ auf. Die Verteilung dieses Nävus macht es für den Hautarzt besonders augenfällig, daß es sich beim Proteus-Syndrom um einen Mosaikphänotyp handelt [8].

McCune-Albright-Syndrom

Das McCune-Albright-Syndrom ist charakterisiert durch die Symptomentrias fibröse Knochendysplasie, endokri-

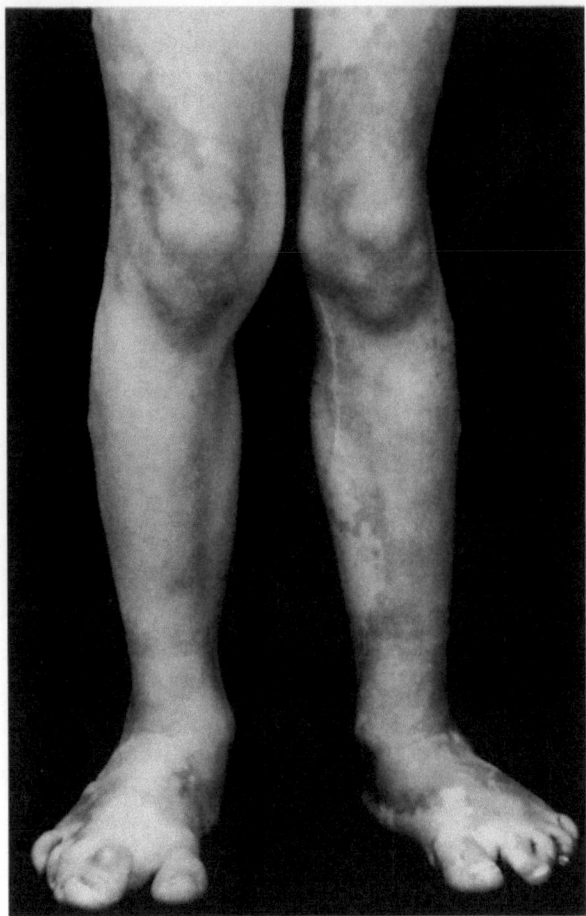

Abb. 2. Proteus-Syndrom. Asymmetrische Makrodaktylie

ne Dysfunktion und kutane Hyperpigmentierungen, deren Farbton einem Café-au-lait-Fleck entspricht [14]. Die Begrenzung ist viel unregelmäßiger als bei den Café-au-lait-Flecken der Neurofibromatose, und ein weiterer wesentlicher Unterschied besteht darin, daß die Pigmentflecken des McCune-Albright-Syndroms streifenförmig entsprechend den Blaschko-Linien angeordnet sind (Abb. 3) [7]. Obwohl die Patienten fortpflanzungsfähig sind, tritt die Krankheit ausschließlich sporadisch auf (abgesehen vom konkordanten Auftreten bei eineiigen Zwillingen [13]). Das Konzept der Letalmutation, die im

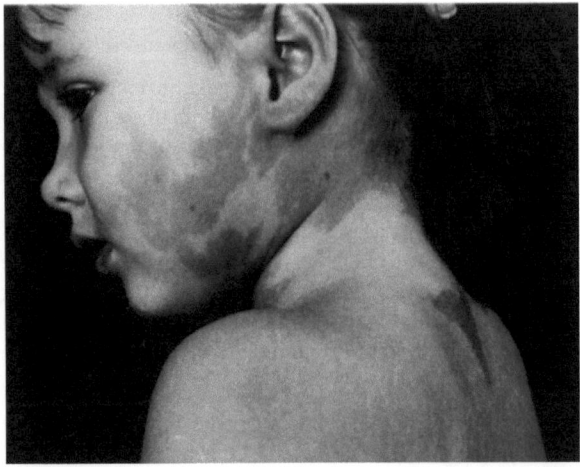

Abb. 3. McCune-Albright-Syndrom. Charakteristische streifenförmige Hyperpigmentierungen

Mosaik überlebt, bietet eine Erklärung für die asymmetrische Verteilung der Knochenanomalien und auch für die Beobachtung, daß den verschiedenen assoziierten Endokrinopathien sowohl eine zentrale als auch eine periphere Störung zugrundeliegen kann, je nachdem wie die mutierte Zellpopulation im Organismus verteilt ist [7].

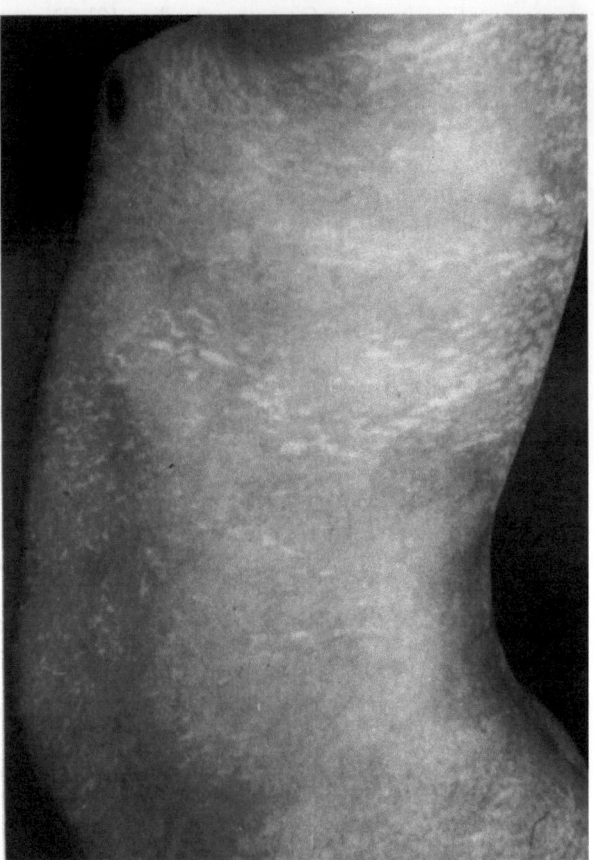

Abb. 4. Pigmentmosaik vom Typ „Hypomelanosis Ito"

Mosaike vom Typ „Hypomelanosis Ito"

Systematisierte Hypopigmentierungen in streifenförmiger Verteilung (Abb. 4) gehen oft mit Defekten anderer Organe einher, insbesondere mit geistiger Retardierung und neuromuskulärer Hypotonie. Diese Symptomenkombination ist bisher irrtümlich als Entität aufgefaßt und als „Hypomelanosis Ito" oder „Ito-Syndrom" bezeichnet worden [6]. Heute wissen wir, daß dieser Phänotyp ausgesprochen heterogen ist. Teils liegen ihm numerische Chromosomenaberrationen, teils Deletionen und teils Punktmutationen in Mosaikverteilung zugrunde [3]. So ist es auch nicht verwunderlich, daß sich in Hautbiopsien bei „Hypomelanosis Ito" keine konstanten licht- oder elektronenoptischen pathologischen Befunde erheben lassen. Das kutane Mosaik vom Typ der Hypomelanosis Ito tritt so gut wie immer sporadisch auf. Bisher gibt es nur eine einzige gut dokumentierte Familienbeobachtung [15]. Offenbar liegt in der Mehrzahl der Fälle eine Letalmutation zugrunde, die nur im Mosaik überleben kann.

Nichtlineares Muster mit medianer Begrenzung

Sturge-Weber-Syndrom

Auch für das Sturge-Weber-Syndrom gilt, daß die charakteristischen Hautveränderungen immer als Nävi auftreten und niemals in diffuser Weise das gesamte Integument betreffen (Abb. 5). Offenbar kann eine Zygote nur dann überleben, wenn Teile des Gehirns von der Mutation nicht betroffen sind. So läßt sich erklären, warum die Krankheit grundsätzlich nicht erblich ist [9].

Bisher war die Lehrmeinung über die Ursache des Sturge-Weber-Syndroms von Hilflosigkeit geprägt. Noch im Jahre 1987 haben Gomez und Bebin [4] geschrieben: "It is inconceivable that this syndrome is inherited in an autosomal dominant, recessive, or X-linked form since there are no two cases of complete SWS in a family among the hundreds of patients with complete SWS that have been recorded over a greater than 100-year period. One thus concludes that SWS is either not a genetic disorder or at most is multifactorial in origin and that one (or more) of the involved factors is (are) hereditary." Das hier vorgeschlagene ätiologische Konzept ist zwar noch unbewiesen, aber plausibel.

Klippel-Trenaunay-Syndrom

Auch diese Genodermatose kommt ausschließlich sporadisch vor. Wenn wir die Theorie der Letalmutationen, die im Mosaik überleben, akzeptieren, dann erkennen wir, daß die Unterscheidung zwischen Sturge-Weber-Syndrom und Klippel-Trenaunay-Syndrom ebenso viel bedeutet wie die Unterscheidung zwischen einer Psoriasis der Kopfhaut und der Ellenbogen. Aus genetischer Sicht handelt es sich um dieselbe Entität, denn die Verteilung des aberranten Zellklons im Mosaik ist rein zufällig [9]. Es wäre deshalb durchaus gerechtfertigt, von einem „Sturge-Weber-Klippel-Trenaunay-Syndrom" zu sprechen. Daß die verschiedenen Mosaikmanifestationen unterschiedliche diagnostische und therapeutische Maßnahmen erfordern, ist selbstverständlich und ändert nichts an dem einheitlichen ätiologischen Prinzip.

Nichtlineares Muster ohne mediane Begrenzung

Neurokutane Melanose

Die neurokutane Melanose ist ein sporadischer Mosaikphänotyp, bei dem die befallenen Hautpartien keine Begrenzung in der Medianlinie aufweisen. Warum dieses abweichende Muster entsteht, ist unklar. Sicher ist jedoch, daß niemals das gesamte Integument von der Dermatose befallen sein kann, und dies läßt sich mit dem Konzept der Letalmutationen, die im Mosaik überleben, erklären [9].

Komplexe oder nicht klassifizierbare Mosaikmuster

Die folgenden zwei Syndrome stellen offenbar ebenfalls sporadische Mosaikphänotypen dar. Die Verteilung der Hautanomalien läßt sich jedoch einstweilen keinem der drei beschriebenen Grundmuster zuordnen.

Delleman-Oorthuys-Syndrom

Das Delleman-Oorthuys-Syndrom ist durch eine zumeist einseitige Orbitalzyste sowie durch multiple periorbitale Hautanhängsel und fokale Aplasien der Haut gekennzeichnet (Abb. 6 und 7) [1, 2]. Im Gegensatz zur fokalen dermalen Hypoplasie kommt es offenbar niemals zu einem hernienartigen Hervorquellen des Fettgewebes im Bereich dieser Aplasien.

Die Verteilung der Anomalien ist ausgesprochen asymmetrisch. Die bisher vorliegenden Beobachtungen reichen nicht aus, um das Mosaikmuster zu klassifizieren.

Van-Lohuizen-Syndrom (Cutis marmorata teleangiectatica congenita)

Leitsymptom des Van-Lohuizen-Syndroms ist die Cutis marmorata teleangiectatica congenita [18]. Das Syndrom umfaßt eine Vielzahl anderer Anomalien, die zumeist vaskulärer Natur und mosaikartig verteilt sind [17]. Die netzförmige Gefäßanomalie tritt meistens umschrieben oder halbseitig auf [12]. Die assoziierten Naevi flammei sind jedoch oft median lokalisiert, im scharfen Gegensatz zum Sturge-Weber-Syndrom und Klippel-Trenaunay-Syndrom.

Es ist sehr unwahrscheinlich, daß es sich um einen mendelnden Phänotyp handelt. Möglicherweise liegt in den meisten Fällen eine Letalmutation zugrunde; es ist jedoch nicht ausgeschlossen, daß das Krankheitsbild heterogen ist.

Zwillingsflecken

Das Phänomen der Zwillingsflecken kann als ein neues pathogenetisches Konzept zur Erklärung einiger nichterblicher Genodermatosen herangezogen werden.

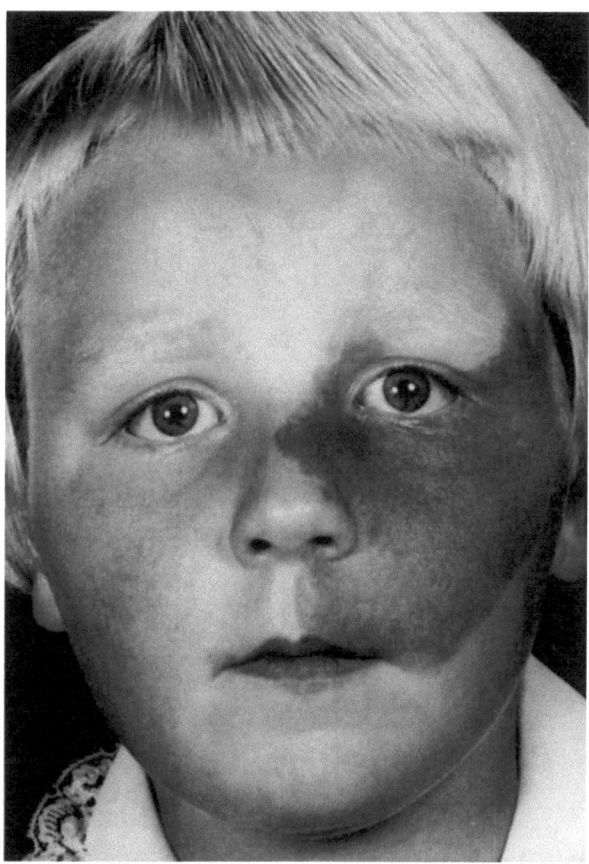

Abb. 5. Sturge-Weber-Syndrom

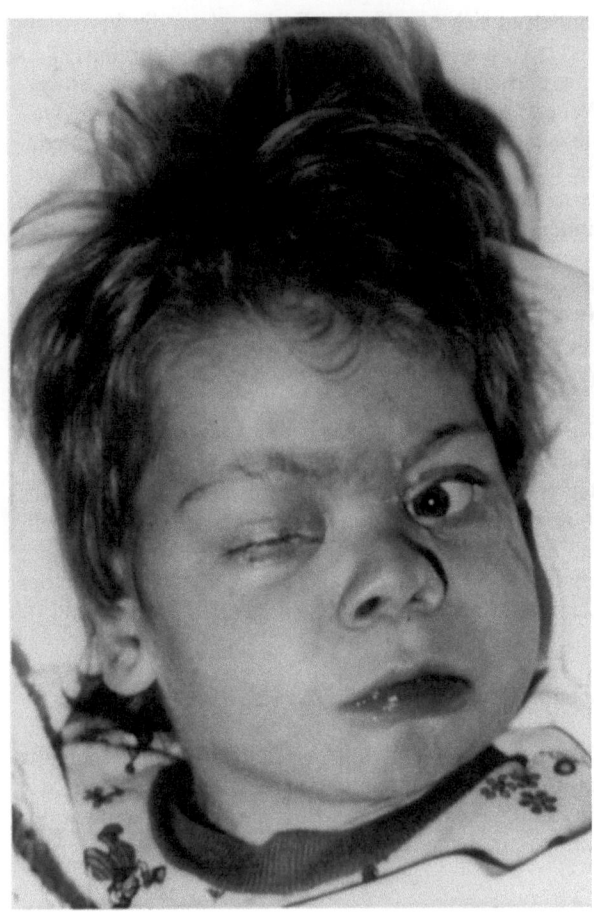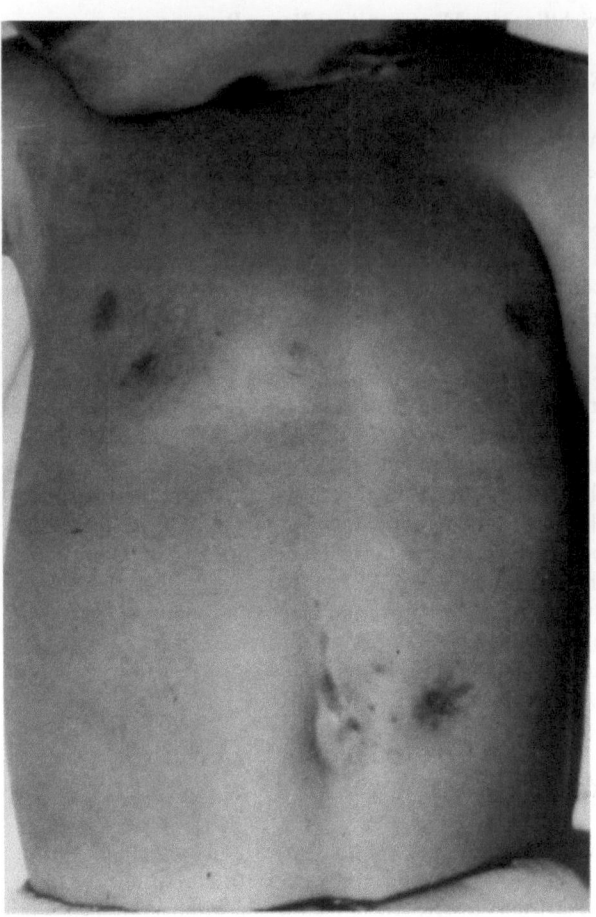

Abb. 6. Delleman-Oorthuys-Syndrom. Orbitalzyste rechts; wie ausgestanzt wirkender Defekt am linken Nasenflügel (Beobachtung Prof. J. W. Delleman, Amsterdam [1])

Abb. 7. Delleman-Oorthuys-Syndrom. Multiple fokale Aplasien der Haut (Beobachtung Prof. J. W. Delleman, Amsterdam)

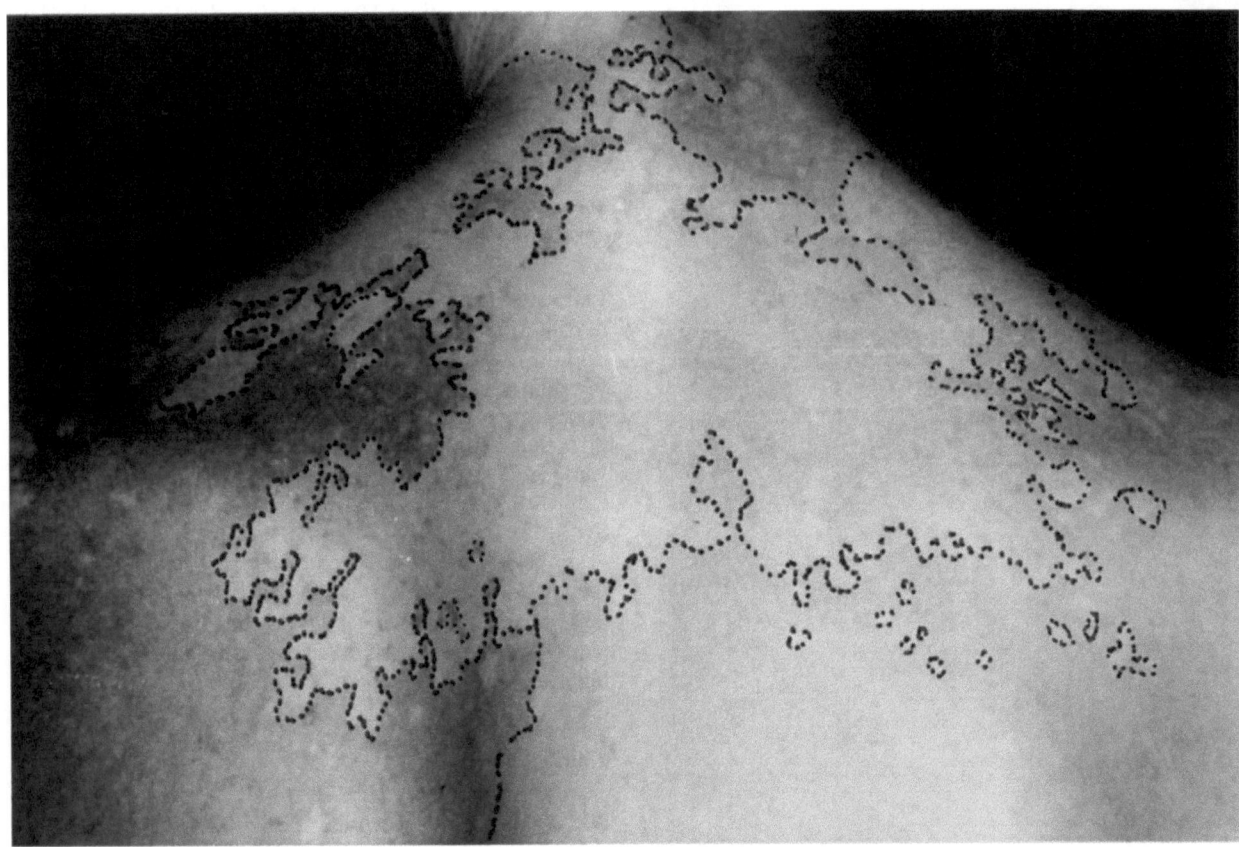

Abb. 8. Vaskuläre Zwillingsnävi. Naevus anaemicus und Naevus teleangiectaticus in unmittelbarer Nachbarschaft (siehe auch die überzeugendere farbige Wiedergabe dieser Beobachtung [5])

Vaskuläre Zwillingsnävi

Als vaskuläre Zwillingsnävi bezeichnet man das gemeinsame Auftreten eines Naevus teleangiectaticus und eines Naevus anaemicus, die zumeist unmittelbar aneinander angrenzen oder sich teilweise überlappen (Abb. 8) [11]. Für dieses Phänomen, das keineswegs selten auftritt [5], bietet sich folgende Erklärung an. Der Patient ist heterozygot in der Weise, daß ein autosomaler Genlocus zwei verschiedene Allele trägt, von denen das eine Allel für sich genommen eine stärkere Vasodilatation bewirkt, während das andere eine stärkere Vasokonstriktion verursacht. In einem frühen Stadium der Embryogenese können durch somatische Rekombination zwei verschiedene Zellen entstehen, die für jeweils eines der beiden Allele homozygot sind. Hieraus entwickeln sich die zwei verschiedenen Zellpopulationen der vaskulären Zwillingsnävi [11].

Phacomatosis pigmentovascularis

Die Phacomatosis pigmentovascularis wird definiert als das gemeinsame Auftreten eines großflächigen Naevus teleangiectaticus und eines ausgedehnten Pigmentnävus. Es handelt sich offenbar um einen nichterblichen Mosaikphänotyp. Wir nehmen an, daß den beiden unterschiedlichen Nävuskomponenten rezessive Mutationen zugrundeliegen, deren Loci auf ein und demselben Chromosom liegen [10]. Der Embryo ist transheterozygot, d. h. jeweils eine der beiden rezessiven Mutationen ist auf einem von zwei homologen Chromosomen vorhanden. In einem frühen Stadium der Embryogenese entstehen durch somatische Rekombination zwei verschiedene Zellen, die für jeweils eine der beiden Mutationen homozygot sind und aus denen sich beiden verschiedenen Nävi entwickeln.

Der Mechanismus der mitotischen Rekombination böte somit eine Erklärung dafür, daß die Phacomatosis pigmentovascularis grundsätzlich nicht erblich ist. Wenn dieses Konzept zutrifft, dann ist die Phacomatosis pigmentovascularis ein menschliches Gegenstück zu den Zwillingsflecken, die sowohl bei der Taufliege als auch bei verschiedenen Pflanzen, z. B. Apfel, Tomate, Mais, Tabak und Sojabohne, beschrieben worden sind.

Das Konzept der Zwillingsflecken wird in Zukunft wahrscheinlich auch für andere sporadische Genodermatosen Bedeutung erlangen.

Schlußfolgerung

Was die hier erwähnten nichterblichen Genodermatosen betrifft, so stoßen wir in den bisher vorliegenden Standardwerken zumeist auf die Aussage: „Die Ursache gilt als unbekannt". Obwohl sich die Theorie der Letalmutationen, die im Mosaik überleben, und auch die Theorie der Zwillingsflecken noch nicht mit Sicherheit beweisen lassen, stellen diese Konzepte doch einen ersten Ansatz dar, um Licht in das Dunkel zu bringen, das die Ätiologie der nichterblichen Genodermatosen bisher umgeben hat.

Literatur

1. Delleman JW, Oorthuys JWE (1981) Orbital cyst in addition to congenital cerebral and focal dermal malformations: a new entity? Clin Genet 19:191–198
2. Delleman JW, Oorthuys JWE, Bleeker-Wagemakers EM, Ter Haar BGA, Ferguson W (1984) Orbital cyst in addition to congenital cerebral and focal dermal malformations: a new entity. Clin Genet 25:470–472
3. Donnai D, Read AP, McKeown C, Andrews T (1988) Hypomelanosis of Ito: a manifestation of mosaicism or chimaerism. J Med Genet 25:809–818
4. Gomez MR, Bebin EM (1987) Sturge-Weber syndrome. In: Gomez MR (ed) Neurocutaneous diseases: a practical approach. Butterworths, Boston, pp 356–367
5. Hamm H, Happle R (1986) Naevus vascularis mixtus. Bericht über 4 Beobachtungen. Hautarzt 37:388–392
6. Happle R, Krenz J, Pfeiffer R (1976) Das Ito-Syndrom (Incontinentia pigmenti achromians). Hautarzt 27:286–290
7. Happle R (1986) The McCune-Albright syndrome: a lethal gene surviving by mosaicism. Clin Genet 29:321–324
8. Happle R (1986) Cutaneous manifestation of lethal genes. Hum Genet 72:280
9. Happle R (1987) Lethal genes surviving by mosaicism: a possible explanation for sporadic birth defects involving the skin. J Am Acad Dermatol 16:899–906
10. Happle R, Steijlen PM (1989) Phacomatosis pigmentovascularis gedeutet als ein Phänomen der Zwillingsflecken. Hautarzt 40:721–724
11. Happle R, Koopman R, Mier PD (1990) Hypothesis: vascular twin naevi and somatic recombination in man. Lancet 335:376–378
12. Houdée G, Beylot C, Doutre MS, Bioulac P, Bouchet H (1984) Cutis marmorata telangiectatica congenita. A propos d'un cas de topographie hémicorporelle – Étude ultrastructurale. Ann Dermatol Venereol 111:359–368
13. Lemli L (1977) Fibrous dysplasia of bone. Report of female monozygotic twins with and without the McCune-Albright syndrome. J Pediatr 91:947–949
14. Pierini AM, Ortonne JP, Floret D (1981) Signes dermatologiques du syndrome de McCune-Albright. A propos d'un cas. Ann Dermatol Venereol (Paris) 108:969–976
15. Sacrez R, Gigonnet JM, Stoll C, Grosshans E, Stoebner P (1970) Quatre cas de maladie d'Ito familiale (encéphalopathie congénitale et dyschromie). Discussion nosologique. Rev Int Pediatr (Basel) 5–23
16. Schumacher P, Engelhardt W (1926) Beitrag zur Genese angeborener Muttermäler. Krankheitsforschung 2:311–326
17. Stephan MJ, Hall BD, Smith DW, Cohen MM (1975) Macrocephaly in association with unusual cutaneous angiomatosis. J Pediatr 87:353–359
18. Way BH, Hermann J, Gilbert EF, Johnson SAM, Opitz JM (1974) Cutis marmorata telangiectica congenita. J Cut Pathol 1:10–25
19. Wiedemann HR, Burgio GR, Aldenhoff P, Kunze H, Kaufmann HJ, Schirg E (1983) The Proteus syndrome. Partial gigantism of the hands and/or feet, nevi, hemihypertrophy, subcutaneous tumors, macrocephaly or other skull anomalies and possible accelerated growth and visceral affections. Eur J Pediatr 140:5–12

Prof. Dr. Rudolf Happle
Dermatologische Klinik der Universität
Javastraat 104
NL-6524 MJ Nijmegen

Windeldermatitis:
Differentialdiagnose – Neues zur Pathogenese – Therapie

H. H. WOLFF, Lübeck

Definition

Die Definition der Windeldermatitis ist einfach – der Begriff darf wörtlich genommen werden: Dermatitis im Windelbereich. Es handelt sich somit um epidermal betonte, multifaktoriell bedingte, je nach Aktualität mit entzündlichem Ödem, mit erythematösen Papeln, mit Erosionen und Krusten, schließlich mit Schuppen einhergehende Hautveränderungen während eines bestimmten Lebensalters – des Windelalters – in einer bestimmten Körperregion – der Windelregion [12, 14].

Prävalenz

Für epidemiologische Untersuchungen oder die statistische Auswertung von Pflegemaßnahmen einschließlich der Qualität verschiedener Windeltypen wurden innerhalb dieses nach Akuität und Ausdehnung vielgestaltigen Bildes standardisierte Befunde entwickelt [9], die innerhalb der Windelregion zwischen ventralen, inguinalen, genitalen, perianalen, glutealen und dorsalen Hautbereichen differenzieren und die Kriterien Erythem, Ödem, Papeln, Vesikeln, Pusteln, Erosionen und Schuppung heranziehen. Das Erythem wird ebenso wie der Gesamtbefund auf einer 5-Punkte-Skala beurteilt, die von 0 (unauffällig) bis 4 (Maximalbefund) reicht. Dabei werden die Bewertungen jeweils von zwei erfahrenen Dermatologen unabhängig voneinander abgegeben. Über die Häufigkeit der Windeldermatitis liegen unterschiedliche Daten vor; schließt man auch leichtere Formen ein, kann man wohl mit Rasmussen [7] ohne Übertreibung behaupten, daß alle Kinder im Säuglingsalter mindestens einmal eine leichte Windeldermatitis durchmachen. Die großen Unterschiede über die Prävalenz in der Literatur [2, 4, 7, 11] hängen unter anderem stark vom sozialen Milieu, vom Stand der Hygiene, vom Klima, von der Art der Ernährung und vom Alter der Säuglinge ab, aber auch davon, ob jedes Erythem bereits als Dermatitis beurteilt wird – wobei Pädiater und Dermatologen sicherlich unterschiedlich urteilen. Eigene Untersuchungen zur Frage der Häufigkeit und von Einflußfaktoren wurden 1987/88 mit 16 Pädiatern (im Saarland; Sponsor: Fa. Procter & Gamble) durchgeführt, die sehr genaue Instruktionen und mit Farbbildern versehene Fragebogen erhielten. Dabei wurden 1787 Säuglinge im Alter von bis zu 24 Monaten (845 männlich, 942 weiblich) untersucht, die entweder zur Routineuntersuchung oder wegen spezieller Erkrankungen in die Praxis gebracht wurden. Auswertbar waren 1620 Fälle, von denen 46% zum Zeitpunkt der Vorstellung eine Windeldermatitis aufwiesen (Details siehe Tabelle 1).

Differentialdiagnose

Sie umfaßt eine Vielzahl von entzündlichen Hautveränderungen, die typischerweise oder eher zufällig im Windelbereich lokalisiert sind [7, 12, 14]. Die große Häufigkeit der banalen Diagnose Windeldermatitis darf nicht dazu

Tabelle 1. Windeldermatitis im Saarland 1987/88

Fragestellung: Epidemiologie der Windeldermatitis, ätiologische Faktoren, Produktsicherheit, neuer Windeltyp

(16 Pädiater, 1787 Säuglinge bis 24 Monate alt, die aus beliebigen Gründen in die Praxis kamen).

Ausgewertet	1620 Säuglinge
Keine Hautveränderungen im Windelbereich	878 (54%)
Hautveränderungen	742 (46%)
Rötung (Grad I)	281 (38%)
Dermatitis (II)	240 (32%)
V. a. Kandidose (III)	224 (30%)
Sonstiges	15 (2%)
(Vereinzelt Mehrfachnennungen)	
Stillen, auch zeitweise: Windeldermatitis	32% versus 48%
Diarrhö i. d. letzten 24 h:	69% versus 43%
Antibiotika i. d. letzten Tagen:	54% versus 45%
Inzidenz: Säuglinge bis 6 Monate:	geringer
12–21 Monate:	erhöht

(H. H. Wolff, Publ. i. Vorber.)

führen, seltenere Erkrankungen oder Raritäten zu übersehen. Als beobachtete Beispiele seien hier erwähnt die Dermatitis exfoliativa neonatorum Ritter von Rittershain, die Epidermolysis bullosa hereditaria, die Histiocytosis X. Als Komplikationen der Windeldermatitis durch Virusinfektionen sind das Eccema herpeticatum, Eccema molluscatum [13] und die Condylomata acuminata wichtig; mit Deutlichkeit muß hier darauf hingewiesen werden, daß bei Herpes, Mollusken und insbesondere Kondylomen im Genitoanalbereich bei Kleinkindern die Möglichkeit eines sexuellen Mißbrauches bedacht werden sollte [1, 8]. Auch den Fall einer Lues II mit perianalen Condylomata lata haben wir vor Jahren bei derartiger Konstellation einmal beobachtet; verblüffend einer Lues ähneln kann das „posterosive Syphiloid", eine harmlose nässend-papulöse Variante der erosiven Windeldermatitis, die bei richtiger Therapie innerhalb von Tagen abheilt.

Die Kandidose – der Windelsoor – ist weniger eine eigene Differentialdiagnose als eine – sehr häufige – Komplikation der Windeldermatitis. Dies wird auch durch eigene Untersuchungen belegt [10]: Während der Reihenuntersuchung normaler Säuglinge im Rahmen einer Windelstudie fand sich im Analabstrich bei 40 von 172 Säuglingen kulturell Candida albicans, aber nur 2 Säuglinge zeigten auch klinisch das manifeste Bild einer Kandidose.

Der Befund entspricht der jedem Dermatologen geläufigen Erkenntnis, daß der mykologische Befund „Candida albicans" nicht gleichbedeutend mit Erkrankung ist, daß aber das fast ubiquitäre Vorkommen des Mikroorganismus bei entsprechendem Nährboden im feuchtwarmen Windelmilieu rasch zur Kandidose führt. Candida ist eine „Krankheit der Kranken", besser eine „Krankheit von kranken Hautregionen". Rieth hat zurecht immer wieder darauf hingewiesen, daß Candida albicans auch beim Gesunden aus prophylaktischen Gründen eliminiert werden sollte, und dies gilt besonders für den Säugling. Auf weitere differentialdiagnostisch in Frage kommende Dermatosen wie Dermatitis seborrhoides infantum („Psoriasoid"), Psoriasis vulgaris und atopische Dermatitis sei hier nur hingewiesen.

Pathogenese

Sie wird durch einige in den letzten Jahren erhellte Besonderheiten bestimmt, die eine Windeldermatitis von der einfachen Intertrigo unterscheiden. Als Intertrigo werden bekanntlich erythematöse, mazerative oder erosive Hautveränderungen bezeichnet, die sich leicht in den anatomisch bedingten Hautfalten (Intertrigenes) oder funktionellen intertriginösen Räumen (luftdicht abgedeckten Hautarealen) entwickeln [6]. Die pathogenetische Kette beinhaltet Wärmestauung, vermehrte Schweißdurchtränkung und Kohärenzverlust der Hornschicht, Verschiebung des pH in Richtung Alkalität, mechanische Reibung der Hautflächen gegeneinander und mit der Kleidung sowie die mögliche Superinfektion durch Viren, Bakterien und Hefen. Beim Säugling kommen belastende Zusatzfaktoren hinzu, wie sie außer bei bettlägerigen inkontinenten Erwachsenen sonst nie wieder auf die Haut einwirken [3, 15].

Hydratation der Haut

Die stärkere Hydratation der Haut im Windelbereich gegenüber der freien Haut läßt sich leicht messen. Sie nimmt mit der Expositionsdauer und dem Feuchtigkeitsgehalt der Windel zu [3] und hat folgende Konsequenzen:
1. *Der Reibungskoeffizient* der feuchten Haut ist erhöht, dies ließ sich mit dem Newcastle-Reibungsmesser sowohl experimentell bei Erwachsenen, als auch bei Säuglingen nachweisen. Erhöhte Reibung führt zu verstärktem Verlust der mazerierten und inkohärenten Hornschicht.
2. *Die Barrierefunktion* ist geschwächt. Experimentell kommt es (bei erwachsenen Probanden) zu einem rascheren und stärkeren Erythem, wenn Ethylnicotinat auf die durchfeuchtete Haut aufgetragen wird [3]. Dies legt eine erhöhte Resorption toxischer Substanzen aus dem Stuhl-Uringemisch im Windelbereich nahe.
3. *Die bakterielle Mikroflora* ist im feuchten Hautmilieu – wiederum experimentell ebenso wie bei Säuglingen im Windelbereich untersucht – bedeutend vermehrt [3, 5], *Candida albicans* hält sich nicht auf trockener Haut, vermehrt sich aber und führt zum Soor unter Okklusivbedingungen.

Der erhöhte pH-Wert

Im Windelmilieu weist der pH-Wert (normal zwischen 5 und 6) einen um 0,5 bis 1,0 höheren Wert im Vergleich zur Haut außerhalb der Windel auf. Der pH-Wert des Stuhls ist übrigens bei Kindern mit Brustnahrung niedriger (günstiger) als bei Flaschennahrung. Die pH-Verschiebung hat folgende Konsequenzen:
1. *Die Haut wird durchlässiger,* experimentell in vitro nachgewiesen [3] – ein weiterer Faktor, der die Resorption von toxisch wirkenden Substanzen erhöht.
2. Die im Stuhl enthaltenen *Lipasen und Proteasen* zeigen in diesem pH-Bereich einen steilen *Aktivitätsanstieg*.
3. Die genannten Enzyme zeigen im aktivierten Zustand eine erhebliche Irritationswirkung im Patchtest (an haarlosen Mäusen), nicht jedoch nach Hitzeinaktivierung [3]. Diesem Faktor wird heute die größte Bedeutung in der Genese der Windeldermatitis beigemessen.

Ammoniakwirkung

Die Hautirritation durch den aus Harnstoff durch Ureasen des Stuhls entstehenden Ammoniak wurde früher überbewertet. Heute wird eher eine – allerdings wichtige – indirekte Rolle angenommen, nämlich bei der Verschiebung des Haut-pH in Richtung Alkalität.

Candida albicans

Auf die begünstigende Rolle von Candida albicans im Sinne eines Circulus vitiosus wurde schon hingewiesen. Die nässende Dermatitis im feuchtwarmen Windelmilieu ist ein guter Nährboden für Candida, die Soormykose wiederum begünstigt die exsudative Entzündung.

Therapie und Prophylaxe

Die manifeste Windeldermatitis bedarf nicht einer Vielzahl spezifischer Präparate, sondern der richtigen Anwendung bewährter Prinzipien der Dermatotherapie [12, 14].
Symptomatische Therapie heißt Austrocknung der nässenden Flächen durch kurzzeitige (!) leicht adstringierende Bäder (Tannin), durch Farbstoffpinselungen (dünn 0,5% Pyoctanin wäßrig) oder Zinköl (ggf. mit 0,5% Vioform). Ganz kurze Anwendung von Steroidcreme kann bei starker Entzündung vertretbar sein.
Kausal bei Superinfektion kommen Antiseptika (Chinosolbäder) oder Nystatin (oral; lokal in weichen Pasten) in Frage. Die Episoden einer Windeldermatitis dauern meist nur 2–3 Tage.
Prophylaxe heißt richtige Pflege, und häufig bedeutet dies Meidung von gutgemeinten Übertreibungen. Von den pathogenetisch bedeutsamen Faktoren (s.o.) Durchfeuchtung der Haut, pH-Verschiebung, Enzymaktivierung, mikrobielle Besiedlung, ist der erste Punkt am besten zugänglich, und Trockenlegung bedeutet gleichzeitig die Beseitigung aller übrigen Faktoren. 5–6maliger Windelwechsel ist optimal, und große Feldstudien, auch unter eigener Beteiligung [15], haben eindeutig den positiven prophylaktischen Effekt hochabsorbierender Windeln ergeben. Die theoretisch mögliche Einarbeitung von Puffern, Enzyminaktivatoren oder antimikrobiellen Substanzen zusätzlich zu dem inerten wasserbindenden Material in Windeln trifft wegen möglicher Resorption auf Bedenken. Hier liegen Grenzen der Pflegemittel und der Prophylaxe – die differente Therapie muß in der Verantwortung des Hautarztes bleiben.

Literatur

1. Bargman H (1986) Is genital molluscum contagiosum a cutaneous manifestation of sexual abuse in children? Arch Am Acad Dermatol 14:847–849
2. Benjamin L (1987) Clinical correlates with diaper dermatitis. Pediatrician 14 (Suppl 1):21–26

3. Berg RW (1987) Etiologic factors in diaper dermatitis: A model for development of improved diapers. Pediatrician 14 (Suppl 1):27–33
4. Jordan WE, Lawson KD, Berg RW, Franxman JJ, Marrer AM (1986) Diaper dermatitis: Frequency and severity among a general infant population. Pediatric Derm 3:198–207
5. Leyden JJ, Katz S, Stewart R, Kligman AM (1977) Urinary ammonia and ammonia-producing organisms in infants with and withoud diaper dermatitis. Arch Dermatol 113:1678–1680
6. Marghescu S (1970) Die Intertrigo, ihre Prophylaxe und Behandlung. Ther Gegenw 109:813–821
7. Rasmussen JE (1987) Classification of diaper dermatitis: An overview. Pediatrician 114 (Suppl 1):6–10
8. Schadner L, Hankin DE (1985) Assessing child abuse in childhood condyloma acuminatum. Arch Am Acad Dermatol 12:157–160
9. Schmitt GJ (1987) Grundlagen zur Durchführung klinischer Windelstudien. In: [11], S 230–238
10. Schmitt GJ, Wolff HH (1989) Candida albicans im Windelbereich: Ergebnisse einer Reihenuntersuchung. In: Wolff HH, Schmeller W (Hrsg) Infektionen an Haut und Schleimhaut. Grosse, Berlin, S 254–257
11. Tronnier H, Schmitt GJ (1987) Diaper dermatitis: later insight into pathogenesis, prophylaxis and therapy. Verlag medical Concept, 8056 Neufahrn
12. Wolff HH (1976) Windeldermatitis: Ein polyätiologisches Syndrom. In: Braun-Falco O, Marghescu S (Hrsg) Fortschritte der praktischen Dermatologie und Venerologie Bd 8. Springer, Berlin Heidelberg New York, S 9–17
13. Wolff HH (1977) Eczema herpeticatum, Eczema vaccinatum, „Eczema verrucatum", „Eczema molluscatum". Hautarzt 28:98–99
14. Wolff HH (1980/81) Windeldermatitis. pädiatr prax 24:469–479
15. Wolff HH (1987) Zur Hautpflegewirksamkeit von Höschenwindeln und hochabsorbierenden Saugkissen. In: [11], S 244–251

Prof. Dr. Helmut H. Wolff
Klinik für Dermatologie und Venerologie
der Medizinische Universität zu Lübeck
Ratzeburger Allee 160
D-2400 Lübeck

Dermatologische Therapie im Kindesalter*

HEIKO TRAUPE, Nijmegen

Ist die Haut von Kindern anders?

Behandlungsformen, die sich beim Erwachsenen bewährt haben, lassen sich bei Kindern häufig nur in modifizierter Weise anwenden. Es stellen sich die Fragen: Warum ist das so? Ist die Haut von Kindern anders?

Manche von uns werden letztere Frage spontan und gefühlsmäßig mit einem „Ja" beantworten. Es besteht in der Tat der weitverbreitete Glaube, daß die Haut von Kindern „empfindlicher" als die von Erwachsenen sei und daß dies der Grund ist, warum man z. B. die Applikation von Salicylsäure im Kindesalter vermeidet. Aber ist die Haut von Kindern wirklich anders?

Die Datenlage stützt diese Annahme weder für Neugeborene noch für ältere Kinder, wohl aber für Kinder die zu früh geboren werden [8, 10]. Letzteres ist nicht besonders verwunderlich, wenn man die anatomischen Gegebenheiten während der embryonalen Entwicklung der Haut berücksichtigt.

Vier Wochen nach der Konzeption besteht die fötale Haut aus zwei Schichten, der Basalzellschicht und dem aufliegenden Periderm. Zwischen der 9. bis 14. Woche kommt es dann zur Ausbildung einer epidermalen Zwischenschicht, und ab der 14.–24. Woche bilden sich aus der Basalzellschicht heraus die Anlagen für die epidermalen Anhangsorgane. In den Haarfollikeln wird das Periderm als Deckblatt bereits recht früh ersetzt, während die Ausbildung eines regelrechten Stratum corneum erst etwa um die 24. Woche einsetzt [5].

Der Schutz vor Austrocknung durch einen zu hohen transepidermalen Wasserverlust und der Schutz vor einer zu schnellen und zu starken Aufnahme von externen Substanzen ist im wesentlichen eine Leistung des Stratum corneum (Barrierefunktion). Da das Stratum corneum erst recht spät herausgebildet wird, ist es verständlich, daß es bei Frühgeburten noch unreif ist, wie man anhand eines erhöhten transepidermalen Wasserverlustes und eines erhöhten Gasaustausches für Sauerstoff und CO_2 belegen kann (Übersicht bei [6]). Auch histologische Untersuchungen haben gezeigt, daß das Stratum corneum vor der 34. Woche kaum sichtbar ist. Unabhängig von der Dauer der Schwangerschaft setzt dann mit der Geburt bei Frühgeborenen eine beschleunigte Differenzierung ein, die innerhalb von zwei Wochen einen Prozeß aufholt, der unter normalen Bedingungen mehr als 10 Wochen dauern kann. Mit anderen Worten, auch frühgeborene Kinder haben nach 2–3 Wochen eine Haut, die weitgehend der von Erwachsenen ähnelt [3]. Unterschiede in der perkutanen Absorption gibt es allerdings für bestimmte Lipide, so permeiert die Arachidonsäure z. B. sehr viel schneller durch die Haut von Neugeborenen, während Erwachsene z. B. höhere Absorptionsquoten für Äthanol aufweisen [8].

Nun muß der Dermatologe in der Regel selten für Neugeborene und noch seltener für Frühgeburten Sorge tragen. Für unsere Zwecke läßt sich festhalten, daß sich die Haut von Kindern nach dem ersten Lebensjahr – was die perkutane Absorption für die meisten Substanzen betrifft – nicht wesentlich von der Haut Erwachsener unterscheidet.

Besonderheiten bei Neugeborenen

Worin liegen dann die Besonderheiten, die man bei der Behandlung von Kindern berücksichtigen muß? Bei der Therapie von *Neugeborenen* sind eine Reihe von Gesichtspunkten zu beachten, die Einfuß auf die Toxizität haben; sei es bei primärer systemischer Behandlung oder sei es aufgrund der perkutanen Resorption bei äußerlicher Behandlung (Tabelle 1). So ist die Plasmaproteinbindung herabgesetzt, was erhöhte freie Wirkspiegel zur Folge hat

---

* Der Autor wird von der Deutschen Forschungsgemeinschaft unterstützt (tr 228/1–2).

Tabelle 1. Besonderheiten bei Säuglingen

Herabgesetzte Plasma-Proteinbindung
Leber-Abbauwege unreif
Renale Ausscheidung verzögert
Bluthirnschranke permeabler
Hirn und Leber überproportioniert

und die Abbauwege in der Leber sind bis zum ersten Lebensjahr für eine Reihe von Substanzen noch unreif (Übersicht bei [14]). Die glomeluläre Filtrationsrate von Neugeborenen beträgt nur die Hälfte der Rate von Erwachsenen und erreicht erst um das erste Lebensjahr die Werte von Erwachsenen. Weiterhin ist die Bluthirnschranke von Neugeborenen permeabler als die von Erwachsenen, außerdem sind Gehirn wie auch Leber ähnlich wie die Körperoberfläche, proportional gesehen größer beim Neugeborenen als beim Erwachsenen.

Kinder wachsen

Die oben angeführten Gesichtspunkte spielen bei älteren Kindern praktisch keine Rolle mehr, aber in einem Punkte unterscheiden sich Kinder dann doch deutlich von Erwachsenen: Kinder wachsen.

Das klingt banal, ist es aber nicht, denn eine Reihe von Medikamenten, wie z. B. die Retinoide als auch die Glukokortikoide können mit dem Wachstum interferieren. Wenn man Kinder systemisch mit Kortikoiden oder für lange Zeit äußerlich mit hochpotenten fluorierten Steroiden behandelt, dann lohnt es sich durchaus, Wachstumskurven anzulegen.

Praktisch bedeutsam ist, daß stets unter denselben Bedingungen gemessen wird. Das Kind sollte barfuß aufrecht stehen, tief einatmen und dann die Luft anhalten. Die Messung kann dann mit einem rechtwinkligen Lineal an einer Wand mit Hilfe einer festen Meßlatte erfolgen.

Kortikoide beeinflussen das Längenwachstum, indem sie das Wachstum der langen Röhrenknochen hemmen – und im Gegensatz zu den Retinoiden wird gleichzeitig die Epiphysenfuge offen gehalten. Es kommt deshalb nach Absetzen der Kortikoidtherapie in der Regel zu einem Aufholwachstum [7].

Ein weiterer Gesichtspunkt ist, daß die Wachstumsgeschwindigkeit in Abhängigkeit vom Alter sehr unterschiedlich ist. Kinder wachsen während der ersten zwei Jahren sehr schnell, und dann gibt es um das 14. Lebensjahr herum erneut einen pubertären Wachstumsschub. Dieser pubertäre Wachstumsschub wird durch die Sexualhormone ausgelöst, die zusätzlich auch dafür sorgen, daß die Epiphysenfugen sich allmählich schließen. Wenn nun das Wachstum während der Zeit des pubertären Wachstumsschubes z. B. durch Kortikoide gehemmt wird, sich aber gleichzeitig die Epiphysenfugen schließen, so ist ein späteres Aufholwachstum nicht mehr möglich.

Daß der Zusammenhang zwischen einer möglichen Arretierung des Wachstums und einer vorausgegangenen Behandlung mit äußerlichen Steroidsalben nicht hypothetisch ist, zeigt eine britische Studie. Atherton und Mitarbeiter [2] haben sehr schwer betroffene Kinder mit atopischer Dermatitis zeitweilig auf eine Therapie mit PUVA umgesetzt und konnten darunter nicht nur eine Verbesserung des klinischen Zustandes, sondern auch ein deutliches Aufholwachstum feststellen. Sie führen dieses Aufholwachstum einerseits auf das Absetzen der Kortikoidtherapie zurück, halten es aber auch für möglich, daß die dramatische Besserung der atopischen Dermatitis unter PUVA eine Rolle spielen könnte.

Bei systemischer Therapie mit Kortikoiden geht man davon aus, daß z. B. bei einem 7 Jahre alten Kind mit einer Körperoberfläche von 1 qm das Wachstum ab einer Prednisondosis von mehr als täglich 5 mg negativ beeinflußt werden kann. Bei den meisten Indikationen für eine systemische Kortikoidtherapie bei Kindern werden Prednison-Dosen von 1 bis 2 mg pro kg/Körpergewicht benötigt, so daß man grundsätzlich von einer Hemmung des Wachstums ausgehen muß [7]. Allerdings besteht bei systemischer Therapie die Möglichkeit, durch alternierende Gabe von Kortikoiden, also die Gabe z. B. an jedem zweiten Morgen, ein fast normales Wachstum zu ermöglichen.

Der Körperoberflächen-Gewichts-Quotient und seine Auswirkungen

Eine wichtige Besonderheit und zugleich ein Fallstrick sowohl für die topische als auch für die systemische Therapie von Kindern ist die Nichtbeachtung des im Vergleich zu Erwachsenen völlig anderen Quotienten aus Körperoberfläche und Gewicht [14]. Wenn man diesen Quotienten bildet und dabei die Verhältnisse beim Erwachsenen als Referenzpunkt nimmt, dann sieht man, daß die Körperoberfläche bei Neugeborenen zweieinhalbmal so groß wie die von Erwachsenen ist und daß auch Kinder, die bereits vier Jahre alt sind, immer noch eine deutlich größere Körperoberfläche aufweisen (Tabelle 2).

Tabelle 2. Körperoberflächen-Gewichts-Quotient

Alter	Körper-oberfläche (cm^2)	Gewicht (kg)	Quotient	Multiplikationsfaktor
Neugeborenes	2100	3,4	617,6	2,4
1/2 Jahr	3500	7,5	466,7	1,8
1 Jahr	4100	9,3	440,9	1,7
4 Jahre	6500	15,5	419,4	1,6
10 Jahre	10500	30,5	344,3	1,3
Erwachsene	18100	70,0	258,6	1,0

Der Multiplikationsfaktor gibt an, um wieviel die Körperoberfläche von Kindern im Vergleich zu Erwachsenen größer ist. Er gewinnt Bedeutung, wenn im Kindesalter eine Ganzkörperbehandlung durchgeführt wird und beeinflußt dann z. B. die systemische Toxizität von perkutan absorbierten Externa. Daten adaptiert nach Stüttgen (1987).

Bei der topischen Behandlung von Kindern besteht deshalb die Gefahr, daß man gedankenlos Konzentrationen, die sich bei Erwachsenen als sinnvoll und ungefährlich herausgestellt haben, einfach übernimmt. Zumindest wenn man eine Ganzkörperbehandlung durchführt, muß man erst darüber nachdenken, was das für die systemische Toxizität der perkutan aufgenommenen Substanz bedeutet.

Wird beispielsweise ein Neugeborenes mit einer schweren Ichthyose am ganzen Hautorgan mit einer 10%igen Ureasalbe behandelt, so entspricht die für die systemische

Toxizität maßgebliche absorbierte Gesamtdosis derjenigen Menge Urea, die ein Erwachsener bei einer Behandlung mit 24% aufnehmen würde. In der Literatur sind mehrfach Berichte erschienen, in denen über die Intoxikation von Kleinkindern mit Ichthyose durch Harnstoff berichtet wird und in denen offenbar nach dem oben vorgestellten Beispiel verfahren worden ist (Übersicht bei [12]). Man macht heute auch das Nichtbeachten des Zusammenhanges zwischen Körperoberfläche und Gewicht für eine Reihe von Todesfällen nach Applikation von Salicylsäurehaltigen Externa verantwortlich [9].

Der Quotient zwischen Körperoberfläche und Gewicht hat natürlich auch Auswirkungen auf die systemische Therapie. Für die Dosisfindung bei systemischer Therapie bedeutet es nämlich, daß Neugeborene und Kleinkinder relativ gesehen höhere Dosen benötigen als Erwachsene, um einen gleichartigen Effekt am Hautorgan zu erzielen, da ihr Hautorgan im Vergleich zu Erwachsenen proportional gesehen eben viel größer ist. Andererseits muß man natürlich bedenken, daß die Toxizität bei systemischer Applikation von der Dosierung pro kG/Körpergewicht und nicht von der Körperoberfläche abhängig ist.

Entzündete Haut ist permeabel

Ich möchte auf einen Gesichtspunkt hinweisen, der nicht nur für die kindliche Haut, sondern auch für die Haut von Erwachsenen zutrifft: Entzündete Haut ist sehr viel permeabler als normale Haut. Unabhängig von der Ursache der Entzündung ist bei entzündeter Haut die Barrierefunktion des Stratum corneum beeinträchtigt, und eine Vielzahl von Externa permeieren in viel höherem Maße als unter normalen Bedingungen. Diese Tatsache hat man sich bei der Minutentherapie der Psoriasis mit Anthralin zunutze gemacht und konnte so die Behandlungszeiten verkürzen. Für den Dermatologen, der Kinder behandelt, hat aber die erhöhte Permeation von Externa durch entzündete Haut eher nachteilige Folgen. Wenn z. B. der Windelbereich entzündet ist, kann unter den zusätzlichen Bedingungen der Okklusion die Permeation um den Faktor 40 erhöht sein.

Turpeinen und Mitarbeiter [13] haben sich mit dem Zusammenhang zwischen dem Hautzustand und der Absorption von äußerlich aufgetragenem Hydrokortison in Form einer 1%igen Hydrokortison-Salbe beschäftigt. Um die systemische Absorption in Form von Plasmakortisolspiegeln besser bestimmen zu können, wurde die endogene Kortisolproduktion durch die Gabe von Dexamethason blockiert.

Diese Arbeitsgruppe fand einen deutlichen Anstieg der Plasmakortisolwerte bei den Kindern, die an einer akuten Exazerbation ihrer atopischen Dermatitis litten. Im Durchschnitt betrug der Anstieg des Plasmakortisols ca. 250 Nanomol. Die Untersuchung wurde bei denselben Kindern nach deutlicher Besserung (zumeist 2 Wochen) wiederholt. Zu diesem Zeitpunkt fiel der Test sehr viel günstiger aus. Bei einigen Patienten kam es im übrigen weder in der akuten Phase noch in der Abheilungsphase zu einem Anstieg des Plasmakortisols. Diese Patienten litten von vornherein an einer vergleichsweise milden atopischen Dermatitis. Auf jeden Fall läßt sich aufgrund dieser und anderer Untersuchungen festhalten, daß die Permeabilitätsbarriere und damit die systemische Absorption von Externa in hohem Maße vom Hautzustand selber abhängig ist.

Subjektive Bewertung von Externa bei Kindern

Ich möchte schließen mit der sehr subjektiven Bewertung von Externa für die Anwendung im Kindesalter (Tabelle 3): Sowohl nach Borsäure als auch nach Salicylsäure sind bei Kleinkindern eine Reihe von Todesfällen beschrieben worden. Borsäure hat ganz sicher keinen Platz mehr in der Dermatologie. Rasmussen [9] hat darauf hingewiesen, daß er es für vertretbar hält, mit Salicylsäure zu behandeln, wenn das behandelte Körperareal bei einem Kind 20% der Körperoberfläche nicht übersteigt. Eine Langzeitbehandlung mit Salizylsäure bei Kindern mit Verhornungsstörungen ist hingegen problematisch [12].

Tabelle 3. Topische Therapie bei Kindern (subjektive Bewertung)

Salizylsäure	nein
Borsäure	nein
Resorcin	nein
Castellani	lieber nein
Pyoktanin	sparsam
Hexachlorophen	nein
Lindan/Jakutin	nicht bei Entzündung
Urea, Milchsäure	vorsichtig
Anthralin, Teer	Ja

Schwefel halte ich für wirkungslos und damit für überflüssig. Als Antiscabiosum ist er nicht zuverlässig und sollte für diesen Zweck nicht benutzt werden. Auch der therapeutische Nutzen von Resorcin ist m.E. nicht sicher erwiesen, hingegen ist diese Substanz potentiell gefährlich, da sie eine Methämoglobinämie induzieren kann. Für die Behandlung von Verhornungsstörungen mit Urea gilt, daß man, wie bereits ausgeführt, nicht gedankenlos eine 10%ige Konzentration übernehmen darf, und ich selbst bin der Meinung, daß man im ersten Lebensjahr bei Ichthyosen die Anwendung von Urea überhaupt vermeiden sollte. Ich empfehle, solche Kinder rein blande zu behandeln.

Was die beliebten Farbstoffe wie z. B. Castellani und Pyoktanin betrifft, so ist Castellani wegen des Phenolanteils bekanntermaßen potentiell nierentoxisch, und Pyoktanin wie auch Castellani können ebenfalls zu einer Induktion von Methämoglobin führen [10]. Auch für diese Farbstoffe gilt, daß sie in gängiger Konzentration allenfalls auf kleinen Körperarealen angewandt werden dürfen.

Nach Hexachlorophen sind eine Reihe von Todesfällen beschrieben worden, wobei allerdings eine irrtümlich zu hohe Konzentration zur Anwendung gekommen war. Wenn man diese Substanz überhaupt benutzen will, so sollte man sie nach einer kurzen Einwirkungszeit durch ein Bad wieder entfernen. Der Einsatz von Gammabenzolhexachlorid, besser bekannt als Lindan oder Jakutin für die Scabies bei Kindern, ist ebenfalls umstritten [14]. Ganz sicher sollte man dieses Medikament nicht anwenden bei Kindern, die an einer sehr entzündlichen Hauterkrankung leiden. So ist z. B. eine schwere neurotoxische Reaktion bei einem drei Jahre alten Jungen mit einer erythrodermischen Verlaufsform der lamellären Ichthyosis nach einer einzigen Applikation von 1%igen Lindan wegen einer Scabies mitgeteilt worden [4].

Bei Kindern mit stark entzündlichen Hautveränderungen addieren sich die Effekte der größeren Körperoberfläche mit denen einer massiv erhöhten Permeation durch die entzündete Haut. Als Ausweichpräparat zu Jakutin steht das allerdings deutlich schwächere Crotamiton zur Verfügung, sowie – in den USA bereits eingeführt – das dem Jakutin gleich wirksame Permethrin, das in Vergleich zu Jakutin sehr viel weniger toxisch ist [11]. Anthralin und Steinkohlenteer sind meines Wissens unproblematisch, aber auch hier empfiehlt sich ein vorsichtiger und beim Anthralin vor allen Dingen ein einschleichender Gebrauch.

Der sinnvolle Einsatz von fluorierten Steroiden ist sicher gerechtfertigt, wobei man ihn aber im Windelbereich wegen der bereits erwähnten massiven Resorption nach Möglichkeit vermeiden sollte. Bekanntermaßen kann die äußerlich Steroidbehandlung in diesem Bereich ein Granuloma gluteale infantum auslösen oder dessen Entstehung begünstigen [1].

Literatur

1. Altmeyer P (1973) Die Bedeutung fluorierter Glucocorticoide in der Aetiopathogenesis des Granuloma gluteale infantum. Z Hautkr 48:621–626
2. Atherton D, Carabott F, Glover M, Hawk J (1987) The role of photochemotherapy in the treatment of severe atopic eczema in adolescents. In: Meneghini CL, Bonifazi E (Hrsg) Proceedings 2nd Congress European Society for Pediatric Dermatology. Pediatr Dermatol News 6:236–238
3. Evans NJ, Rutter N (1986) Development of the epidermis in the newborn. Biol Neonate 49:74–80
4. Friedman SH (1987) Lindane neurotoxic reaction in nonbullous congenital ichthyosiform erythroderma. Arch Dermatol 123:1056–1058
5. Lane AT (1986) Human fetal skin development. Pediatr Dermatol 3:487–491
6. Lane AT (1987) Development and care of the premature infant's skin. Pediatr Dermatol 4:1–5
7. Lucky AQ (1984) Principles of the use of glucocorticosteroids in the growing child. Pediatr Dermatol 1:226–235
8. Maibach HI, Boisits EK (Hrsg) (1982) Neonatal skin. Structure and function. Dekker, New York
9. Rasmussen JE (1979) Percutaneous absorption in children. In: Dobson RL (Hrsg) Year Book of Dermatology 1979. Year Book Medical, Chicago, pp 15–38
10. Stüttgen G (1987) Eczema therapy and permeability of infantile skin for topical preparations. In: Happle R, Grosshans E (Hrsg) Pediatric dermatology. Springer, Berlin Heidelberg, pp 117–123
11. Taplin D, Meinking TL, Chen JA, Sanchez R (1990) Comparison of crotamiton 10% cream (Eurax) and permethrin 5% cream (Elimite) for the treatment of scabies in children. Pediatr Dermatol 7:67–73
12. Traupe H (1989) The Ichthyoses. A guide to clinical diagnosis, genetic counseling and therapy. Springer, Berlin Heidelberg New York
13. Turpeinen M, Lehtokoski-Lehtiniemi E, Leisti S, Salo OP (1988) Percutaneous absorption of hydrocortisone during and after the acute phase of dermatitis in children. Pediatr Dermatol 5:276–279
14. West DP, Worobec S, Solomon LM (1981) Pharmacology and toxicology of infant skin. J Invest Dermatol 76:147–150

Privat-Dozent Dr. Heiko Traupe
Anthropogenetisch Instituut
der Universität zu Nijmegen
Postfach 9101
NL-6500 HB Nijmegen

Ansprache des Präsidenten: Gedanken zur Dermatologie
Professor Dr. med. Enno Christophers

Meine sehr verehrten Damen und Herren,
Liebe Kolleginnen und Kollegen!

Es ist Tradition unserer Gesellschaft, daß der jeweilige Präsident Grundsätzliches zu der derzeitigen Situation unseres Faches äußert und Gelegenheit nimmt, mit Ihnen einige Minuten lang über das Fach nachzudenken.

Anläßlich des 100. Geburtstages der DDG, vor zwei Jahren in München, habe ich die Entwicklung unserer DDG dargestellt und wesentliche Züge unseres Faches charakterisiert. Mit der heutigen *Ansprache des Präsidenten* habe ich mir die Aufgabe gestellt, fachspezifische Aspekte ebenso wie die Rolle der Dermatologie im medizinischen Gesamtfeld in Hochschule, Wissenschaft und Öffentlichkeit anzusprechen.

Schon jetzt danke ich Ihnen dafür, daß Sie an diesem Sonntagmorgen sich entschlossen haben, gemeinsam die Stellung der Dermatologie im Jahre 1990 zu überdenken.

Vergleicht man unsere deutsche Dermatologie mit den Inhalten des Faches in den verschiedenen europäischen und überseeischen Gesellschaften, so stellt man leicht eine unterschiedliche Nuancierung bestimmter Bereiche und eine relativ große Heterogenität in Ausbildung und Praxis unter denjenigen fest, die sich mit kranker Haut und Hautkrankheiten beschäftigen. Während bei uns beispielsweise Venerologie, Phlebologie, Andrologie, Allergologie zu den elementaren Bestandteilen unseres Faches gehören, sind in angelsächsischen Ländern diese Bereiche längst abgesplittert oder verselbständigt. Das gilt auch für europäische Länder wie die Niederlande oder die skandinavischen Länder. Dagegen zeigen die Wissenschafts- und Praxisinhalte der zentraleuropäischen Länder ebenso wie Frankreich, Spanien, Italien und die sog. früheren Ostblockländer ein hohes Maß an Ähnlichkeit mit der Dermatologie, wie wir sie betreiben. Unterschiede ergeben sich da, wo in jüngster Zeit Bestrebungen realisiert wurden, das Fach weiter auszudehnen. Das gilt besonders für den technisch aktiven Bereich, so z. B. bei uns die operative Dermatologie, die in den letzten zwei Jahrzehnten eine erstaunliche, aber auch notwendige Weiterentwicklung erfahren hat, die Phlebologie mit den jetzt bereitstehenden unblutigen Meßverfahren sowie die Methoden der Laboratoriumsdiagnostik, die insbesondere bei der Andrologie und bei der Allergologie/Immunologie durch die Möglichkeit, differenzierte Immunparameter quantitativ zu erfassen, eine bemerkenswerte Erweiterung erfahren haben.

Die Heterogenität der dermatologischen Weiterbildungsinhalte wird in vieler Hinsicht Probleme bereiten. Auf der europäischen Ebene wird spätestens in zwei Jahren eine Angleichung vorzubereiten sein mit dem Ziel, den Gebietsarzt französischer oder britischer oder dänischer oder auch deutscher Herkunft gleichzustellen. Für uns kann das nicht heißen, daß wir die elementaren Bereiche unseres Faches, die in den Ländern nicht vertreten sind, aufzugeben haben. Viel eher scheint es mir vernünftig, eine Dermatologie modellhaft zu konzipieren, in der ebenso die aktiven Bereiche, insbesondere z. B. operative Dermatologie wie auch Phlebologie – neuerdings die dermatologische Onkologie und differenzierte Allergiediagnostik vertreten ist. Ich kann mir vorstellen, daß eine Homogenisierung der Weiterbildungsinhalte, die ja nicht nur auf dem Gebiete der Dermatologie, sondern in allen anderen Sparten der Medizin in gleicher Weise zu erfolgen hat, für das Fach und für die Selbständigkeit der Dermatologie von großer Bedeutung sein wird. Für uns gilt es, unsere Interessen entsprechend zu vertreten und über Politiker und Interessenvertretungen unserem Anliegen eine deutliche Sprache zu vermitteln.

Unser Fach entstand im Europa des 19. Jahrhunderts, als insbesondere in der zweiten Hälfte die Medizin naturwissenschaftlich wurde. Es war eine Blütezeit des abendländischen Geistes, Dermatologie war eingebettet in Kunst und Philosophie, in die Zeit der großen Entdeckungen und des Fortschrittsbewußtseins, eine Zeit, in der auch das Fragen nach dem Sein und das Ringen um Erkenntnis Angelpunkte geistiger Tätigkeit waren. Damals waren die Inhalte des Faches europaweit gleich.

Dermatologie war ebenso wie etwa Botanik oder Zoologie zunächst klassische Phänomenologie, Krankheitsdefinition. Das heißt, das Besondere wurde als Einheit erkannt und beschrieben. Das Ergebnis sind fast 3000 dermatologische Diagnosen, von denen sich heute etwa 1700 für die dokumentationsgerechte Verschlüsselung als brauchbar erwiesen.

Was wir heute erleben ist der großartige Aufschwung der Zellbiologie, der Immunologie, der Molekularbiologie und Molekulargenetik, auch in unserem Fach. Wie der britische Genetiker Weatherall vor kurzem bemerkte, sind wir seit etwa 20 Jahren Zeuge einer biologischen Revolution, die der Revolution in der Physik zu Beginn unseres Jahrhunderts ähnlich ist. Bis vor zwei Jahrzehnten nicht bekannte Methoden, die derzeit in erstaunlicher Schnelligkeit weiterentwickelt werden, verschaffen Einblick in die Geschehnisse der Natur, von denen wir, als wir studierten, nicht träumen konnten.

Am Beispiel der blasenbildenden Dermatosen wird das besonders deutlich:

Die Gruppe dieser Dermatosen einschließlich Pemphigus vulgaris und Pemphigus foliaceus, bullöses Pemphigoid wie auch Dermatitis herpetiformis Duhring boten noch vor 20 Jahren Rätsel über Rätsel. Die zurückliegenden Jahrzehnte standen im Zeichen einer detaillierten Aufschlüsselung der histopathologischen Veränderungen, die Entstehungsmechanismen dieser kutanen Hohlraumbildung intraepithelial, subkorneal, subepidermal oder dermal blieben hypothetisch. Der nächste Schritt war die Entdeckung, daß beim Pemphigus wie auch beim bullösen Pemphigoid Immunglobuline als Autoantikörper im Blut zirkulieren. In Organkulturen wie auch im in vivo-Übertragungsversuch waren Blasen vom Typ Pemphigus vulgaris oder Pemphigus foliaceus, je nachdem welche IgG-Subfraktion verwendet wurde, auslösbar. Bald wurde gezeigt, daß die Passivübertragung von spezifischem Pemphigus-IgG in neonatale Mäusen innerhalb von 24 bis 48 Stunden typische akantholytische Blasen hervorrief. Aufregend die Beobachtung, daß die Immunreaktion über einen völlig neuen Weg, nämlich die Freisetzung eines proteolytischen Enzyms mit Blasenbildung realisiert wird. So zeigte sich, daß nicht etwa Komplementaktivierung, sondern Keratinozyten in Anwesenheit von Pemphigus IgG große Mengen des Plasminogenaktivators freisetzen, der Plasminogen zu Plasmin aktiviert und damit proteolytische Wirkung entfaltet und Akantholyse auslöst.

In jüngster Zeit war es möglich, das Antigen des Pemphigus aus Desmosomen zu isolieren und charakterisieren. Es gelang auch, das Autoantigen des bullösen Pemphigoids zu isolieren. Inzwischen konnte die cDNA für das 230 kDa Molekül kloniert werden und das gentechnisch hergestellte Pemphigoid-Antigen ist in der Lage, im Kaninchen Antikörperbildung auszulösen, die sich an der identischen Stelle der Basalmembran binden.

An diesem Beispiel wird deutlich, daß innerhalb von nicht ganz zwei Jahrzehnten eine Gruppe rätselhafter blasiger Erkrankungen eine erstaunliche Fülle an wissenschaftlicher und praktisch wichtiger Information vermittelt (hat) und Beispiel darstellt für pathophysiologisch sehr unterschiedliche immunbiologische Gangarten. Mit Erkenntnissen wie diesen und noch zahlreichen anderen Beispielen liefert unser Fach Beiträge für die biologische Revolution der letzten 20 Jahre.

Bedeutende Entdeckungen finden wir heute auf der molekularbiologischen Ebene mit der Charakterisierung der Kollagenbiosynthese, der Keratinbausteine – ich nannte die Pemphigus-Antigene –, der HPV-Viren, Melanom und Lymphom, der immunologischen Erkenntnisse, etwa des T-Zell-Rezeptors, der Rolle der Langerhanszelle in der Antigenpräsentation, der Identifikation von Immunglobulinen, der Rolle von IgE, Mastzellen in der Typ I-Immunreaktion. Sekretionsprodukte bestimmter Zellen als Träger zwischenzellulärer Information, die als Interleukine bezeichnet wurden, sind heute identifiziert und charakterisiert. Wir wissen, daß im kutanen Entzündungsgeschehen diese Zytokine und Interleukine eine bedeutsame Rolle spielen.

Trotzdem sei gesagt, daß wir zwar vieles wissen, wenn wir einem Patienten mit chronisch-rezidivierenden Erkrankungen, etwa der Psoriasis oder der Neurodermitis beggenen, daß wir aber auch heute noch die pathophysiologischen Zusammenhänge, die uns in diesen Krankheiten entgegentreten, in keiner Weise verstanden haben.

Heute finden sich unter den 74000 niedergelassenen Ärzten, die in unserem Bundesgebiet tätig sind, 1975 als Kassenärzte zugelassene Dermatologen. Das sind 2,6% aller Kassenärzte. Weiterhin finden sich 381 Hautärzte, die in Krankenhäusern tätig sind = 11,6% aller Hautärzte, während fast 1/5 aller Ärzte für Haut- und Geschlechtskrankheiten, nämlich 741 ohne ärztliche Tätigkeit sind.

Die Zunahmen, so ist dem Tätigkeitsbericht der Bundesärztekammer 1990 zu entnehmen, sind moderat. So haben die Dermatologen 2,2% gegenüber dem Vorjahr zugenommen.

In den neuen Bundesländern gibt es nach vorläufigen Angaben etwa 824 berufstätige Dermatologen. Vergleicht man die Zahl der berufstätigen Dermatologen und die jeweiligen Einwohnerzahlen, so ergeben sich für die Bundesrepublik 25691 Einwohner pro Dermatologen, während bei 16,2 Mio. Einwohnern der ehemaligen DDR knapp 20000 Einwohner auf einen Dermatologen entfallen.

Der hohe Beitrag, der von Dermatologen in der Krankenversorgung unseres Landes geleistet wird, wird an folgenden Zahlen deutlich. In den Jahren 1987/88 und 89, jeweils für ein Quartal berechnet, ergaben sich 2,5, 2,6 und 2,8 Mio. Abrechnungsfälle bei einer Dermatologenzahl von 1819 im Jahre 87, 1880 und 1892 bis 89. Das ergibt einen Durchschnitt von 1380, 1390 und 1460 abgerechneten Leistungen pro niedergelassenen Dermatologen. Diese Zahlen machen deutlich, daß die fast 2000 Hautärzte unseres Bundesgebietes einen erheblichen Anteil an der Versorgung unserer Bevölkerung haben. Hinzu kommt die Leistungshäufigkeit bei Exzisionen von Tumoren, bei der etwa 300000 Eingriffe pro Jahr durch Dermatologen vorgenommen werden. Diese Zahlen verdeutlichen die große Aufgabe der Dermatologie in heutiger Zeit. Sie lassen auch die Tendenzen verschiedener Lenkungsgremien, einen sogenannten Primärarzt mit diesen Aufgaben zu betrauen und, was gleicherweise gravierend erscheint, die Rolle der Polikliniken zu beschneiden, in hohem Maße bedenklich erscheinen.

Betrachtet man rückwärtsschauend die praktische Entwicklung der Dermatologie – im Behörden- und Funktionärsdeutsch heute auch als sog. Inhalte der Weiterbildung apostrophiert – so wird nur zu deutlich, wie Forschung und wissenschaftliche Weiterentwicklung prägend ihren Einfluß auf das Fach gehabt haben. Sie bestätigt die immer wieder, wie auch kürzlich von dem derzeitigen Präsidenten der Amerikanischen Academy of Dermatology, vorgetragene Feststellung, daß die medizinische Forschung sich vieltausendmal als die zuverlässigste Grundlage für die Dermatologie erwiesen hat. Für die Dermatologie wird dabei deutlich, daß sie einen wissenschaftlich und praktisch wichtigen Bereich der Medizin darstellt mit der einzigartigen Fähigkeit, eine begründbare und effektive Behandlung von Hautkrankheiten zu vermitteln.

Der dermatologisch tätige Arzt steht heute mehr denn je im Spannungsfeld medizinischer Anschauungen, den Auflagen der Sozialträger und einer bewußten und kritischen Öffentlichkeit. Diese drei Angelpunkte unserer ärztlichen Tätigkeit stellen uns vor Probleme, mit denen wir uns täglich auseinandersetzen müssen. Dazu gehören die teilweise ideologisch fundierten Kontraste Schulmedizin, sog. Naturmedizin oder alternative Medizin, medizinische Hochtechnisierung oder auch die Schwierigkeit, wie neue Wissensgebiete der Medizin, etwa molekulare Genetik, Zellbiologie, Immunologie, in die bewährten Wege des Denkens über den menschlichen Körper, über Gesundheit und Krankheit eingefügt werden sollen und wie sie sich mit unseren bisherigen Kenntnissen über Anatomie, Physiologie, Pathologie oder Pharmakologie vereinbaren.

Dieser Problematik gibt es keine allgemeingültige Antwort entgegenzustellen. Einen m. E. wichtigen Beitrag für diese Diskussion hat vor kurzem Daniel Tosteson, New. Engl. J. of Medicine (Jan. 1990), geliefert, als er auf das Arzt-Patient-Verhältnis und die Vermittlung dieser einzigartigen Situation auch im studentischen Unterricht einging.

Demnach begegnet uns der Patient drei Bereichen zugehörig:
- als lebendiges Wesen im Sinne der Naturwissenschaft,
- als Mitglied der Gesellschaft und
- als Persönlichkeit mit geistiger und ethischer Verantwortung.

Wenn wir in unseren Praxen und in der klinischen Tätigkeit, so schwer es auch erscheinen mag, diese drei Bereiche des Patienten ansprechen, so werden wir, glaube ich, in optimaler Weise unseren Aufgaben gerecht.

Als besonderes Ärgernis werden in der Öffentlichkeit vor allem auch die hohen Kosten für die medizinische Forschung herausgestellt. Oftmals erklären sich zuständige Ministerien und Universitätsträger nicht einmal mehr bereit, für die nötige Grundausstattung der Kliniken zu sorgen, sondern viel eher diesen Verantwortungsbereich der Universität Drittmittelgebern oder gar den Krankenkassen zuzumuten.

Die Absurdität solcher Vorstellungen wird an einem kürzlich von dem Präsidenten der Amerikanischen Gesellschaft für klinische Forschung und Diabetologen an der Harvard Medical School, Ronald Kahn, dargelegt. Folgendes Beispiel sei angeführt: in den USA leben etwa 37 Mio. Patienten mit den verschiedenen Formen der Arthritis, für die pro Jahr und pro Patient 200 Dollar an medizinischer Versorgung ausgegeben werden. Das Aufkommen für Arthritisforschung beträgt insgesamt pro Patient 4 Dollar pro Jahr, somit 2%. Diese Zahl verdeutlicht, wie gering Forschungsaufkommen im Vergleich zur geleisten Krankenversorgung in der Tat ist.

Folgt man diesem Beispiel, so würde das für etwa 1 Mio. Psoriatiker im Bundesgebiet im Jahre 1988 wie folgt aussehen: Für medikamentöse Behandlung wurden im Jahre 1988 allein 38 Mio. ausgegeben. Das entspricht 38 DM pro Psoriatiker. Bei 2% an Forschungsmitteln sollte für die Psoriasisforschung mehr als 1 Mio. DM zur Verfügung stehen. Auch wenn man zellphysiologische, immunologische und andere Psoriasis-verwandte Themen mit einbezieht, wird selbst dieses minimale Forschungsaufkommen in unserem Lande nicht erreicht.

Man mag abschließend einen kurzen Blick in die Zukunft wagen und sich auch Gedanken machen über die künftigen Wege, die unser Fach gehen könnte. Im Wissenschaftlichen ist zu erwarten, daß die seit kurzem vorhandenen und zur Zeit noch weiterentwickelten, hochanalytischen Methoden der Gewebsaufbereitung, der Identifikation pathologischer oder auch fehlender Zellbausteine tieferen Einblick in uns bislang verschlossene Dermatosen gewinnen werden. Als Methoden nenne ich die biochemische Analytik einschließlich Hochdruckflüssigkeitschromatographie, die in situ-Hybridisierung, die polymerase Kettenreaktion, die Immunelektronenmikroskopie, weiterhin monoklonale Antikörper und hochentwickelte Verfahren zur Züchtung lebender Zellen. Gerade diese Verfahren, die mit geringsten Gewebsmengen auskommen, werden die dermatologische Forschung um ein großes Potential an Erkenntnis bereichern.

Wie in vielen anderen Bereichen der Medizin ist es die steigende Zahl der chronisch-rezidivierenden Erkrankungen, die inzwischen in das Zentrum des öffentlichen Interesses wie auch des Praxisalltags gerückt sind. Dazu gehören allgemeinmedizinisch die Erkrankungen aus dem rheumatischen Formenkreis, die chronischen Erkrankungen der Lunge, der Niere und anderer Organe ebenso wie chronisch-rezidivierende Erkrankungen der Haut, z.B. die Ekzemgruppe, die Neurodermitis, die Psoriasis. Gemeinsam bei den genannten Erkrankungen ist, daß wir eine Vielzahl von Einzelbeobachtungen kennen, daß wir aber bis heute nicht in der Lage sind, diese Krankheiten zu verstehen.

Meine sehr verehrten Damen und Herren,

die Dermatologie war schon immer ein Querschnittsfach, das in den angrenzenden Bereichen Willen zur Behauptung zu zeigen gezwungen war. Dies gilt besonders für Bereiche wie operative Dermatologie, Dermatohistologie, Phlebologie, neuerdings auch die Andrologie, die dermatologische Mikrobiologie und in besonderem Maße auch die Allergologie. Es ist meine feste Überzeugung, daß diese Bereiche unseres Tuns, die bislang von Dermatologen in hervorragender Weise in Klinik und in Praxis vertreten waren, auch in Zukunft mit dieser Kraft und dieser Energie wahrgenommen werden. Langfristig gehört dazu eine klinische Forschung, die ausweisen kann, daß das Fach auch das Potential für die wissenschaftliche Bearbeitung der von ihr wahrgenommenen Aufgaben besitzt. Nur dann können wir als Dermatologen sagen, daß wir für bestimmte Bereiche zuständig sind und auch im Rahmen einer europäischen Angleichung uns durchsetzen.

In diesem Sinne möchte ich Ihnen allen, meine Damen und Herren, Erfolg in Ihrer ärztlichen Tätigkeit wünschen. Bleiben Sie gesund und leben Sie wohl.

Das Neueste

Neueste Entwicklungen bei sexuell übertragbaren Erkrankungen

D. Petzoldt, Heidelberg

Zur Gonorrhoe-Therapie

Die Behandlung der Gonorrhoe hat sich in den letzten Jahren grundlegend geändert. Bei weltweiter Betrachtung kann die Penizillin-Therapie nicht mehr empfohlen werden, da die chromosomal- und plasmidbedingte Penizillinresistenz in einigen Regionen beachtliche Ausmaße angenommen hat. Sie liegt in England und den USA in der Größenordnung von 5 bis 10%, in Lateinamerika von 30% und in Afrika und Asien von 60%. Durch den regen internationalen Reiseverkehr besteht auch in Deutschland täglich die Möglichkeit, daß man es in der Praxis mit derartigen Stämmen zu tun hat. Auch gegen das Alternativantibiotikum Tetrazyklin bestehen Resistenzen, die in einigen Regionen der USA bis zu 15% ausmachen. An der Heidelberger Klinik konnten wir bisher einen tetrazyklinresistenten Stamm isolieren [2].

Die weltweite Empfehlung der Weltgesundheitsorganisation derzeit zeigt Tabelle 1:

Tabelle 1. Empfehlungen der Weltgesundheitsorganisation zur Behandlung der anogenitalen Gonorrhoe (Ausschnitt)

Einzeitbehandlung mit:

Ceftriaxon	250 mg i.m.
Ciprofloxacin	500 mg oral
Spectinomycin	2 g i.m.

Offensichtlich ist, daß sich die Einzeitbehandlung voll durchgesetzt hat, nicht zuletzt deswegen, weil sie natürlich die geringsten Anforderungen an die Compliance des Patienten stellt. Interessant ist, daß sich ein Cephalosporin der 3. Generation, Ceftriaxon, ganz in den Vordergrund geschoben hat. Der Grund ist eine lange Serumhalbwertszeit von 6–9 Stunden, eine geringe minimale Hemmkonzentration von 0,00025–0,128 µg/ml und die erzielten klinischen Heilungsraten bei anogenitaler Gonorrhoe zwischen 98 und 100%. Gleiche Heilungsraten lassen sich bei der therapeutisch schwerer zugänglichen pharyngealen Gonokokkeninfektion erzielen.

Ciprofloxazin ermöglicht eine orale Einzeitbehandlung. Aus dem Blickwinkel der Kosten ist diese Behandlung mit ca. DM 9,– besonders interessant. Die erzielten Heilungsergebnisse liegen bei anogenitaler Gonorrhoe nahe bei 100%, die Wirkung auf die pharyngeale Gonorrhoe ist allerdings nicht ausreichend belegt. Aus jüngster Zeit liegen Beobachtungen über Therapieversager vor, bei denen die maximale Hemmkonzentration auf das fünf- bis zehnfache erhöht ist.

Spectinomycin bedarf keiner gesonderten Besprechung. Es ist in Deutschland in vielen Jahren in die Behandlung der Gonorrhoe eingeführt. Über wenige spectinomycinresistente Stämme wurde allerdings auch in Deutschland berichtet, zuletzt in Berlin [8], 1987 in Heidelberg [6].

Ceftriaxon, Ciprofloxazin und Spectinomycin sind nicht in der Lage, eine gleichzeitige Chlamydieninfektion zu heilen. Die Empfehlung der Centers for Disease Control zur Behandlung der Gonorrhoe trägt diesem Umstand Rechnung und sieht die automatische Anschlußbehandlung mit Doxycyclin vor [1] (Tabelle 2).

Tabelle 2. Empfehlung der Centers for Disease Control zur Behandlung der anogenitalen Gonorrhoe

Ceftriaxon 250 mg i.m. einmalig
plus
Doxycyclin 100 mg oral, 2× tägl. über 7 Tage

Was bedeutet das für die Praxis?

Die Spectinomycin-Behandlung – in Deutschland ohnehin an erster Stelle – genügt auch heutigen Ansprüchen an die Gonorrhoe-Therapie. Der Anwendung von Ceftriaxon steht entgegen, daß das Präparat in Deutschland nur in einer 1 Grammpackung verfügbar ist, was hohe Kosten bedeutet. Bei Scheu des Patienten vor der Injektion oder auch aus Kostengründen steht mit einer Tablette Ciprofloxazin à 500 mg eine wirksame orale Alternative zur Verfügung. Hält man eine Sicherheitsbehandlung gegen Chlamydien für erforderlich, kann eine Doxycylin-Therapie angeschlossen werden.

Zur Diagnostik von Chlamydia trachomatis

Die Züchtung in der Zellkultur ist das zuverlässigste Verfahren zum Nachweis von Chlamydia trachomatis. Die Zellkultur gilt als Maßstab für die Beurteilung der Wertigkeit anderer Tests zum Chlamydiennachweis, wie beispielsweise das Immunfluoreszenztests oder des ELISA-Tests.

Daß die Zellkultur keine hundertprozentige Anzeigegenauigkeit, also eine nicht hundertprozentige Sensitivität hat, war immer schon angenommen worden. Heute kann die Richtigkeit dieser Vermutung belegt werden, und zwar durch die Polymerase-Kettenreaktion.

Die Polymerase-Kettenreaktion eignet sich zum Nachweis kleinster Mengen von DNS. Chlamydia trachomatis wird von der Polymerase-Kettenreaktion noch in 10- bis 100facher Verdünnung als zur Zellkultur notwendig erkannt. Ihr Prinzip ist die Amplifikation, d. h. die Vermehrung von erregerspezifischen DNS-Bruchstücken über die immunologische Nachweisgrenze hinaus. Es wird aus Abb. 1 deutlich.

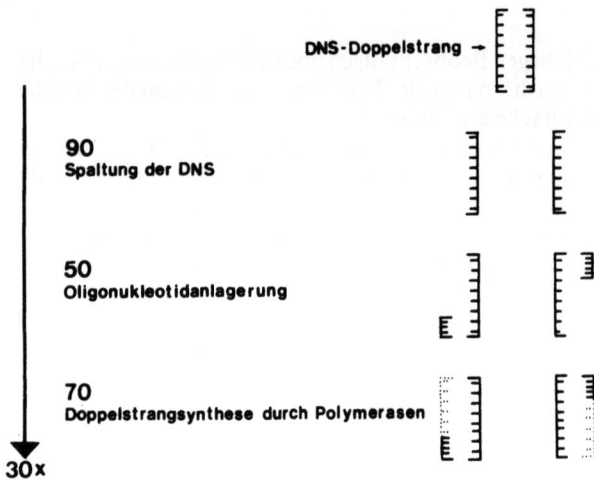

Abb. 1. Prinzip der Polymerase-Kettenreaktion

Zunächst wird DNS durch Erhitzen auf 90 °C gespalten. Anschließend werden bei 50 °C Nukleotide, sogenannte „Primer" angelegt, die erregerspezifische DNS-Sequenzen begrenzen. Bei 70 °C schließlich entfalten Polymerasen ihre Wirkung, die am Oligonukleotid ansetzen und den erregerspezifischen Teil der DNS kopieren. Sie werden gestoppt durch Temperaturerhöhung auf 90 °C und der Zyklus beginnt von vorn. Im Ergebnis sind aus zwei DNS-Strängen vier entstanden. Bis zu 30 Zyklen werden durchlaufen, was zu einer exponentiellen Vermehrung der erregerspezifischen DNS führt.

Praktische Untersuchungen in unserem Labor, von Helmut Näher durchgeführt, hatten das Ziel, mit der Polymerase-Kettenreaktion die Sensitivität der Zellkultur zu prüfen [7]. Das Ergebnis: Die Zellkultur erkennt nur 89 % der chlamydienhaltigen Genitalabstriche, hat also eine Sensitivität von 89 %. Im Routinebetrieb dürfte die Sensitivität der Zellkultur weit darunter liegen, weil Fehlermöglichkeiten bei der Entnahme und Verluste beim Transport hinzukommen.

Für die Praxis heißt das: Ein negativer Chlamydiennachweis in der Zellkultur hat nur einen beschränkten Aussagewert. Bei fortbestehendem klinischen Verdacht sollte entweder eine zweite Abstrichuntersuchung oder aber eine Sicherheitsbehandlung – eine Behandlung ohne gesicherten Chlamydiennachweis – durchgeführt werden. Wir müssen uns an alte venerologische Tugenden erinnern: Ein negatives Ergebnis eines Gonorrhoe-Nachweises bedurfte der zweimaligen Wiederholung, bevor es akzeptiert wurde.

Zur AZT-Prophylaxe einer beruflichen HIV-Infektion

Trotz aller Vorsicht werden Nadelstichverletzungen – und somit auch HIV-kontaminierte Nadelstichverletzungen – immer wieder vorkommen. Glücklicherweise liegt das statistische Risiko der Übertragung durch einen stattgehabten Nadelstich bekanntlich unter 0,5 %. Trotzdem wird man sich bei einer Nadelstichverletzung fragen, ob eine sofortige AZT-Prophylaxe durchzuführen ist.

Für ihre Wirksamkeit sprechen mehrere Fakten (s. Tabelle 3):

Tabelle 3. Beobachtungen die für die Wirksamkeit einer AZT-Prophylaxe sprechen (Lit.: Public Health Service)

1. Schutz von Zellkulturen durch therapeutisch erreichbare AZT-Spiegel.
2. Schutz von Mäusen gegen exp. Infektion mit Rauscher-Leukämievirus.
3. Schutz von Katzen gegen exp. Infektion mit Rickard-Leukämievirus.

Eher gegen ein AZT-Prophylaxe sprechen andere Beobachtungen (s. Tabelle 4).

Tabelle 4. Beobachtungen, die eher gegen die Wirksamkeit einer AZT-Prophylaxe sprechen (Lit.: Public Health Service)

Contra Prophylaxe

1. Kein Schutz von Primaten gegen exp. SIV-Infektion.
2. Kein Schutz von Mäusen mit humanem haematolymphatischem System gegen HIV-Infektion.
3. Auftreten von vaginalen Carcinomen bei Mäusen und Ratten nach AZT.

Die Aussagen der beiden Tabellen sind widersprüchlich und lassen eine eindeutige Wertung der AZT-Prophylaxe nicht zu.

Dasselbe gilt für die bereits durchgeführten AZT-Prophylaxen beim medizinischen Personal: In der Studie der Firma Wellcome wurden 49 Angehöriger medizinischer Berufe einer postexpositionellen AZT-Prophylaxe unterzogen. Keiner von ihnen wurde nach einer Mindestbeobachtung von sechs Monaten seropositiv (Public Health Service). Bei einer Wahrscheinlichkeit der Serokonversion von unter 0,5 % läßt diese, übrigens inzwischen abgeschlossene, Studie keine Schlußfolgerung über Wirksamkeit und Unwirksamkeit zu. Tragisch ist, daß inzwischen außerhalb der Wellcome-Studie zwei Fälle publiziert wurden, bei denen es trotz AZT-Prophylaxe zu einer Serokonversion kam (Tabelle 5, 6).

Freilich kann man argumentieren, daß diesen beiden tragischen Erkrankungsfällen irreguläre Verhältnisse zugrunde liegen. Im Fall 1 war die Zeit zwischen Verletzung und Beginn der Prophylaxe mit sechs Stunden ausgesprochen lang, und im Fall 2 war die Menge des übertragenen Blutes mit 0,1 bis 0,2 ml außergewöhnlich hoch: Trotzdem bleiben aufgrund dieser Versager und der negativ verlaufenen Versuche im Primatenmodell sowie im humanen haemolymphoiden Mäusemodell starke Zweifel an der Wirksamkeit der AZT-Prophylaxe bestehen.

Tabelle 5. Klinische Daten einer wirkungslosen Prophylaxe mit Azidothymidin (Looke und Grove)

Fall 1

Pfleger, tiefe Nadelstichverletzung nach Blutentnahme bei AIDS-Pat.
Beginn der Prophylaxe 6 Std. danach.
Serokonversion nach 6 Wochen.

Tabelle 6. Klinische Daten einer wirkungslosen Prophylaxe mit Azidothymidin (Lange et al.)

Fall 2:

58jähriger Pat., irrtümliche i.v.-Injektion von 0,1–0,2 ml Blut eines AIDS Pat.
Beginn der Prophylaxe 45 Min. danach.
Serokonversion nach 6 Wochen.

Vor diesem Hintergrund konnte übrigens das Public Health Service der USA sich im Januar 1990 nicht entschließen, eine Empfehlung dieser Prophylaxe auszusprechen. Es wurde vielmehr deutlich gemacht, daß die Durchführung einer AZT-Prophylaxe letztlich eine experimentelle Therapie darstellt, die eine genaue Aufklärung und Zustimmung des Patienten voraussetzt.

Verbindliche Aussagen zu Dosis und Dauer einer AZT-Prophylaxe liegen nicht vor. Pharmakologische und pathogenetische Vorstellungen lassen das Therapieschema auf Tabelle 7 zu.

Tabelle 7. Vorstellungen über eine prophylaktische Behandlung mit Azidothymidin

Beginn:	sofort
Mindestdosis:	6 × 250 mg, alle 4 Std.
Dauer:	ca. 6 Wochen

Fazit für die Praxis: Größte Vorsicht vor Nadelstichverletzungen; insbesondere darf es kein Zurückstecken der Kanüle in die Plastikhülle geben – häufigste Verletzungsquelle.

Eine Bemerkung zum Schluß: Die Kanülenverletzung ist für das medizinische Personal eine real existierende Gefahr. In den USA wird mit einer täglichen Zahl von nicht weniger als 2.000 Kanülenverletzungen gerechnet [5].

Literatur

1. Centers for Disease Control (1989) 1989 sexually transmitted diseases treatment guidelines. Morb Mort Week Rep 38:Suppl 5–8
2. Kohl PK, Géraud GP, Piotrowski HD, Petzoldt D (1990) High-level. Tetracyclinresistenz von Neisseria gonorrhoeae. Hautarzt 41:438–441
3. Lange JMA, Boucher CAB, Hollak CEM, Wilting EHH, Reiss P, van Royen EA, Roos M, Danner SA, Goudsmit J (1990) Failure of zidovudine prophylaxis after accidental exposure to HIV-1. New Engl J Med 322:1375–1377
4. Looke DFM, Grove DI (1990) Failed prophylactic zidovudine after needlestick injury. Lancet I:1280
5. Morgan DR (1990) HIV and needlestick injuries. Lancet I:1280
6. Näher H, Pekar U, Petzoldt D (1987) Untersuchung zur aktuellen Spectinomycin-Empfindlichkeit von Neisseria gonorrhoeae. Zbl Bakt Hyg A 266:522–525
7. Näher H (1990) Die urogenitale C. trachomatis-Infektion. Symptome, Befunde und moderne Verfahren des Erregernachweises. Habilitationsschrift, Ruprecht-Karls-Universität Heidelberg
8. Orfanos CE, Adler M, Hörnle R, Stadler R, Wagner J (1989) Spectinomycin-resistente Gonokokken-Infektionen in der Bundesrepublik Deutschland. Hautarzt 40:713–717
9. Public Health Service (1990) Statement on management of occupational exposure to human immunodeficiency virus, including considerations regarding zidovudine postexposure use. Morb Mort Week Rep 39:Suppl RR1
10. World Health Organization (1989) STD treatment strategies. WHO/VDT/89.447, Geneva

Prof. Dr. Detlef Petzoldt
Direktor der Univ.-Hautklinik Heidelberg
Voßstraße 2
D-6900 Heidelberg

Dermatologische Röntgentherapie heute

R. Panizzon, Zürich

Es sollen einige der wichtigsten Indikationen für die dermatologische Röntgentherapie herausgegriffen werden. Wir berücksichtigen sowohl gutartige wie auch bösartige Hautveränderungen. Sämtliche Beispiele sollen anhand der Fragestellung: was? – wann? – wie? abgehandelt werden.

Gutartige Hautveränderungen:

Wir sind nach wie vor der Ansicht, daß gutartige Hautveränderungen einer Röntgentherapie zugeführt werden können, wenn die entsprechenden Grundregeln beachtet werden [11].

Als erstes Beispiel möchten wir hinweisen auf:

Die Psoriasis des Kopfbodens

Diese Psoriasisform kann topisch effizient meist nur mit Kortikosteroiden bzw. Teer- oder Dithranolderivaten behandelt werden. UV-Strahlen dagegen penetrieren kaum. Die Lokaltherapien sind oft aufwendig, verkleben die Haare und schmieren. Bis zum Auftreten des Rezidivs verstreicht oft nur kurze Zeit.

Da die Psoriasis einen oberflächlichen Prozeß darstellt, bieten sich die Grenzstrahlen geradezu an. Nach Untersuchungen von Lindelöf [10] kam es zu einer Heilung in 87,5% von 14 Patienten nach sechs Wochen, und drei Monate nach Behandlung waren immerhin noch 64,3% geheilt. Die Zeit nach Therapieschluß bis zum Auftreten des Rezidivs ist gemäß diesen Untersuchungen mit Grenzstrahlen deutlich länger als mit den erwähnten Lokaltherapien. Es sind deshalb höchstens ein bis zwei solcher Röntgenserien pro Jahr nötig. Wohl wirken Haare etwas Röntgenstrahlen-abschwächend, insbesondere für Grenzstrahlen, weshalb bei dünnem Haarwachstum die Dosis mit einem Faktor von 1,5, bei sehr dichtem Haarwuchs mit einem Faktor von 3,0, im Durchschnitt also mit 2,0 multipliziert werden kann. Unsere Dosierung ist aus Tabelle 1 ersichtlich. Die gute Wirkung können wir anhand unserer 20 so bestrahlter Patienten bestätigen.

Tabelle 1. Richtdosen zur Behandlung der Kopfpsoriasis

was?	wann?	wie?
Psoriasis (Kopfboden)	resistent gegen Lokaltherapie	6–12 × 200 cGy 12 kV (Grenz-)

Bezüglich Wirkungsmechanismus stellt man sich vor, daß die Grenzstrahlen direkt auf die Keratinozyten evtl. über die immunkompetenten Zellen einwirken und so zum therapeutischen Resultat führen.

Erythem und Pigmentierungen sind Nebeneffekte der Grenzstrahlen, jedoch sind diese nie bleibend, insbesondere wenn oben zitierte Regeln beachtet werden.

Die Grenzstrahlentherapie ist also bei der hartnäckigen Kopfpsoriasis eine einfach durchführbare und für den Patienten angenehme Behandlung.

Als weiteres Beispiel für die Röntgenbehandlung von Dermatosen greifen wir heraus:

Das chronische Ekzem

Trotz des Therapiefortschritts mittels Kortikosteroiden der letzten Jahre kommt es immer wieder vor, daß chronische Ekzeme rebellisch sind und auf verschiedenste Lokaltherapien wenig ansprechen. Vermehrt wurde in den letzten Jahren über die Möglichkeit der Radiotherapie des schwer behandelbaren Ekzems hingewiesen [2]. Wir möchten besonders darauf hinweisen, daß, wenn immer möglich, mit der am schwächsten penetrierenden Röntgenbestrahlung begonnen werden sollte, d. h. zunächst mit 12 kV, d. h. Grenzstrahlen (s. Tabelle 2).

Bei hyperkeratotischen, tylotischen Ekzemformen ist die Penetration der Grenzstahlen oft zu schwach, weshalb hier Weichstrahlen (mindestens 20 kV), gemäß unseren Erfahrungen an über 30 Patienten, effizienter sind (s. Tabelle 2). Diesbezügliche Untersuchungen bestätigen diese Aussagen [3].

Tabelle 2. Richtdosen zur Behandlung des chronischen Ekzems

was?	wann?	wie?
Chron. Ekzem	rebellisch	6–12 × 200 cGy 12 kV
		6–12 × 100 cGy, 20 kV

Der Wirkungsmechanismus besteht u. a. darin, daß die Röntgenstrahlen eine Abnahme der epidermalen Langerhanszellen bewirken [8].

Bei Weichstrahlen ist zu beachten, daß die Gesamtdosis pro Feld definitiv 1200 cGy nicht überschreitet [5].

Bösartige Hautveränderungen

Die Röntgentherapie ist hier allgemein anerkannt und hat sich, trotz Fortschritte in der Dermatochirurgie, gehalten. Es gilt hier, einige Punkte zu berücksichtigen, wie: Strahlensensibilität des Tumors, günstige Lokalisationen und optimale Fraktionierung, d. h. Berücksichtigung des „Time-Dose-Fractionation (TDF)"-Faktors [9, 15].

Als erstes Beispiel unter den Hauttumoren erwähnen wir:

Das Basaliom

Dieser häufigste unter allen bösartigen Hauttumoren zeichnet sich durch eine sehr gute Strahlensensibilität aus [14]. Am besten geeignet für die Röntgentherapie sind mittelgroße Basaliome im Gesicht von älteren Patienten. Ferner sollte der Tumor nicht in den Knorpel oder Knochen infiltrieren. Anhand von 433 primär mit Röntgenweichstrahlen behandelten Basaliomen konnten wir feststellen, daß nach durchschnittlich acht Jahren Nachkontrollzeit lediglich die histologisch „nicht szirrhösen" Basaliome eine Rezidivrate von 5,1% aufwiesen, wogegen die histologisch „szirrhösen" Basaliome eine höhere Rezidivrate zeigten [1]. Bei histologisch „szirrhösen" Basaliomen können durch Änderung der Bestrahlungsparameter, z. B. höhere Einzel- bzw. Gesamtdosen, oder Bestrahlung mit schnellen Elektronen die Rezidivraten gesenkt werden. Unsere üblichen Richtdosen sind aus Tabelle 3 ersichtlich.

Bei Beachtung aller erwähnten Punkte erreichen wir mit unserem Fraktionierungsschema einen TDF-Faktor von 100, d. h. daß einerseits der Tumor kurativ behandelt worden ist, andererseits die bestrahlte Haut nicht übermäßig belastet wird. Für Basaliome ist ein Faktor von 100 sicher optimal [6, 9, 15].

Tabelle 3. Richtdosen zur Behandlung des Basalioms

was?	wann?	wie?
Basaliom	mittelgroß Gesicht v. a. histol. medullärer Typ keine Knorpel-/ Knocheninfiltrate	bis 2 cm: 5– 6 × 800 cGy 2–5 cm: 10–12 × 400 cGy über 5 cm: 26–30 × 200 cGy 20 bis 50 kV TDF-Faktor: 100

Ein weiterer wichtiger Tumor, der in letzter Zeit an Aktualität gewonnen hat, ist:

Das Kaposi-Sarkom

Dieser Tumor ist uns Dermatologen seit längster Zeit bekannt, hat aber im Rahmen von AIDS an Bedeutung

zugenommen. Das Kaposi-Sarkom stellt für die betroffenen Patienten in zweierlei Hinsicht ein Problem dar, nämlich
1. kosmetischer Art: bei Befall der sichtbaren Körperstellen, insbesondere des Gesichtes und
2. funktioneller Art: bei Befall z. B. der Füße mit Auftreten von Schmerzen und Gehunfähigkeit.

Die Behandlung des Kaposi-Sarkoms ist keine einfache, da die Chemotherapie bei diesen immunkompromitierten Patienten praktisch unmöglich ist. Ferner wird oft von der chirurgischen bzw. Laser-Therapie bei diesen Patienten abgesehen. Es bleibt somit die Möglichkeit, mit Radiotherapie diesen Patienten zu helfen. Wir behandeln nach folgendem Schema (s. Tabelle 4).

Tabelle 4. Richtdosen zur Behandlung des Kaposi-Sarkoms

was?	wann?	wie?
Kaposi-Sarkom	klassisch/ AIDS kosmetisch funktion.	bis 4 cm: 2–3 × 800 cGy über 4 cm: 4–7 × 400 cGy 20 bis 50 kV TDF-Faktor: 60

Mit dieser Therapie kann in allen Fällen eine Besserung erwartet werden, insbesondere bei Schmerzen, funktionellen Behinderungen und beim kosmetischen Ergebnis [4].

Als letztes Beispiel für den Einsatz der Radiotherapie bei Hauttumoren möchten wir erwähnen:

Die Lentigo maligna bzw. das Lentigo-maligna-Melanom

Obwohl das Melanom nicht zu den ausgesprochen radiosensiblen Tumoren gehört, wissen wir seit Miescher (zit. in [12]), daß die Lentigo maligna, aber auch das daraus resultierende Lentigo-maligna-Melanom auf Röntgenstrahlen ansprechen [12].

Von der Tiefenausdehnung her genügt es, die Lentigo maligna mit Grenzstrahlen anzugehen. Insbesondere ausgedehntere Herde im Gesicht beim älteren Menschen eignen sich für diese Therapie (s. Tabelle 5).

Es ist wichtig, die Patienten darauf aufmerksam zu machen, daß eine eventuelle Restpigmentierung längere Zeit braucht, bis sie wieder verschwindet. Auf jeden Fall bedeutet Restpigment nicht gleichzeitig Rezidiv der melanotischen Präkanzerose.

Tabelle 5. Richtdosen zur Behandlung der Lentigo maligna und des Lentigo-maligna-Melanoms

was?	wann?	wie?
Lentigo maligna	ausgedehnt Gesicht ältere Leute	5– 6 × 2000 cGy 10–11 × 1000 cGy } 12 kV
Lentigo maligna Melanom		7– 9 × 600 cGy 20–50 kV

Tabelle 6. Vergleich von radiotherapeutisch- bzw. chirurgisch-behandelten Lentigo maligna-Melanomen

	Röntgen	Chirurgie
Patienten	18	43
Rezidive	2	7
Nachkontrolle (Jahre)	8,0	3,9
Heilungsrate (%)	89,0	83,7

Auch die Resultate der bestrahlten Lentigo-maligna-Melanome sind günstig, verglichen mit denjenigen nach chirurgischem Verfahren (s. Tabelle 6).

Diese Resultate zeigen, daß zumindest für das Lentigo-maligna-Melanom, wenn mit höheren Einzeldosen bestrahlt, die Resultate nicht schlechter sind als mit dem chirurgischen Verfahren [13].

Zusammenfassend möchten wir anhand dieser ausgewählten Indikationen darauf hinweisen, daß es auch heute noch Indikationen für eine Röntgentherapie gibt, und zwar sowohl unter den gutartigen wie auch unter den bösartigen Hauterkrankungen. Wird sie rechtzeitig und ökonomisch eingesetzt, ist die dermatologische Röntgentherapie nicht gefährlicher und nicht teurer als andere Behandlungsverfahren. Für eine weitergehende Information empfehlen wir das im Springer-Verlag erschienene Buch „Modern Dermatologic Radiation Therapy" [7].

Literatur

1. Ballinari M (1989) Die Röntgenweichstrahlentherapie des Basalioms unter besonderer Berücksichtigung der histologischen Wachstumsform. Inaugural-Dissertation, Universität Zürich
2. Fairris GM, Mack BP, Rowell MR (1984) Superficial X-ray therapy in the treatment of constitutional exzema of the hands. Brit J Dermatol 111:445–449
3. Fairris GM, Jones DH, Mack BP, Rowell MR (1985) Conventional superficial X-ray versus grenz-ray therapy in the treatment of constitutional exzema of the hands. Brit J Dermatol 112:339–341
4. Gladstein AH (1988) Radiotherapy for epidemic Kaposi's sarcoma (AIDS). In: Orfanos CE, Stadler R, Gollnick H (eds) Dermatology in five continents. Springer, Berlin, pp 933–934
5. Goldschmidt H, Sherwin WK (1980) Reactions to ionizing radiation. J Am Acad Dermatol 3:551–579
6. Goldschmidt H, Sherwin WK (1983) Office radiotherapy of skin cancer. J Dermatol Surg Oncol 9:31–76
7. Goldschmidt H, Panizzon RG (1990) Modern dermatologic radiation therapy. Springer, New York
8. Groh V, Meyer JC, Panizzon R et al. (1984) Soft X-irradiation influences the integrity of Langerhans cells. Dermatologica 168:53–60
9. Landthaler M, Braun-Falco O (1988) Application of TDF-factor in soft X-ray therapy. In: Orfanos CE, Stadler R, Gollnick H (eds) Dermatology in five continents. Springer, Berlin, pp 928–930
10. Lindelöf B, Johannessohn A (1988) Psoriasis of the scalp treated with Grenz-rays or topical corticosteroids combined with Grenz-rays. A comparative randomized trial. Brit J Dermatol 119:241–244
11. Panizzon R, Veraguth PC (1989) Grundregeln für die Röntgenweichstrahlbehandlung gutartiger Hauterkrankungen. Hautarzt 40:175

12. Panizzon R (1986) Die Radiotherapie des malignen Melanoms der Haut - eine Renaissance? Hautarzt 37:481–484
13. Panizzon R (1988) Radiotherapy of Lentigo maligna and lentigo maligna melanoma. In: Orfanos CE, Stadler R, Gollnick H (eds) Dermatology in five Continents. Springer, Berlin, p 930–932
14. Schnyder UW (1976) Vor- und Nachteile der Röntgenweichstrahlentherapie der Basaliome. Therap Umsch 33:524–528
15. Storck H (1978) Zur Strahlentherapie der Hautkarzinome unter besonderer Berücksichtigung der fraktionierten Bestrahlung. Zschr Hautkrh 53:67–74

PD Dr. med. Renato Panizzon
Dermatologische Klinik
Universitätsspital Zürich
Gloriastraße 31
CH-8091 Zürich

Allgemeine dermatologische Ultraschallphänome

P. ALTMEYER, K. HOFFMANN und S. el GAMMAL, Bochum

Einleitung

Der Ultraschall ist in der Zoologie seit nunmehr fast 200 Jahren bekannt. 1794 berichteten die beiden Italiener Spallanzani und Lazarro über den Ultraschallorientierungssinn von Fledermäusen. Kurze Zeit später konnte nachgewiesen werden, daß Fledermäuse ihre Orientierungsfähigkeit bei fehlendem Augenlicht nicht verlieren, hingegen bei mechanismen Verschluß ihrer Gehörgänge.

Allerdings können einige ihrer Jagdobjekte, Nachtschmetterlinge, ebenfalls Ultraschall wahrnehmen-womit sie ihre Überlebenschancen zweifellos verbessert haben.

Sonographiegeräte fanden erst in den 50er Jahren breiten Eingang in die Medizin. Sie sind heute hingegen in nahezu allen Disziplinen zur Routine geworden mit Ausnahme weniger Fächer, und hierzu gehört die Dermatologie.

Hierfür sind mehrere Gründe verantwortlich. Der wichtigste ist sicherlich das mangelnde Auflösevermögen der bisher zur Verfügung stehenden 5–10 MHZ Geräte. Außerdem zeichneten sich die Ultraschallapplikatoren durch Größen aus, die ihren Einsatz in bestimmten Lokalisationen wie Nasen-und Augenregion erschweren oder unmöglich machen. Da diese Regionen aus onkologischer Sicht besonders bedeutsam sind, verhindern unhandliche Schallköpfe den effizienten Einsatz der Ultraschallgeräte. Die in der Dermatologie gebräuchlichen Ultraschallscanner arbeiten aus verschiedenen Gründen mit einer Wasservorlaufstrecke (s.u.). Hieraus resultieren deutliche Nachteile im Bedienungskomfort. Die bequemere Verwendung von handelsüblichen Ultraschallgelen führt bei den hochfrequenten Geräten leider zu kräftigen Störechos, so daß wir bisher auf ihren ausschließlichen Einsatz verzichtet haben. Und letztlich wäre der auf einer geringen Stückzahl basierende hohe Preis der Geräte zu nennen.

Dermatologische Ultraschallscanner

Bei den heute zur Verfügung stehenden Sonographen handelt es sich um Geräte, die den Frequenzbereich zwischen 20 MHz und 1-2 GigaHz abdecken. Der für dermatologische Fragestellungen optimale Frequenzbereich liegt bei den in vivo arbeitenden Scannern wahrscheinlich zwischen 20 und 150 MHz.

Die Erzeugung und die Detektion von Ultraschall geschieht nach dem Puls-Echo-Prinzip mittels piezo-elektrischer Kristalle, die elektrische Schwingungen in mechanische Schwingungen und umgekehrt umsetzen können.

Der DUB 20® von der Firma Taberna pro medicum ist ein 20 MHz Scanner, der sowohl im A- und B-mode arbeitet.

Der Transducer ermöglicht eine Auflösung von etwa 80 µm axial und 200 µm lateral. Das Bild stellt einen 12,8 mm breiten (8fache Vergrößerung) und einen etwa 7 mm tiefen (24fache Vergrößerung) Ausschnitt der Haut dar. Da die Vergrößerung in beiden Achsen unterschiedlich ist, werden die sonographischen Bilder bei von uns durchgeführten Vergleichen im Hochformat und die histologischen Bilder im Querformat photographiert, um einen vergleichbaren Ausschnitt abzubilden. Um die Ausmaße einer Struktur zu berechnen, legt der Rechner für alle Gewebe eine mittlere Schallgeschwindigkeit von 1580 m/s zugrunde. Damit ergeben sich Rechenungenauigkeiten, da die Schallgeschwindigkeit von Gewebe zu Gewebe differiert, im Tumor- und Fettgewebe beispielsweise deutlich größer ist als in dem Hautbindegewebe.

Jedes Echosignal wird seiner Stärke entsprechend in einer Falschfarbkodierung mit 256 Farben wiedergegeben, wobei die schwarze Farbe echoleere, die weiße sehr echoreiche Strukturen darstellt. Dazwischen liegen, nach zunehmender Echodichte geordnet, die Farben Grün, Blau, Rot, Gelb. Die Farbkodierung ermöglicht eine bessere Differenzierung von Gewebestrukturen und damit einen schnelleren Zugang zu den Sonogrammen.

Die Echodichte und Echostärke einer Struktur kann durch die Densitometrie quantifiziert werden. Der jeweiligen Reflexamplitude wird dabei eine Zahl zwischen 1 und 256 zugeordnet, die einer Farbe der Falschfarbdarstellung entspricht. Um die Messung zu standardisieren, wird der Densitometriewert einer „region of interest (ROI)" von dem Densitometriewert der Wasservorlaufstrecke subtrahiert. Der Zahlenwert der Densitometrie ist dimensionslos.

Beim Dermascan C® der dänischen Firma Cortex ist das Arbeiten in Real-time möglich, d. h. das Sonogram steht sofort zur Verfügung. Damit entfällt das lästige Warten auf das vom Computer errechnete Bild. Der wesentliche Vorteil der Real-time Sonographie liegt jedoch in dem Abscannen größerer Hautflächen. Damit lassen sich beispielsweise die Randpartien eines Tumor-verdächtigen Areals sehr sorgfältig untersuchen. Außerdem kann man durch Spannungserhöhung der Haut ihre Echogenität verbessern. Das Echoverhalten des Tumors hingegen bleibt unverändert. Derartige funktionelle Untersuchungstechniken sind mit Real-time-Scannern leichter möglich und bieten einen deutlichen Vorteil gegenüber anderen Verfahren. Hervorzuheben ist noch, daß der Patient den eigentlichen Untersuchungsvorgang auf dem Bildschirm verfolgen kann.

Ultraschallscanner, die oberhalb des 20 MHz-Bereiches arbeiten, stehen derzeit lediglich als Prototypen zur Verfügung. Ihr Vorteil liegt in ihrer besseren Auflösung. Auch diese Geräte sind noch weit davon entfernt, die Forderungen der Dermatologen nach Geräten zu erfüllen, die in der Lage sind, pathologische Prozesse im epidermalen Bereich suffizient aufzulösen.

Ultraschallmikroskope SAM (Sampling Acoustic Microscope) (Fa. Leitz oder Fa. Olympus) arbeiten im Giga-Hertz-Bereich und ermöglichen Abbildungen von mikroskopischer Qualität. Die Untersuchungen sind an histologischen Schnitten oder an Einzelzellen bis zu einer 2000fachen Vergrößerung möglich. Ultraschallmikroskope stellen somit die ideale Ergänzung der in-vivo-Geräte dar und erlauben die Lösung von Detailproblemen, die sich bei der in-vivo-Diagnostik ergeben.

Frequenz und Eindringtiefe des Ultraschallsignals

Für die Sonographie gilt ganz allgemein, daß die Eindringtiefe der Ultraschallwellen von ihrer Frequenz abhängig ist. Sonographen, die im 20 MHz-Bereich arbeiten, erreichen einen diagnostischen Bereich von etwa 7 mm. Sie erfassen damit den für die Dermatologie interessanten Bereich, und zwar
- Epidermis
- Corium und
- subkutanes Fettgewebe.

Bei nicht allzu kräftig entwickelter Subkutis ist auch eine Beurteilung der Muskelfaszien möglich. Bei 50 MHz-Sonographen liegt bei deutlich besserer Auflösung und damit auch besserer Abbildungsqualität die Eindringtiefe des Ultraschallsignals bei 4 mm (Abb. 1). Damit wird ein diagnostischer Bereich erfaßt, der für die meisten dermatologischen Fragestellungen genügt.

Mit der nicht-invasiven Diagnostik des subkutanen Fettgewebes wird für Dermatologen sozusagen eine neue Dimension eröffnet, denn die Kenntnisse hierüber sind eher spärlich, da sich das subkutane Fettgewebe aus technischen Gründen häufig einer Biopsie entzieht.

Allgemeine sonographisch-physikalische Gesetzmäßigkeiten

Bei der Ausbreitung des Ultraschalls in biologischen Geweben werden Ultraschallwellen durch physikalische Effekte beeinflußt, von denen als wichtigste die

Reflexion
Brechung
Streuung
Absorption

zu nennen sind.

Diese Phänomene tragen in ihrer Gesamtheit zum Entstehen und zur Beeinflussung des Ultraschallbildes bei.

Erst das Verständnis der Wechselwirkungen zwischen Ultraschallwellen und Gewebe ermöglicht es, die dem Schallbild eigenen Parameter richtig zu interpretieren und einen Befund hieraus abzuleiten. Die wichtigsten Parameter, um die Wechselwirkungen des Ultraschallfeldes mit dem durchstrahlten Gewebe zu beschreiben, sind Abschwächung, Geschwindigkeit und Impedanz. Abschwächung und Geschwindigkeit des Ultraschalls in einem Gewebe steigen proportional zum relativen Gehalt an Protein und Kollagen. Hingegen sinken sie proportional zum steigenden Wassergehalt (Price et. al). Das Kollagen ist eine Hauptquelle der Echogenität eines Gewebes. Prozesse, bei denen sich die Kontur-gebenden Bindegewebsstrukturen verändern, werden sonographisch beson-

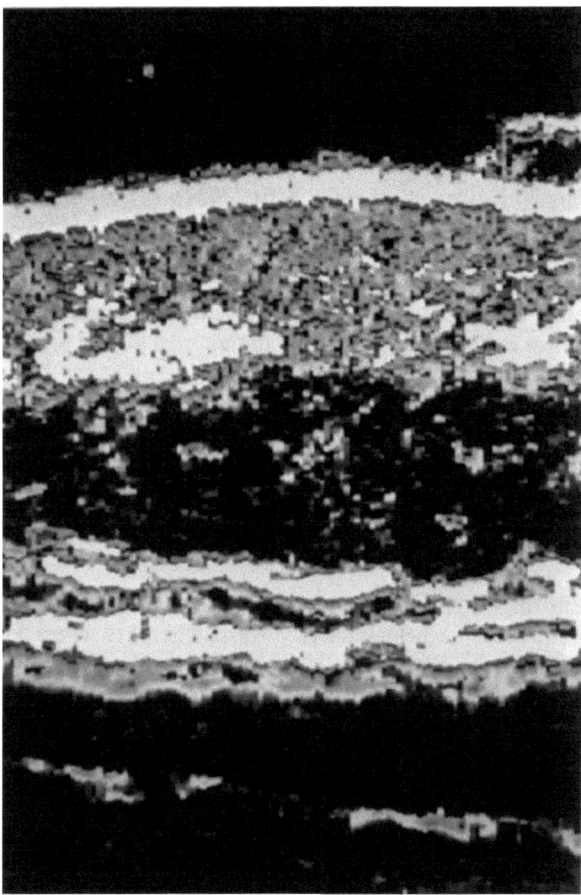

Abb. 2. Sonogramm vom Unterarm einer 26jährigen gesunden Frau. Das bandförmige Eingangsecho überspannt ein mäßig reflexreiches Korium. Es folgt das weitgehend reflexlose subkutane Fettgewebe und die kräftig reflektierende Muskelfaszie

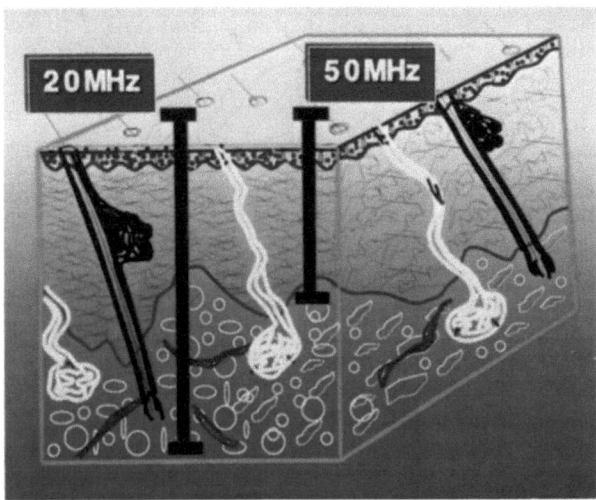

Abb. 1. Schematische Darstellung der Abhängigkeit von Frequenz und Eindringtiefe

Abb. 3. Melanommetastase im Korium. Charakteristisch die weitgehende Echolosigkeit des Tumorparenchyms. Unterhalb des echolosen Bezirkes ist eine Reflexverstärkung nachweisbar

ders gut erfaßt (Abb. 2). Dies trifft z. B. für die Sklerodermie zu (Myers et. al 1984; Serup 1984), bei der sich der koriale Bindegewebskörper auf Kosten des subkutanen Fettgewebes ausdehnt.

Aus diesen Gegebenheiten heraus wird auch klar, daß alle Prozesse, die zu einer Echoverminderung oder gar zu einem Echoverlust im Korium führen, sich als Negativbilder im reflexreichen Bindegewebe darstellen (Abb. 3).

Die hohe Echogenität des Bindegewebes ist somit als sonographischer „Glücksfall" für die Dermatologie anzusehen.

Reflexion

Für die Bildgebung ist das physikalische Phänomen der Reflexion entscheidend. Der Ultraschallstrahl wird an der Grenzfläche zweier Medien unterschiedlicher Schallwiderstände zu einem bestimmten Anteil reflektiert. Trifft der Strahl senkrecht auf die Grenzfläche, so bestimmt sich deren Reflexionsvermögen im wesentlichen aus der Differenz der Impedanz des Mediums vor der Grenzfläche zu der Impedanz hinter der Grenzfläche.

Der Anteil der Schallwellen, der senkrecht zurückgeworfen wird und vom Schallkopf empfangen wird, kann gemessen werden und geht in die Bildinformation mit ein. Das beste Echo erhält man an Strukturen, die exakt rechtwinklig zur Schallausbreitungsrichtung liegten.

In der Realität trifft der Schallstrahl meist nicht senkrecht, wie oben angenommen, sondern schräg auf eine Grenzfläche. Hier gilt der in der Optik gültige Satz: Einfallswinkel = Ausfallswinkel. Damit wird deutlich, daß das Reflexionsverhalten des Ultraschallsignals auch vom Einfallswinkel und vom Brechungswinkel abhängt.

Aus diesen physikalischen Prinzipien ergeben sich für die Dermatologie einige praktisch relevanten Aussagen:
- Am Übergang von Luft zu Weichteilgewebe kommt es aufgrund des extremen Impedanzunterschiedes mit 99% der eingestrahlten Schallenergie praktisch zu einer Totalreflexion (McDicken 1976). Dies kann man vermeiden, indem man den Schallkopf über ein Kontaktmedium an die Haut ankoppelt.
- An der Grenze von Wasser zur Haut werden mit 0,23% nur minimale Anteile der eingestrahlten Schallwellen reflektiert, so daß Wasser ein optimales Kopplungsmedium darstellt (McDicken 1976).
- Innerhalb von Weichteilgeweben ist das Reflexionsvermögen an Grenzflächen sehr klein (R = 0,10 für den Fett-Muskel-Übergang). Dadurch wird eine Beurteilung in diesem Bereich schwierig.
- Wenn keine Reflexion entsteht, liegen gleiche Impedanzen vor.

Brechung

Trifft ein Ultraschallstrahl schräg auf eine Grenze zweier Gewebe mit unterschiedlicher Schallgeschwindigkeit, wird er gebrochen, d. h. von seiner bisherigen Wegrichtung abgelenkt. Nach dem Snell'schen Gesetz entspricht das Verhältnis des Einfallswinkels und des Brechungswinkels dem Verhältnis der Geschwindigkeit des einfallenden Strahls und des gebrochenen Strahls.

Streuung

Auch durch Streuung des Signals kann Echolosigkeit in einem Gewebe auftreten. Jede Zelle stellt für die Ultraschallwelle eine Grenzfläche dar. Die Größe dieser Grenzfläche ist jedoch kleiner als die Wellenlänge der Schallwelle, so daß sie sich praktisch ungehindert ausbreiten kann.

Treten jedoch Zellansammlungen auf, deren Größe insgesamt im Bereich der Wellenlänge liegen, so resultiert daraus eine ungerichtete Reflexion, eine Streuung des Signals. Die Konsequenz ist, daß der einfallenden Schallwelle ein geringer Energieteil entzogen wird, der in die verschiedensten Richtungen gestreut wird, während die Ausbreitung der Gesamtwelle nur unwesentlich gestört wird.

Absorption

Absorption ist die Umwandlung von den geordnet, schalltragenden Schwingungen der Partikel eines Mediums in zufällige, ungerichtete Wärmevibrationen oder in intramolekulare Energie, vereinfacht gesagt: die Umwandlung von Bewegung in Wärme. Wenn eine Ultraschallwelle ein absorbierendes Medium durchläuft, fällt ihre Amplitude und damit ihre Energie in Abhängigkeit von einem Absorptionskoeffizienten exponentiell ab. Dieser Absorptionskoeffizient wird von den Eigenschaften des Mediums und der Schallfrequenz bestimmt. Da bei steigender Frequenz auch die Absorption ansteigt, sinkt die Eindringtiefe des Ultraschallsignals bei steigender Frequenz. Damit wird dem Ultraschall mit zunehmender Eindringtiefe ins Gewebe Energie entzogen. Das

Problem der Absorption oder Dämpfung ist in der Dermatologie sehr gut bekannt, und zwar bei der sonographischen Untersuchung einer sehr dicken Haut z. B. der Rückenhaut.

Dort wird das Signal in den oberen und mittleren Anteilen des sehr kompakten und breiten Koriums derart stark abgeschwächt, daß sich die tiefen Anteile des Koriums häufig nur schwach oder überhaupt nicht darstellen.

Die basalen korialen Strukturen verdämmern im sonographischen Bild.

Spezielle dermatologische Ultraschallphänomene

Das Eingangsecho

Bei der Beurteilung eines Sonogramms der Haut findet man am Übergang von Wasservorlaufstrecke zur Haut eine starke bandförmige Reflexion, das sog. Eingangsecho. Dieses wird von einigen Autoren mit der Epidermis gleichgesetzt (Payne 1982; Dines 1984; Payne 1985). Unsere Untersuchungsergebnisse bestätigen diese Ansicht jedoch nicht. Das hochreflektierende Eingangsecho entsteht unseres Erachtens in den obersten Anteilen der Epidermis, d. h. wahrscheinlich als Folge des Impedanzsprungs von Kopplungsmedium und Str. corneum. Die Breite des Eingangsechos ist nicht identisch mit der Epidermis.

Hautpartien mit einem breiten Str. corneum, z. B. die Fußsohlen, bewirken ein starkes Eingangsecho bis hin zur kompletten Reflexion des Signals. Die Konsequenz ist, daß darunterliegende Anteile des Koriums nicht abgebildet werden. Dieses Phänomen kann man beispielsweise als breiten Schallschatten in seborrhoischen Keratosen nachweisen.

Das Eingangsecho selbst bleibt nicht unstrukturiert. Ein Beispiel ist die akanthotisch veränderte Epidermis, z. B. bei einer chronischen atopischen Dermatitis. Hier findet sich ein breites Eingangsecho mit unregelmäßig strukturiertem Oberflächenrelief. Daraus läßt sich ableiten, daß globale konturbestimmende Veränderungen des Makroreliefs der Epidermis, nicht jedoch die seiner Mikrostruktur in das Eingangsecho miteingehen.

Starke parakeratotische Hornplaques mit ihren zahlreichen Grenzflächen verursachen Totalreflexion mit einem fokalen dorsalen Schallschatten. Das selbe Phänomen läßt sich unter Fibrin-getränkten Krusten nachweisen (z. B. unter einer krustig belegten Erosion).

Der Einfluß der Hautspannung auf das Ultraschallbild

Eine wesentliche Erkenntnis unser bisherigen Studien war die, daß der Spannungszustand der Haut das Eingangssignal und die Reflexionen im Korium erheblich verändert.

Die schlaffe Haut eines alten Menschen ruft ein relativ schwaches Eingangsecho hervor, obwohl die Epidermis nur unwesentlich dünner ist als die eines jungen Menschen.

Spannt man unter kräftigem Zug die altersatrophische Haut nach allen Seiten hin, so resultiert eine deutliche Verstärkung des Eingangsechos. Aber nicht nur das Eingangsecho verändert seine Reflexogenität unter wechselnden Spannungsverhältnissen, sondern auch das Korium.

Das Spannen der Haut führt zu einem deutlichen Anstieg der Reflexionen. Für den Anstieg der Echogenität des korialen Bindegewebes unter Zug gibt es wahrscheinlich zwei Ursachen. Zum einen der Spannungszustand der kollagenen Faserbündel, zum anderen die Abflachung der zuvor steilgestellten scherengitterartig verlaufenden Kollagentextur. Damit ändert sich neben der Spannung auch der Reflexionswinkel für die eingestrahlten Ultraschallsignale.

Einsatz in der Tumordiagnostik

Eine Hauptindikation der dermatologischen Sonographie ist die präoperative Tumordiagnostik (Hoffman et al. 1989; Müller et al. 1989). Dabei geht es weniger um eine Diagnostik im histologischen Sinne, d. h. um eine sichere Gewebedifferenzierung, sondern um Informationen, die die präoperative Diagnosestellung erleichtern oder sichern.

Beispielsweise kann an dem charakteristischen Schallverhalten der seborrhoischen Warze in den meisten Fällen ein malignes Melanom ausgeschlossen werden. Ebenso besitzen Angiome aufgrund ihrer Binnenstrukturen ein durchaus bezeichnendes sonographisches Muster.

Das Tumorparenchym läßt sich mit den modernen 20 oder 50 MHz-Geräten allseitig meist gut abgrenzen.

Neben der zweidimensionalen Tumorvermessung ermöglichen rechnerische Aufbereitungen sonographischer Serienschnitte den Schritt in die „dritte Dimension" (Sohn et al. 1989). Über das eigens hierfür entworfene Computerprogramm ANAT 3 D (Dr. el Gammal) gelingt eine dreidimensionale Darstellung des Tumorkörpers. Der Rechner ermöglicht die Rotation des Körpers in allen Ebenen und damit eine gute Einsicht in die topographischen Verhältnisse. Er liefert exakte Angaben über Oberfläche und Volumen des errechneten Gebildes. Möglicherweise wird zukünftig die invasive Tumormasse (d. h. der Anteil des malignen Melanoms, der sich als invasives Tumorparenchym darstellt) die bisherigen Tumorindices von Clark oder Breslow ergänzen.

Eine gute Hilfe leistet die 20 MHz-Sonographie bei der seitlichen und basalen Abgrenzung eines Tumors. Diese wichtige klinische Fragestellung stellt sich in der Basaliomdiagnostik, insbesondere beim sklerodermiformen Basaliom. Beim sklerodermiformen Basaliom läßt sich die seitliche Abgrenzung mit herkömmlichen nicht-invasiven klinischen Mitteln häufig nicht exakt definieren, so daß präoperativ im Tumorrandbereich mehrere Stanzbiopsien entnommen werden müssen. Diese können durch den gezielten Einsatz der hochauflösenden dermatologischen Sonographie zumeist entfallen (Abb. 4).

Subtumorales entzündliches Infiltrat

Derzeit wird von den meisten Untersuchern (s. Gassenmaier, Hoffmann 1990) darauf hingewiesen, daß eine sichere Differenzierung zwischen entzündlichem Infiltrat an der Tumorbasis und dem eigentlichen Tumorparenchym nicht möglich ist. Beide stellen sich echoarm bis echolos dar.

Diese physikalische Besonderheit führt bei der sonographischen Tumordickenmessung (Breslow-Index), ein für das operative Regime unabdingbar notwendiger Parameter, zu höheren Werten.

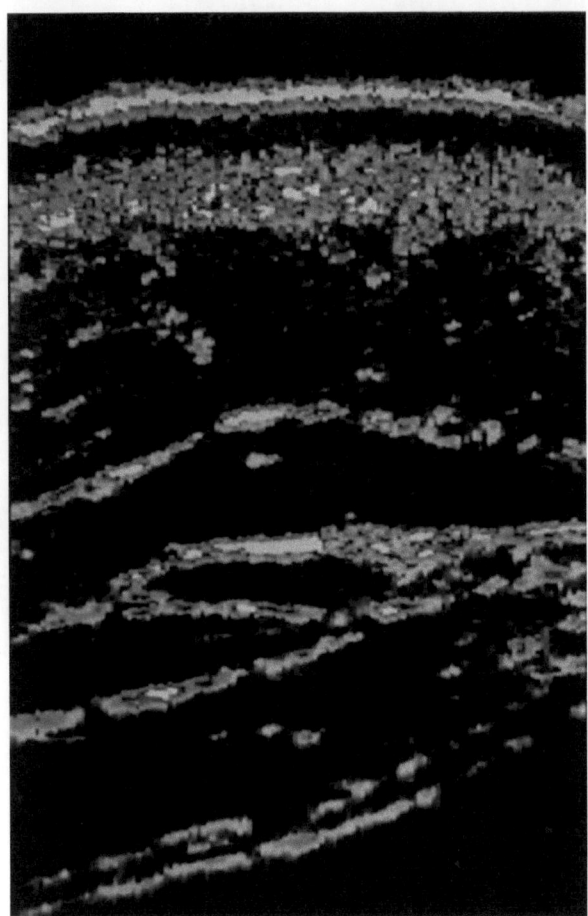

Abb. 4. Schwere aktinische Elastose. Subepidermal bandförmig angeordnete echoarme Zone mit zahlreichen inhomogen verteilten Binnenreflexen

Aktinische Elastose

Eine Einschränkung erfährt diese Aussage bei Sitz eines Tumors in aktinisch schwer geschädigter Haut. In dieser Region ist eine Elastose ausgebildet, eine aktinisch induzierte Alteration des kollagenen Bindegewebes. Das alterierte Kollagen färbt sich wie elastisches Gewebe an, insofern der Name Elastose.

Dieses aktinisch veränderte Gewebe lagert sich bandförmig subepidermal ab.

Im 20-Mega-Hertz-Bereich arbeitende Ultraschallgeräte zeigen die Elastose ihrem Schwergrad entsprechend als reflexarmes oder sogar reflexloses Band (Abb. 4). Insbesondere eine schwere aktinische Elastose eröffnet sonographische Abgrenzungsprobleme bei den häufig in aktinischer Haut auftretenden Basaliomen, da beide, Tumor wie auch Elastose, sich echoarm darstellen. Eine technische Hilfe stellt der sonographische Vergleich mit der kontralateralen nicht tumorinfiltrierten Haut dar. Darüber hinaus bewirkt ein Spannen der Haut eine Erhöhung ihrer Echogenität, das Tumorparenchym selbst bleibt unverändert. Hieraus resultiert eine bessere Abgrenzungsmöglichkeit.

Rosacea

Bei echoarmen oder echolosen Prozessen, die sich in einer fortgeschrittenen Rosacea darstellen, kommt es ebenfalls zu Abgrenzungsschwierigkeiten. Das ödematös-sulzig aufgelockerte Korium stellt sich in einer breiten, bandförmigen, nach distal meist unscharf begrenzten Zone unterhalb des Eingangsechos dar.

Die Abgrenzung vom Tumorparenchym ist wie bei aktinischer Elastose u. U. nicht möglich.

Experimentelle Ansätze

Eine weitere sehr interessante Möglichkeit einer sonographischen Diagnostik sind nicht-invasive Longitudinaluntersuchungen, beispielsweise die Erfassung des zeitlichen Ablauf einer Entzündung oder eines atrophisierenden Prozesses. Hier bietet sich die Entwicklung einer experimentell ausgelösten Entzündung, z. B. nach intrakutaner Applikation einer definierten Menge eines Allergens (z. B. Tuberkulin – Beck et al. 1986) an.

Die fortschreitende entzündliche Reaktion ist erkennbar an der Expansion des Koriums, die sowohl über das Epidermisniveau als auch gegen das subkutane Fettgewebe erfolgt. Das koriale Echo lockert sich auf. Die ursprünglich hoch reflexogene Textur wird von reflexlosen Zonen sehr unregelmäßig durchsetzt. Alle eben erwähnten Parameter lassen sich exakt quantifizieren. Die entzündliche Zone kann in der Länge wie auch in der Breite vermessen werden. Darüber hinaus läßt sich auch die Qualität der Entzündung durch densitometrische Verfahren evaluieren.

Ein weiteres Beispiel für eine sonographische Quantifizierung einer entzündlichen Reaktion liefert die Psoriasis

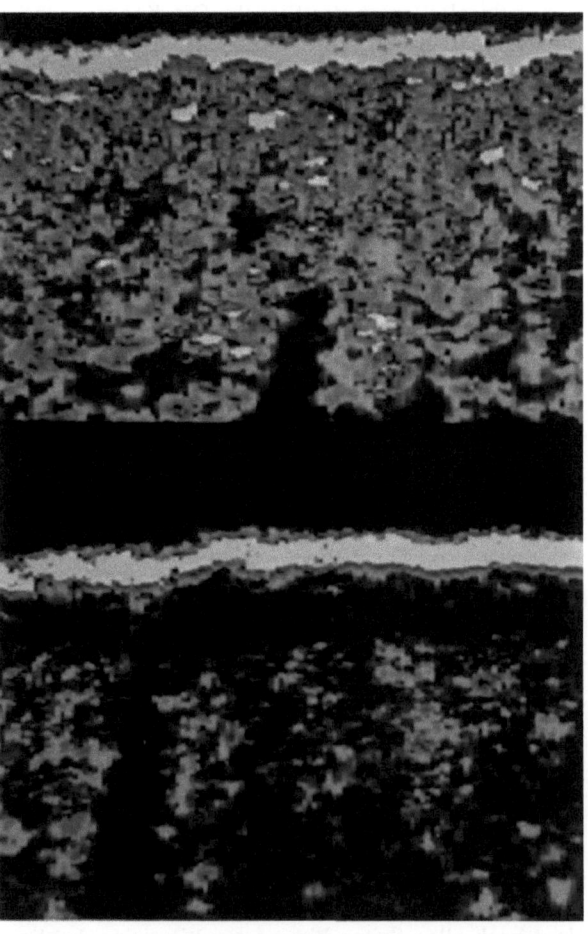

Abb. 5. Unten, unbehandelte Psoriasispapel; breites, etwas unregelmäßiges Eingangsecho, bandförmige, subepitheliale echoarme Zone, fokale Schallschatten; Oben, nach Abheilung sonographisch normaler Befund

(Serup 1984). Der unbehandelte psoriatische Plaque zeigt ein kräftiges Eingangsecho, häufig kombiniert mit fokalen dorsalen Schallschatten (Abb. 5). Histologisch sind diesen Schallschatten Parahyperkeratosezonen zuzuordnen. Das unterliegende echoarme bis echolose Band summiert sich aus akanthotischem Epithel und entzündlichem Infiltrat.

Auch eine Ekzemreaktion kann durch sonographische Parameter gut evaluiert werden sowohl hinsichtlich ihrer Infiltratausdehnung als auch über die Densitometrie hinsichtlich ihrer Infiltratqualität.

Damit wird klar, daß wir mit der dermatologischen Sonographie in die Lage versetzt werden, entzündliche Prozesse in der Haut zu erfassen und über die bereits verfügbaren klinischen Parameter hinaus exakt zu vermessen. Die Möglichkeit einer nicht-invasiven Longitudinaluntersuchung erlaubt eine objektivierbare Aussage über die Dynamik eines Prozesses. In diesem Zusammenhang sollte hervorgehoben werden, daß sononographische Untersuchungen für den Patienten vollständig harmlos und damit beliebig oft wiederholbar sind.

Auch Steroideffekte auf die Haut lassen sich per Sonogramm nicht-invasiv erfassen (Tan et al. 1981). Antiinflammatorische Analysen sind ebenso möglich wie die kontinuierliche Ermittlung eines atrophogenen Effektes eines Steroidexternums.

Literatur

1. Alexander H, Miller DL (1979) Determining skin thickness with pulsed ultrasound. J Invest Dermatol 72:17–19
2. Beck JS, Spence VA, Lowe JG et al. (1986) Measurement of skin swelling in the tuberculin test by ultrasonography. J Immunol Methods 86:125–129
3. Breitbart EW, Rehpenning W (1983) Möglichkeit und Grenzen der Ultraschalldiagnostik zur in vivo Bestimmung der Invasionstiefe des malignen Melanoms. Z Hautkr 58:975–987
4. Breitbart EW, Müller CE, Hicks R, Rehpenning W, Vieluf D (1989) Neue Entwicklungen der Ultraschalldiagnostik in der Dermatologie. Akt Dermtol 15:57–61
5. Buhles N, Altmeyer P (1988) Ultraschallmikroskopie an Hautschnitten. Z Hautkr 63:926–934
6. Dicken Mc WN (1976) Diagnostic ultrasonics: principles and use of instruments. Crosby Lockwood Staples, London
7. Dines KA, Sheets PW, Brink JA, Hanke CW, Condra KA, Clendenon JL, Goss SA, Smith DJ, Franklin TD (1984) High frequency ultrasonic imaging of skin: experimental results. Ultrason Imaging 6:408–434
8. Gassenmaier G, Schell H (1989) Wertigkeit und Grenzen des Ultraschallverfahrens bei Diagnostik und Differentialdiagnostik von Pigmenttumoren. Zbl Haut u Geschlechtskrh 156:558
9. Hoffmann K, El-Gammal S, Matthes U, Altmeyer P (1989) Digitale 20-Mhz-Sonographie der Haut in der präoperativen Diagnostik. Z Hautkr 64:851–858
10. Hoffmann K, Stücker M, el Gammal S, Altmeyer P (1990) Digitale 20 MHz Sonographie des Basalioms im B-Scan. Hautarzt 41:333–339
11. Myers SL, Cohen JS, Sheet PW, Bies JR (1986) B-mode ultrasound evaluation of skin thickness in progressive systemic sclerosis. J Rheumatol 13:577–580
12. Payne P (1985) Medical and industrial applications of high resolution ultrasound. J Phys E Instrum 18:465–472
13. Payne P (1985) Ultrasound in dermatology-non-invasive skin measurement by ultrasound. RNM 13:24–26
14. Price RR, Jones TB, Goddard J, James AE (1980) Basic concepts of ultrasonic tissue characterization. Radiol Clin North Am 18:21–30
15. Querelex B, Leveque JL, De Rigal J (1988) In vivo cross sectional ultrasonic imaging of human skin. Dermatologica 177:332–337
16. Serup J (1984) Non-invasive quantification of psoriasis plaques. Measurement of skin thickness with 15 mHz pulsed Ultrasound. Clin Exper Dermatol 9:502–505
17. Serup J (1984) Quantification of acrosclerosis: Measurement of skin thickness and skin-phalanx distance in females with 15 MHz pulsed ultrasound. Acta Derm Venereol (Stockh) 64:35–40
18. Tan CY, Marks R, Payne P, Miere CE (1981) Comparison of xeroradiographic and ultrasound detection of corticosteroid induced dermal thinning. J Invest Dermatol 76:126–128
19. Sohn Ch, Grotepaß J, Swobodnik W (1989) Möglichkeit der 3dimensionalen Ultraschalldarstellung. Ultraschall 10:307–313

Prof. Dr. Peter Altmeyer
Dr. Klaus Hoffmann
Dr. Stefan el-Gammal
Dermatologische Klinik der Ruhr-Universität Bochum
im St. Josef Hospital
Gudrunstraße 56
4630 Bochum

Aktuelle Kontaktallergene

P. J. Frosch, Dortmund*

Die menschliche Haut wird in unserer modernen Industriegesellschaft einer Vielzahl von potentiellen Irritantien und Kontaktallergenen ausgesetzt. Die Quellen für Sensibilisierungen liegen nicht nur im Beruf, sondern zunehmend auch im Haushalt, in Freizeitaktivitäten und in der Körperpflege. In der folgenden Übersicht soll dargestellt werden, welche Allergene aktuell und für die dermatologische Praxis besonders relevant sind.

---

* im Namen der Deutschen Kontaktallergiegruppe

W. Aberer (Wien), M. Agathos (München), G. Bäurle (Nürnberg), F. Bahmer (Homburg/Saar), R. Bauer (Bonn), I. Böhm (Bonn), J. Brasch (Kiel), R. Breit (München), W. Czech (Freiburg i. Br.), T. L. Diepgen (Erlangen), E. Eck (Mannheim), P. Elsner (Würzburg), F. Enders (München), R. Fritsche (Köln), Th. Fuchs (Göttingen), G. Gailhofer (Graz), W. Gehring (Karlsruhe), G. Goerz (Düsseldorf), M. Goos (Essen), W. Gudat (Mainz), O. Hensel (Frankfurt), H. Ippen (Göttingen), A. Kapp (Freiburg), G. Klein (Innsbruck), P. Lehmann (Düsseldorf), G. Lischka (Tübingen), H. Merk (Köln-Lindenthal), K.-P. Peters (Erlangen), B. Przybilla (München), J. Rakoski (München), J. Ring (Hamburg), B. Scheuer (Eckernförde), A. Schnuch (Göttingen), K. H. Schulz (Hamburg), A. Schulze-Dirks (Heidelberg), H. Senff (Duisburg), A. Stary (Dortmund), M.-A. Steffan (Krefeld), C. Szliska (München), W. Uter (Göttingen), S. W. Wassilew (Krefeld), W. Wehrmann (Bonn), K. Wilhelm (Lübeck), J. Zimmermann (Heidelberg)

Allergene der Standardreihe

Die Deutsche Kontaktallergiegruppe (DKG) hat 1988/89 eine multizentrische Studie mit einer Testreihe durchgeführt, die weitgehend dem Europäischen Standard der International Contact Dermatitis Research Group (ICDRG) und der European Environmental and Contact Dermatitis Research Group (EECDRG) entsprach. Alle 12 Zentren (LMU-München, Göttingen, Tübingen, Heidelberg, Düsseldorf, Erlangen, Homburg, Kiel, Dortmund, Köln, TU München, Nürnberg) verwendeten die gleichen, unter Qualitätskontrollen hergestellten Testsubstanzen (Hermal, Reinbek). Die Materialapllikation erfolgte auf dem Rücken mit dem Finn-Kammer-System. Die Applikationszeit war in den meisten Kliniken 48 h, die Ablesung wurde auf einer 0 bis +++ Skala nach den Empfehlungen der ICDRG vorgenommen.

Die *Ergebnisse* an 3389 Patienten (2123 Frauen, 1266 Männer) zeigt die Tabelle 1. Nickelsulfat ist das führende Allergen. Bei den Frauen liegt die Sensibilisierungsrate im Durchschnitt bei 22% im Gegensatz zu nur 4,7% bei den Männern. Die Ursachen sind gut bekannt. Es ist vor allem das Tragen von Modeschmuck am Ohr, das junge Frauen sinsibilisiert. Die Zahlen für Nickel sind weltweit alarmierend hoch. In Dänemark hat man im letzten Jahr daraus die Konsequenzen gezogen und den Verkauf von Modeschmuck, der soviel Nickel enthält, daß der Dimethylglyoxim-Text positiv wird, unter Strafe gestellt. Die Deutsche Kontaktallergiegruppe empfiehlt, daß bei nickelhaltigen Gegenständen zumindest ein Warnhinweis bezüglich des Sensibilisierungsrisikos angebracht wird. Viele junge Menschen sind sich nämlich dieses Risikos überhaupt nicht bewußt, machen jedoch später nicht selten die leidvolle Erfahrung eines dyshidrosiformen Handekzems, das zur Berufsaufgabe zwingen kann.

Tabelle 1. Ergebnisse einer multizentrischen Studie der DKG mit der Standardreihe

Auswertung von 12 Zentren
3389 Patienten (2123 Frauen, 1266 Männer)

	Positiv %		
	Gesamt	Frauen	Männer
1. Nickelsulfat 5%	15,5%	22,0%	4,7%
2. Duftstoff-Mix 8,0%	6,6%	6,8%	6,4%
3. Perubalsam 25,0%	5,4%	5,6%	5,3%
4. Kobaltsulfat x 6 H$_2$O 2,5%	5,4%	6,1%	4,4%
5. Kathon CG (aq.) 0,01%	5,2%	5,6%	4,7%
6. p-Phenylendiamin 1,0%	4,6%	5,0%	3,8%
7. Kaliumdichromat 0,5%	3,6%	3,3%	4,3%
8. Neomycinsulfat 20,0%	3,5%	3,7%	3,3%
9. Kolophonium 20,0%	3,3%	3,3%	3,3%
10. Quecksilberamidochlorid 1,0%	3,2%	3,3%	3,2%
11. Wollwachsalkohole 30,0%	2,8%	2,5%	3,4%
12. Formaldehyd (aq.) 1,0%	2,4%	2,0%	3,0%
13. Thiuram-Mix 1,0%	2,2%	1,7%	2,9%
14. Paraben-Mix 15%	2,0%	2,0%	2,0%
15. Benzocain 5,0%	1,8%	1,9%	1,6%
16. Gummi-Mix, schwarz 0,6%	1,2%	0,9%	1,7%
17. Quinolin-Mix 6,0%	1,1%	1,1%	1,1%
18. p-t-BPFH 1,0%	0,9%	0,9%	1,0%
19. Epoxidharz 1,0%	0,6%	0,6%	0,6%
20. Mercapto-Mix 2,0%	0,6%	0,5%	0,7%
21. Ethylend.-dihydrochl. 1,0%	0,2%	0,2%	0,2%
22. Terpentinperoxyd 0,3%	0,2%	0,1%	0,2%

An zweiter Stelle in der Sensibilisierungshäufigkeit rangierte der Duftstoff-Mix. Hier, wie bei den anderen Allergenen war keine deutliche Geschlechtsbevorzugung erkennbar. Die hohe Sensibilisierungsrate beim Duftstoff-Mix war überraschend, da an vielen Kliniken der Duftstoff-Mix bis 1988 nicht getestet worden war. Die Testreaktionen waren nicht in allen Fällen klinisch relevant, z. T. dürfte es sich dabei auch um irritative Reaktionen gehandelt haben. In einer prospektiven Studie an der Univ.-Hautklinik Heidelberg war bei 10 von 18 Duftstoff-Mix – positiven Patienten (56%) eine sichere klinische Relevanz gegeben, nachgewiesen durch positive Reaktionen auf verschiedene Inhaltsstoffe von Parfüms, positivem Anwendungstest in der Ellenbeuge (ROAT) und insbesondere durch zuverlässige anamnestische Angaben einer Duftstoffunverträglichkeit.

Das Konservierungsmittel (*Chlor*) *Methylisothiazolinon* (Kathon CG, Euxyl K 100) findet sich nach nur wenigen Jahren des Einsatzes in verschiedenen Körperpflegeprodukten und Lichtschutzmitteln mit 5,5% positiven Reaktionen im Gesamtkollektiv auf Platz 5 der „Allergen-Hitliste". Der anfänglich deutliche Geschlechtsunterschied mit Bevorzugung des weiblichen Geschlechtes durch den Gebrauch von Kosmetika hat sich inzwischen ausgeglichen [8].

Die Sensibilisierungen auf *Kaliumdichromat* scheinen im Vergleich zu älteren Studien rückläufig zu sein. Primär berufliche Ursachen (Bauberufe, Metallverarbeitung) erklären die höheren Werte bei Männern [3].

Reaktionen auf *Quecksilberamidochlorid* waren nicht selten, konnten jedoch häufig in ihrer klinischen Relevanz nicht sicher beurteilt werden. In manchen Fällen dürfte es sich um alte Sensibilisierungen durch früher verwendete Medikamente gehandelt haben (z. B. weiße Präzipitatsalbe). Kreuzreaktionen mit organischen Quecksilberverbindungen, insbesondere mit dem Merthiolat (Thiomersal) sind jedoch ebenfalls in Erwägung zu ziehen. Aus Österreich und Italien werden sehr hohe Sensibilisierungsraten für Merthiolat und andere Hg-Verbindungen berichtet [1, 19, 21]. Als Hauptursache werden Impfstoffe, Desinfektionsmittel und Konservierungsmittel in Augentropfen angegeben.

Ethylendiamindihydrochlorid und *Terpentin* waren mit 0,2% positiven Reaktionen die Allergene mit der niedrigsten Trefferquote in der Standardreihe. Nach einem Zeitraum von 2 Jahren soll anhand eines noch größeren Testkollektives innerhalb der DGK entschieden werden, ob diese Allergene aus dem Standard entfernt werden können. Terpentin gehörte noch in den 60er Jahren zu den häufigsten Allergenen und wurde deswegen aus den meisten Haushalts- und Industrieprodukten entfernt [3]. Diese Maßnahme war erfolgreich und veranschaulicht eindrucksvoll den zeitlichen Wandel im Allergenspektrum.

Bei den übrigen Allergenen gibt es wenig neue Aspekte. Hier wird auf die einschlägige Fachliteratur verwiesen [4, 9, 16].

Primin und *Quaternium 15* werden in der Europäischen Standardreihe der ICDRG aufgeführt, sind jedoch in der BRD von untergeordneter Bedeutung. Bei einem Testkollektiv von 1155 Patienten in Heidelberg wurden nur je 2 positive Reaktionen beobachtet [22]. Daher wird nur die gezielte Testung bei entsprechenden anamnestischen Angaben empfohlen.

Friseurstoffe

Angeregt durch die Mitteilung von Storrs [18] und Einzelbeobachtungen innerhalb der DKG, hat die Gruppe eine multizentrische Studie mit einer neuen Friseurreihe durchgeführt. 178 Friseure wurden in 11 Zentren getestet (LMU-München, Tübingen, Düsseldorf, Erlangen, Dortmund, Göttingen, Homburg, Heidelberg, Nürnberg, Kiel, Köln).

Die Ergebnisse sind in Tabelle 2 aufgeführt. Das führende Allergen ist das Glycerylmonothioglykolat (GMT), der Hauptinhaltsstoff der „sauren Dauerwelle". Es folgen das Bleichmittel Ammoniumpersulfat und die schwarzen Haarfarben. Neben dem GMT sind relativ neue Sensibilisatoren bei den Friseurstoffen das Cocamidopropylbetain und Chloracetamid; beide werden in Shampoos eingesetzt. Bemerkenswert ist, daß der Inhaltsstoff der „klassischen" alkalischen Dauerwelle, Ammoniumthioglykolat, mit 1,1% eine wesentlich niedrigere Sensibilisierungshäufigkeit aufweist als das GMT (30,9%).

Weitere Einzelheiten dieser Studie und der Standardreihe werden an anderer Stelle publiziert.

Tabelle 2. Ergebnisse einer multizentrischen Studie der DKG mit der Friseurstoffreihe

Auswertung von 11 Zentren
178 Patienten

	Positiv %
1. Glycerylmonothioglycolat 1,0%	30,9%
2. Ammoniumpersulfat 2,5%	25,3%
3. p-Toluylendiamin (f.B.) 1,0%	18,0%
4. p-Phenylendiamin (f.B.) 1,0%	18,0%
5. p-Toluylendiaminsulfat 1,0%	8,4%
6. o-Nitro-p-phenylendiamin 1,0%	6,2%
7. Pyrogallol 1,0%	5,0%
8. Cocamidopropylbetaine (aq.) 1,0%	5,0%
9. 4-Aminophenol 1,0%	3,4%
10. Chloracetamid 0,2%	2,2%
11. p-Aminodiphenylaminhydrochlorid 0,25%	2,2%
12. Ammoniumthioglykolat 1,0%	1,1%
13. Hydrochinon 1,0%	1,1%
14. 3-Aminophenol 1,0%	1,1%
15. Resorcin 1,0%	0,6%
16. Captan 0,5%	0,6%
17. Chloroxylenol 0,5%	0,6%
18. Chlorokresol 1,0%	0,0%
19. Imidazolidinyl-Harnstoff 2,0%	0,0%

Euxyl K 400, Bronopol

Wegen des Sensibilisierungsrisikos in sog. „leave on"-Produkten wird das Konservierungsmittel Euxyl K 100 zunehmend durch Euxyl K 400 ersetzt. Dabei handelt es sich um ein Gemisch von Dibromdicyanobutan und Phenoxyethanol. In Einzelfällen ist über Sensibilisierungen durch Euxyl K 400 berichtet worden [17]. Die DKG hat daher eine multizentrische Studie mit Euxyl K 400 und den Einzelsubstanzen durchgeführt. 3288 Patienten wurden in 14 Zentren getestet (LMU-München, Göttingen, Wien, Heidelberg, Erlangen, Graz, Frankfurt, Karlsruhe, Tübingen, München-Schwabing, Homburg, Dortmund, Kiel, Bonn). Bei 19 Patienten (0,5%) waren positive Reaktionen von klinischer Relevanz zu beobachten. In weiteren 21 Fällen konnte die positive Epikutantestreaktion einem klinischen Ereignis nicht zugeordnet werden. Die meisten Patienten reagierten gemeinsam auf Euxyl K 400 (0,5% i. Vas.) und auf Dibromdicyanobutan (0,1% i. Vas.), während Phenoxyethanol nur in Einzelfällen positiv war. Als Auslöser wurden neben einer Massage-Lotion verschiedene Hautcremes und ein Shampoo identifiziert.

Die Daten werden an anderer Stelle ausführlich publiziert. Weitere Beobachtungen sind notwendig, um das Sensibilisierungsrisiko von Euxyl K 400 zuverlässig einstufen zu können.

Während in den USA Sensibilisierungen durch den Formaldehyddonator Bronopol relativ häufig sind, ist dies in Europa wohl aufgrund des relativ geringen Einsatzes als Konservierungsmittel nicht der Fall. Dies hat eine Multizenterstudie der EECDRG ergeben. Bei 8149 Patienten wurden 38 allergische (0,47%) und 10 irritative Reaktionen (0,12%) beobachtet. In nur 17 Fällen (0,21%) wurde die Reaktion als klinisch relevant für eine jetzige oder frühere Kontaktdermatitis eingestuft. Eine gleichzeitige Sensibilisierung auf Formaldehyd war in etwa 1/3 der Patienten vorhanden [10].

Propolis

Das Kittharz der Bienen ist ein bekanntes Berufsallergen bei Imkern. Propolis wird auch zunehmend in Naturkosmetika und in Wundheilungsprodukten eingesetzt. Sensibilisierungen sind mehrfach berichtet worden. Als Hauptallergen konnte ein Zimtsäureester isoliert werden [11, 15].

Nach einer noch unveröffentlichten Untersuchung an der Universitäts-Hautklinik Heidelberg sind jedoch Propolissensibilisierungen selten, so daß eine Aufnahme in die Standardreihe nicht gerechtfertigt wäre. Bei 965 im Jahre 1989 konsekutiv getesteten Patienten waren 25 positive Reaktionen auf Propolis zu beobachten (2,6%); jedoch nur in 2 Fällen bestand klinische Relevanz (Handekzem bei Imker, Kontaktdermatitis durch propolishaltige Salbe gegen Herpes labialis). Im gleichen Zeitraum reagierten 23 Patienten positiv auf Perubalsam und 16 auf Duftstoff-Mix. Nur 7 Propolis-positive Patienten reagierten nicht auf Perubalsam. In den meisten Fällen dürfte es sich daher um primäre Sensibilisierungen durch Perubalsam oder Duftstoffe handeln. Zur Sicherheit sollten solche Patienten keine proplishaltigen Externa anwenden. Auch propolishaltige Tropfen und Tabletten sollten gemieden werden, da hämatogene Kontaktekzeme möglich sind.

Sesquiterpenlacton-Mix

Die Sensibilisatoren in der großen Gruppe der Korbblütler (Chrysanthemen, Astern u.v.a.) sind Sesquiterpenlactone. Bei Gärtnern und Floristen führen Sensibilisierungen häufig zur Berufsaufgabe infolge schwerer Handekzeme. Bei hochgradiger Allergie kommt es zum „aerogenen Kontaktekzem" im Gesicht und an den übrigen nicht von der Kleidung bedeckten Partien. Die aufgrund von Literatur-Mitteilungen in Frage kommenden Hauptsensibilisatoren wurden kürzlich von der EECDRG an einem großen Kollektiv getestet. Verwendet wurde ein 0,1%-

Mix von Alantolacton, Costunolid und Dehydrocostuslacton. Bei 4011 Patienten wurden 63 allergische Reaktionen (1,5%) registriert; frühere oder jetzige klinische Relevanz war in 31 Fällen gegeben. Kontakt mit Pflanzen, aber auch mit Korbblütler-Extrakten in Heilsalben und Kosmetika verursachten Kontaktekzeme an Händen, Armen und Gesicht [6].

Der SL-Mix ist nach dieser Untersuchung ein wertvoller Suchtest für Kompositenallergien durch Berufsstoffe und Externa verschiedener Art.

Lichtschutzsubstanzen

Die Inhaltsstoffe von Lichtschutzmitteln werden zunehmend als Kontakt- und Photokontaktallergene erkannt [7, 13]. Lichtfilter werden auch vermehrt in Kosmetika ohne Deklaration eingesetzt, so daß die Diagnostik oft erschwert wird. Daher ist es empfehlenswert, bei allen unklaren Fällen von Kontakt- und Photokontaktdermatitiden eine Lichtfilterreihe zu testen. Seit kurzem ist eine Testserie im Handel, die auf Empfehlungen der ICDRG, EECDRG und der Deutschen Arbeitsgemeinschaft Photopatchtest zurückgeht (Hermal, Reinbek) (Tabelle 3).

Tabelle 3. Lichtfilter im UVA- und UVB-Bereich, die sowohl Kontakt- als auch Photokontaktallergien hervorrufen können

1. 1-(4-Isopropylphenyl)-3-phenyl-1,3-propandion (Eusolex 8020)	2%
2. 4-tert-Butyl-4'-methoxy-dibenuzoylmethan (Parsol 1789)	2%
3. 4-Aminobenzoesäure (PABA)	2%
4. 2-Ehtylhexyl-4-dimethyl-aminobenzoat (Escalol 507, Eusolex 6007, Padimate O)	2%
5. 2-Ethylhexyl-4-methoxycinnamat (Parsol MCX, Neo-Heliopan AV)	2%
6. 2-Phenylbenzimidazol-5-Sulfonsäure, Natriumsalz (Eusolex 232, Novantisol)	2%
7. 3-(4-Methylbenzyliden)-campher (Eusolex 6300)	2%
8. Oxybenzon (Eusolex 4360, Cyasorb UV 9, Uvinul M 40, Chimasorb 90)	2%

An der Göttinger Hautklinik wurden zwischen 1981 und 1989 53 Patienten mit relevanter Lichtfilterunverträglichkeit diagnostiziert. Am häufigsten waren Reaktionen auf den UV-A-Filter Eusolex 8020. In 20 von 41 Fällen traten positive Reaktionen nur nach Belichtung auf.

Weitere häufige Sensibilisatoren waren Eusolex 6300 (UV-B-Filter) sowie Parsol 1789 und Oxybenzon (beide UV-A-Filter). Viele Patienten reagierten auf die Kombination von Eusolex 8020 und Eusolex 6300, die als Eusolex 8021 im Handel ist. Nicht selten ließen sich Sensibilisierungen auf weitere Inhaltsstoffe von Lichtschutzmitteln sichern (Euxyl K 100, Duftstoffe u. a.) [13].

Eine große Hilfe für die Praxis ist die „Göttinger Liste", in der die gängigen lichtfilterhaltigen Präparate mit allen Inhaltsstoffen verzeichnet sind [14]. Dadurch ist es möglich, einem Patienten therapeutische Alternativen bei nachgewiesenen Sensibilisierungen zu empfehlen.

Kortikosteroide

Die Wirkstoffe von Kortikosteroidexterna müssen ebenfalls vermehrt in das aktuelle Allergenspektrum einbezogen werden. Inzwischen sind zahlreiche Mitteilungen erschienen, in denen kein gängiges Kortikosteroid ausgespart wird (Übersicht bei [5], [12] und [20]).

Tixocortolpivalat ist ein starker Sensibilisator und hat in Frankreich und Belgien nach der Anwendung als Nasenspray zu zahlreichen Sensibilisierungen geführt. Es ist möglicherweise ein Indikator für eine Allergie auf andere strukturell ähnliche Kortikosteroide.

Ashworth et al. [2] berichteten beim International Contact Dermatitis Symposium in Stockholm über folgende Zahlen: Bei 4089 Patienten reagierten 47 (1,15%) positiv auf Tixocortolpivalat und 21 (0,51%) auf Clobetasolpropionat. Die meisten dieser Patienten reagierten auch auf Hydrokortison, Clobetasonbutyrat und andere Kortikosteroide, so daß mit einer polyvalenten Sensibilisierung auf Kortikosteroide gerechnet werden muß. Diese Fälle werden in der Praxis wahrscheinlich bis jetzt oft übersehen, da die Testung schwierig ist und noch keine kommerzielle Testreihe zur Verfügung steht. Die DKG hat mit einer prospektiven Studie auf diesem Gebiet begonnen.

Patientenspezifische Substanzen

Wie jeder erfahrene Allergologe weiß, ist es am wichtigsten, die individuellen Kontaktsubstanzen des Patienten zu testen. Hierbei ist die Trefferquote besonders hoch, wie

Tabelle 4. Positive Epikutanteste bei 854 Patienten mit den von ihnen jeweils verwendeten Produkten (a). Aufschlüsselung der positiven dermatologischen Externa nach wichtigen Stoffklassen (b) (nach Zimmermann [22])

a) Substanzen positiv insgesamt	455	100 %
Dermatologische Externa	109	23,9%
Augentropfen	51	11,2%
Feuchtigkeitscremes	33	7,2%
Parfums	19	4,2%
Desinfektionsmittel	19	4,2%
Antibiotika	17	3,7%
Handschuhe	17	3,7%
Seifen, Syndets	15	3,2%
Allzweckreiniger	14	3,0%
Shampoos	13	2,8%
Pflaster	9	1,9%
Ohrentropfen	7	1,5%
Gummiartikel	6	1,3%
Pflanzen	4	0,8%
Sonnenschutzmittel	3	0,6%
b) Dermatologische Externa gesamt	109	100 %
Verschiedene Externa	32	29,4%
Viru-Merz Serol	8	7,3%
Baycuten	6	5,5%
Exoderil	4	3,7%
Venensalben	8	7,3%
Exhirud	5	4,6%
Proktologische Salben	14	12,8%
Procto-Parf	14	12,8%
Kortikoidhaltiges Externa	4	3,7%
Dermatop	3	2,8%

kürzlich in einer Dissertation bestätigt worden ist [22]. Bei 854 Patienten wurden insgesamt 6880 Substanzen getestet. Bei 27% der Patienten waren positive Reaktionen zu beobachten. Eine bemerkenswert hohe klinische Relevanz von über 60% war nachzuweisen. Bei den positiven Produkten handelte es sich in erster Linie um dermatologische Externa, gefolgt von Augentropfen, Feuchtigkeitcremes, Parfüms und Desinfektionsmittel. Gummiartikel, Pflanzen und Sonnenschutzmittel waren in 1,3% bis 0,6% der Fälle vertreten (Tabelle 4a). Die Aufschlüsselung der Gruppe „Medizinische Externa" zeigt die Tabelle 4b. Hier finden sich gut bekannte Sensibilisatoren wie Tromantadin (Viru-Merz), aber auch die neueren Antimykotika und vor allem das Bufexamac in der proktologischen Zubereitung.

Iatrogene Sensibilisierungen sind daher gerade nach langfristiger Anwendung bei chronischen Erkrankungen in die differentialdiagnostischen Erwägungen einzubeziehen.

Literatur

1. Aberer W (in press) Vaccination despite thiomersal sensitivity. Contact Dermatitis
2. Ashworth J, White IR, Rycroft RJG, Cronin E (in press) Contact sensitivity to topical corticosteroids. Contact Dermatitis
3. Braun W (1985) Epikutantest. In: Werner M, Rupper V (Hrsg) Praktische Allergiediagnostik. Thieme, Stuttgart New York, S 79–100
4. Cronin E (1980) Contact dermatitis. Churchill Livingstone, Edinburgh
5. Dooms-Goossens A, Degreef HJ, Marien KJC, Coopman SA (1989) Contact allergy to corticosteroids: a frequently missed diagnosis? J Am Acad Dermatol 21:538–543
6. Ducombs G, Benezra C, Talaga P, Andersen KE, Burrows D, Camarasa JG, Dooms-Gossens A, Frosch PJ, Lachapelle JM, Menne T, Rycroft RJG, White IR, Shaw S, Wilkinson JD (1990) Patch testing with the „sesquiterpene lactone mix": a marker for contact allergy to Compositae and other sesquiterpene-lactone-containing plants. Contact Dermatitis 22:249–252
7. English JSC, White IR, Cronin E (1987) Sensitivity to sunscreens. Contact Dermatitis 17:159–162
8. Frosch PJ, Schulze-Dirks A (1987) Kontaktallergie auf Kathon CG. Hautarzt 38:422–425
9. Frosch PJ, Dooms-Goossens A, Lachapelle JM, Rycroft RJG, Scheper RJ (eds) (1989) Current topics in contact dermatitis. Springer, Berlin Heidelberg New York
10. Frosch PJ, Whie IR, Rycroft RJG, Lahti A, Burrows D, Camarasa JG, Ducombs G, Wilkinson JD (1990) Contact allergy to Bronopol. Contact Dermatitis 22:24–26
11. Hausen BM, Wollenweber E, Senff H, Post B (1987) Propolis allergy. I. Origin, properties, usage and literature review. Contact Dermatitis 17:163–170
12. Rivara G, Tomb RR, Foussereau J (1989) Allergic contact dermatitis from topical corticosteroids. Contact Dermatitis 21:83–91
13. Schauder S, Ippen H (1988) Photoallergisches und allergisches Kontaktekzem durch Dibenzoylmethan-Verbindungen und andere Lichtschurzmittel. Hautarzt 39:435–440
14. Schauder S (1990) Göttinger Liste. Lichtfilterhaltige Hautpflegepräparate in der Bundesrepublik Deutschland. Grosse, Berlin
15. Schuler TM, Frosch PJ (1988) Kontaktallergie auf Propolis (Bienen-Kittharz). Hautarzt 39:139–142
16. Schulz KH, Fuchs T (1990) Der Epikutantest. In: Fuchs E, Schulz KH (Hrsg) Manuale Allergologicum Bd IV, 4. Dustri, Deisenhofen, S 1–24
17. Senff H, Exner M, Görtz J, Goos M (1989) Allergic contact dermatitis from Euxyl K 400. Contact Dermatitis 20:381–382
18. Storrs FJ (1984) Permanent wave contact detmatitis: Contact allergy to glyceryl monothioglycolate. J Am Acad Dermatol 11:74–85
19. Tosti A, Guerra L, Bardazzi F (1989) Hyposensitizing therapy with standard antigenic extracts: an important source of thimerosal sensitization. Contact Dermatitis 20:173–176
20. Uter W (1990) Allergische Reaktionen auf Glukokortikoide. Dermatosen in Beruf und Umwelt 38:75–90
21. Wekkeli M, Hippmann G, Rosenkranz AR, Jarisch R, Götz M (1990) Mercury as a contact allergen. Contact Dermatitis 22:295
22. Zimmermann J (1990) Epidemiologie von Kontaktallergien. Ergebnisse einer prospektiven Studie mit Hilfe eines Personalcomputers. Med Diss Heidelberg

Prof. Dr. Peter J. Frosch
Hautklinik
Städtische Kliniken
Beurhausstraße 40
D-4600 Dortmund 1

Neueste Konzepte in der Diagnostik und Therapie des malignen Melanoms

W. TILGEN, U. KEILHOLZ, L. G. STRAUSS, H. WELTERS, B. BRADO, U. ZIEROTT, F. HELUS, U. MENDE und D. PETZOLDT, Heidelberg

Die Suche nach neuen Diagnostikverfahren und Behandlungskonzepten maligner Melanome ist bis heute eine dringende Forderung geblieben, um den Patienten vor wenig wirksamen Therapien und ihren Nebenwirkungen zu bewahren. Es wird über Studienprotokolle des Tumorzentrums Heidelberg zur Positronen-Emissions-Tomographie (PET) und Immuntherapie bei Patienten mit metastasierendem Melanom berichtet.

Positronen-Emissions-Tomographie mit ^{18}F-2-Fluor-2-Deoxy-D-Glukose zur Diagnostik bei Patienten mit metastasierendem Melanom.

Zur *Diagnostik* metastasierender Melanome stehen zahlreiche Methoden zur Verfügung, die eine eindeutige Lokalisation des Tumors ermöglichen. In den letzten Jahren setzte eine Entwicklung auf dem Gebiet nuklearmedizinischer Meßtechniken und Darstellungsverfahren ein, die eine in vivo-Beobachtung von lokalen physiologischen und pathophysiologischen Prozessen erlaubt, ohne durch den Meßvorgang selbst störend in das Geschehen einzugreifen. Voraussetzung hierfür war, daß Verbindungen gewählt wurden, die durch die radioaktive Markierung ihr biologisches Verhalten nicht ändern. Die Positronen-Emissions-Tomographie ist eine neue Methode, die eine nicht-invasive Evaluierung funktioneller Parameter des Tumormetabolismus in vivo insbesondere der proliferativen Aktivität eines Tumors erlaubt, z. B. durch Bestimmung des Glukose- und Eiweißstoffwechsels der Zelle. Für Messungen des Glukosemetabolismus wird in der Regel ^{18}F-Deoxyglukose (FDG) verwendet, eine Substanz, die in die Zelle aufgenommen und phosphoryliert, jedoch nicht weiter verstoffwechselt wird.

Ziele unserer PET-Untersuchungen waren
- die Differenzierung des metabolisch aktiven Tumorgewebes von normalem Gewebe
- die Einschätzung der proliferativen Aktivität von Melanommetastasen und
- der Nachweis des Therapieeffektes unterschiedlicher Behandlungsprotokolle auf Melanommetastasen.

In einer Pilotstudie wurden an der Universitäts-Hautklinik in Zusammenarbeit mit dem Deutschen Krebsforschungszentrum 22 Patienten mit metastasierendem Melanom mit PET und FDG untersucht. Standardisierte Anreicherungswerte (SAW) der FDG wurden aus wiederholt durchgeführten Gewebequerschnitten kalkuliert. Repräsentativ konnten Metastasen in der Leber, der Lunge, den Lymphknoten, dem Skelettsystem, der Nebenniere und der Haut ausgewertet werden. Vergleichend wurden jeweils CT-Aufnahmen der unterschiedlichen Organe durchgeführt.

Vorteile der PET in der Differenzierung normaler Gewebestrukturen von Tumorgewebe

Die Erkennung von Läsionen mit bildgebenden Verfahren setzt einen Kontrast des Tumors gegenüber dem umgebenden Normalgewebe voraus. Dieser ist abhängig von physikalischen, biochemischen oder immunologischen Parametern sowie Unterschieden in der Impedanz. Dies wird deutlich, wenn man die Computer-Tomographie mit ihrer hohen Auflösungsmöglichkeit aber geringem Kontrast (Abb. 1) mit dem hohen Kontrast, wenn auch geringeren Auflösungsvermögen der Positronen-Emissions-Tomographie vergleicht, die in zwei Fällen mit anderen Methoden nicht nachweisbare Metastasen zur Darstellung brachte (Abb. 2). Neben der Entdeckung „unbekannter" Metastasen konnte die PET einen wichtigen Beitrag leisten in der Differentialdiagnose von Leberangiomen zu Lebermetastasen bzw. postoperativen Narben zu Rezidivtumoren und in der Abgrenzung benigner Tumoren, die eine geringe oder keine FDG-Anreicherung zeigen.

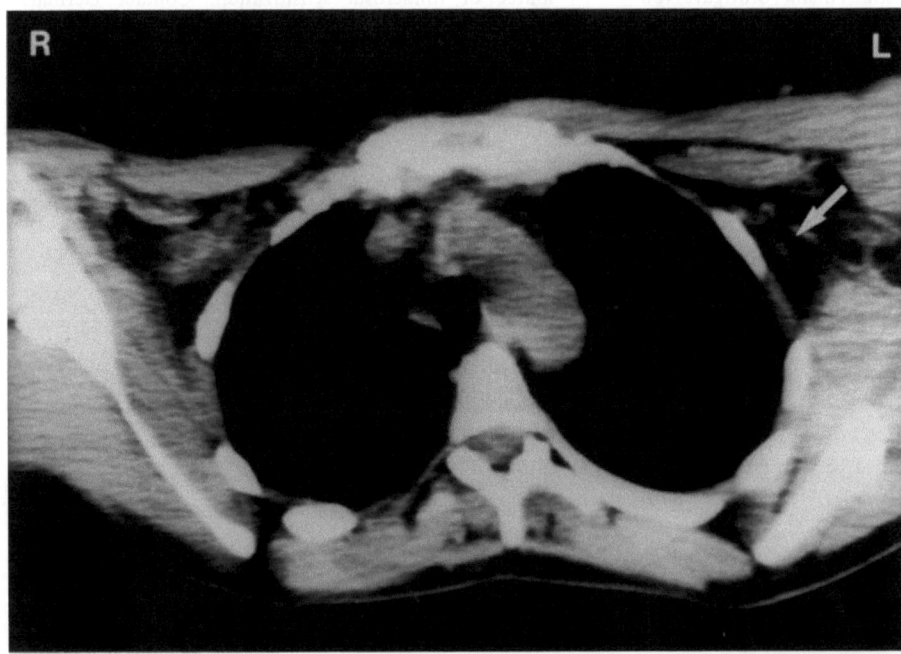

Abb. 1. Computer-Tomographie der Axillarregion (Pfeil): Kein pathologischer Befund nachweisbar

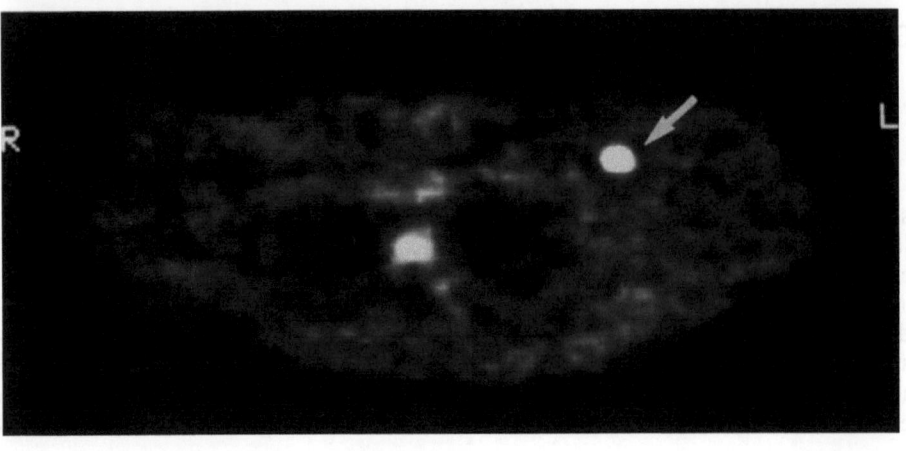

Abb. 2. PET mit FDG: PET-Aufnahme 1 Stunde nach Applikation von ^{18}F-Deoxyglukose. Akkumulation des Tracers in einer Lymphknotenmetastase der linken Axilla (Pfeil) aufgrund des auf 4.1 SAW erhöhten Glukosestoffwechsels (gleiche Pat. wie Abb. 1)

FDG-Anreicherungswerte in Melanommetastasen in Relation zu normalen Geweben

Unsere Ergebnisse zeigen, daß der Glukosestoffwechsel in allen Metastasen unabhängig von der Metastasenlokalisation deutlich erhöht ist. Die Anreicherungswerte schwankten für Lymphknoten zwischen 1,5 und 13,0 SAW. Dieser extrem hohe Wert korrelierte gleichzeitig mit einer hohen Wachstumsgeschwindigkeit des Tumors, der eine 40%ige Zunahme der Tumormasse innerhalb von 14 Tagen zeigte. In Metastasen der Lunge wurden Werte von 1,4 bis 4,3, der Leber von 3,0 bis 3,4, des Skelettsystems von 2,6 bis 7,6, der Nebenniere von 3,3 und der Haut von 2,0 SAW gemessen. In 30 Metastasen ergaben sich Mittelwerte von 2,5 SAW in Relation zu Normalgeweben mit 0,8 SAW. Die FDG-Anreicherung variierte in den Metastasen bei den einzelnen Patienten, beim gleichen Patienten in den unterschiedlichen Organen und innerhalb des gleichen Organs (Lymphknoten), was als Hinweis auf die unterschiedliche proliferative Aktivität, möglicherweise auch die Heterogenität der Melanommetastasen zu werten ist.

PET-Untersuchungen zum Nachweis einer Therapiewirkung

Bei 12 Patienten diente die Methode zur Erfassung des Therapieeffektes unter einer Monochemotherapie mit Fotemustin oder DTIC, einer Chemo-Immuntherapie mit DTIC/Interferon (rIFNα) und einer kombinierten Immuntherapie mit rIFNα und Interleukin (rIL2).

Die metabolische Aktivität wurde jeweils vor und nach der Therapie bestimmt. Eine signifikante Abnahme der FDG-Anreicherung wurde in 5 von 12 Metastasen bei 9 Patienten nachgewiesen. In unterschiedlichen Organen lokalisierte Metastasen des gleichen Patienten zeigten ein unterschiedliches Ansprechen auf die Therapie. Der mittlere Abfall der FDG-Anreicherung nach Therapie lag bei 27,5%. Früheffekte einer Zytostatikatherapie mit Fotemustin auf den Glukosestoffwechsel konnten bereits nach 90 Minuten nachgewiesen werden. Der zytostatische Effekt blieb über mindestens 1 Woche stabil (Abb. 3). Ein signifikanter Abfall der FDG-Anreicherung wurde ebenfalls unter einer kombinierten Chemo-Immuntherapie mit DTIC und IFNα beobachtet.

Diese PET-Daten korrelierten mit dem klinischen Befund einer partiellen Tumorremission.

Therapiestudien bei Patienten mit metastasierendem Melanom

Die *Therapie* des metastasierenden Melanoms ist wie das Aufspringen auf einen fahrenden Zug: man kommt zu spät, läuft hinterher und kann in der Regel nicht wissen, wohin die Reise führt. An diesem letzten Punkt, die Richtung zu bestimmen, greifen moderne Behandlungskonzepte mit Immunmodulatoren an, die in der Lage sind, die natürlichen Abwehrmechanismen des Organismus gegen Tumorzellen zu richten, indem diese direkt (Zytotoxizität) oder indirekt (Immunstimulation) getroffen werden.

Ziel unserer Untersuchungen war die Überprüfung der Wirksamkeit einer kombinierten systemischen Immuntherapie mit Interferon und Interleukin sowie einer regionalen adoptiven Immuntherapie mit Interleukin und Lymphokin-aktivierten Killerzellen.

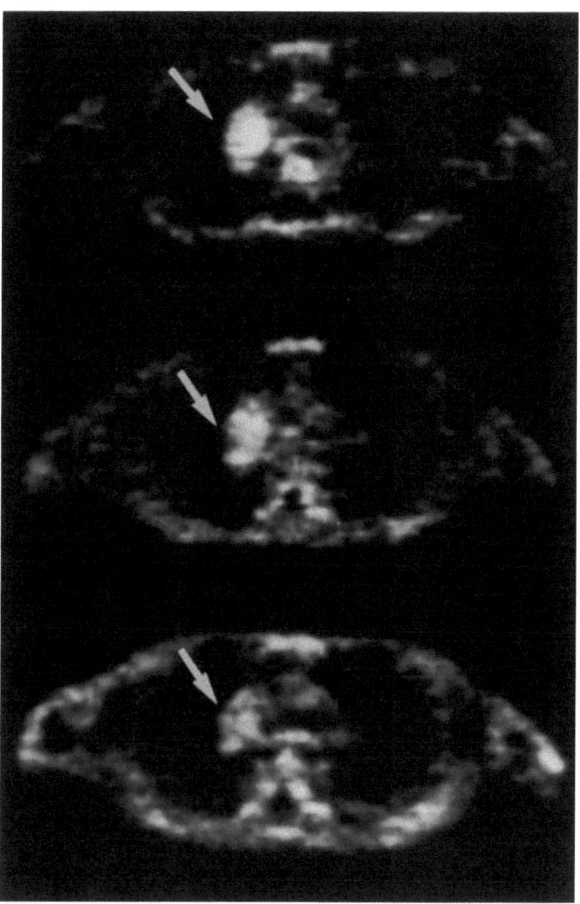

Abb. 3. PET mit FDG: PET-Aufnahmen 1, 24 und 48 Stunden nach Applikation von ^{18}F-Deoxyglukose. Akkumulation des Tracers in Lymphknotenmetastasen paramediastinal (Pfeil) aufgrund des auf 2.0 SAW erhöhten Glukosestoffwechsels. Absinken des Tumorstoffwechsels 1 bzw. 2 Tage nach Chemotherapie mit Fotemustin auf 1.35 SAW

Kombinierte Therapie mit rekombinantem Interferon (rIFNα) und rekombinantem Interleukin (rIL2)

In einer Phase 2 Studie wurden 20 Patienten (8 Männer und 12 Frauen im Alter von 25–65 Jahren) mit metastasierendem Melanom mit rIFNα$_{2b}$ (Essex, 10×10^6 E/m^2, subcutan über 5 Tage) und rIL2 (Cetus, 3×10^6 E/m^2/24 Stunden als Dauerinfusion über 5 Tage) behandelt. Dieses Therapieschema wurde nach 2 und in der Folge nach 4 Wochen wiederholt. Die Metastasen waren in nahezu allen Organsystemen lokalisiert: Lunge, Leber, Lymphknoten, Haut, Magen-Darm-Trakt, Skelett und Schilddrüse. Ausschlußkriterium sind Hirnmetastasen. Das Gehirn ist zwar für IL2 zugänglich, aber bei fehlendem zellulären Immunsystem kann keine Aktivierung immunkompetenter Zellen erfolgen. So ist die Entstehung zentraler Metastasen bei gleichzeitiger Tumorremission in anderen Organen möglich. Diese Situation gilt nicht bei bereits vorhandenen größeren Hirnmetastasen: bei defekter Blut/Hirnschranke kommt es zu einer Aktivierung des Immunsystems mit entzündlicher Gewebsreaktion. Dies führt zu einem u. U. bedrohlichen lokalen Hirnödem.

Es konnten von 18 auswertbaren Tumorverläufen bei 1 Patienten eine komplette und bei 4 Patienten partielle Remissionen bis zu 12 Monaten (Abb. 4a, b) und bei 4 Patienten ein stabiler Krankheitsverlauf mit unterschied-

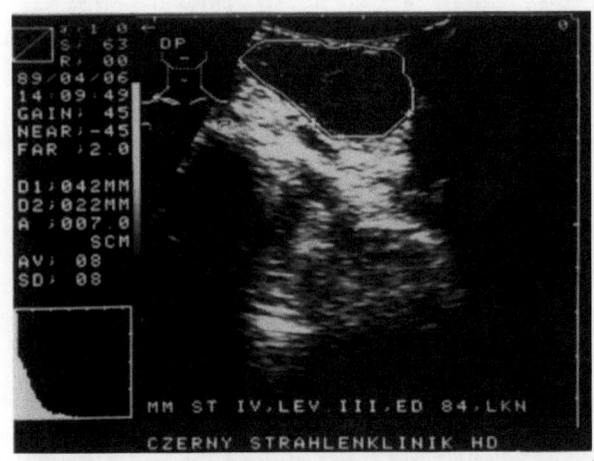 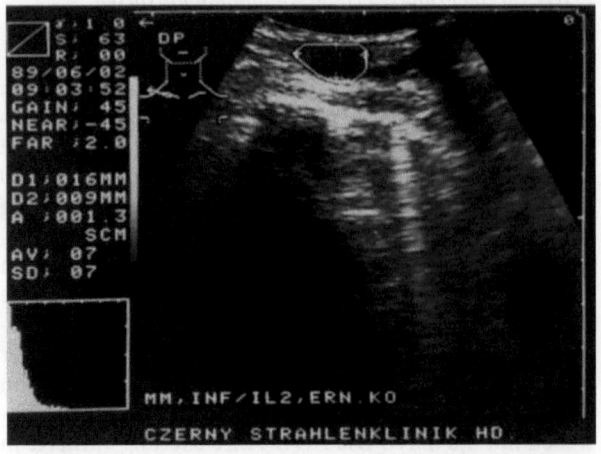

Abb. 4. Lymphknotensonogramm a) vor und b) nach systemischer Therapie mit rIFNα und rIL2: eindeutige Rückbildung der Lymphknotenmetastase

lichem Ansprechen verschieden lokalisierter Organmetastasen (Lunge, Leber, Lymphknoten, Haut) bis über 5 Monate erzielt werden. Bei 7 Patienten war das Tumorleiden progredient, bei 2 Patienten ist der Tumorverlauf noch nicht auszuwerten. Bemerkenswert ist, daß bei 3 Patienten, bei denen der Tumorverlauf nach partieller, d. h. >50%iger Remission oder Tumorstabilisierung, progredient wurde, durch eine Dosissteigerung des IL2 erneut eine Remission oder Stabilisierung erreicht werden konnte.

Adoptive regionale Immuntherapie mit natürlichem Interleukin (nIL2) und Lymphokin-aktivierten Killerzellen (LAK)

Ein Problem der systemischen Anwendung immunmodulatorisch wirksamer Substanzen ist ihre unterschiedliche Aufnahme und Verteilung in den verschiedenen Organen des Körpers. Eine Möglichkeit, Fortschritte zu erzielen, ist die direkte Infusion/Perfusion eines Organes mit ex vivo aktivierten zytotoxischen Zellen.

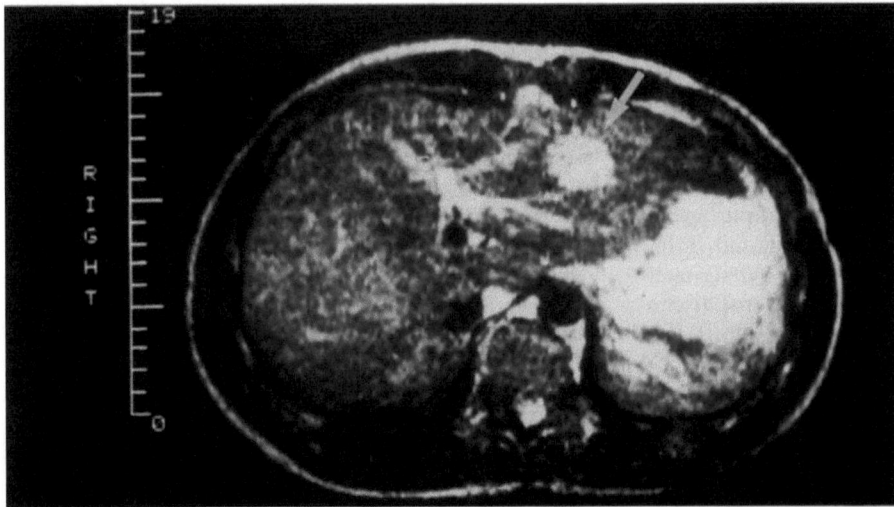

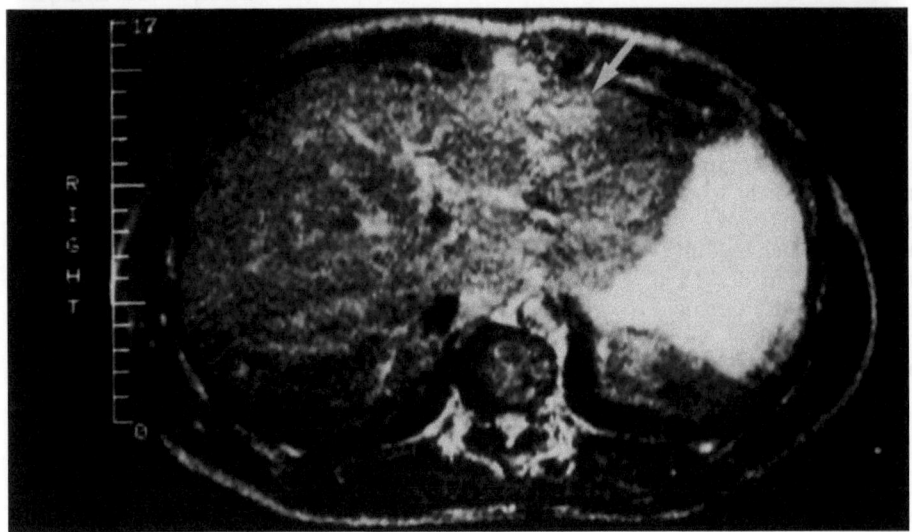

Abb. 5. Kernspintomogramm der Leber a) vor und b) nach regionaler Immuntherapie mit nIL2 und LAK-Zellen: Regression einer großen Lebermetastase (Pfeil)

In einer Phase 1 Studie wurde eine regionale adoptive Immuntherapie mit nIL2 (Deutsches Rotes Kreuz) und LAK-Zellen bei 6 Patienten mit Lebermetastasen durchgeführt. Zu diesem Zweck werden Dauerkatheter in die Milzarterie und in die Portalvene der Leber implantiert. Die Behandlung besteht aus einer Dauerinfusion der Milz mit nIL2 über 4 Tage (3×10^6 E/m^2/24 Stunden, Tag 1 und 2, $1,5 \times 10^6$ E/m^2/24 Stunden, Tag 3 und 4). Anschließend werden an 4 Tagen Leukapheresen durchgeführt. Die gewonnenen peripheren Lymphozyten werden in vitro mit nIL2 aktiviert. Diese aktivierten Zellen (LAK) werden an den folgenden Tagen 9 und 11 in die Portalvene retransfundiert. Die Milz wird weiterhin mit nIL2 von Tag 9 bis 13 perfundiert. Bei einem Patienten konnte eine eindrückliche Tumorregression um 90% bereits 6 Wochen nach Beginn der Therapie beobachtet und schließlich eine komplette Remission erzielt werden (Abb. 5a, b). Der Patient überlebt jetzt seit 21 Monaten, ist tumorfrei und wird zur Zeit nicht behandelt. Bei 3 Patienten konnte eine Stabilisierung des Tumorleidens für jeweils 1, 3 und 9 Monate erreicht werden, bei einem Patienten war der Tumorverlauf progredient, bei 1 Patienten ist er noch nicht auswertbar.

Die manchmal erheblichen *Nebenwirkungen* von IL2 und LAK (Flüssigkeitsretention in den viszeralen Organen) sind – wie ihre Wirkung – dosisabhängig und können eine intensiv-medizinische Betreuung erfordern. Bei Abbruch der Therapie sind sie jedoch innerhalb weniger Stunden reversibel.

Schlußbetrachtung und Perspektiven

Die Positronen-Emissions-Tomographie kann z. Z. auf Grund der notwendigen technischen und personellen Voraussetzungen nicht in der Routinediagnostik eingesetzt werden. Dies wäre wünschenswert, da PET-Untersuchungen mit markierten Nukleotiden wertvolle Informationen über den Tumorstoffwechsel geben und damit zur Beurteilung des Wachstumsverhaltens eines Tumors, des Therapieeffektes und zur Therapieplanung eingesetzt werden können. Studien zum Nachweis der prinzipiellen Anreicherung eines Zytostatikums im Tumorgewebe sind in Vorbereitung.

Unsere Behandlungsergebnisse mit Interferon und Interleukin haben gezeigt, daß mit Immuntherapien auf der Basis verschiedener immunologischer Wirkungsmechanismen eindrückliche Tumorremissionen über einen längeren Zeitraum bei Patienten mit metastasierendem Melanom erzielt werden können. Im Vordergrund unserer Bemühungen steht zunächst die Reduzierung der Nebenwirkungen durch Änderung des Therapieablaufes. Daß dies möglich ist, haben erste Erfahrungen bei Patienten mit Nierenzellkarzinomen gezeigt.

Die Positronen-Emissions-Tomographie und das Konzept der Immuntherapie sind und bleiben neue Hoffnungsträger für Melanompatienten.

Literatur

1. Dummer R, Welters H, Keilholz U, Tilgen W, Burg G (1990) Interleukin 2: immunologischer Hintergrund und klinische Anwendung in der Tumortherapie. Hautarzt 41:53–55
2. Keilholz U, Welters H, Dummer R, Tilgen W, Hunstein W (1988) Ein neuer Weg in der Behandlung metastasierender Melanome: Adoptive Immuntherapie mit Lymphokin-aktivierten Killerzellen und Interleukin 2. Hautarzt 39:378–381
3. Lotze MT, Line BR, Mathisen DJ, Rosenberg SA (1980) The in vivo distribution of autologous human and murine lymphoid cells grown in T cell growth factor (TCGF): Implications for the adoptive immunotherapy of tumors. J Immunol 125:1487–1493
4. Macher E (1986) Malignes Melanom und Immunabwehr. Schrift Marchionini-Stiftg 11:21–42
5. Ostertag H (1989) Grundlagen der Positronenemissionstomographie. Radiologie 29:315–317
6. Semmler W, van Kaick G, Schlegel W, Strauss L (1989) Imaging methods in oncology. Interdisciplinary Science Reviews 14:264–277
7. Rosenberg SA (1989) Clinical immunotherapy studies in the Surgery Branch of the U. S. National Cancer Institute: brief review. Cancer Treatm. Rev. 16, Suppl. A.:115–121
8. Rosenberg SA (1990) Adoptive Immuntherapie von Krebs. Spektrum der Wissenschaft, Juli, 56–64
9. Smith KA (1990) Interleukin 2: ein Hormon im Immunsystem. Spektrum der Wissenschaft Mai, 72–82
10. Strauss LG (1989) Positronen-Strahler für die Erforschung des Tumorstoffwechsels. Radiologe 29:318–321
11. Strauss LG, Clorius JH, Schlag P, Lehner B, Kimmig B, Engenhart R, Marin-Grez M, Helus F, Oberdorfer F, Schmidlin P, van Kaick G (1989) Recurrence of colorectal tumors: PET evaluation. Radiology 170:329–332
12. Tilgen W, Keilholz U, Schlag P, Welters H, Brado B, Manasterski M, Mende U, Petzoldt D (1990) Perspektiven neuer immunologischer Therapieansätze beim metastasierten Melanom und Überlegungen zur adjuvanten aktiven spezifischen Immuntherapie (ASI). In: Meigel W, Schwenzer G, Lengen W (Hrsg) Fortschritte der operativen Dermatologie, Bd. 6. Diesbach, Berlin (in Druck)
13. Tilgen W, Keilholz U, Welters H, Brado W, Metz R, Schlag P, Mende U, Petzoldt D (1991) Neue Ansätze in der Immuntherapie mit Immunmodulatoren bei Patienten mit metastasierendem Melanom. in: Waclawiczek, HW (Hrsg) DAs Maligne Melanom. Derzeitiger Stand in Diagnose und Therapie. (Springer, Heidelberg (in Druck)
14. Tilgen W, Strauss LG, Metz R, Haberkorn U, Welters H, Knopp M, Helus F, Mende U, Petzoldt D (1991) Die Positronen-Emissions-Tomographie (PET): Eine neue Methode zur Funktionsdiagnostik und Therapieplanung bei Patienten mit malignem Melanom. In: Waclawiczek, HW (Hrsg) Das Maligne Melanom. Derzeitiger Stand in Diagnose und Therapie. Springer, Heidelberg (in Druck)
15. Wienhard K, Wagner R, Heiss W-D (1989) PET. Grundlagen und Anwendungen der Positronen-Emissions-Tomographie. Springer, Berlin Heidelberg New York London Paris Tokio

PD Dr. Wolfgang Tilgen
Dr. Hanspeter Welters
Dr. Ute Zierott
Prof. Dr. Detlef Petzoldt
Universitäts-Hautklinik
Voßstraße 2
D-6900 Heidelberg

Dr. Ulrich Keilholz
Dr. Bernadett Brado
Medizinische Universitätsklinik und Poliklinik
Hospitalstraße 3
D-6900 Heidelberg

PD Dr. Ludwig Strauss
Dr. Frank Helus
Deutsches Krebsforschungszentrum
Im Neuenheimer Feld 280
D-6900 Heidelberg

Dr. Dr. Ulrich Mende
Radiologische Universitätsklinik
Im Neuenheimer Feld 400
D-6900 Heidelberg

Cyclosporin A in der Dermatologie

B.-R. BALDA, Augsburg

Die klassischen Immunsuppressiva Glukokortikosteroide und Azathioprin hemmen die Zellteilung aller Elemente des Immunsystems sowie die Produktion von Zytokinen. Das ist ein relativ breit gefächertes Spektrum von Wirkungen. Im Gegensatz dazu inhibiert Cyclosporin A (CsA) selektiv die adaptative Immunantwort, vorrangig den T-Zellschenkel, bis zu einem gewissen Grade aber auch davon unabhängig den B-Zellschenkel. Daneben verursacht es dosisabhängig eine Reihe von nicht-immunologischen Nebenwirkungen, deren genaue Kenntnis Voraussetzung für den therapeutischen Einsatz dieses außerordentlich interessanten Medikaments ist.

Pharmakologie und Toxikologie

CsA ist ein zyklisches Undekapeptid mit einem Molekulargewicht von 1203 (Abb. 1), das ursprünglich aus dem Pilz Tolypocladium inflatum Gams gewonnen wurde, jetzt aber synthetisch hergestellt werden kann. Es ist ausgesprochen lipophil und in entsprechenden Lösungsmitteln (z. B. Olivenöl und Cremophor®) sowohl oral als auch i. v. applizierbar [10].

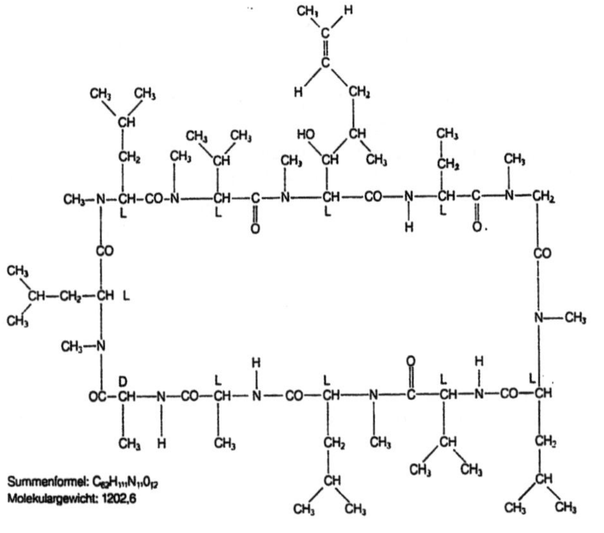

Abb. 1. Strukturformel von Cyclosporin A

Die Resorption vom oberen Intestinaltrakt unterliegt starken individuellen Schwankungen, abhängig von der Nahrungsmittelaufnahme, gastrointestinalen Motilität und Enzymausstattung. In der Blutzirkulation ist CsA den Lipoproteinen und Chylomikronen assoziiert. Nur ein unwesentlicher Teil ist ungebunden im Serum nachweisbar. Der durchschnittliche Resorptionsgipfel wird nach knapp vier Stunden erreicht, die durchschnittliche Halbwertzeit beträgt 6,4 bis 8,7 Stunden [10].

Nur 6% des Medikaments bzw. seiner Abbauprodukte werden mit dem Harn ausgeschieden, 94% mit den Faeces [10].

Der Metabolismus erfolgt hauptsächlich über verschiedene Demethylierungs- und Hydroxylierungsschritte durch das mikrosomale Cytochrom-P-450-Enzymsystem der Leber. Deshalb kann es zu Interferenzen mit zahlreichen Medikamenten kommen. Orale Kontrazeptive, Androgene, Methylprednisolon, Ketokonazol, Erythromycin sowie Calcium-Antagonisten mit Ausnahme von Nifedipin wirken inhibitorisch auf das Cytochrom-P-450-Enzymsystem und damit steigernd auf den CsA-Blutspiegel. Umgekehrt wird dieser durch Enzyminduktoren wie Barbiturate, Rifampicin und die Antiepileptika Carbamazepin (Tegretal®) und Phenytoin erniedrigt [10].

Im Gegensatz zu den zytostatischen Immunsuppressiva Azathioprin, Methotrexat und Cyclophosphamid entfaltet CsA keine myelotoxischen Effekte. Dadurch konnten entscheidende Fortschritte in der Transplantationsmedizin einschließlich der Knochenmarkübertragung erzielt werden. Unerwünschte Nebenwirkungen sind reversibel und offensichtlich, wenngleich nicht immer reproduzierbar dosisabhängig. Leberschäden führen zu einer verminderten Ausscheidung der CsA-Stoffwechselmetaboliten. Eine Dosisadaptation muß bei erhöhten Serumspiegeln von Bilirubin und Alanin-Transferase, nicht jedoch der alkalischen Phosphatase vorgenommen werden [10].

Nicht sicher kalkulierbar ist die Speicherkapazität für CsA durch Fettgewebe und andere Strukturen, beispielsweise zytoplasmatische Bindungsproteine, die individuell unterschiedlich zu einer Ablagerung bis zu mehreren Monaten führen können. Bei niedrigen Cholesterinspiegeln werden relativ rasch toxische Effekte auf das zentrale Nervensystem beobachtet, während Hypertriglyceridämien diese erst sehr spät zutage treten lassen. Hierbei handelt es sich um Kopfschmerzen, depressive Verstimmungen, Konfusionen, Somnolenz, aber auch Tremor und palmoplantare Paraesthesien. CT-Aufnahmen legen nahe, daß die Ursache hierfür in einem Hirnödem zu suchen ist [10, 11].

Als subjektiv besonders störende Nebenwirkungen werden eine Hypertrichose der seitlichen Wangenpartien, der Arme, Schultern und des Rückens empfunden, ebenso Gingivahyperplasien [11].

Weniger bedeutsam sind dagegen ein Anstieg der alkalischen Knochenphosphatase, vermehrte Neigung zu Gallensteinbildungen sowie Abnormitäten diverser Stoffwechselparameter.

Keine ausreichend sichere Bestätigung haben frühere Vermutungen gefunden, daß CsA in heutzutage üblicher Dosierung Lymphome oder solide Tumoren induzieren könne [11].

Von entscheidender Wichtigkeit für die Behandlungsführung sowohl hinsichtlich der Dauer als auch der Dosierung ist aber die sorgfältige Kontrolle der Nierenfunktion. CsA kann nämlich sowohl die tubuläre als auch die vaskuläre Komponente des Nierenparenchyms beeinträchtigen, wobei zwischen funktionell-reversiblen und strukturellen Schädigungen, die überwiegend und vor allem nach längerem Bestand irreversibel sind, differenziert werden muß [6, 11–13]. Letzteres ist regelmäßige Folge einer Vaskulopathie der afferenten Arteriolen, die sich morphologisch durch Endothel- und Muskelwallzerstörungen, Gefäßverschlüsse und schließlich eine Glomerulosklerose mit Tubulusatrophie darstellt [13]. Anders verhält es sich mit der Tubulopathie. Diese äußert sich zwar auch morphologisch eindrucksvoll u. a. durch Riesenmitochondrien, Einzelzellnekrosen und Mikrokalzifikationen, ist aber weitgehend rückbildungsfähig [13]. Von klinischer Relevanz sind vor allem die Frühzeichen dieser Veränderungen, die sog. vaskuläre bzw. tubuläre Dys-

Tabelle 1. Sicherheitsrichtlinien für die Therapie mit CsA

- Dosis <5 mg/kg/Tag
- regelmäßige Kontrollen von RR und Kreatinin
- Kreatininanstieg >30% → Dosisreduktion von 0,5–1 mg/kg, ggf. ∅ CsA
- RR dauerhaft > 95 mm Hg diast. → medik. RR-Senkung, ggf. ∅ CsA
- Beachtung der Interferenzen bei Co-Medikation

funktion [12]. Abgesehen von einem vasokonstriktionsbedingten Blutdruckanstieg kommt es zu einer reduzierten glomerulären Filtrationsrate mit Serum-Kreatinin- und Harnstoffanstieg. Weniger deutlich sind eine Senkung des Magnesium-Serumspiegels bei gleichzeitigem Anstieg von Kalium und Harnsäure.

Als Orientierungsgrößen für eine Dosisreduktion, ggf. ein Absetzen von CsA (Tabelle 1) gelten ein diastolischer Blutdruckwert von mehr als 105 mm Hg oder konstant 95 mm Hg sowie ein Kreatinin- oder Harnstoffanstieg von mehr als 30% über den individuellen Ausgangswert [6, 12]. Zu berücksichtigen ist, daß Kinder das Medikament bis zu 40% schneller als Erwachsene ausscheiden [10].

Wirkprofil und Anwendungsmöglichkeiten in der Dermatologie

CsA inhibiert reversibel die T-Helferzellen-abhängige Immunantwort, ohne Einfluß auf die Antigenbindung und -präsentation zu nehmen. Vielmehr werden auf der Transkriptionsebene die Rezeptorexpression und die Synthese von Interleukin-2 geblockt, darüber hinaus eine Reihe weiterer Zytokine einschließlich Interferon gamma [10].

Als Konsequenz dessen werden die Proliferation von Lymphozyten, aber auch die Bildung humoraler Antikörper gehemmt. Unbeeinflußt bleiben primär die Makrophagen- und Granulozytenfunktionen. Zwar ist der antiproliferative Effekt von CsA auf sensitive Lymphozyten, nämlich deren Arretierung in der G_0/G_1-Phase des Zellzyklus, in vielen Details, wie z. B. die Reduktion der Polyaminsynthese und der Ornithin-Decarboxylase-Aktivitäten u. a., bekannt, doch klaffen noch erhebliche Wissenslücken.

Neuerdings wurde bekannt, daß CsA ganz ähnliche, vielfältige Wirkungen auch auf epitheliale und andere Zellen entfalten kann. So werden Keratinozyten und Endothelien, möglicherweise auch Langerhans-Zellen ebenfalls in der G_0/G_1-Phase arretiert und mit Ausnahme der Haarfollikel an der Proliferation gehindert [15].

CsA interferiert ferner mit dem Eicosanoid-/Prostaglandin-Metabolismus von Keratimozyten und hemmt auf diese Weise deren Proliferation. Desgleichen fixieren bei erhöhter Keratinozytenregeneration, wie es bei der Psoriasis der Fall ist, vermehrt vorhandene zytosolische Bindungsproteine wie Calmodulin, aber auch Cyclophilin u. a. in starkem Maße CsA [8].

Die Expression von Onkogen-m-RNA (c-myc, N-ras, c-fos) ist nicht auf Tumoren beschränkt, sondern findet sich auch besonders ausgeprägt in psoriatischen Läsionen (K-ras, c-myc, c-fos). CsA vermag dies zu reduzieren [8].

Eine derartig pleiotrope Substanz erweckt natürlich Hoffnungen auf einen vielfältigen therapeutischen Einsatz. Dennoch verlief ein Großteil der Behandlungsversuche enttäuschend. Insbesondere die topische Applikation von CsA scheint trotz nachgewiesener Penetration in die Epidermis und Blutbahn weitestgehend ineffektiv zu sein [7]. Sie wurde mit verschiedenen Wirkstoffkonzentrationen und Trägersubstanzen immer wieder versucht, um die genannten Nebenwirkungen der systemischen Gabe zu umgehen. Lediglich bei oralem Lichen ruber planus scheint die 3× tägliche Spülung mit 500 mg CsA über einen Zeitraum von 8 Wochen zu gewissen Erfolgen zu führen [4].

Kontrovers werden die Heilungsaussichten bei Alopecia areata beurteilt [9]. Auch bei Psoriasis vulgaris kam es nur zu einer Abnahme der Granulozyten bei ansonsten unverändertem Krankheitsbild, selbst unter okklusiv angewandtem CsA [3].

Dagegen kann mit intraläsional injiziertem Medikament eine schnelle Abheilung erzielt werden, wenngleich diese Anwendungsform sicher nur ausnahmsweise möglich sein wird.

Ganz anders stellt sich die Situation bei systemisch, hier ausschließlich oral verabreichtem CsA dar. Unbestritten ist seine Wirksamkeit bei Psoriasis vulgaris [5, 7]. Wir sind allerdings der Auffassung, daß dieses Vorgehen nur bei ansonsten therapierefraktären schwersten Krankheitszuständen (psoriatische Erythrodermie, pustulöse Psoriasis, Psoriasis arthropathica) seine Berechtigung hat. Dabei hat sich uns eine Kombination mit Etretinat außerordentlich bewährt. Eine Kumulation der nephro- und hepatotoxischen Effekte beobachteten wir nicht, besonderes Augenmerk muß allerdings dem Anstieg der Triglyceride im Blut gewidmet werden.

Eine weitere, nicht von allen Autoren geteilte Indikation für die systemische Gabe von CsA sehen wir in ansonsten nicht behandelbaren bullösen Dermatosen der Pemphigusgruppe [1]. In den meisten Fällen ist eine Abheilung aber nur erreichbar, wenn gleichzeitig 5 bis 7,5 mg Prednisolon pro Tag gegeben werden.

Noch nicht einheitlich beurteilt wird die Wirksamkeit von CsA bei systemischer progressiver Sklerodermie [18]. Möglicherweise ist sie abhängig von der jeweiligen Akuität des Krankheitbildes. Offensichtlich spielt hierbei nicht nur der immunsuppressiv-antiphlogistische, sondern auch ein auf die Fibroblasten und damit die Kollagen-Typ-III-Synthese zytostatischer Effekt eine Rolle.

Gleichermaßen offen ist die Diskussion über den Einsatz von CsA bei atopischen Ekzemen [16]. Momentan scheint ein solches Vorgehen nur dann gerechtfertigt zu sein, wenn alle anderen akzeptierten Therapieprotokolle versagt haben.

Systemischer Lupus erythematodes und Dermatomyositis scheinen nicht in ihrem Verlauf durch CsA beeinflußbar zu sein (nicht veröffentlichte eigene Beobachtungen), mehr anekdotische Berichte über die Behandlung von Ichthyosis vulgaris und Pyoderma gangränosum bedürfen der weiteren Überprüfung [14, 17].

Erfolgsaussichten zeichnen sich jedoch erstmalig für den schweren multisystemischen Morbus Behçet unter der Voraussetzung einer Langzeit- bzw. Dauertherapie ab [2].

Für alle Indikationen zur systemischen oralen Therapie mit CsA gilt die gleiche Dosierung von 2 bis 5 mg/kg/Tag, verteilt auf eine morgendliche und eine abendliche Einzelgabe. Die Steuerung der Dosierung ergibt sich aus den o. g. pharmakologisch-toxikologischen Daten (Tabelle 1). Bei behandlungsbedürftigem Bluthochdruck muß auf die Interferenzen von CsA und beta-Blockern geachtet werden. In den ersten drei Monaten sollten zunächst wöchentlich, dann vierzehntägig der Blutdruck, Serum-Kreatinin, -Harnstoff und -Bilirubin kontrolliert werden, danach in vierwöchigen Intervallen.

Wegen der großen individuellen Schwankungen bezüglich Resorption, Verteilung und Ausscheidung von CsA bevorzugen wir eine vierzehntägige Blutspiegelbestimmung, ggf. in Form eines Tagesprofils, mittels eines monoklonalen RIA. Es hat sich uns nämlich gezeigt, daß auf diese Weise die empfohlene Richtgröße für den Medikamentblutspiegel von 100 bis 250 ng/ml nicht selten ohne Einbuße an therapeutischer Effektivität auf Werte zwischen 50 bis 100 ng/ml abgesenkt werden kann. Dann ist es möglich, die Behandlung praktisch nebenwirkungsfrei durchzuführen.

Abschließend kann vorsichtig vermutet werden, daß mit der Einführung von CsA in die Dermatotherapie die Tür in einen neuen Bereich differenzierten, sehr gezielten Arzneimitteleinsatzes geöffnet wurde. Die schon jetzt vorhandenen 46 Analoga lassen zukünftig auf nebenwirkungsarme und sehr spezifisch greifende Medikamente hoffen [10]. Vielleicht wird es gelingen, die Inhibierung der Onkogenexpression isoliert einzusetzen oder auch den Morbus Kaposi in die Gruppe behandelbarer Erkrankungen einzureihen, weil fokussiert antiproliferative Effekte auf Endothelien ausgenutzt werden können [15].

Literatur

1. Balda B-R, Rosenzweig D (1985) Treatment of bullous dermatoses with Ciclosporin (CyA). In: Schindler R (ed) Ciclosporin in autoimmune diseases. Springer, Heidelberg New York Tokyo, p 209–214
2. Büsch R, Ruzicka Th, Donhauser G (1990) Cyclosporin-A-Therapie des Morbus Behçet. Hautarzt 41:229–231
3. Bunse T, Schulze H-J, Mahrle G (1990) Lokale Anwendung von Cyclosporin bei Psoriasis vulgaris. Z Hautkr 65:538–542
4. Eisen D, Ellis CN, Duell EA, Griffith CEM, Voorhees JJ (1990) Effect of topical cyclosporine rinse on oral lichen planus-a double-blind analysis. New Engl J Med 323:290–294
5. Ellis CN, Gorsulowsky DC, Hamilton TA (1986) Cyclosporine improves psoriasis in a double-blind study. J Amer Med Ass 256:3110–3116
6. Feutren G, Abeywickrama K, Friend D, Graffenried Bv (1990) Renal function and blood pressure in psoriatic patients treated with cyclosporin A. Brit J Derm 122, Suppl 36:57–69
7. Fradin MS, Ellis CN, Voorhees JJ (1990) Efficacy of cyclosporin A in psoriasis: a summary of the United States' experience. Brit J Derm 122, Suppl 36:21–25
8. Gupta AK, Ellis CN, Nickoloff BJ, Goldfarb MT, Ho VC, Rocher LL, Griffiths CEM, Cooper KD, Voorhees JJ (1990) Oral cyclosporine in the treatment of inflammatory and noninflammatory dermatoses: a clinical and immunopathologic analysis. Arch Derm 126:339–350
9. Gilhar A, Pillar T, Etzioni A (1989) Topical cyclosporine A in alopecia areata. Act Derm Venereol (Stockh) 69:252–253
10. Kahan BD (1989) Cyclosporine. New Engl J Med 321:1725–1738
11. Krupp P, Monka C (1990) Side-effect profile of cyclosporin A in patients treated for psoriasis. Brit J Derm 122 Suppl 36:47–56
12. Mason J (1990) Renal side-effects of cyclosporin A. Brit J Derm 122, Suppl 36:71–77
13. Mihatsch MJ, Thiel G, Ryffel B (1990) Renal side-effects of cyclosporin A with special reference to autoimmune diseases. Brit J Derm 122, Suppl 36:101–115
14. Penmetcha M, Navaratnam A (1988) Pyoderma gangrenosum: response to cyclosporine A. Int J Derm 27:253
15. Sharpe RJ, Arndt KA, Bauer SI, Maione TE (1989) Cyclosporine inhibits basis fibroblast growth factor-driven proliferation of human endothelial cells and keratinocytes. Arch Derm 125:1359–1362
16. Ross JS, Camp RDR (1990) Cyclosporin A in atopic dermatitis. Brit J Derm 122, Suppl 36:41–45
17. Velthuis P, Jesserun R (1985) Improvement of ichthyosis vulgaris by cyclosporin. Lancet 1:335
18. Zachariae H, Halkier-Sørensen L, Heickendorff L, Zachariae E, Hansen HE (1990) Cyclosporin A treatment of systemic sclerosis. Brit J Derm 122:677–681

Prof. Dr. Prof. h.c. Bernd-Rüdiger Balda
Klinik für Dermatologie und Allergologie
Stenglinstraße 1
D-8900 Augsburg

Neues zur Immunpathogenese der Neurodermitis

C. Neumann, Ch. Ramb-Lindhauer, N. Sager und S. Marghescu, Hannover

In den 70er Jahren wurden erste immunologische Basisuntersuchungen bei Patienten mit Neurodermitis sowohl in der Zellkultur als auch in vivo vorgenommen. Achtzig Prozent der Neurodermitiker haben ein erhöhtes Serum-IgE und ihre Langerhans-Zellen der Haut haben IgE gebunden [1]. Autoren wie Lobitz und Hanifin stellten als erste fest, daß bei den Patienten Parameter der zellvermittelten Immunität wie der Lymphozytentransformationstest und die Leukozytenchemotaxis erniedrigt sein können [2, 3]. Große Bedeutung wurde der erniedrigten T-Lymphozytenzahl, besonders der CD8- positiven Suppressorzellen im peripheren Blut der Patienten beigemessen. Auch Einzelfallbeobachtungen, bei denen der Knochenmarktransfer von einem Atopiker auf ein nichtatopisches Individuum zum Ausbruch einer Neurodermititis führte, wurden als deutlicher Hinweis auf eine kausale Verursachung durch Leukozyten gewertet. In der Folge stellte sich sehr schnell heraus, daß viele dieser Parameter mit der Krankheitsintensität variieren und sich in Remissionsphasen völlig normalisieren können. Diese Art immunologischer Abweichungen dürften demnach bei der Neurodermitis sekundär und nicht ursächlich sein.

Es folgten dann grundsätzliche Untersuchungen zur Zellregulation: Folgende physiologische und biochemische Abweichungen sind bei der Neurodermitis gefunden worden:

1. Paradoxe Reaktionen wie z. B. der Dermographismus und die Histaminreaktivität der Haut.
2. Eine Erniedrigung des zyklischen Adenosin-Monophosphats (c-AMP) der Leukozyten [4]. Dies dürfte ein pathogenetisch bedeutsamer Befund sein, da er unabhängig vom Krankheitsstadium ist. c-AMP ist bekanntlich ein genereller Inhibitor vieler Zellfunktionen, und es ist deshalb nicht verwunderlich, daß bei Neurodermitikern eine klare Korrelation zwischen erhöhter Phosphodiesterase (folglich erniedrigtem c-

AMP) und der Histaminfreisetzung der Patienten festgestellt wurde.
3. Eine Erniedrigung des ω-6-Fettsäurespiegels im Serum von Neurodermitikern [5]. Diese kommt durch eine unzureichende Metabolisierung von Arachidonsäurevorläufern zustande, was möglicherweise zu einem Mangel an Prostaglandin E1 und E2 mit immunregulatorischen Folgen führt.

Uns interessierte die pathogenetische Bedeutung der positiven Epikutanteste auf Hausstaubmilbenantigen und Graspollen, die erstmals von Mitchell [6] und dann von Reitamo [7] ausschließlich bei Neurodermitikern beobachtet wurden. Je nach Antigen und Testtechnik zeigen 30–70% aller Teste nach 2–3 Tagen eine Infiltration und Papeln. Kürzlich wurde von Mudde et al. gezeigt, daß positive epikutane Testreaktionen auf Hausstaubmilbe an das Vorhandensein von IgE auf den Langerhans Zellen der Epidermis von Neurodermitikern gekoppelt ist. Nur IgE-beladene Langerhans-Zellen sind in der Lage, den T-Lymphozyten des Blutes Hausstaubmilbenantigen zu präsentieren und sie zu stimulieren [8].

Die Hypothese liegt nahe, daß es sich bei den positiven epikutanen Testreaktionen dieser Patienten um eine Immunreaktion vom verzögerten Typ auf Atopikerallergen handelt. Wir sind davon ausgegangen, daß bei Vorliegen einer zellulären Immunreaktion neben den antigenpräsentierenden Langerhans-Zellen auch antigenreaktive T-Zellen in der Haut zu finden sein müssen. Um dies zu beweisen, haben wir nach epikutaner Applikation von Gräserpollenantigen oder Hausstaubmilbenantigen mit der sogenannten Grenzwertverdünnungsmethode T-Lymphozyten aus der Haut in Gegenwart des Antigens kloniert [9]. Bei einem durch Graspollen ausgelösten Epikutantest ließen sich 3 der 12 gewonnenen Linien reproduzierbar durch Gräserantigen stimulieren (Tabelle 1). Im Falle des durch Hausstaubantigen hervorgerufenen Epikutantestes ließen sich 14 von 23 der gewonnenen Linien reproduzierbar stimulieren. Als Stimulationsparameter haben wir die Teilungsrate der Lymphozyten mittels des Einbaus von ^{3}H-Thymidin gemessen. Die meisten der antigenreaktiven Linien waren vom CD4-positiven Helfertyp.

Tabelle 1. Antigenreaktive T-Zell Linien aus Antigen-exponierter Haut

Gräser	Dermatophag. pter.
3/12[a]	14/23

[a] Anzahl antigenreaktiver/getesteter Linien

T-Lymphozyten sezernieren nach Antigenstimulation Lymphokine, die ihrerseits die Entzündungszeichen hervorrufen. Interleukin-4 (IL4) und Interferon-gamma (IFN-y) haben eine wichtige Funktion bei der Regulation der IgE-Synthese. IL-4 schaltet IgM-positive B-Lymphozyten auf IgE-Sekretion um und steigert die IgE-Synthese. IFN-y hingegen supprimiert die IgE-Synthese [11]. Ein quantitatives Mißverhältnis der Sekretion beider Lymphokine könnte deshalb ursächlich an dem erhöhten IgE bei der Atopie beteiligt sein. Wir haben die aus der Haut stammenden, antigensensitiven T-Zellen auf ihre Fähigkeit hin untersucht, diese beiden Mediatoren zu sezernieren. Zehn von 13 der antigenreaktiven Linien konnten

Tabelle 2. Lymphokin-Sekretion antigenreaktiver T-Zell-Linien aus Neurodermitishaut

	Gräser	Dermatophag. pter.
Il-4	2/2	8/11[a]
IFN-y	1/2	5/12

[a] Anzahl positiver/getesteter Linien

nach Stimulation mit einem Mitogen IL-4 bilden, während IFN-y nur von 6 der 14 getesteten Linien gebildet wurde (Tabelle 2). Bei der Maus werden diese beiden Lymphokine von unterschiedlichen T-Zell-Subpopulationen sezerniert. Eine sogenannte TH1-Zelle bildet IFNy und eine sogenannte TH2-Zelle das IL-4. Interessanterweise zeigen viele der T-Zell Linien aus der Neurodermitishaut ein Sekretionsmuster wie TH2-Zellen, indem sie ausschließlich IL-4 produzieren. Es gibt also in der Haut aeroallergenspezifische T-Zellen, die entweder IL-4 oder IFN-y bilden (funktionelles Muster von TH1 und TH2-Zellen), IL-4 scheint zu überwiegen. Weil IL-4 ein wesentliches, unverzichtbares Lymphokin für die Sekretion von IgE ist, dürfte dieser Befund für die Pathogenese der Neurodermitis wichtig sein.

Die Rolle von Aeroallergenen in der Pathogenese der Neurodermitis stellen wir uns aufgrund aller Fakten folgendermaßen vor (Abb. 1): Sie dringen in die Epidermis ein und werden von den Langerhans-Zellen über das dort gebundene, spezifische IgE aufgenommen und den anwesenden T-Zellen präsentiert. IL-4 sezernierende T-Zellen bewirken eine gesteigerte IgE-Synthese der B-Zellen. Ein erhöhtes IgE führt wiederum zu einer vermehrten Bindung von IgE an Langerhans-Zellen und stellt damit ein Bindeglied im sich selbst unterhaltenden Circulus vitiosus der Hautentzündung dar. Da c-AMP und PGE1/2 Lymphozytenfunktionen modulieren können, ist eine kausale Beeinflussung dieses Immunmechanismus durch diese biochemischen Parameter denkbar.

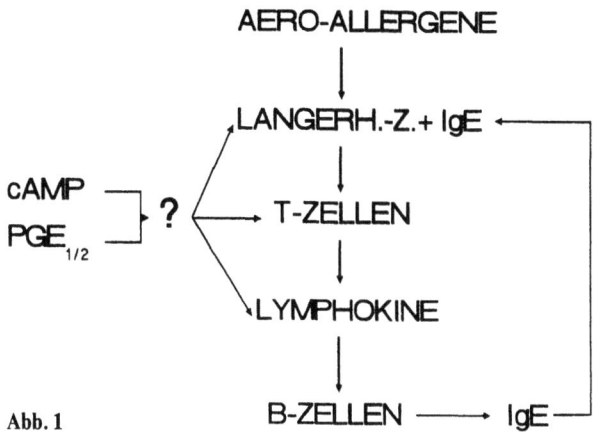

Abb. 1

Die klinische Erfahrung lehrt uns, daß viele Faktoren zur Exazerbation der Neurodermitis führen können. Wir haben einen möglichen Mechanismus für Aeroallergene aufgezeigt. Es bleibt zu prüfen, ob auf dem Blutweg in die Haut transportierte Antigene, z. B. Nahrungsmittelallergene in ähnlicher Weise zu einer Ansammlung von antigenreaktiven TH1- und TH2-Zellen in der Haut führen können, gefolgt von einer zellulären Immunreaktion.

Literatur

1. Bruijnzeel-Koomen C, Van Wichen DF, Toonstra J, Berrens L, Bruijnzeel PLB (1986) The presence of IgE molecules on epidermal Langerhans cells from patients with atopic dermatitis. Arch Dermatol Res 278:199–205
2. Lobitz WC, Honeyman JF, Winkler NW (1972) Suppressed cell mediated immunity in two adults with atopic dermatitis. Br J Dermatol 86:317–328
3. Hanifin JM (1984) Atopic dermatitis. J Allergy Clin Immunol 73:211–222
4. Hanifin JM (1990) Phosphodiesterase and immune disfunction in atopic dermatitis. JDS 1:1–6
5. Melnik BC, Plewig G (1989) Is the origin of atopy linked to deficient conversion of ω-6-fatty acids to prostaglandin E1? J Am Acad Dermatol 21:557–563
6. Mitchell EB, Crow J, Chapman MD, Jouhal SS, Pope FM, Platts-Mills TAE (1982) Basophils in allergen-induced patch test sites in atopic dermatitis. The Lancet 16:127–130
7. Reitamo S, Visa K, Kähönen K, Käyhkö K, Stubb S, Salo OP (1986) Eczematous reactions in atopic patients caused by epicutaneous testing with inhalant allergens. Br J Dermatol 114:303–309
8. Mudde GC, van Reijsen FC, Boland GJ, de Gast GC, Bruijnzeel PLB, Bruijnzeel-Koomen CAFN (1990) Allergen presentation by epidermal Langerhans cells from patients with atopic dermatitis is mediated by IgE. Immunology 96:335–341
9. Lefkovits I, Waldmann H (1984) Limiting dilution analysis of the cells of immune system. I. The clonal basis of the immune response. Immunol Today 5:265–268
10. Pène J, Rousset F, Brière F, Chrétien I, Bonnefoy JY, Spits H, Yokota T, Arai N, Arai KI, Banchereau J, de Vries JE (1988) IgE production by normal human lymphocytes is induced by interleukin 4 and suppressed by interferons γ and α and prostaglandin E2. Proc Nat Acad Sci USA 85:6880–6884

Prof. Dr. Christine Neumann
Dr. Christiane Ramb-Lindhauer
Nils Sager
Prof. Dr. Sandor Marghescu
Hautklinik Linden
der Medizinischen Hochschule Hannover
Ricklinger Straße 5
D-3000 Hannover 61

Autorenregister

Altmeyer, P. 83, 124

Bacharach-Buhles, M. 83
Balda, B.-R. 138
Bosse, K. 38
Brado, B. 133
Brasch, J. 13
Braun-Falco, O. 56
Bruckner-Tuderman, L. 19

Cerroni, L. 53, 81
Christophers, E. VI, XI, XIII, XIV, XV, XVI, 115
Cribier, B. 60

Eckert, F. 56
Engel, W. 27

Frosch, P. J. 129

el-Gammal, S. 83, 124
Garbe, C. 71
Gebhart, W. 58, 101
Grosshans, E. 60

Haidl, G. 27
Happle, R. 104
Helus, F. 133
Henseler, T. 6

Hintner, H. 41
Hödl, S. 81
d'Hoedt, B. 94
Hoffmann, K. 83, 124

Jung, E. G. 10, 79

Keilholz, U. 133
Kerl, H. 53, 81
Klein, G. 41
Knölker, U. 98
Knop, J. 45
Krieg, T. 56

Luther, H. 83

Marghescu, S. V, 140
Mende, U. 133
Merk, H. F. 15

Neumann, Ch. 140

Orfanos, C. E. 22, 71, 87

Panizzon, A. 121
Petzoldt, D. 119, 133

Ramb-Lindhauer, C. 140
Rassner, G. 94
Ring, J. 40

Romani, N. 41
Rorsman, H. 1

Sager, N. 140
Schill, W.-B. 27
Schnyder, U. W. 19
Schulze, H. J. 66
Smolle, J. 81
Soyer, H. P. 81
Stadler, R. 87
Steigleder, G. K. 53, 66
Sterry, W. 8
Stingl, G. 15
Strauss, L. G. 133
Stroebel, W. 94
Stutte, H. 94

Tilgen, W. 133
Traupe, H. 112

Vogel, F. 28
Voigtländer, H. 25
Volc-Platzer, B. 48

Welters, H. 133
Wolff, H. H. 110
Wolff, K. IX, 40

Zierott, U. 133

Tagung der Fachgesellschaften der DDG

**Arbeitsgemeinschaft
Dermatologische Angiologie (ADA)**

*Workshop Kompressionsbehandlung
heute und morgen*

Moderatoren V. Wienert, Aachen
  R. Schmitz, Ostfildern
  Ch. Stöberl, Wien

Eröffnung
  U. Schultz-Ehrenburg, Vorsitzender der ADA

Die Kompressionstherapie
  V. Wienert, Aachen

Kompressionshilfen gestern und heute
  G. Hohlbaum, Essen

Textiltechnische Aspekte zu Kompressionsverbänden
  M. Weber, B. Wulfhorst und H. Külter, Aachen

Therapeutische Effekte unter Kompressionstherapie
  M. Emter, Hannover

Ausgewählte Meßergebnisse bei der Kompressionsbehandlung der Beine
  H. Partsch, Wien

Zur Kompressionstherapie des Lymphödems
  M. Wruhs, Ch. Stöberl und H. Partsch, Wien

Vorschläge zum europäischen Kompressionsstrumpf
  R. Stemmer, Strasbourg

*Symposium Therapiekontrolle
in der Phlebologie und Angiologie*

Moderatoren U. Schultz-Ehrenburg, Bochum
  H. Partsch, Wien, und
  W. Schmeller, Lübeck

Therapiekontrolle in der Varizenchirurgie
  K. Salfeld, Minden

Therapiekontrolle des Varizensklerosierung
  N. Weindorf und U. Schultz-Ehrenburg, Bochum

Therapiekontrolle bei chronisch arterieller Verschlußkrankheit
  E. Rabe, Bonn

Therapiekontrolle des chronischen Lymphödems
  Ch. Stöberl, Wien

Objektivierung von Therapieeffekten mit Hilfe der tcPO$_2$-Methode bei ausgewählten dermatologischen Krankheitsbildern
  A. Ott, Berlin

Wirkungen und Wirksamkeit von Venenpharmaka
  R. Engst, München

Arbeitskreis Andrologie der DDG

Andrologie in verschiedenen Disziplinen

Moderatoren W. B. Schill, Gießen und
  G. Lüders, Freudenberg

Einführung
  W. Krause, Marburg

Warum betreiben die Dermatologen Andrologie
  C. Schirren, Hamburg

Das Andrologieverständnis der Urologen
  W. Weidner, Gießen

Der Androloge in der Reproduktionsmedizin
  K. Diedrich und S. Al-Hasani, Bonn

Andrologische Grundlagenforschung an den akzessorischen Geschlechtsdrüsen
  G. Aumüller, Marburg

Standardisierung in der Andrologie

Moderatoren H.-J. Vogt, München, und
  C. Sigg, Zürich

Qualitätskontrolle im andrologischen Labor
  E. Nieschlag, J. Neuwinger und H. M. Behre, Münster

Standardisierte Motilitätsmessungen
  U. A. Knuth, Oldenburg

Therapiestudien bei männlicher Infertilität
  W. Krause, Marburg

Andrologie in der Praxis
  C. Meisel, Nürnberg

Andrologisches Symposium

„Andrologie in der Praxis"
Sie fragen – wir antworten
Diskussionsrunde zu aktuellen Problemen der Alltags-Andrologie
Leitung: C. Schirren, Hamburg

Für die Beantwortung spezieller Fragen zu verschiedenen Problemen stehen mit einem 3-Minuten-Beitrag zur Verfügung:

Antihistaminica und Mukolytica bei Motilitätsstörungen
  W. Frisch, Frankfurt

Erektile Dysfunktion
  H. Gall, Ulm

Ultrastruktur der Spermatozoen bei Motilitätsstörungen
  G. Haidl, Düsseldorf

Osteoporose bei Androgenmangel
  W. M. Herbst, Erlangen

Androgenmißbrauch bei Bodybuilding
  B. Hook, Tübingen

Keimnachweis bei andrologischen Patienten
  P. Schramm, Mainz
Transferrin im Seminalplasma
  C. Sigg, Zürich

Jahrestagung der Deutschen Gesellschaft zur Bekämpfung der Geschlechtskrankheiten e.V.

Moderatoren   D. Petzoldt, Heidelberg, F. Gschnait, Wien, und G. E. Gross, Hamburg

Begrüßung und Eröffnung
  D. Petzoldt, Heidelberg
Die HIV-Infektion und ihre Beziehung zu anderen sexuell übertragbaren Krankheiten
  H. Näher, Heidelberg
Therapieresistenter, multifokaler, vegetierender, superinfizierter Herpes simplex (HSV-1) bei einem haemophilen AIDS-Patienten
  A. A. Hartmann, E. Richter, P. Elsner und G. Burg, Würzburg
Lues-serologische und klinische Befunde bei HIV-positiven Patienten
  A. Plettenberg, W. Bahlmann, E. Weitz und M. Meigel, Hamburg
Wirkung von Beta-Interferon auf den Lebermetabolismus in HIV-1-infizierten Patienten mit Kaposi-Sarkom
  N. H. Brockmeyer, L. Mertins, S. Paschelke, C. Daecke und M. Goos, Essen
Einfluß der Leberfunktion auf die Trimethoprim-Serumspiegel in der hochdosierten Cotrimoxazol-Therapie der PCP bei AIDS
  H. Klinker, R. Joeres, A. Wöber und E. Richter, Würzburg
HIV-Infektion und Veränderungen andrologischer Parameter
  N. H. Brockmeyer, L. Mertins und M. Goos, Essen
Aktueller Trend der Epidemiologie der Geschlechtskrankheiten und bei AIDS in der Deutschen Demokratischen Republik (DDR)
  H. D. Jung, Templin

Moderatoren   S. Borelli, München, A. Eichmann, Zürich, und H. C. Korting, München

Ulcus molle im Lichte neuer Forschungsergebnisse
  H. C. Korting, München
DNA-Fingerprinting als epidemiologischer Markersystem für Haemophilus ducreyi-Infektionen
  D. Abeck, U. Lachenmayer und H. C. Korting, München
Untersuchungen zur proteolytischen Enzymausstattung von Haemophilus ducreyi
  M. Kollmann, D. Abeck und H. C. Korting, München
Eindosistherapie des Ulcus molle mit Ceftriaxon
  A. A. Hartmann, P. Elsner und G. Burg, Würzburg
Genitale Erkrankungen durch humane Papillomviren und Herpes-simplex-Viren
  G. E. Gross, Hamburg
Systemische und topische Therapie von Condylomata acuminata mit Interferon
  G. Fierlbeck, H. Breuninger und G. Rassner, Tübingen

Moderatoren   W. Krause, Marburg, und U. B. Hoyme, Essen

Prävalenz von Chlamydia trachomatis und Neisseria gonorrhoeae bei Schwangeren in der Bundesrepublik Deutschland. Praktische Konsequenzen in Diagnostik, Prophylaxe und Therapie
  U. B. Hoyme, Essen
Cervikale Mycoplasmenbesiedlung in der Schwangerschaft
  U. Lang, G. Braems, K. Schmid, H.-G. Schiefer und W. Künzel, Gießen
Der bakterielle Vaginose-Score im Vergleich zum kulturellen Nachweis von Gardnerella vaginalis
  H. Hackel, A. A. Hartmann, P. Elsner, C. Engel und G. Burg, Würzburg
Polymerase-Kettenreaktion zum Nachweis von C. trachomatis in urogenitalem Abstrichmaterial
  H. Näher, M. v. Knebel, H. Drzonek, J. Wolf, Y. Tu und D. Petzoldt, Heidelberg

Moderatoren   H.-J. Vogt, München, W. Weidner, Gießen und A. A. Hartmann, Würzburg

Zum Verständnis von Prostatitis und Epididymitis als sexuell übertragbare Krankheit
  W. Weidner, Gießen
Untersuchungen zur asymptomatischen Chlamydieninfektion und Sexualverhalten bei jungen Männern
  H. Gall, H. Meier-Ewert und C. Rabufetti, Ulm
Erfahrungen mit der Oxytetracyclin-Therapie der nichtgonorrhoischen Urethritis durch Ureaplasma urealyticum
  P. Elsner, A. A. Hartmann und G. Burg, Würzburg

Arbeitsgemeinschaft Dermato-Histologie

Moderatoren   G. K. Steigleder, Köln, H. H. Wolff, Lübeck, und M. Goos, Essen

Schnittseminar

Mitgliederversammlung der Arbeitsgemeinschaft Dermato-Histologie mit Wahl des neuen Vorstandes
Diskussion der ausgestellten Schnitte

Jahrestagung der Deutschen Gesellschaft für Lichtforschung (DGfL)

Phototherapie, Lichtbiologie

Moderatoren   E. G. Jung, Mannheim, und E. Hölzle, Düsseldorf

Einführung
  E. G. Jung, Mannheim
Neue Entwicklungen in der Phototherapie mit Psoralen und anderen Photosensibilisatoren
  H. Hönigsmann, Wien

Extrakorporale Photopherese; Ergebnisse der Therapie von vier Patienten mit chronischer lymphatischer Leukämie
   R. Meschig, S. Glück, B. Roshop und G. Plewig, Düsseldorf

Wirkung von Antioxydantien auf Entzündungsreaktionen infolge 8-MOP- und HpD-Photosensibilisierung
   J. Barth, Dresden

Zur Wertigkeit von Risikofaktoren für die Entstehung maligner Melanome
   J. Weiss, J. Bertz und E. G. Jung, Mannheim

Hypermutabilität bei Xeroderma pigmentosum (XP)
   E. Bohnert, Mannheim

Die Wirkung des UVB-Lichts auf die Funktion menschlicher Antigen-präsentierender Zellen
   J. Krutmann, Freiburg

Verleihung des Arnold-Rikli-Preises für das Jahr 1989 durch den Präsidenten der DGfL

Photoallergien

Moderatoren   J. Barth, Dresden, und
                H. Hönigsmann, Wien

Photopatchtest – Ergebnisse einer multizentrischen Studie
   E. Hölzle, Düsseldorf

Photoallergien auf UV-Filtersubstanzen
   S. Schauder, Göttingen

Photoallergie auf Estraderm-Pflaster
   E. G. Jung, Mannheim

Vereinigung für operative und onkologische Dermatologie

Operative Dermatologie im Kindesalter

Moderatoren   B. Konz, München, und
                R. P. A Müller, Lemgo

Einführung
   B. Konz, München

Häufigkeit operativer Eingriffe im Kindesalter
   G. Sebastian, Dresden

Anaesthesiologische Besonderheiten
   H. Breuninger, Tübingen

Therapie des angeborenen Nagelschiefstandes und Unguis incarnatus
   E. Haneke, Wuppertal

Viruspapillome
   M. Hundeiker, Münster-Hornheide

Lichen sclerosus und Zirkumzision
   P. Mischer, Wels

Narben und Keloide
   H. Tilkorn, Münster-Hornheide

Dermabrasion kongenitaler Nävi
   R. P. A. Müller, Lemgo

Operative Therapie kongenitaler Nävi
   B. Konz, München

Melanome im Kindesalter
   M. Landthaler und U. Hohenleutner, München

Diaklinik zum Thema
   B. Konz, München, und J. Petres, Kassel

Arbeitskreis psychosomatische Dermatologie

Moderatoren   K. Bosse, Göttingen,
                I. Rechenberger, Düsseldorf, und
                U. Gieler, Marburg

Eröffnung
   K. Bosse, Göttingen

Neurodermitis und Psychosomatik – was gibt es Neues?
   U. Gieler und A. Ehlers, Marburg

Eingangs- und Verlaufsuntersuchungen bei Neurodermitispatienten in stationärer psychotherapeutisch-dermatologischer Behandlung
   H. Löwenberg und M. Peters, Bad Berleburg

Ein stationäres Kurzzeitprogramm zur Modifikation des Krankheitsverhaltens bei atopischer Dermatitis – Erste Ergebnisse einer Katamnesestudie
   L. Niepoth, P. Prochazka und S. Borelli, München/Davos

Neurodermitis-Schulung in themenzentrierten Gruppen. Effektivität und Nähe-Distanzproblematik
   K. Bräuer, U. Stangier, G. Freiling-Rogge und U. Gieler, Marburg

Sog. Dermatozoenwahn – klinische und testpsychologische Untersuchungen
   M. Häberle, P. Hofmann und O. P Hornstein, Erlangen

Zeitreihenanalytische Untersuchungen bei Urticaria
   F. A. Bahmer, M. Kisling, Homburg/Saar, und H. J. Schubert, Kaiserslauten

Teertherapie zwischen Akzeptanz und Ablehnung
   K. Bosse, B. Aue und P. Hünecke, Göttingen

Psychologische Veränderungen bei stationären Hautpatienten unter begleitender Entspannungsbehandlung
   H. Thölking, Göttingen

Begegnung mit dem Spiegel – Kontrollverlust für den Aknepatienten
   P. Hünecke, Göttingen

Eßstörungen und Haut
   H.-J. Vogt, W. Mayerhausen und M. M. Fichter, München

Induratio penis plastica – sexualmedizinische Probleme
   H.-J. Vogt, München

Zur Symptomentstehung psychosomatischer Hautveränderungen
   I. Rechenberger, Düsseldorf

Haut und Umwelt in analytischer Sicht
   E. W. Jecht, Fürth

Symposium I   Arzneinebenwirkungen

Moderatoren   K. Bork, Mainz, und
                W. P. Herrmann, Bremen

Ziele, Möglichkeiten und Schwächen der Erfassung unerwünschter Arzneimittelwirkungen
   E. Weber, Heidelberg

Neue Arzneimittelnebenwirkungen und Nebenwirkungen neu eingeführter Medikamente
   K. Bork, Mainz

Anaphylaktoide Reaktionen (AR) durch Analgetika
   D. Vieluf, B. Przybilla und J. Ring, München

Epidemiologie schwerer Hautreaktionen
  E. J. Schöpf, Freiburg

Neue Verfahren zur Diagnostik von phototoxischen und photoallergischen Arzneimittelreaktionen auf bekannte und bisher unbekannte Photosensibilisatoren
  S. Schauder, Göttingen

Anaphylaktoide und anaphylaktische Reaktionen mit Lokalanästhetika
  T. Ruzicka, D. Vieluf, B. Przybilla und J. Ring, München

Heparin-induzierte Nebenwirkungen an der Haut
  M. Böckers, Mainz

Neue diagnostische Verfahren bei allergischen und pseudo-allergischen Arzneimittel-Reaktionen
  H. F. Merk und F. Jugert, Köln

Symposium II   HPV

Moderatoren   L. Gissmann, Heidelberg, und
              Ch. Neumann, Hannover

Spielen Papillomviren eine Rolle bei der Krebsentstehung?
  E.-M. de Villiers, Heidelberg

Diagnostische Verfahren zum Nachweis von HPV-Infektionen
  A. Schneider, Ulm

Humane Papillomaviren in Tumoren der äußeren Haut
  E.-I. Grußendorf-Conen, Aachen

Die genitale HPV-Infektion – präventive Diagnostik und Therapie
  G. E. Gross, Hamburg

Intracutantest zur Erfassung zellulärer Immunreaktionen bei HPV 16/18 Infektionen
  R. Höpfl[1], M. Sandbichler[1], N. Sepp[1], K. Heim[1], O. Dapunt[1], I. Jockmus-Kudielka[2], L. Gissmann[2], und P. Fritsch[1], Innsbruck[1], Heidelberg[2]

HPV-Infektionen bei Immunsupprimierten
  R. Rüdlinger, Zürich

HPV-Infektionen bei HIV-Patienten
  H. Näher, Heidelberg

Symposium III   Berufsdermatologie

Moderatoren   H. Ippen, Göttingen, und
              P. J. Frosch, Dortmund

Immuntoxikologie

Wirkung von Schadstoffen auf das Immunsystem
  P. Kind, H.-C. Schuppe und E. Gleichmann, Düsseldorf

Der murine Lymphknotentest zur Abschätzung des Sensibilisierungspotentials von chemischen Stoffen
  I. Kimber, Macclesfield

Duftstoffe

Klinische Relevanz von positiven Testergebnissen mit Duftstoff-Mix
  P. J. Frosch, Dortmund, und A. Schulze-Dirks, Heidelberg

Testergebnisse mit den Einzelsubstanzen des Duftstoff-Mix
  F. Enders, B. Przybilla und J. Ring, München

Ist die Verwendung einer umfangreichen Duftstoff-Reihe sinnvoll?
  Th. Fuchs, Göttingen

Flechten und ihre Allergene
  J. Brasch und P. Jacobsen, Kiel

Aktuelle Kurzbeiträge

Berufsdermatosen bei der Herstellung von photographischen Filmen
  P. Mikhailov, Sofia

Formaldehydallergie beim Krankenpflegepersonal
  M. Agathos, T. Zunterer und R. Breit, München

Diagnostik von berufsbedingten akralen Ischämiesyndromen
  B. Roeser und P. J. Frosch, Dortmund

Kontakturticaria gegen Latex-Handschuhe
  A. Heese, K.-P. Peters und H. U. Koch, Erlangen

Berufsdermatologische Bedeutung der Metallunverträglichkeit und Atopie
  T. L. Diepgen, M. Fartasch und O. P. Hornstein, Erlangen

Maßnahmen zur Verhütung von Berufskrankheiten nach § 3 BeKV

Empfehlungen des Gutachters zur Anwendung von § 3 – typische Fallbeispiele
  H. Oberste-Lehn, Wuppertal

Atopisches Handekzem und § 3
  H.-J. Schwanitz, Osnabrück

Problemdarstellung bei der praktischen Durchführung des § 3 BeKV aus der Sicht der Berufsgenossenschaften und einige Lösungsversuche
  E. Nauroth, Köln

Symposium IV   Haare und Nägel

Moderatoren   H. Zaun, Homburg/Saar, und
              E. Haneke, Wuppertal

Einführung
Neue Beobachtungen zur Frage geschlechtsgebundener Muster der androgenetischen Alopecie
  H. Zaun, Homburg/Saar

Hyperprolaktinaemie als (Teil-) Ursache androgenabhängiger Haarwuchsstörungen
  J. Schmidt, Wien

Topische Immuntherapie bei Alopecia areata: Prognoseorientierte Indikationsstellung
  H. Hamm und E.-B. Bröcker, Münster

Immunhistochemische Untersuchungen an normalen und erkrankten Haarfollikeln
  H. Gollnick, Berlin

Die gleichzeitige Beteiligung von Haaren und Nägeln bei hereditären und erworbenen Erkrankungen
  U. Runne, Frankfurt

Allgemeine diagnostische Möglichkeiten bei Nagelerkrankungen
  E. Haneke, Wuppertal

Melanonychia longitudinalis
  R. Baran, Cannes
Brüchige Nägel
  D. Lubach, Hannover

Symposium V Sklerodermie und Pseudoskerodermie

Moderatoren H. W. Kreysel, Bonn,
  N. Sönnichsen, Berlin, und
  Th. Krieg, München

Einführung
  H. W. Kreysel, Bonn
Klinik und Klassifikation der circumscripten Sklerodermie
  P. Altmeyer, Bochum
Klassifikation, Klinik und pathogenetische Konzepte der progressiven systemischen Sklerodermie (PSS)
  H. Holzmann, J. Zorn und K. Hohlmeier, Frankfurt
Die systemische Sklerodermie aus internistischer Sicht
  E. G. Hahn und S. Mühldorfer, Erlangen
Überlappungssyndrome
  N. Sönnichsen, Berlin
Immun-serologische Aspekte bei Sklerodermien und Überlappungssyndromen
  M. Meurer, München
Immunzytologische Aspekte bei Sklerodermie und Überlappungssyndromen
  R. Bauer, Bonn
Pseudosklerodermien
  U.-F. Haustein, V. Ziegler und K. Herrmann, Leipzig
Pathophysiologie von Sklerodermie und Pseudosklerodermie
  Th. Krieg, München
Möglichkeiten zur Behandlung der Sklerodermie?
  G. Goerz, Düsseldorf

Symposium VI Dermabrasion und verwandte Techniken

Moderatoren J. Petres, Kassel,
  K. Salfeld, Minden, und
  D. Neukam, Hannover

Begrüßung
  J. Petres, Kassel
Einführung in die Dermabrasion
  K. Salfeld, Minden
Korrektur von Aknenarben
  B. Konz, München
Sind kombinierte Planierungstechniken bei ausgebrannter Akne erfolgversprechend?
  G. Sebastian, Dresden
Dermaplaning
  H.-C. Friederich und I. Effendy, Marburg
Rhinophym
  D. Neukam, Hannover
Kongenitale Naevi
  J. Petres und W. Hippe, Kassel

Entfernung von Tätowierungen
  E. Haneke, Wuppertal-Elberfeld
Behandlung von Schmutztätowierungen
  A. Eichmann, Zürich
Vigilon®, optimale Wundbehandlung zur schnellen Epithelisierung
  G. Sattler und M. Hagedorn, Darmstadt
Dermabrasion oder Laser?
  R. Kaufmann, Ulm

Symposium VII Psoriasis

Moderatoren H. Holzmann, Frankfurt/M., und
  R. Breit, München

Klinik und Therapie der Gegenwart

Einleitung
  R. Breit, München
Klassifikation der nichtpustulösen Psoriasis
  T. Henseler, Kiel
Entwicklungsstadien der pustulösen Psoriasis inversa
  M. Bacharach-Buhles und P. Altmeyer, Bochum
Diagnostische Fallen in der Histologie der Psoriasis
  W. Maciejewski, München
Einsatz von Zyklosporin A bei Patienten mit Psoriasis vulgaris
  R. Engst, S. Borelli, R. Bübl und J. Huber, München
Heutiger Stand der Fumarsäure-Therapie
  Th. Hunziker[1], B. Schönberg[1], R. Joshi[2], B. Sarheim[2], P. Speiser[2] und L. R. Braathen[1], Bern[1], Zürich[2]
Acitretin, Acidothymidin: Neue Therapeutika zur systemischen Behandlung der Psoriasis
  T. Ruzicka, München
Neue Entwicklungen in der Photo(chemo)therapie der Psoriasis
  H. Hönigsmann, Wien
Unbehandelbare Psoriasis?
  M. Agathos, München
Schlußwort
  H. Holzmann, Frankfurt/M.

Pathogenese und Therapieansätze der Zunkunft

Einleitung
  H. Holzmann, Frankfurt/M.
Neue nuklearmedizinische Befunde bei psoriatischer Osteoarthropathie
  H. Holzmann und R. Werner, Frankfurt/M.
Zytokine der psoriatischen Epidermis
  E. Christophers und J. M. Schröder, Kiel
Neue Erkenntnisse über mitogene Serumaktivitäten bei Psoriasis-Patienten
  A. Bernd, H. Holzmann und K. Hohlmaier, Frankfurt/M.
Lokale und systemische Provokation der Psoriasis durch mikrobielle Faktoren
  G. Rassner und K. Kerekes-Schnell, Tübingen
Schlußwort
  R. Breit, München

Symposium VIII   Mykologie

Moderatoren   W. Meinhof, Aachen,
J. Faergemann, Göteborg (Schweden),
und H. C. Korting, München

Molekulare Aspekte der Erreger-Wirts-Beziehungen bei Candidosen
M. W. Ollert, München

Phagozytose von Candida albicans durch separierte menschliche Keratinozyten
J. Hunyadi, M. Csató, B. Farkas und A. Dobozy, Szeged (Ungarn)

Leukotaxine als mögliche Entzündungsmediatoren bei Dermatomykosen
J. Brasch, J.-M. Schröder und E. Christophers, Kiel

Lokale Abwehrmechanismen bei der Candidose
I. Tausch, H. Ziegler, C. Thiele und H. Ziegler-Böhme, Berlin (Charité)

Nachweis von Pilzmaterial in Hauptproben mittels optischer Aufheller
H.-G. Knaussmann, Lübeck

Pharmakokinetik oraler Antimykotika unter besonderer Berücksichtigung von Gewebsspiegeln in der Haut
M. Schäfer-Korting, Frankfurt/M.

Pathogenese, Klinik und Therapie der Pityrosporum ovale-assoziierten Dermatosen
J. Faergemann, Göteborg (Schweden)

Gegenwärtiger Stand der Therapie der Onychomykose
H. C. Korting, München

Symposium IX   AIDS – Aktueller Stand des Wissens

Moderatoren   O. Braun-Falco, München, und
W. Meigel, Hamburg

Immunpathogenese der HIV-1-Infektion
G. Stingl, Wien (Österreich)

Epidemiologie der HIV-Infektion
W. Meigel und A. Plettenberg, Hamburg

Virusnachweis und serologische Diagnostik der HIV-Infektion
M. Meurer, München

Prognostische Beurteilung von HIV-assoziierten Haut- und Schleimhauterkrankungen
O. Braun-Falco, M. Fröschl und M. Landthaler, München

Seltene dermatologische Manifestationen der HIV-Infektion
R. Breit, W. Maciejewski und M. Röcken, München

Antivirale Therapie der HIV-Infektion – Realität und Zukunftsperspektiven
H. Rasokat, Köln

HIV-assoziierte Neoplasien
C. E. Orfanos, B. Bratzke und F. Schaart, Berlin

Symposium X   Atopisches Ekzem (Neurodermitis atopica)

Moderatoren   O. P. Hornstein, Erlangen,
E. Schöpf, Freiburg, und
G. Stingl, Wien (Österreich)

Einleitung
E. Schöpf, Freiburg

Genetische Aspekte, Häufigkeit und Prognose der Neurodermitis atopica
B. Wüthrich und U. W. Schnyder, Zürich (Schweiz)

Zur Rolle der Zytokine in der Pathogenese des atopischen Ekzems
A. Kapp, Freiburg

IgE-Rezeptoren auf Langerhans-Zellen – Pathophysiologische Bedeutung beim atopischen Ekzem
T. Bieber, München

Pathogenese der Hyper-IgE-Produktion bei Atopikern – Ein Modell
M. Röcken, S. Vollenweider, K. M. Müller, J.-H. Saurat und C. Hauser, Genf (Schweiz)

Charakterisierung des entzündlichen Infiltrats beim atopischen Ekzem
A. Rieger, Wien (Österreich)

Vergleichende immunhistochemische Analyse von iatrogenen Typ IV- und atopischen Epikutantestreaktionen
J. Keller, U. Kamentz und D. Kleinhans, Stuttgart

Statistische Evaluierung klinisch-diagnostischer Kriterien beim atopischen Ekzem
T. L. Diepgen, Erlangen

Abnorme In-vivo-Reaktivität der Haut bei Atopikern
R. Gollhausen, München

Ultrastrukturelle Untersuchungen zur Funktion der Hornschichtbarriere an nicht-ekzematöser Haut von Atopikern
M. Fartasch, Erlangen

Neuere Aspekte der UV-Therapie des atopischen Ekzems
J. Krutmann, Freiburg

Behandlung der Neurodermitis – Ergebnisse einer Umfrage in dermatologischen Praxen und Kliniken
K. Strömer und E. Vocks, München

Schlußwort
O. P. Hornstein, Erlangen

Symposium XI   Sofort-Typ-Allergien

Moderatoren   B. Czarnetzki, Berlin, und
J. Ring, München

IgE-Regulation
P. Rieber, München

Epidemiologie allergischer Erkrankungen
B. Kunz, München

Sinnvolle Atopieprophylaxe beim Neugeborenen
U. Wahn, Berlin

Kuhmilchallergie beim Erwachsenen
B. Jeßberger, J. Rakoski und C. Szliska, München

Das Haustier – Freund oder Allergie-Auslöser?
M. Pletscher, Basel (Schweiz)

Hausstaub- und Vorratsmilben-Allergie
D. Vieluf und J. Ring, München

Sofort-Typ-Allergien gegen Gummi
Th. Fuchs, Göttingen

Insektengift-Allergie
B. Przybilla, München

Symposium XII Die häufigsten diagnostischen und therapeutischen Fehler in der Alltagsdermatologie

Moderatoren   P. Fritsch, Innsbruck (Österreich), und
F. Vakilzadeh, Hildesheim

Einführung: Was ist unser Anliegen?
P. Fritsch, Innsbruck (Österreich)

Diagnostik

Das übersehene Warnzeichen
R. Happle, Nijmegen (Niederlande)

Fallstricke der Anamnese
J. Kunze, Duisburg

Artefakte bei Entnahme und Versand histologischen Materials
W. I. Worret, München

Therapie I

Fehler bei systemischer und Lokaltherapie
J. Auböck, Innsbruck (Österreich)

Therapie II

Überflüssige operative Eingriffe
G. Haneke, Wuppertal

Überflüssige Photo-Therapie
H. Hönigsmann, Wien (Österreich)

Falscher Einsatz der Röntgenweich- und Grenzstrahltherapie bei Hautkrankheiten
U. W. Schnyder, Zürich (Schweiz)

Schlußwort
F. Vakilzadeh, Hildesheim

Workshop I   Typ-IV-Reaktionen und ihre Mediatoren

Moderatoren   J. Knop, Mainz, und
T. A. Luger, Münster

Zelluläre Reaktionen

Einführung
J. Knop, Mainz

Wirkung von Kontaktallergenen auf Langerhanszellen
G. Kolde, Münster

Zelluläre Reaktionen in der Sensibilisierungsphase des allergischen Kontaktekzems
Th. Lipkow, J. Saloga, A. Enk und J. Knop, Mainz

Zelluläre Reaktionen im Epikutantest
W. Sterry, Kiel

Regulation durch Cytokine

Einführung
T. A. Luger, Münster

Einfluß von Zytokinen auf die Funktion von Langerhanszellen
G. Schuler, E. Kämpgen, Ch. Heufler, F. Koch, und N. Romani, Innsbruck

Rolle von T-Zell-Lymphokinen in der Sensibilisierungsphase der allergischen Kontaktdermatitis
C. Hauser, M. Röcken, K. M. Müller und J.-H. Saurat, Genf

Rolle von Suppressorfaktoren bei der Sensibilisierung
T. Schwarz, Wien

Workshop II   Hautzellkulturen und ihre praktische Bedeutung

Moderatoren   G. Mahrle, Köln, und
R. Stadler, Minden

Bedeutung von Hautzellkulturen für die toxikologisch-pharmakologische Testung
B. Bonnekoh, B. Farkas, J. Geisel, F. Jugert, H. Merk und G. Mahrle, Köln

Neue Methoden zur Bestimmung von Proliferation und Differenzierung humaner und transformierter Keratinozyten
R. Stadler, Minden

Fibroblastenkulturen zur Diagnostik von Bindegewebserkrankungen
C. Mauch und Th. Krieg, München

Lymphozytentransformationsteste und ihre Bedeutung in der Allergologie
H. F. Merk, M. Hertl, R. Fritzsche und F. Jugert, Köln

Zytostatika-Testung an Melanomzellkulturen zur Therapieoptimierung
C. Garbe, K. Krasagakis, K. Schröder und S. Krüger, Berlin

Hormone und Haarwuchs. Testung an Haarfollikelkeratinozyten in vitro
F. M. Schaart, H. Larangeira de Almeida jr. und C. E. Orfanos, Berlin

Sebozytenkulturen als In-vitro-Modell
Ch. C. Zouboulis[1], L. Xia[1], B. Korge[2],
G. Giannakopoulos[1], H. Akamatsu[1], R. Stadler[3],
H. Gollnick[1] und C. E. Orfanos[1], Berlin[1], Bethesda (USA),[2] Minden[3]

Workshop III Biochemie und Pathobiochemie des epidermalen Lipidstoffwechsels

Moderatoren   G. Plewig, Düsseldorf,
D. Lubach, Hannover, und
B. Melnik, Düsseldorf

Begrüßung und Einführung
B. Melnik, Düsseldorf

Regulation der Barrierelipidsynthese in Abhängigkeit vom transepidermalen Wasserverlust
G. Grubauer, Innsbruck

Bedeutung der HMG-CoA-Reduktase und Cholesterolsynthese für die Regulation der Permeabilitätsbarriere
E. Proksch[1,2], K. R. Feingold[2] und P. M. Elias[2], Göttingen[1], San Francisco[2]

Störungen des epidermalen Lipidstoffwechsels bei erblichen Verhornungsstörungen
W. Küster, Düsseldorf

Die Bedeutung der Steroidsulfatase in der Pathogenese der X-chromosomal rezessiven Ichthyose
J. Ch. Meyer, Zürich

Fettsäurestoffwechsel und epidermale Permeabilitätsbarriere
N. Y. Schürer und G. Plewig, Düsseldorf

Störungen des essentiellen ω-6-Fettsäure- und Prostaglandin-E-Stoffwechsels bei Atopie
B. Melnik, Düsseldorf

Workshop IV   Laborleistungen des Hautarztes

Moderatoren   M. Meurer, München, und
P. M. Kövary, Bremen

Einleitung und Übersicht:
Laborleistungen in der dermatologischen Praxis
P. M. Kövary, Bremen

Das Trichogramm
Th. Bergner, München

Mykologische und mikrobiologische Untersuchungen in der Praxis
H. C. Korting, München

RAST in der Allergologie
P. M. Kövary, Bremen

Neuere andrologische Untersuchungsmethoden
B. Schütte, Münster

Serologische Untersuchungen bei Syphilis und Borreliosen
F. Gschnait, Wien

Virologische Untersuchungsmethoden
G. E. Gross, Hamburg

Porphyrien: Klinisch-chemische Untersuchungen zur Sicherung der Diagnose
G. Goerz, Düsseldorf

Laborleistungen in der dermatologischen Klinik
M. Meurer, München

Workshop V   Natürliche und synthetische Retinoide – aktuelle experimentelle und klinische Ergebnisse

Moderatoren   H. Gollnick, Berlin,
und B. Thiele, Köln

Einführung
H. Gollnick, Berlin

Natürliche Retinoide: Metabolismus und Transport in humanen Epidermalzellen
G. Siegenthaler und J. H. Saurat, Genf

Einfluß von Retinoiden auf das Keratinprofil in normalen und spontan transformierten humanen Keratinozyten
K. Korge, Bethesda (USA), und R. Stadler, Minden

Einfluß von Retinoiden auf Proliferation, Differenzierung und Lipidsynthese von Sebozyten in vitro
C. Zouboulis, Berlin

Veränderungen der Immunantwort unter Retinoiden
R. Bauer, Bonn

Untersuchungen zur Pharmakokinetik von Etretinat, Acitretin und 13-cis-Acitretin im Plasma unter Kurzzeit- und Langzeittherapie
G. Rinck, H. Gollnick, T. Bitterling und C. E. Orfanos, Berlin

Topische Retinoide und Akne
M. Verschoore und H. Schaefer, Valbonne (Frankreich)

Acitretin und Etretinat bei Psoriasis – Vergleiche von Wirkung, Nebenwirkung und Remissionsdauer
H. Gollnick, Berlin

Kombinationsbehandlung (ReUVB) mit Acitretin bei Psoriasis vulgaris
B. Przybilla, T. Bergner, T. Ruzicka, München

Aktuelle Bestandsaufnahme zum Nebenwirkungsspektrum systemischer Retinoide
B. Thiele, Köln

Workshop VI   Tumorprogression

Moderatoren   N. E. Fusenig, Heidelberg, und
E.-B. Bröcker, Münster

Wachstumsfaktoren und Wachstumsfaktor-Rezeptoren in malignen Melanomen
M. Herlyn, Philadelphia (USA)

Activation of oncogenes C-MYC and N-RAS alters sensitivity of melanoma cells to natural killer cells
P. Schrier, L. T. C. Peltenburg, R. Versteeg, A. C. Plomp, C. E. Van der Minne and J. L. Bos, Leiden (Niederlande)

Zur Rolle des ras-Onkogens bei der epidermalen Tumorprogression
P. Boukamp, A. Hülsen und N. E. Fusenig, Heidelberg

Zelluläre Adhäsionsrezeptoren und Tumorprogression
E. Klein, Ulm

Workshop VII   British-German Joint Session

Chairmen   H. Baker, London, and
M. Landthaler, Munich

Introduction
H. Baker, London

HTLV-1 associated cutaneous diesease
N. P. Smith, London

Strange viruses – strange warts
Ch. Neumann, Hanover, and E.-M. de Villiers, Heidelberg

The influence of the resection margin in the therapy of malignant melanoma
M. Landthaler, Munich

Ein Wort im Ohr über Grenz
M. Garretts and T. Farrington, Manchester

Therapeutic effect of the E. coli-filtrate Colibiogen® (Cb) in polymorphous light eruption (PLE)
B. Przybilla, K. Bieber and R. Gollhausen, Munich

The potential role of topical liposome drugs in dermatology
H. C. Korting, Munich, and M. Schäfer-Korting, Frankfurt

Dermatitis simulata
R. J. G. Chalmers, Salford

Clinical and Morphological Observations of Focal Epithelial Hyperplasia
D. Neukam, Hanover, and P. Reichart, Berlin

Pseudocyst of auricle
J. D. de Freitas, P. Masson Baptista and A. Poiares Baptista, Coimbra (Portugal)

Final remarks
M. Landthaler, Munich

Workshop VIII   Kutane Lymphome

Moderatoren   G. Burg, Würzburg,
M. Goos, Essen, und
H. Kerl, Graz (Österreich)

Kutane T-Zell-Lymphome
H. Kerl, Graz (Österreich)

Kutane B-Zell-Lymphome
M. Goos, Essen

Immunhistochemie der Mycosis fungoides
C. J. Reiss, Halle, J. U. Smolle und L. Cerroni, Graz (Österreich)

Prognostische Relevanz zellulärer Antigenexpressionen bei Mycosis fungoides und Sézary-Syndrom
K. Meißner, K. Michaelis-Wittern, T. Löning und W. Rehpenning, Hamburg

Adhäsionsmoleküle bei kutanen Lymphomen
J. U. Smolle, Graz (Österreich)

Moderne Methoden in der Diagnostik kutaner Lymphome
W. Sterry, Kiel

Cytokine bei kutanen Lymphomen
R. Dummer und G. Burg, Würzburg

Großzellige anaplastische Lymphome (Ki1-positiv)
P. Kaudewitz, R.-M. Szeimies und F. Eckert, München

Sonderformen kutaner Lymphome
G. Burg, Würzburg

Borrelia burgdorferi assoziierte Lymphome
C. Garbe, Berlin

Workshop IX   Dermatopharmakologie

Moderatoren   M. Gloor, Karlsruhe,
D. Lubach, Hannover, und
H. Merk, Köln

Pharmakologie der Entzündung

Arachidonsäure und ihre Derivate bei der cutanen Entzündungsreaktion
V. Kaever und K. Resch, Hannover

Rezeptoren für Prostaglandine und Leukotriene – dermatopharmakologische Aspekte
Th. Ruzicka, München

Dermatokortikoide: Vergleich von Vasokonstriktions- und Verdünnungstest an der Haut des Menschen
M. Kietzmann, D. Lubach und H. Drews, Hannover

Sulfone bei Druckurticaria
R. Fritzsche, Ch. Herpolsheimer und H. Merk, Köln

Einfluß von Cyclosporin auf die Proliferation und Zytokinsynthese humaner Keratinozyten in vitro
R. Stadler, Minden, und Ch. Neuner, Berlin

In vitro Kultivierung humaner dermaler Endothelzellen. Ein Modell zur Charakterisierung der Wirkung von Pharmaka und Zytokinen auf die Gefäßendothelien der Haut
M. Detmar, Z. Ruszczak, E. Imcke und C. E. Orfanos

Pharmakologie dermatologischer Externa

Wirkstoff-Freisetzung aus Lokaltherapeutika
W. Gehring und M. Gloor, Karlsruhe

Therapeutische und toxikologische Folgen unterschiedlicher Resorption an Haut und Schleimhaut
P. Elsner, Würzburg

Beeinflussung der epidermalen Barrierefunktion durch Hemmung der Cholesterolsynthese mit dem HMG CoA Reduktase-Inhibitor Lovastatin
E. Proksch[1,2], M. Mao-Quiang[2], P. M. Elias[2], und K. R. Feingold[2], Göttingen[1], San Francisco[2] (USA)

Liposomen als Arzneistoffträger in der externen Therapie – Stand und Perspektiven
W. Wohlrab, J. Lasch und K. M. Taube, Halle

Liposomen als Arzneistoffträger – Untersuchungen in der Zellkultur und klinische Perspektiven
B. Bonnekoh und G. Mahrle, Köln

**Workshop X   Société Franco-Allemande de Dermatologie
Deutsch-Französische Dermatologische Gesellschaft**

*Histopathologie et immunpathologie de la peau
Histopathologie und Immunpathologie der Haut*

Moderator   E. Grosshans, Strasbourg (Frankreich)

Häufigkeit der Kontaktallergie im Kindesalter
B. Kunz und J. Ring, München

Immuncytologie du carcinome neuro-endocrine cutané
J.-P. Ortonne, Nice (Frankreich)

Faktor XIIIa zur immunhistologischen Charakterisierung von dermalen Dendrozyten in Histiozytomen
M. Böckers und K. Bork, Mainz

La cellule de Langerhans nous livre-t-elle tous ses secrets?
Th. Bieber, München

Kutane extramedulläre Hämatopoese
S. Hödl und H. Kerl, Graz (Österreich)

Maladie de Flegel. Etude clinique et histologique
J. Bazex, G. Samalens-Izsak und X. Belgodere, Toulouse (Frankreich)

Acropapulose mucineuse persistante
A. Kint, J. M. Naeyaert und M. L. Geerts, Gent (Belgien)

CD23 auf mononuklearen Blutzellen ist bei der Dermatitis atopica sowie bei Psoriasis erhöht
K. M. Müller, M. Röcken, D. Joel, J. Y. Bonnefoy, J. H. Saurat und C. Hauser, Genf (Schweiz)

Etude de l'expression d'oncogènes dans la peau psoriasique par hybridation in situ
J. J. Guilhou und N. Basset-Seguin, Montpellier (Frankreich)

Epidermolysis bullosa atrophicans generalisata mitis (Hashimoto, Schnyder, Anton-Lamprecht 1976)
M. Khan-Ramon[1], I. Anton-Lamprecht[2], S. W. Wassilew[1] und M. A. Steffan[1], Krefeld[1], Heidelberg[2]

Freie Vorträge I

Autoimmunerkrankungen

Moderatoren G. Goerz, Düsseldorf, und
V. Ziegler, Leipzig

Quarznachweis in Sklerodermiehaut
V. Ziegler, D. Kipping, J. Mehlhorn
und U.-F. Haustein, Leipzig

L-Tryptophan-induzietes Shulman-Syndrom als Sonderform des Eosinophilie-Myalgie-Syndroms
A. Köllner, H. Senff, J. Kunze, Duisburg,
und H. Mensing, Hamburg

Prostaglandin E1-induzierter T-Zell-Shift bei progressiver systemischer Sklerodermie
I. Böhm, R. Bauer, W. Küster und H. W. Kreysel, Bonn

Prokollagen Typ III Peptide – serologischer Verlaufs- und Prognosemarker bei progressiver Sklerodermie
H. Mensing und Ch. Körner, Hamburg

Simultane Kombination von in-situ-Hybridisierung und Immunperoxidase-Reaktion am Beispiel des Keloids
S. Sollberg, J. Peltonen, L. Hsiao und J. Uitto,
Philadelphia (USA)

Sneddon Syndrom: Phospholipid Antikörper, kutane und neurologische Manifestationen
P. Kind, S. Flachsenberg, E. Hölzle, W. Rautenberg,
M. Hennerici, H.-J. Lakomek und G. Plewig,
Düsseldorf

Kutaner Lupus erythematodes: Klinik und Photobiologie
G. Goerz, P. Kind, P. Lehmann, H. C. Schuppe,
P. Jung, H. J. Lakomek und G. Plewig, Düsseldorf

Autoantikörperprofile bei Kollagenosen
M. A. Blaschek[1], M. Boehme[2], J. Jouquan[2],
Y. L. Pennec[2] und P. Youinou[2], Köln[1], Brest[2]
(Frankreich)

Cyclosporin A in der Therapie entzündlicher Dermatosen
R. U. Peter und T. Ruzicka, München

Freie Vorträge II

Malignes Melanom I

Moderatoren E. Bröcker, Münster und
K. U. Schallreuter, Hamburg

Bedeutung der Immunhistochemie für die Diagnostik undifferenzierter Hauttumoren
A. Kuhn und G. Mahrle, Köln

Ganglioside als Tumormarker beim malignen Melanom
G. Fierlbeck, P. Toyos de Haller, R. Handgretinger,
C. Ottenlinger, G. Rassner und D. Niethammer,
Tübingen

Sialinsäure im Serum beim malignen Melanom – eine Longitudinalstudie
H.-U. Baer und K. Schlenzka, Magdeburg

Analyse Nukleolus organisierender Regionen (NOR) in pigmentierten Hauttumoren – eine morphometrische Studie
M. Hagedorn[1], J. Rüschoff[2] und C. Thomas[2],
Darmstadt[1], Marburg[2]

Kultivierung menschlicher Melanozyten in vitro ohne Tumorpromotoren und ihre immunhistochemische Charakterisierung
K. Krasagakis, C. Garbe und C. E. Orfanos, Berlin

Alpha-Melanocytenstimulierendes Hormon in pigmentierten Läsionen der Haut
I. Kriegesmann und P. Altmeyer, Bochum

Transmissionmikroskopische Untersuchungen über das Verhalten von Lymph- und Blutgefäßen in Melanomexzidaten
H. Platschek, D. Lubach, A. Deutsch und S. Nissen,
Hannover

Isolierung und Überprüfung von Melanomantigenen mittels Absorption, Isoelectric focusing und Blottechnik
H. Sochor, Magdeburg

Expression Melanom-assoziierter Antigene auf Naevuszellnaevi
H. Luther, A. Hilker und P. Altmeyer, Bochum

Freie Vorträge III

Infektionskrankheiten I (AIDS)

Moderatoren D. Stallmann, München, und
R. Bauer, Bonn

Immunhistochemische Darstellung unterschiedlicher Zellpopulationen bei klassischem und HIV-assoziiertem Kaposi-Sarkom und ihre Beeinflussung durch Therapie mit rekombinantem Interferon-alpha
Z. Ruszczak, M. Detmar, B. Bratzke und
C. E. Orfanos, Berlin

Invasive Migration von epidemischen Kaposi-Sarkom-Zellen in vitro
C. G. Schirren, W. K. Roth, R. Hein, T. Krieg und
O. Braun-Falco, München

Klinik und Serologie der Syphilis bei HIV-infizierten Patienten
D. Stallmann, M. Meurer und M. Fröschl, München

Cofaktoren der HIV-Übertragung durch Sperma
H. Wolff[1], D. J. Anderson[2] und K. H. Mayer[3],
München[1], Boston[2] (USA), Providence[3] (USA)

Therapeutische Problematik der HIV-induzierten Psoriasis
T. Ruzicka, M. Fröschl, D. Stallmann und
M. Landthaler, München

Plasmidgehalt von Penizillinase-produzierenden und nicht-Penizillinase-produzierenden Neisseria Gonorrhoeae in Heidelberg 1981–1989
P. K. Kohl, I. Kamionek und D. Petzoldt, Heidelberg

Experimentelle Chlamydien-Epididymitis
C. Jantos, W. Baumgärtner, H. Krauss, W. Weidner
und H. G. Schiefer, Gießen

Palliative Behandlung des disseminierten Kaposi-Sarkoms im Gesicht
H. Schöfer, F. R. Ochsendorf, I. Hochscheid und
R. Milbradt, Frankfurt

Junktionale Aktivität (jA) – Zeichen einer Tumorprogression?
B. Knopf, U. Wollina und U. Henkel, Jena

Freie Vorträge IV

Infektionskrankheiten II

Moderatoren F. Vakilzadeh, Hildesheim, und
S. el-Gammal, Bochum

Subklinische Infektionen und Durchseuchungstiter mit/ gegen Borrelia Burgdorferi bei Kindern im Raum Frankfurt
   M. Buslau, H. Holzmann und W. Ch. Marsch, Frankfurt

Pseudosklerodermien durch Borrelia Burgdorferi
   N. Haake und P. Altmeyer, Bochum

Die Ergebnisse von 170 kutanen Leishmaniose-Fällen nach Kryotherapie
   A. Kotogyan[1], A. Iscimen[1], S. Serdaroglu[1], C. Mat[1], H. Memisoglu[2], A. Acar[2] und M. Göcük[2], Istanbul[1] (Türkei), Adana[2] (Türkei)

Intralesional Therapy of Cutaneous Leishmaniasis with Sodium Stibogluconate Antimony
   H. Memisoglu, A. Acar, M. Göcük und O. Yesilli, Adana (Türkei)

Zur Früherkennung des SSSS im Erwachsenenalter
   W. Ch. Marsch und M. Buslau, Frankfurt

Anwendung der Elektronen-Spin-Resonanz-Spektroskopie in der dermatologischen Forschung
   J. Fuchs und R. Milbradt, Frankfurt

20-MHz-Sonographie von Hauttumoren
   K. Hoffmann, S. el-Gammal, M. Stücker, J. Jung und P. Altmeyer, Bochum

Über die Gefäßarchitektur des kutanen Angiosarkoms des Kopfes
   S. el-Gammal, S. Thelo, M. Bacharach-Buhles und P. Altmeyer, Bochum

Freie Vorträge V

Atopie

Moderatoren   A. Kapp, Freiburg und
               J. Krutmann, Freiburg

Eosinophil Cationic Protein (ECP) im Serum von Patienten mit atopischer Dermatitis
   A. Kapp, W. Czech und G. Burow, Freiburg

Die Bestimmung des allergenspezifischen IgE in kU/l versus RAST-Klassen
   R. Bauer, I. Böhm, W. Wehrmann und H. W. Kreysel, Bonn

Pixe-Analyse an unbefallener Haut von endogenen Ekzematikern und an Altershaut
   T. Bunse[1], G. K. Steigleder[1], M. Höfert[2] und B. Gonsior[2], Köln[1], Bochum[2]

Verändertes Reaktionsverhalten atopischer Ekzematiker nach intrakutaner Injektion von Substanz P und topischer Applikation von Senföl
   G. Heyer, O. P. Hornstein und O. H. Handwerker, Erlangen

Sinnvolle Atopieprophylaxe beim Neugeborenen
   R. Bergmann und Th. Graß, Berlin

Klinische Untersuchungen bei Patienten mit atopischer Dermatitis
   I. Schneider, Z. Somos und Z. Zahorcsek, Pécs (Ungarn)

Untersuchung zur Koinzidenz von atopischer Dermatitis und Hyperkinese-Syndrom bei Kindern
   K. Schlenzka, J. Beyreiss und N. Roth, Magdeburg

Etiology of Skin-Teleangiectasia in Workers Employed in Electrolytic Extraction of Aluminium
   J. Balić, A. Kansky und M. Sarić, Zagreb (Jugoslawien)

Sog. Dermatozoenwahn – klinische und testpsychologische Untersuchungen
   M. Häberle, P. Hofmann, O. P. Hornstein, Erlangen-Nürnberg

Freie Vorträge VI

Genodermatosen

Moderatoren   H. Hamm, Münster, und
               H. Traupe, Nijmegen (Niederlande)

Das Schöpf-Syndrom – Eine „Blickdiagnose" unter den ektodermalen Dysplasien
   H. Hamm, C. Örge und E. B. Bröcker, Münster

Variabilität der granulären Degeneration bei Keratosis palmoplantaris Typ Vörner – Unna – Thost
   A. Becker, W. Küster und G. Plewig, Düsseldorf

Charakterisierung epidermaler Lipide bei autosomal rezessiv erblichen lamellären Ichthyosen
   W. Küster[1], B. Melnik[1], G. Plewig[1], M. L. Arnold[2] und H. Traupe[3], Düsseldorf[1], Heidelberg[2], Nijmegen[3] (Niederlande)

DNS-impulszytophotometrische Untersuchungen an epilierten Anagenhaaren bei androgenetischer Alopecie vor und nach Minoxidil-Behandlung
   F. Kiesewetter, H. Schell und P. Sagasser, Erlangen

DNS-impulszytophotometrische Untersuchungen über die Zellkinetik des menschlichen Haares bei Schilddrüsen-Funktionsstörungen
   H. Schell und F. Kiesewetter, Erlangen

Spezifische Papillarleistenmuster – Kennzeichen akantholytisch dyskeratotischer Dermatosen
   M. Raff und J. Szilvassy, Wien (Österreich)

Chirurgische Behandlung von Schmucktätowierungen – Verbesserung der Technik mittels separierter epidermaler Zellen
   B. Sebök, Pécs (Ungarn)

Subklinische Wachstumskurven maligner Hauttumoren
   H. Breuninger, K. Dietz und G. Rassner, Tübingen

Einsatz des Hautexpanders in der operativen Dermatologie
   W. Kimmig, U. Weyer und E. W. Breitbart, Hamburg

Freie Vorträge VII

Immunologie

Moderatoren   G. Stüttgen, Berlin, und
               W. Czech, Freiburg

Lymphozyten-Subsets und Proliferation in einem Modell für eine verzögerte Typ-IV-Reaktion in der Haut
   F. J. Fritz und R. Pabst, Hannover

Die Erfassung der Frühreaktion verzögerten Typs mittels thermographischer Methoden
   G. Stüttgen, Berlin

Immunphänotypisierung lymphozytärer Infiltratzellen bei bullösen Autoimmundermatosen
 H. W. Niedecken[1], M. Uerlich[1], E. Biwer[1], H. W. Kreysel[1], J. Schaller[2] und U. F. Haustein[2], Bonn[1], Leipzig[2]

Immunphänomene unter hochdosierter Interleukin-2-Gabe
 R. Dummer, H. Ostmeier, B. Mansouri, E. Schäfer und G. Burg, Würzburg

Wertigkeit durchflußzytometrischer Untersuchungen bei Patienten mit Erkrankungen des rheumatischen Formenkreises, HPV-Infektionen und rez. Herpes-simplex-Infektionen
 O. Bogenschütz, G. Fierlbeck, R. Handgretinger, G. Bruchelt und G. Rassner, Tübingen

Etretinat-Therapie bei Lichen ruber planus – Immunpathologische Aspekte
 M. Simon jr. Erlangen

Expression von Antigenen der VLA-Familie (verly late antigens) durch Keratinozyten in Dermatosen
 M. Uerlich, H. W. Niedecken, E. Biwer und H. W. Kreysel, Bonn

Die Expression von Adhäsionsmolekül Uvomorulin bei verschiedenen benignen und malignen Tumoren der Haut
 W. Czech, Freiburg

Beta-adrenerge Rezeptoren der Haut – Nachweis auf permanenten cutanen Zellinien
 V. Steinkraus, Ch. Körner und H. Mensing, Hamburg

Freie Vorträge VIII

Malignes Melanom II

Moderatoren C. Garbe, Berlin, und
 G. Kolde, Münster

Vitiligo und cutanes malignes Melanom
 K. U. Schallreuter und Ch. Levenig, Hamburg

Zur klinischen Variationsbreite des Spitz-Naevus
 A. Rütten und M. Goos, Essen

Ein Bewertungs-score für die Erkennung maligner Melanome mittels Auflichtmikroskopie
 J. Kreusch, D. Henke, B. Pietsch-Breitfeld, G. Rassner, H. K. Selbmann, Tübingen

Vereinfachung der Auflichtmikroskopie pigmentierter Hautveränderungen durch das Dermatoskop
 W. Stolz, P. Bilek, T. Merkle, M. Landthaler und O. Braun-Falco, München

Die elektive Lymphknotendissektion in unserem Behandlungskonzept des Körperstamm-Melanoms
 Th. Zimmermann, P. Quoika, K. Henneking und Ch. Kelm, Gießen

Metastasen und Zweit-Malignome bei Melanom-Patienten
 M. Gummer und G. Schmiel, München

Häufigkeits- und Zeitmuster lokoregionaler Metastasen des malignen Melanoms der Haut
 W. Groth, Köln

Einsatz der hyperthermen isolierten Extremitätenperfusion beim malignen Melanom – Langzeitergebnisse bei 451 Patienten
 K. Henneking, J. Binder, W. Weyers und Th. Zimmermann, Gießen

Lebermetastasen des malignen Melanoms – was tun?
 P. Quoika, W. Weyers, Th. Zimmermann und K. H. Muhrer, Gießen

Freie Vorträge IX

Berufsdermatosen

Moderatoren H. Tronnier, Witten-Herdecke, und
 H. Schubert, Erfurt

Dunstekzem durch Kolophonium: Phototoxische Auslösung?
 J. Krutmann, B. Rzany, A. Kapp und E. Schöpf, Freiburg

Typ IV-Allergien gegen (Chlor-)Methylisothiazolinon (Kathon R, Euxyl R, K 100) – Mögliche Auslöser und Klinik
 K.-P. Peters, A. Heese, Erlangen, und A. Schmitt, Nürnberg

Glyoxal – ein neues berufliches Kontaktallergen bei Beschäftigten im Gesundheitsdienst
 P. Elsner, I. Pevny und G. Burg, Würzburg

Kontaktdermatitiden bei Auszubildenden des Friseurhandwerks in Niedersachsen
 U. Budde, S. M. John und H. J. Schwanitz, Osnabrück

Wirkung von strukturell veränderten Glucocorticoiden auf die Zellphysiologie menschlicher Hautfibroblasten
 F. E. Görmar, A. Bernd und H. Holzmann, Frankfurt

Neue Aspekte durch Liposome bei der externen Dermatotherapie
 M. Gloor und W. Gehring, Karlsruhe

Zur Diagnostik der empfindlichen Haut
 H. Schubert und E. Prater, Erfurt

Der Gefrierschnitt menschlicher Haut als Modell für Irritationsstudien
 W. Gehring und M. Gloor, Karlsruhe

Berührungslose Profilerfassung der Hautoberfläche – ein neuartiges Meßverfahren
 H. Tronnier, U. Heinrich, Witten-Herdecke, und B. Roeser, Dortmund

Freie Vorträge X

Klinische Studien

Moderatoren F. R. Ochsendorf, Frankfurt, und
 M. Böckers Mainz

Morbus Crohn: direkter Befall von Lippen-, Genital- und Analhaut
 F. R. Ochsendorf, H. Schöfer, U. Kühne, M. Wolter und W. Ch. Marsch, Frankfurt

Therapie des Adamantiades-Behcet Syndroms (ABS)
 B. Bratzke, Ch. C. Zouboulis, K. Kurz, W. Wyrobisch, F. Hoffmann und C. E. Orfanos, Berlin

HLA-Muster und klinische Manifestation des Adamantiades-Behcet-Syndroms bei deutschen und türkischen Patienten in der Bundesrepublik Deutschland
 K. Kurz, Ch. C. Zouboulis, B. Bratzke, S. Bünte, H.-J. v. Keyserlingk-Eberius und C. E. Orfanos, Berlin

Paraneoplastische follikuläre Hyperkeratosen bei multiplem Myelom durch follikuläre Akkumulation von IgG-Dysprotein und Kryoglobulin
K. Bork, M. Böckers und J. Pfeifle, Mainz

Kryofibrinogenämie – ein neuer therapeutischer Weg
H. Brüning und E. Christophers, Kiel

Früherkennung des hereditären Angioödems
H.-D. Göring und A. Ziemer, Dessau

Großzellige Ki-1-positive Lymphome der Haut
R. Woll, Ch. Neumann und S. Marghescu, Hannover

Mit kutaner Nekrose einhergehende neuere Krankheitsbilder
L. Török, Kecskemét (Ungarn)

Familienuntersuchungen bei Porphyria cutanea tarda vom familiären Typ
M. Morvay, F. Koszó, N. Simon und A. Dobozy, Szeged (Ungarn)

Freie Vorträge XI

Psoriasis

Moderatoren U. Wollina, Jena, und
H.-J. Schulze, Köln

Wirkung von antipsoriatischer Therapie (SUP, PUVA, Tigason, Cignolin) auf das p 450 abhängige Enzymsystem
N. H. Brockmeyer, S. Paschelke, L. Mertins und M. Goos, Essen

Klinische Effekte einer prolongierten Okklusionstherapie bei Psoriasis
U. Wollina[1], B. Knopf[1], C. Hipler[1], H. Schaarschmidt[1] und H. List[2], Jena[1], Neuwied[2]

Methotrexat – 25jährige Erfahrungen bei der Therapie schwerer Verlaufsformen der Psoriasis
U.-F. Haustein, M. Rytter und Th. Walther, Leipzig

Abheilung der Psoriasis unter niedrig dosierter Cyclosporin-A Therapie – Ein Vergleich mit Etretinat
H.-J. Schulze und G. Mahrle, Köln

NAP1/IL8 Immunreaktivität bei Psoriasis vulgaris
M. Sticherling, E. Bornscheuer, J.-M. Schröder und E. Christophers, Kiel

Abnorme Steroid-Sulfatase-Aktivität von Granulozyten bei Patienten mit Psoriasis
R. E. Schopf, B. Muschalik, P. Benes, M. Rehder und B. Morsches, Mainz

Gruppenspezifische immunozelluläre Marker bei der Psoriasis gemessen mit der Bio-Rad®-Methode
J. M. Baló-Banga, I. Rácz und I. Vincze, Budapest (Ungarn)

Sind die Keratine bei Psoriasis verändet?
A. Wevers, B. Bonnekoh, H.-J. Schulze und G. Mahrle, Köln

Toleranzreaktion von Keratinozyten nach mehrmaliger Cignolinbehandlung
B. Farkas, B. Bonnekoh und G. Mahrle, Köln

Poster

1. Aktivitätsbeurteilung sklerosierender Erkrankungen mittels Immunhistochemie und *in situ*-Hybridisierung
   M. S. Gruschwitz und O. P. Hornstein, Erlangen

2. Familiäre Sklerodermie
   E. Ablonczy, Budapest (Ungarn)

3. Gibt es immunhistologische Unterschiede zwischen circumscripter Sklerodermie und Lichen sclerosus et atrophicus?
   C. Popp, M. Bacharach-Buhles und P. Altmeyer, Bochum

4. Klinische Variationen der IgA-linearen-Dermatose – 2 Falldarstellungen
   M. Arensmeier und M. Gehre, Magdeburg

5. Erhöhte Spiegel an löslichem Interleukin 2-Rezeptor im Blaseninhalt bei bullösem Pemphigoid
   D. Zillikens, M. Schüßler, C. Blum, R. Dummer und G. Burg, Würzburg

6. Adamantiades-Behcet-Syndrom: Epidemiologie, Klinik und Prognose in einem Berliner Patientenkollektiv
   Ch. C. Zouboulis, K. Kurz, B. Bratzke und C. E. Orfanos, Berlin

7. Lupus erythematodes (LE): Dokumentation von 110 Patienten – Analyse klinischer und serologischer Parameter beim CDLE, SCLE und SLE
   B. Tebbe und C. E. Orfanos, Berlin

8. Sind zirkulierende Antikörper brauchbare Parameter für die Krankheitsaktivität beim Pemphigus?
   M. Schüßler, D. Zillikens, C. Blum, B. Heim und G. Burg, Würzburg

9. Kryofibrinogenämie mit ungewöhnlicher Angiomatose der Schleimhaut
   J. Henrichs, Ch. Neumann und S. Marghescu, Hannover

10. Nachfolgeuntersuchungen bei SCLE-Patienten
    E. Nagy, Cs. Mészáros, K. Vezekényi, M. Debreczeni und I. Sonkoly, Debrecen (Ungarn)

11. Klinische und serologische Daten bei subakutem kutanen Lups erythematodes
    M. Marschalkó, E. Dobozy, E. Gyimesi, M. Berecz und A. Horváth, Budapest (Ungarn)

12. Bestimmung von Autoantikörpern gegen Doppelstrang-DNS: Vergleich von ELISA und Crithidia luciliae Immunfluoreszenztest
    C. Blum, D. Zillikens, M. Schüßler, M. Burger und G. Burg, Würzburg

13. Haut-Manifestationen beim primären Sjörgren-Syndrom
    H. Ueki, Kurashiki (Japan)

14. Malignitätshinweise im dermatoskopischen und auflichtmikroskopischen Bild
    K. Kerner, M. Nilles, F. Eckert und W.-B. Schill, Gießen

15. Wertigkeit der Sonographie für die Bestimmung des vertikalen Tumordurchmessers beim malignen Melanom
    F. Kiesewetter, H. Schell, T. L. Diepgen und G. Gassenmaier, Erlangen

16. Diagnostik von pigmentierten Nagelveränderungen
    J. Kreusch und G. Rassner, Tübingen

17. Fluoreszenzmessung und Auflichtmikroskopie bei pigmentierten Hauttumoren
    M. Nilles, P. Bernhardt, W. Lohmann und W.-B. Schill, Gießen

18. Tumormarker-Untersuchungen in der Dermatologie
    I. Rácz, E. Terstyánszky und T. Pulay, Budapest (Ungarn)
19. Auflichtmikroskopische Erfassung evolutiver Veränderungen von Pigmenttumoren
    H. Schulz, Bergkamen
20. Chronisch aktinische Dermatitis und symptomatische Vitiligo
    P. von den Driesch und M. Fartasch, Erlangen
21. Transepidermale Elimination von Naevuszellen bei korialen Naevuszellnaevi
    U. Henkel, U. Wollina, H. Schaarschmidt, B. Knopf und C. Hipler, Jena
22. Multizentrische Retikulohistiozytose mit ausgeprägter Skelettbeteiligung und IgA-Paraproteinämie
    U. P. Wunderlich, H. Gollnick, M. Detmar und C. E. Orfanos, Berlin
23. Castleman-Tumor, Lichen ruber und Pemphigus vulgaris – eine immunologische Modellerkrankung?
    G. Plewig, T. Jansen, R. M. Jungblut und H.-D. Röher, Düsseldorf
24. Epidermales Naevussyndrom mit Hämangiomatose der Röhrenknochen und Phosphatdiabetes
    N. Stosiek, K.-P. Peters und O. P. Hornstein, Erlangen
25. M. Dowling-Degos (reticulate pigmented anomaly of the flexures)
    N. Stosiek, M. Simon jr. und A. Heese, Erlangen
26. Spinozelluläre Karzinome bei Epidermolysis bullosa dystrophica recessiva Hallopeau-Siemens
    W. Stieler, H.-G. Otte und I. Anton-Lamprecht, Heidelberg
27. Primäres kutanes Leiomyosarkom
    W. Stieler, H. Mensing und K. Salfeld, Minden
28. Kasuistischer Beitrag zur Argyrie
    U. Schwäblein-Sprafke, Hohenstein
29. Fibromatose mit Akroosteolyse
    P. Schulte-Huermann, G. Goerz, F. Borchart, W. Küster und P. Kind, Düsseldorf
30. Livedo racemosa als Frühsymptom eines myeloproliferativen Syndroms
    P. Mohr und W. Kimmig, Hamburg
31. Rein kutane Langerhans-Zell-Histiozytose bei Kindern
    K. Meißner, H. Schäfer, W. Kimmig und B. Börries, Hamburg
32. Foudroyanter Verlauf einer Melanomerkrankung bei HIV-1-Infektion – Ein Fallbericht
    B. Kunze, W. Kimmig und K. U. Schallreuter, Hamburg
33. Pustulosis acuta generalisata: ein Fallbericht
    B. Kahle, W. Hartschuh, J. Schoel und P. K. Kohl, Heidelberg
34. Keratosis palmoplantaris Typ Unna-Thost und Typ Vörner – Nachweis der Identität beider Erkrankungen
    W. Küster, Düsseldorf
35. Pellagroid
    M. Hertl und A. Kuhn, Köln
36. Syndrom der gigantischen Naevi aranei und kavernösen Hämangiome bei chronischer Hepatopathie: Nachweis eines zirkulierenden angioproliferativen Faktors
    M. Detmar, Z. Ruszczak, H. Gollnick, E. Hilbert und C. E. Orfanos, Berlin
37. Viszerokutane Hämangiomatose – das sog. Blue-rubber-bleb-nevus-syndrome
    M. Betke, F. Eckert, W. Heldwein und M. Landthaler, München
38. Aktivitäts- und Zytotoxizitäts-assoziierte Marker während der HIV-Infektion
    R. Bauer, I. Böhm, J. A. Stefan und H. W. Kreysel, Bonn
39. Kutane Manifestationen bei der HIV-Infektion in unserem Gebiet
    A. Krstić, S. Konstantinović, J. Lalosević und D. Jevtović, Beograd-Zemun (Jugoslawien)
40. Splenopentin – Erhöhung der Aktivität des rHu GM-CSF und Therapieeffekte bei HIV-Patienten
    W. Diezel, K. Forner, H. D. Volk, M. Meurer und N. Sönnichsen, Rostock, München und Berlin
41. Katamnestische Untersuchungen an – vor mehr als 10 Jahren wegen Syphilis behandelten – homo/bisexuellen Männern
    G. Szücs, I. Horváth, M. Simkovics, L. Engloner, T. Takácsy, V. Várkonyi, A. Horváth und B. Székács, Budapest (Ungarn)
42. Klinische Erfahrungen mit Ofloxacin-Behandlung bei Patienten mit Urethritis non gonorrhoica
    Z. Vajda und A. Horváth, Budapest (Ungarn)
43. Untersuchungsprogramm bei V. a. Funktionsstörungen der menschlichen Bläschendrüsen unter besonderer Berücksichtigung der Sonographie
    J. Kreusch, V. Dörnberger und G. Schieferstein, Tübingen
44. Systemische Behandlung von Condylomata acuminata mit rekombinanten Interferonen Alpha und Gamma
    L. Kowalzick und H. Mensing, Hamburg
45. Virus-assoziierte maligne Tumoren der Haut und der hautnahen Schleimhäute
    B. Fierlbeck, G. Fierlbeck, G. Pfister und G. Rassner, Tübingen
46. Populationsdynamik der Resident-Flora der Vulva während des menstruellen Zyklus
    I. Saeed, P. Elsner, C. Bayles, D. Wilhelm, R. Aly und H. I. Maibach, Würzburg
47. Methoden zur Bestimmung der allgemeinen Bewegungsaktivität und Einwanderungsverhalten in eine freie Fläche von Zellen in Kultur
    C. Theilig, C. Jackel, A. Bernd, J. Bereiter-Hahn und H. Holzmann, Frankfurt
48. Permeabilität psoriasiform-/trocken erscheinender Effloreszenzen für Serumproteine
    W. Remy, M. Märtin, B. Adelmann-Grill, C. Szliska und S. Borelli, München
49. Antibakterielle Wirkung der Salizylsäure – eine zu wenig beachtete Wirkung
    A. A. Hartmann, H. Hackel, P. Elsner und G. Burg, Würzburg
50. Perkutane Iontophorese von Dialysaten und Molekulargewichtsfraktionen aus Gräserpollenextrakten bei Allergikern
    J. Gauger, W. Remy, E. Wachter, B. Jessberger und S. Borelli, München
51. Objektivierung der irritativen Dermatitis der Vulva mit non-invasiven hautphysiologischen Meßverfahren
    P. Elsner, D. Wilhelm und H. I. Maibach, Würzburg
52. Posttraumatische Regeneration der epidermalen Barriere an Vulva und Unterarm: In-vivo-Untersuchungen mittels biophysikalischer Meßverfahren
    D. Wilhelm, P. Elsner und H. I. Maibach, Würzburg

53. Beeinflussung der epidermalen Proliferation und Wundheilung durch Primamed Gel und Gelkompressen
    M. Kietzmann und D. Lubach, Hannover
54. 15 Years Emma (Electron Microscopic Microanalysis) Investigation in Dermatology
    J. Calap, J. A. R. Murillo, J. L. Ingunza und M. A. Romero, Cádiz (Spanien)
55. Anaphylaktische Reaktion auf extern appliziertes Bacitracin bei einer Patientin mit allergischem Fußekzem
    P. Elsner, I. Pevny und G. Burg, Würzburg
56. Modifizierter Lymphozytentransformationstest (LTT): Messung der Interleukin-2-Aktivität bei der in vitro-Diagnostik allergischer Arzneireaktionen
    M. Hertl und H. F. Merk, Köln
57. Medikamentöse Provokation des atopischen Ekzems: Alpha-Interferon und Wespengift-Hyposensibilisierung
    M. Böckers und K. Bork, Mainz
58. Zur Pathogenese von HAES-Nebenwirkungen an der Haut
    B. Roeser und H. Tronnier, Dortmund
59. Der belichtete Scratch- und Intradermal-Test zur Diagnose von photoallergischen Arzneireaktionen
    S. Schauder und H. Berger, Göttingen
60. Der Vellushaarfollikel – Untersuchungen an einem gesunden Probandenkollektiv
    U. Blume, C. E. Orfanos und H. Schaefer, Berlin und Valbonne (Frankreich)
61. Neue Erkenntnisse zur Klinik der Alopecia areata
    G. Lutz und H. W. Kreysel, Bonn
62. Herkunft ekkriner Schweißdrüsen
    U. Wollina, H. Schaarschmidt, U. Henkel, B. Knopf und C. Hipler, Jena
63. Verteilungsmuster von humanen Milchfett-Globulinen (MAM-6-Antigen) auf Sebozyten in normaler und seborrhoischer Haut, bei Akne, Naevi sebacei und Alters-Talgdrüsenhyperplasien
    A. Schulte, H. Gollnick, J. Hilgers und C. E. Orfanos, Berlin und Amsterdam (Niederlande)
64. Pilomatrixartige Haarfollikelzysten beim Gardner-Syndrom
    A. Rütten, Essen
65. Immunzytologische Untersuchungen bei Patienten mit Alopecia areata und Alopecia totalis vor und nach Diphencypron-Behandlung
    M. Magyarlaki und E. Telegdy, Pécs (Ungarn)
66. Myoepitheliale Differenzierung in benignen Schweißdrüsentumoren – eine immunhistologische Studie
    F. Eckert, C. G. Schirren, M. Nilles, Ch. Schmoeckel und U. Schmid, München, Gießen und St. Gallen (Schweiz)
67. Immunhistochemische Charakterisierung der dermalen Papille aus humanen Anagenhaaren in vitro
    H. Larangeira de Almeida jr., F.-M. Schaart und C. E. Orfanos, Berlin
68. Erfahrungen, die aufgrund der Anwendung von Argon und CO_2-Laser gewonnen wurden
    E. Jakab, L. Gáspár, A. Hámori und K. Becker, Budapest (Ungarn)
69. Excimer-Laser in der Dermatologie – Der 193 nm ArF- und der 308 nm XeCl-Excimer-Laser im in vitro-Vergleich und erste klinische Erfahrungen
    J. A. Stefan, F. Moschner-Kunert, A. Fratila, R. Bauer und H. W. Kreysel, Bonn
70. Die Vagabundenhaut
    G. Lohinai, Budapest (Ungarn)
71. Hautbefund und immunologisch-mikrobiologische Parameter: Zusammenhang oder Zufall? Untersuchungen an namibianischen Kindern
    H. Sochor, Magdeburg
72. Zum Resistenzverhalten von Staphylokokkus aureus beim atopischen Ekzem
    K.-D. Wozniak, G. Gaber und U. Feldmann, Halle
73. Das Erysipel – Klinik und Laborbefunde
    G. Schmiel und M. Agathos, München
74. Immunhistologische Untersuchungen an der Haut der Patienten mit rezidivierendem Erysipel
    Z. Battyáni und I. Schneider, Pécs (Ungarn)
75. Die Haut als immunreaktives Organ unter IL-2-Therapie
    K. Miller, R. Dummer und G. Burg, Würzburg
76. Spezifisches IgG und Lymphozytendifferenzierung bei Scabies norvegica
    M. Böckers und K. Bork, Mainz
77. Immunmonitoring bei Therapie mit rekombiniertem Interferon Alpha 2a
    I. Böhm, R. Bauer und H. W. Kreysel, Bonn
78. Differentialexpression induzierbarer Keratinozytenantigene (HLA-DR, CD54, CD36) bei entzündlichen und nicht-entzündlichen Dermatosen in situ
    E. Biwer, H. W. Niedecken, M. Uerlich und H. W. Kreysel, Bonn
79. Das Sweet-Syndrom: Eine immunhistologische Untersuchung
    R. Schlegel Gómez und P. von den Driesch, Erlangen
80. Weitere Untersuchungen bezüglich der epidermalen Langerhans-Zellen nach UV-B-Bestrahlung
    Z. Zahorcsek, M. Magyarlaki und I. Schneider, Pécs (Ungarn)
81. UV-Therapie stimuliert periphere Durchblutung, Sauerstoffverwertung, Kalziumstoffwechsel und unspezifische Resistenz
    H. Meffert und H. Boonen, Berlin
82. Das sonographische Bild der gesunden Haut – Einsatzmöglichkeiten in der Praxis
    F. Pawlak, K. Hoffmann, S. el-Gammal, S. Görtz, S. Feldmann, U. Gebraulet und P. Altmeyer, Bochum
83. Ultraschallmikroskopie in der Dermatologie
    U. Matthes, S. el-Gammal, K. Hoffmann und P. Altmeyer, Bochum
84. Die Architektur der Hautanhangsgebilde in-vivo. 3D-Rekonstruktionen aus 50 MHz Ultraschall-Serienschnitten
    T. Auer, S. el-Gammal, K. Hoffmann, J. Kenkmann, P. Altmeyer, A. Höß und H. Ermert, Bochum
85. Die Behandlung der Psoriasis mittels Occlusionsspray
    U. Biella, Leipzig
86. Acitretin versus Etretinat bei schwerer Psoriasis – Ergebnisse einer deutschen Multicenterstudie
    R. Bauer, C. E. Orfanos, J. Petres, C. Sommerburg, B. Thiele und U. Reh, Bonn, Berlin, Kassel, Planegg, Köln und Hamburg
87. Der Einfluß von Cyclosporin auf die Nierenfunktion von Patienten mit chronisch-stationärer Psoriasis
    B. D. Edwards, H. J. Testa, R. S. Lawson, F. W. Ballardie, J. O'Driscoll und R. J. G. Chalmers, Manchester (Großbritannien)
88. Okklusionstherapie der Psoriasis vulgaris
    N. Kirjakova, Sofia (Bulgarien)

89. Cyclosporin A äußerlich penetriert in die psoriatische Haut
    H.-J. Schulze und G. Mahrle, Köln
90. Retrovirale Faktoren in der Genese der Psoriasis?
    H. Schaarschmidt, H. Lang und B. Knopf, Jena
91. Zur Kenntnis eines Immundefizienz-Syndroms im peripheren Blut bei Psoriasis
    B. A. Weigl, Wiener Neustadt (Österreich)
92. Psoriasis and Psychosomatic Profile
    S. Vujasinović, E. Cividini-Stranić und A. Kansky, Zagreb (Jugoslawien)
93. Klinische Variabilität und Morphologie des Pachyonychia-congenita-Syndroms
    I. Bivolarević, M. Fartasch und T. L. Diepgen, Erlangen
94. Neue Gradeinteilung der histologischen Malignität von Unterlippenkarzinomen
    A. Zapolski-Downar, Szczecin (Polen)
95. Kutane Muzinose mit Teleangiektasien
    N. Weindorf, U. Schultz-Ehrenburg und P. Altmeyer, Bochum
96. Örtliche/intratumorale Interferon-Behandlung von Basaliomen
    C. Schober, W. Remy und J. Huber, München
97. Fibroma molle: Makel oder Marker? – Beziehung von weichen Hautfibromen zu Darmpolypen und ihre Einflußgrößen
    F. R. Ochsendorf, A. Leopolder-Ochsendorf, H. Schöfer, K. H. Holtermüller und R. Milbradt, Frankfurt
98. Isotretinoin in Behandlung der schweren Akneformen
    S. Konstantinović, A. Krstić, J. Lalosević, S. Vesić und A. Aleksandar, Beograd (Jugoslawien)
99. Klinische Besonderheiten maligner Melanome an den Akren
    T. L. Diepgen, H. Schell, A. Heese, A. Müller, M. Gevatter, K. Stosiek und O. P. Hornstein, Erlangen
100 Chirurgische Behandlung der Melanome und deren Prognose
    K. Gilde, B. Somlai, K. Becker und I. Rácz, Budapest (Ungarn)
101. Langfristige Änderungen des Melanomprofils dargestellt als Follow-up-Studie (Erlangen 1970–1988)
    A. Heese, T. L. Diepgen, N. Stosiek, M. Gevatter, H. Schell und O. P. Hornstein, Erlangen
102 Adjuvante Therapie des malignen Melanoms mit Interferon-Beta und -Gamma
    W. Müller, W. Lechner, R. Dues, R. Dummer und G. Burg, Würzburg und Norderney
103. Ergebnisse der Lymphabstromszintigraphie im Rahmen der präoperativen Diagnostik des malignen Melanoms
    J. Ulrich, D. Zeiske, R. Steinke und K.-H. Kühne, Magdeburg
104. Besonderes Melanomrisiko am Unterschenkel der Frau
    P. Schramm, C. Beyl und R. E. Schopf, Mainz
105. Strukturelle Aspekte bei Pityrosporum ovale/orbiculare
    H. Mittag, Marburg
106. Mykoserologische Untersuchungen hämato-onkologischer Patienten
    M. Földes, A. Matyi, M. Bérczi und A. Dobozy, Szeged (Ungarn)
107. Trichophyton violaceum – Ein neuer Erreger in der einheimischen Dermatophytenflora?
    T. Bunse, B. Farkas und Ch. Bendick, Köln
108. Stellenwert einer topischen antimykotischen Behandlung bei Onychomykosen
    I. Effendy, Marburg
109. Lokaltherapie der Onychomykose mit Ro 14-4767 (amorolfine)-5%-Nagellack
    D. Reinel, R. Reckers-Czaschka und M. Zaug, Hamburg
110. Pilzflora bei Ulcus cruris
    A. Hedl, München
111. Ganzheitsmedizin bei chronischen Hauterkrankungen: Das Bad Salzschlirfer Modell
    H. Boonen, Bad Salzschlirf
112. Neurodermitis-Selbsthilfegruppen
    H. Dziersan und H. J. Schwanitz, Osnabrück
113. Der Atopiker in Naßberufen
    H. Schubert und E. Prater, Erfurt
114. Datenbankprogramm für Berufshautkrankheiten
    I. Kneitner, B. Janković und I. Dostanić, Beograd (Jugoslawien)
115. Möglichkeiten und Grenzen der prädiktiven Testung von Kontaktallergenen unter Auswertung der Datei INPRET
    B. Ziegler und V. Ziegler, Leipzig
116. Diagnostik der Typ-IV-Sensibilisierung gegen Glukokortikosteroide
    H. Senff und J. Kunze, Duisburg
117. Die Wirkung von Hautschutzpräparaten auf die Hornschichtfeuchtigkeit, den transepidermalen Wasserverlust und pH der Haut
    S. M. John, R. Lazar, E. Vennemann und H. J. Schwanitz, Osnabrück
118. Die Untersuchung der „Cromox"-Schutzcreme auf Hautverträglichkeit und Effektivität
    A. Horváth, E. Temesvári und A. Jurcsik, Budapest (Ungarn)
119. Wirksamkeit von 0,05% Halometason versus 0,25% Prednicarbat bei Patienten mit akuter atopischer Dermatitis
    I. Andresen, München
120. Anwendung von Ebrimycin® Gel bei bakteriell bedingten und sekundär infizierten Dermatosen
    J. Biró, V. Várkonyi und G. Soós, Budapest (Ungarn)
121. Egiferon®-Therapie bei Herpes zoster
    J. Biró und G. Soós, Budapest (Ungarn)
122. Das Datenerfassungssystem Alldat/IVDK des Informationsverbundes Dermatologischer Kliniken (IVDK) zur Erfassung der Kontaktallergien
    T. L. Diepgen, R. Arnold, F. A. Bahmer, J. Brasch, F. Enders, P. Frosch, Th. Fuchs, T. Henseler, O. Hillebrand, H. Ippen, S. Müller, K.-P. Peters, P. M. Pietrzyk, B. Przybilla, J. Ring, A. Stary, O. Stüben, W. Uter, J. Zimmermann und A. Schnuch
123. Die Bedeutung der Atopie in der Pathogenese von Berufsekzemen
    J. Horáček, Brno (CSFR)

Fortbildungsveranstaltung für das dermatologisch arbeitende Pflegepersonal

Moderatorin   I. Kurzke, Hannover

Begrüßung – Einleitung
   I. Kurzke, Hannover

Ist Krankenpflege in der Dermatologie attraktiv?
   Mitarbeiter der Universitäts-Hautklinik Mainz

Wickeltechnik
U. Hanauske und A. Berg, Hannover

Allergie und Umwelt
H. Platschek und S. Kaiser, Hannover

Pflegeplanung
R. Laß und S. Hanisch, Hannover

Pathogenese-orientierte Therapie des Decubital-Ulcus
G. Albrecht, Berlin

Das Gesundheitssystem in der DDR
G. Schmidt, Leipzig

Dermatologische Notfälle
H. Platschek und H. Tewes, Hannover

Neurodermitis
F. W. v. Bohlen und H. Gebhardt, Hannover

Psyche und Haut im Salbenraum aus pflegerischer, psychologischer und ärztlicher Sicht
Abteilung Dermato-Venerologie II
der Georg-August-Universität Göttingen

Tagesklinik
U. Mrowietz und S. Krause, Kiel

Hygieneanforderungen in der Dermatologie
G. Stübner, Hannover

Leitungswasser-Iontophorese bei der Hyperhidrose
I. Beyer, Hannover

Thromboseprophylaxe und Kompressionstherapie
Fa. Hartmann, Hannover

Psoriasis
D. Lubach und I. Friedrichs, Hannover

Aktuelle Information über die Pflege von HIV-infizierten Patienten
S. Bendt, Krefeld

Reflexion über die Tagung
I. Kurzke, Hannover

Gemeinsames Mittagessen in der Hautklinik Linden
anschließend
Führung durch die Hautklinik Linden

If you have any concerns about our products,
you can contact us on
ProductSafety@springernature.com

In case Publisher is established outside the EU,
the EU authorized representative is:
**Springer Nature Customer Service Center GmbH
Europaplatz 3, 69115 Heidelberg, Germany**

Printed by Libri Plureos GmbH
in Hamburg, Germany